动物科学研究与应用精品书系

奶绵羊应用生产学

Naimianyang Yingyong Shengchanxüe

宋宇轩◎主编

中国农业出版社
北　京

编写人员

主　　编：宋宇轩

副主编：张　磊　安小鹏

参　　编：葛武鹏　付明哲　许信刚

尤克强　周　勇　张希云

张晚平　梁尚海　郭　磊

朱万斌　马忠明　王世雷

审　　稿：曹斌云　周占琴

前 言
FOREWORD

2021年，随着我国宣布绝对贫困问题历史性解决和全面建成小康社会，健康问题成为下一个关系国计民生的重大领域。在新冠肺炎疫情全球肆虐的大背景下，人类如何通过膳食结构的改善来提高自身免疫力已经成为重大的营养课题。奶类对健康中国和消费升级战略的实施具有不可替代的作用。我国奶业发展相对薄弱，年人均奶的消费量仅为38kg，不到发达国家年人均奶消费量的1/3。促进我国奶业多元化、特色化发展对提升国民乳制品消费量具有积极的作用。奶绵羊产业是特色乳产业的重要组成部分。全球奶绵羊产业近年来蓬勃发展，绵羊乳制品在世界各地的消费市场不断扩大。据统计，2019年全球奶绵羊存栏量约2.5亿只，绵羊奶总产量达1 059万t，占整个奶产量的1%。奶绵羊性情温驯，非常适合规模化集约化饲养，而且乳肉兼用，规避市场风险的能力强。绵羊奶营养价值高，被誉为"奶中之王"，是制作高品质酸奶、奶酪和配方奶粉的最佳材料。近年来我国一些企业在新西兰、意大利等国家布局奶绵羊产业，将当地的绵羊奶加工成配方奶粉在国内销售，备受国内消费者欢迎。但我国的奶绵羊产业化发展基本为零。由于没有自主培育的奶绵羊品种，我国的绵羊乳制品基本全部依赖进口。因此，我国绵羊奶产业发展面临种质和奶源双重"卡脖子"问题。培育适合我国生态气候条件、具有自主知识产权的奶绵羊新品种，发展我国本土奶绵羊产业，生产本土绵羊奶及乳制品不但可解决我国绵羊奶完全依赖进口的"卡脖子"问题，还可形成羊产业的新业态，完善我国羊产业结构，丰富我国羊的品种资源。

基于对绵羊奶以及乳制品良好的市场预期，近年来一些企业开始在国内布局投资奶绵羊产业。甘肃元生农牧科技有限公司联合西北农林科技大学，建立了金昌奶绵羊试验示范基地，进行奶绵羊新品种培育和奶绵羊全产业链发展的实践及理论探索，取得了一定的成效，并积累了系统的奶绵羊生产知识和实践经验。考虑到产业发展需要系统的理论知识支撑，而国内尚没有奶绵羊产业方面的专著以供产业界参考学习，西北农林科技大学金昌奶绵羊试验示范基地和甘肃元生中新奶绵羊产业研究院组织涉足奶绵羊产业研发的各个领域专家编写了《奶绵羊应用生产学》。

本书基于西北农林科技大学金昌奶绵羊试验示范基地近年来在奶绵羊产业领域的探索和实践，查阅了大量与奶绵羊研究和生产有关的文献资料，并结合国外奶绵羊产业发展的历史经验进行编写。系统介绍了世界奶绵羊产业概况、世界主要奶绵羊品种、奶绵羊育种、奶绵羊繁殖、奶绵羊营养与饲料、奶绵羊泌乳生理、奶绵羊生产管理、绵羊奶营养与乳制品开发、奶绵羊主要疫病防治，以及奶绵羊养殖场规划设计与装备方面的内容。本书内容紧扣奶绵羊产业，力求主题鲜明，同时注重理论知识的系统梳理，辅以实践操作要点，充分体现科学性、前瞻性、系统性和实用性原则，既可作为奶绵羊科研教学工作者的参考，也可作为从事奶绵羊生产一线人员的学习材料。

由于我国奶绵羊产业发展历史短，编写者积累的理论实践知识及背景知识有限，难免出现错误，敬请读者批评指正。本书作为国内第一本以奶绵羊生产为主题的著作，也期望起到抛砖引玉的作用，使全国同行关注奶绵羊产业，为本书的进一步完善提供宝贵的建设性意见，以便再版时臻于完善。

编 者

2022 年 4 月

目 录
CONTENTS

第一章
世界奶绵羊产业概况 ▶▶▶

第一节　世界奶绵羊产业和绵羊乳制品现状

一、人类利用奶及乳制品作为食品的历史

绵羊是最早驯化的动物种类之一，其驯化历史仅次于犬。11000年前，西南亚的先民率先对绵羊进行驯化。根据出土文物推断，我国对羊的驯化时间，最早可以追溯到8000年以前的新石器时代。羊与各种农作物一起帮助人类从狩猎采集社会迈入了农业社会。绵羊作为一种易于保定、性情温驯的动物，是非常适合人工挤奶的哺乳动物之一。因此，绵羊也可能是最早开始为人类提供奶类食物的动物。

人类将哺乳动物的奶作为食品的历史非常久远。欧洲的一个考古学研究团队对地中海北岸地区出土的500多个史前陶罐器皿进行了分析和年代检测，表明人类饲养动物以获得乳制品的历史可以追溯到9000年前。德国图宾根大学辛希安妮·斯皮特里教授表示："地中海北岸的乳制品业随着原始农业的出现而出现，对于早期农民来说，乳制品很可能是一种能够提供营养并且耐贮藏的重要食物。"中国科学家2014年在新疆罗布泊小河墓地发现了公元前1615年的奶酪实物，这是世界上迄今发现的最古老的奶酪遗存。此外，远古苏美尔人所在的西亚地区以及欧洲地中海地区、埃及等地也有3000年前的奶酪制作遗迹。公元前5世纪，匈奴人就已经具备各种乳制品的成熟制作技术并将其传播到世界各地。结合人类对动物的驯化历史顺序，最早的乳制品极有可能为绵羊奶制作而成。中国人饮用羊奶的历史悠久，古籍文献多有记载饮用羊奶的好处。《魏书·王琚传》中记载："常饮羊奶，色如处子。"《食医心鉴》记载："羊奶益肾气，强阳道，对体虚之人，无论何种病症皆宜，即使健康之人，服之亦可增加体质。"《本草纲目》记载："羊奶甘温无毒，可益五脏、补肾虚、益精气、养心肺；治消渴、疗虚劳；利皮肤、润毛发；和小肠、利大肠。"《食疗本草》记述："羊奶亦主消渴、治虚痨、益精气，补肺、肾气，和小肠；和脂作羹，补肾虚，利大肠。"由此可见，古人在长期的饮食实践中已经认识到羊奶在食疗保健方面的特殊功效。

近代随着人类对动物源性食品需求的迅速增长，新的动物育种技术不断有理论创新并应用于实践中，逐渐形成了生产各种畜产品的专门化品种，如奶牛、奶山羊、奶绵羊、肉牛、蛋鸡、肉鸡和肉羊等。目前，生产奶的家畜有奶牛（包括奶黄牛和奶水牛）和奶羊

（包括奶山羊和奶绵羊）。之所以在这些动物名称前冠之以"奶"，而其他同样能为人类提供奶类的骆驼、马、驴、牦牛等哺乳动物没有称之为奶骆驼、奶马、奶驴或奶牦牛，是因为奶牛和奶羊生产奶的效率远远高于其他动物，适合规模化饲养并可以实现机械化自动挤奶，更重要的是饲养者可以这些动物所生产的奶作为牧场经营的主要收益。世界上奶绵羊产业发达地区的奶绵羊品种，其产奶性状相对于绵羊的其他经济性状，如产肉和产毛而言更为突出，而且大多数情况下奶绵羊养殖场是以产奶收益作为牧场的主要经济来源。奶绵羊产业在中国尽管是新生事物，但在世界奶绵羊产业发达地区，如土耳其、希腊、西班牙、法国、意大利和罗马尼亚等，都拥有适合本地区生态气候特点的奶绵羊品种和相应的奶绵羊产业，与奶牛和奶山羊一样，也是传统的奶畜产业之一。

二、世界奶绵羊分布

2019 年全球奶绵羊存栏量估计为 2.5 亿只，主要分布在亚洲、非洲、欧洲以及美洲等地区。其中，亚洲约 1.25 亿只，非洲约 9 110 万只，欧洲约 3 132 万只，美洲约 277.5万只。从 2000—2019 年世界奶绵羊的存栏情况看，除欧洲和南美洲外，其他地区的存栏量都呈上升趋势（表 1-1）。尽管欧洲的奶绵羊总存栏量在降低，但总产奶量呈上涨趋势。说明欧洲奶绵羊种质资源好，育种以及其他技术手段使奶绵羊的生产水平得到不断提高。

表 1-1　全球各大洲奶绵羊存栏量（2000—2019 年）（万只）

年份	2000	2005	2010	2015	2019
亚洲	11 316.8	11 333.5	12 211.1	12 251.7	12 525.9
非洲	5 766.1	6 440.1	7 379.7	7 906.3	9 110.4
欧洲	3 246.5	2 907.7	3 267.2	3 234.6	3 132.1
北美洲和加勒比地区	109.1	127.0	140.7	149.4	149.6
南美洲	133.9	137.7	144.8	142.5	127.9
全球总计	20 572.4	20 946.0	23 143.5	23 684.6	25 045.8

资料来源：《2021 中国羊奶产业统计资料》。

据 FAOST（2019）统计，2019 年全球奶绵羊存栏量最多的国家是苏丹（2 305.5 万只），其次是土耳其（2 001.9 万只），第三是阿尔及利亚（1 847.3 万只）。尽管这些国家奶绵羊存栏量很大，但单产水平非常低，所以绵羊奶的总产量并不高。欧洲奶绵羊主要生产国为希腊、西班牙、法国、意大利和罗马尼亚，存栏数量分别为 620 万只、235 万只、166 万只、484 万只和 258 万只。这些国家的奶绵羊单产水平相对较高。

三、世界绵羊奶生产概况

尽管奶绵羊是最早为人类提供奶类的家畜之一，人类利用绵羊奶作为食品也已有数千年的历史。但由于奶绵羊作为奶用家畜的产奶效率不如奶牛，因此奶绵羊产业的发展客观上受到了阻碍，这在一定程度上限制了奶绵羊育种工作的进展。但从全球范围看，绵羊奶和山羊奶由于其浓郁的风味及特殊的营养价值依然受到欢迎，在奶类生产中仍占据一定的份额（表1-2）。另外，随着社会经济的发展，奶的消费呈现出由数量需求向质量需求的转变。加之研究者对绵羊奶特殊营养功能的进一步解析，绵羊奶逐渐由提供常规营养向提供特色保健功能营养转变。在发达国家和地区，消费绵羊奶及其制品已经逐渐成为一种潮流。

表 1-2　全球各种家畜生鲜奶总产量及其占比

乳类	绵羊奶	山羊奶	黄牛奶	水牛奶	骆驼奶	总产量
全球总产量（万 t）	1 058.7	2 014.7	74 834.6	13 668.1	312.9	91 889
占总鲜奶比例（%）	1.2	2.2	81.4	14.9	0.3	100.0

从全球来看，欧洲奶绵羊产业最发达，在奶绵羊良种培育和生产水平等方面均领先于全世界。西亚和非洲一些国家人民素有饮食绵羊奶的习惯，因此这些国家的绵羊奶生产量也较多。2000—2019 年，全球绵羊奶产量持续增加。2019 年全球绵羊奶总产量达到1 048.8 万 t，占家畜总产奶量的 1.15%，占羊奶总产量的 34.43%。从区域来看，亚洲的绵羊奶生产量最多，2019 年达到 486.0 万 t；其次是欧洲，达到 312.5 万 t（表1-3）。2019 年世界生产绵羊奶最多的国家是土耳其，年产量约达 152 万 t；第二是希腊，年产量约 94 万 t；第三是叙利亚，年产量约 57 万 t。单只奶绵羊产奶量水平最高的国家是德国，2019 年平均每只羊的单产水平为 496kg，之后依次为瑞士 447kg、西班牙 241kg、法国194kg。欧洲奶绵羊单产水平居全球领先水平。2019 年各种奶类产量排名前 20 的国家见表1-4。

表 1-3　全球各大洲绵羊奶产量（2000—2019 年）（万 t）

年份	2000	2005	2010	2015	2019
亚洲	365.6	413.0	454.3	464.9	486.0
欧洲	287.7	295.1	312.6	316.1	312.5
非洲	183.0	198.7	226.1	229.2	241.2
北美洲	4.5	5.0	5.4	5.7	5.7
南美洲	3.5	3.6	3.7	4.0	3.4
总计	844.3	915.4	1 002.1	1 019.9	1 048.8

资料来源：FAOST（2000—2019 年）。

表 1-4　2019 年绵羊奶、山羊奶和黄牛奶产量排名前 20 的国家（万 t）

排名	国家	绵羊奶产量	国家	山羊奶产量	国家	黄牛奶产量
1	土耳其	152.1 455	印度	540.0 000	美国	9 905.6 527
2	希腊	94.4 300	中国	500.0 000	印度	9 000.0 000
3	叙利亚	57.4 362	孟加拉国	275.0 000	巴西	3 589.0 280

（续）

排名	国家	绵羊奶产量	国家	山羊奶产量	国家	黄牛奶产量
4	西班牙	56.3 530	苏丹	115.8 000	德国	3 308.0 180
5	意大利	49.3 910	巴基斯坦	94.0 000	中国	3 244.4 339
6	罗马尼亚	42.5 500	法国	65.6 740	俄罗斯	3 109.1 155
7	阿尔及利亚	42.1 131	土耳其	57.7 209	法国	2 493.0 810
8	苏丹	41.5 000	西班牙	53.5 790	新西兰	2 187.2 000
9	索马里	39.5 877	南苏丹	46.0 112	哥伦比亚	2 184.7 085
10	伊朗	32.5 405	尼日尔	39.1 679	土耳其	2 078.2 374
11	法国	32.1 440	荷兰	38.6 000	巴基斯坦	2 060.6 000
12	印度	22.6 104	索马里	37.3 397	英国	1 555.2 000
13	马里	17.6 053	印度尼西亚	36.9 584	荷兰	1 455.5 000
14	阿富汗	17.1 807	希腊	35.5 760	波兰	1 450.2 760
15	印度尼西亚	16.7 940	巴西	28.3 790	意大利	1 249.4 400
16	尼日尔	16.3 065	肯尼亚	27.3 233	墨西哥	1 227.5 865
17	南苏丹	15.8 907	伊朗	27.2 084	乌兹别克斯坦	1 066.2 305
18	蒙古	12.0 790	阿尔及利亚	25.3 324	阿根廷	1 033.9 935
19	肯尼亚	10.7 239	俄罗斯	24.7 728	乌克兰	966.3 200
20	埃及	9.2 478	马里	24.3 072	加拿大	921.0 453

资料来源：主要资料来自 FAOST（2019），部分资料来自行业协会。

四、世界绵羊乳制品生产概况

绵羊奶中的蛋白质和脂肪含量较高，分别为 5%～7% 和 6%～8%，而糖含量仅为 4%～5%。绵羊奶制作奶酪时产率高，可达 18%。其奶酪风味独特，营养价值高。欧洲奶酪生产商认为绵羊奶是生产高品质奶酪最优质的原料奶。世界上很多知名的奶酪品牌，如罗克福尔蓝霉奶酪（Roquefort）、硬质匹克利诺罗曼诺（Hard Pecorino Romano）、软质匹克力诺沙多（Softer Pecorino Sardo）、可溶曼彻格（Melting Manchego）、嫩奥索依拉蒂（Tender Ossau-Iraty）以及咸菲塔（Salty Feta）等都由绵羊奶制作而成。绵羊奶的脂肪含量是山羊奶和牛奶的 2 倍多，全球羊奶黄油大部分是由绵羊奶生产的。2018 年世界绵羊奶酪总产量达 72.6 万 t，绵羊奶黄油生产量达 6.61 万 t。近年来全球羊乳制品的生产概况见表 1-5 所示。

表 1-5　2000—2018 年全球羊乳制品产量（万 t）

年份	2000	2005	2010	2015	2017	2018
羊奶酪	107.0	114.3	115.2	120.5	127.5	129.1
山羊奶酪	42.6	46.6	46.1	53.7	57.3	56.4

（续）

年份	2000	2005	2010	2015	2017	2018
绵羊奶酪	64.4	67.7	69.2	66.7	70.1	72.6
羊奶黄油	5.85	5.71	5.61	6.48	7.47	7.38
山羊奶黄油				0.32	0.64	0.74
绵羊奶黄油	5.85	5.71	5.61	6.17	6.83	6.61

资料来源：《2021中国羊奶产业统计资料》。

第二节　中国奶绵羊产业状况及未来发展前景

一、产业发展状况

　　尽管中国的奶山羊产业发展位居世界前列，但奶绵羊产业才刚刚起步。2017年甘肃元生农牧科技有限公司与西北农林科技大学合作，首次从新西兰引进东佛里生奶绵羊胚胎，经过4年的扩繁和杂交改良，2021年已经形成2 600多只纯种东佛里生奶绵羊育种群和1.4万只东湖（东佛里生奶绵羊♂×湖羊♀）杂种群（包括东湖F_1、F_2和横交固定群），日产奶3.5t，成为国内最大的奶绵羊生产基地，也是截至2021年国内唯一的绵羊奶生产基地。内蒙古乐科生物技术有限公司、蒙天然牧业科技发展有限公司和山西十四只绵羊公司等企业也在发展奶绵羊产业。截至2021年，国内纯种东佛里生奶绵羊存栏量约为5 000只，东佛里生奶绵羊和其他品种羊的杂交后代数量为5万～7万只。内蒙古乐科生物技术有限公司于2021年从澳大利亚首次引进45只阿瓦西奶绵羊（Awassi dairy sheep），进一步丰富了我国发展奶绵羊产业的种质资源。也有一些企业看好这个产业，在海外布局奶绵羊产业。如上海布鲁威尔食品公司于2010年在新西兰北岛投资建成了新西兰最大的奶绵羊养殖场——牧怡公司，存栏奶绵羊4万多只，培育出南十字星（Southern cross dairy sheep）奶绵羊新品种，并开发了牧怡品牌绵羊奶系列配方奶粉。湖南蓝河营养食品有限公司于2015年收购了新西兰蓝河乳业，推出全球首款婴儿配方绵羊奶粉；并于2016年控股意大利Alimenta公司，掌控了意大利绵羊奶原料的供应链。

　　可以说，绵羊乳制品目前正在中国市场上迅速发展，但原料奶几乎全部依赖进口。中国目前尚未培育出自己的奶绵羊品种，也没有形成奶绵羊产业集群。这是中国绵羊奶消费最大的"卡脖子"问题。

二、产业发展的优势和前景

　　绵羊奶属于优质高端特色奶，在中国才开始进行产业化生产，市场前景极为广阔。通过奶绵羊新品种培育和产业相关技术研发，完全有可能在短时间内形成中国特色的奶绵羊产业，其有如下诸多优势。

　　1. 产业和生态优势　中国北方地区冬冷夏凉，光照充足，气候干燥，非常适合饲养绵羊，我国绵羊产业大部分也集中在这些区域。同时这些地区接近或处于国际公认的北纬40°的黄金奶源带，在这些地区发展奶绵羊产业具有生产优质奶的产业基础和生态环境优势。

2. 优质饲草优势 我国北方地区是重要的优质牧草生产基地，全国奶畜食用的优质牧草大多产自河西走廊、内蒙古和青海等地。这些地区全年温差大、作物生长期长，所产饲草料营养价值高。由于气候干燥少雨，饲草料在收储过程中的霉变问题不突出，可杜绝奶畜采食后奶中出现霉菌毒素超标等问题。因此，在我国北方地区发展奶绵羊产业有优质饲草料保障。

3. 品种优势 我国有两个繁殖性状突出、适应性强、适合舍饲的地方绵羊品种，即湖羊和小尾寒羊。这两个品种繁殖率高，年产羔率260%～280%，一个泌乳期产奶100～250kg，是进行奶绵羊培育的良好基础材料。尤其是湖羊，繁殖力高、泌乳性能好、无角，已经在南方地区舍饲近1 000年，对国内大部分地区的生态环境具有良好的适应性。近年来通过南羊北调，北方地区引进了大量的湖羊，经过系统选育，已经形成了适应性好、繁殖率高的北方湖羊新类群。通过引进世界高产的奶绵羊品种与湖羊或小尾寒羊杂交，有望培育出适合中国北方地区生态条件的奶绵羊新品种。

4. 市场优势 陕西省山羊奶产业的快速发展和对人们消费习惯的正确引导，使得羊奶的营养价值和食疗功效逐渐被人们所认知；同时，部分人群饮用牛奶会产生不适（如腹泻、腹胀、过敏等），不得不改饮羊奶。因此，国内羊奶的消费量一直呈上升趋势。国内市场上的羊奶主要是山羊奶，绵羊奶目前尚无大规模奶源基地，乳制品也很少。同时，随着人们生活水平的提高和消费习惯的变化，大家对乳制品的消费不仅仅限于液态奶和酸奶，奶酪的消费量也逐渐增加，年增速已经达到45%。绵羊奶中的干物质含量高，是制作优质奶酪和凝固型酸奶的优质原料，生产优质绵羊奶酪的市场前景极为广阔。

在国外，羊奶主要用于加工高档奶酪，而在中国羊奶主要用于加工羊奶粉，因此不存在产品竞争的情况。另外，国外生产的大包绵羊奶基粉的成本远远高于我国，进口没有价格优势，这就避免了我国奶绵羊产业发展过程中来自国际市场的竞争压力。因此，我国发展差异化高端绵羊乳制品正当其时。

5. 政策支持优势 北方地区是我国养羊业的主产区。实施生态修复政策后，国家对舍饲规模养羊业的补贴力度加大，政府政策支持优势明显。另外，饲养奶绵羊可促进传统羊产业转型升级，形成新的更具优势的特色产业。《国家羊遗传改良计划（2021—2035年）》已经明确把奶绵羊的遗传改良纳入国家计划，相关地方政府也把发展奶绵羊产业作为振兴地方经济的重要举措并给予各种支持。

三、产业发展的技术措施

1. 培育奶绵羊新品种 从各国奶绵羊产业发展经验来看，多数是通过引进高产奶绵羊品种与本国的地方绵羊品种进行杂交，在保持高泌乳性能的同时提高其适应性。和世界其他国家的国情不同，我国北方地区的生态脆弱，羊产业必须走集约化、规模化、工厂化的舍饲养殖道路，因此培育的品种必须适合舍饲。湖羊是我国本地绵羊品种中最适合舍饲的品种之一，通过引进世界上最高产的东佛里生奶绵羊与经过选育的高泌乳量湖羊进行杂交，可望培育出产奶量高、适合舍饲的奶绵羊新品种。在奶绵羊新品种培育过程中将表型选育和分子育种有效结合，采用全基因组关联分析（genome-wide association studies，GWAS）选育的方法，筛选与产奶性状、奶质性状、繁殖性状及抗逆性状紧密相关的SNP标记，制作奶绵羊选育的基因芯片，通过计算个体全基因组估算育种值（genomic estimated breeding values，GEBV），可提高选择的效率和准确性，加快育种进程。目前，奶绵羊育种工作已经在西北农林科技大学奶绵羊试验示范基地依托建设单位甘肃元生农牧科技有限公司开展，并取得了很好的效果。

2. 奶绵羊营养需要研究与日粮配制技术　开展舍饲条件下奶绵羊的营养需要研究、制定奶绵羊饲养标准、科学合理配制奶绵羊日粮是进行奶绵羊高效养殖和生产优质羊奶的基础。在对舍饲或半放牧条件下奶绵羊营养需要进行研究和对奶绵羊常用饲料有效营养价值评定的基础上，制定奶绵羊的营养需要标准和饲料养分数据库，能指导养殖场进行奶绵羊日粮配制。同时，开展饲草料加工调制方面的研究，可为科学配制不同生理阶段的奶绵羊专用日粮、提高饲料利用率、挖掘奶绵羊生产潜力奠定基础。

3. 高产奶绵羊高效繁育技术　现在腹腔镜人工授精、胚胎移植和性别控制等动物高效繁殖技术已经很成熟，部分技术已在奶牛和奶山羊生产中得到广泛应用。目前国内没有规模化奶绵羊产业，因此奶绵羊的高效繁育技术需要在借鉴奶牛和奶山羊繁育技术经验的基础上开展进一步研究，探索适合奶绵羊腹腔镜人工授精技术的参数，包括精液稀释液的配制、稀释比例、输精量及手术操作的技术要领等；同时，通过优化和推广奶绵羊高产母羊腹腔镜胚胎移植技术及供体和受体同期发情处理程序，制定胚胎质量鉴定标准等措施，改善胚胎移植效果；研究奶绵羊性别控制技术，探索奶绵羊精液中X精子和Y精子的分离技术，优化X精子适宜输精量等，建立奶绵羊性别控制胚胎技术操作规范。通过以上技术攻关，研发出适合奶绵羊的高效繁育技术体系，以加大奶绵羊优良遗传资源的利用，加速群体规模的扩大。同时，通过同期发情技术、光控发情技术、公羊诱导发情技术的联合应用，实现母羊常年繁殖和羊奶常年均衡生产。

4. 奶绵羊高效饲养管理技术　通过对奶绵羊规模舍饲养殖条件下的饲养管理技术，如饲喂、羊床设计、饮水方式、挤奶及环境控制等一系列养殖技术进行摸索、试验和总结，形成适合我国培育的奶绵羊舍饲养殖的一系列配套技术规范，实现奶绵羊高效、健康养殖和产业的高质量可持续发展。

5. 绵羊乳制品加工技术　绵羊乳制品加工在我国尚属空白。要加大以绵羊奶为原料奶的奶酪、酸奶、巴氏鲜奶、配方羊奶粉及洗护用品的研制，开发营养、安全、高端绵羊乳制品，以满足国内市场对高品质绵羊奶产品的需求。在绵羊乳制品研制方面，应该加强与欧洲绵羊奶产业发达国家的国际合作，聘请相关领域的专家指导产品研发和生产。

6. 生物安全防御体系构建技术　奶畜生产对疫病防控有较高的要求。奶绵羊生产场的生物安全体系构建极为重要，进行奶绵羊规模养殖条件下的生物安全防御体系建设是保证奶绵羊产业安全、健康和可持续高质量发展的关键。在牧场设计规划、日常管理、物流管控及疫苗接种等方面要制定并严格执行生物安全管理制度和操作规范，建立生物安全防御体系，对牧场进行无死角的生物安全监控并建立预警机制，确保大规模生产条件下牧场的生物安全。

四、产业发展的风险因素

1. 育种风险　我国奶绵羊新品种培育是一项前无基础、从零起步的工作，在育种过程中可能因为缺乏科学预判，所采用的方法达不到预期目的，影响育种进度，延长育种时间，进而影响产业的快速发展。

2. 技术风险　在我国进行大规模奶绵羊舍饲养殖没有可借鉴的经验，需要在引进技术的基础上进行消化吸收，形成适合我国北方地区奶绵羊大规模舍饲养殖的配套技术体系。

3. 生物安全风险　我国北方地区由于肉羊养殖量大，羊交易活跃，因此羊病的发生比较复杂。奶绵羊在环境抗逆性方面比肉羊差，需要建立更为严格的生物安全防御体系，以保障生物安全。

4. 产品风险　尽管绵羊奶是制作奶酪和凝固型酸奶的最佳原材料，但照搬国外的加工技术可能存在国人消费口味不习惯从而导致市场受到影响的情况。因此，一定要考虑国人的消费喜好和要求，做好产品开发和市场培育工作。

第二章
世界主要奶绵羊品种 ▶▶▶

通过科学、系统、持续的选种选配，人类已经培育出产奶效率高且以突出的产奶性状作为养殖主要收益的乳用家畜，如萨能奶山羊。但目前世界上的奶绵羊品种一般是乳肉兼用，母羔留作产奶用，公羔除少部分留种外，其余大部分育肥后上市。所以奶绵羊在乳用性能比较突出的情况下兼顾肉用，且肉用性能一般也相对较好。那么一个绵羊品种到底产多少奶可以称为奶绵羊？目前尚没有一个统一的标准。我们根据国内绵羊奶产业现状，暂且定义为：一个泌乳期日均产奶量在 1kg 以上、总产奶量在 200kg 以上，所产的绵羊奶可以商品化利用，且大多数情况下产奶收益占养殖该品种收益 60% 以上的绵羊品种称为奶绵羊。

第一节　东佛里生奶绵羊

目前东佛里生奶绵羊（East Friensian dairy sheep）是世界产奶性能最好的奶绵羊品种，原产自荷兰和德国西北部北海沿岸的东佛里生（East Friensian）地区。该品种最初由荷兰几个本地品种和 17 世纪初从几内亚海湾引进的一个绵羊品种杂交形成。也有学者认为，该品种与荷兰佛里生奶绵羊、比利时弗拉芒奶绵羊和法国佛兰德奶绵羊很相似（这些绵羊品种在人们利用奶牛之前已广泛用于家庭挤奶），因此现代的东佛里生奶绵羊应该是由上述品种培育而成的。早在 1750 年，该品种的性状就得以固定并出口到立陶宛地区，因此该品种有近 270 年的培育历史。

一、体型外貌

东佛里生奶绵羊（图 2-1）体型较大。成年母羊体重 70～90kg，成年公羊体重可达 120～130kg。腿长而瘦，臀部狭窄。皮肤薄，呈白色略带粉红色。头、腿和尾部无毛或毛很少。由于东佛里生奶绵羊的尾部没有毛，所以有"鼠尾巴羊"的绰号。一般无角，有些仅有角芽。乳房大，但乳房形态在个体之间差异很大。由于乳头一般位于乳房两侧较高处而不是底部，因此机器很难挤空乳房中的奶。挤奶时需要将乳房底部托起至乳头水平以上才能挤净乳池中的奶。

图 2-1 东佛里生奶绵羊（左公右母）

二、泌乳性能

东佛里生奶绵羊被公认为是世界上最优秀的奶绵羊品种之一。据记录，该品种羊泌乳期为 220d 以上，平均产奶量达 500kg，高产群可达 800kg。从表 2-1 可以看出，东佛里生奶绵羊的泌乳量差异很大，有的群体可达到 708kg，有的群体只有 374kg。但其乳脂率较低，为 5.5%～6.5%；蛋白质含量也较低，为 5% 左右。由于绵羊原奶中脂肪和蛋白质的含量决定了奶酪的产量、风味和质地，因此较低的脂肪和蛋白质含量对生产高品质绵羊奶酪非常不利。

表 2-1 德国东佛里生奶绵羊母羊产奶量

资料来源及产奶记录年份	母羊数量 （只）	泌乳期总产奶 （kg）	泌乳期 （d）	脂肪含量 （g/kg）	总脂肪产量 （kg）
Spottel (1954)，1929	59	639		63	40.6
Muhlberg (1934)，1933	97	708	263	62	43.6
Leonhard (1954)，1936	470	529			
Ulrich (1953)，1938	829	489	249	61	
Spottel (1954)，1942	544	472		64	
Buitekamp (1952)，1951	287	556	245	62	34.6
Brauns (1953)，1951	70	374	255	60	22.4
Schirwitz (1953)，1953	507	393		64	25～27
Ver. Rhein. Schaf. Rhenanie (1958)，1958	582			64	37

资料来源：Flamant 和 Ricordeau（1969）。

三、产毛性能

东佛里生奶绵羊个体一般为白色，但也有一些黑色或棕色个体，产毛量为 4～6kg。羊毛同质，属于 52～54 支半细毛，长 10～15cm，成年羊净毛率为 60%～70%。

四、繁殖性能

东佛里生奶绵羊繁殖力强，产奶量高，产羔率可达 230%。但羔羊胴体均一性较差，如果用萨福克羊、杜泊羊或特克赛尔羊等肉羊品种作为父本进行杂交，其杂交羔羊的生长速度明显增加，且胴体品质较好。

东佛里生奶绵羊在 7～8 月龄时性成熟，母羊一般 10 月龄体重达到成年体重 70% 以上时可配种，公羊最好的配种年龄为 18 月龄。东佛里生奶绵羊的繁殖季节比较短，在一年中最长的一天之后的 16 周内均可发情配种，最佳繁殖时间为 9—11 月。

五、适应性能

东佛里生奶绵羊易感染肺炎，且对新环境的适应性较差，很多国家引进后较难饲养，在与德国原产地气候差异较大的国家饲养时适应性更差。以色列引进该品种后产羔率仅为 160%，一个泌乳期的产奶量仅 160L，且随着年龄的增长产奶量不断下降（Gootwine 和 Goot，1996）。在与德国原产地气候非常相似的国家（如英国），东佛里生奶绵羊的适应性表现则相当好。美国威斯康星农业研究站（威斯康星大学）的研究结果表明，含东佛里生奶绵羊血量超过 50% 的羔羊成活率可能会降低。表 2-2 列出了 1999 年冬季/春季威斯康星农业研究站所有含不同东佛里生奶绵羊血量的羔羊的成活率。

表 2-2　不同东佛里生奶绵羊含血量羔羊成活率的最小二乘均值

东佛里生奶绵羊羔羊含血量（%）	羔羊死亡数（只）	成活率（%）		
		初生至断奶	断奶至 1999 年 1 月 7 日	初生至 1999 年 1 月 7 日
0	56	96.4 ± 3.5^a	100.0 ± 2.9^a	96.4 ± 4.2^a
>0 同时 <25	146	96.6 ± 2.2^a	99.3 ± 1.8^a	95.9 ± 2.6^a
≤25 同时 <50	70	97.1 ± 3.1^a	98.5 ± 2.6^a	95.7 ± 3.8^a
=50	60	95.0 ± 3.4^a	93.0 ± 2.8^{ab}	88.3 ± 4.1^a
>50	151	83.4 ± 2.1^b	86.5 ± 1.9^b	72.2 ± 2.6^b

资料来源：Thomas 等（1999）。

注：同列上标不同小写字母表示差异显著（$P < 0.05$）。

六、利用

在引入国气候与原产地气候差异大的情况下，不建议直接利用东佛里生奶绵羊品种作为产奶羊使用。原因之一，引种成本很高，以本品种为基础进行适应性改良过程较漫长；原因之二，纯种繁殖速度慢，不能快速形成生产群。一般用该品种和引入国的地方品种先进行杂交，可快速提高地方品种的泌乳性能，形成适应性好、泌乳力高的杂交后代群体；再通过横交固定进行选育，可培育出适应性好、泌乳量高的奶绵羊新品种。

第二节　拉考恩奶绵羊

拉考恩奶绵羊（Lacaune dairy sheep）是法国最重要的奶绵羊品种，主要饲养在法国南部阿维农省的罗克福尔地区，占法国奶绵羊饲养量的70%以上，是法国通过本品种选育培育的高产奶绵羊品种（表2-3）。拉考恩奶绵羊所产羊奶干物质含量高，是制作世界著名的罗克福尔蓝霉奶酪的唯一原料奶。在1965年之前，拉考恩羊虽然传统上也生产羊奶，但产奶量很少，不被视为专用奶畜品种。随着机器挤奶技术的发展，1965年以后开始逐渐扩大该品种的饲养量，加之市场对绵羊奶产品的需求增加，法国的育种组织开始对该品种进行高强度选育。拉考恩奶绵羊的产奶量以每年6.3%的速度增长（年表型率增加3.9%，年遗传率增加2.4%）。1969年法国65%的绵羊奶生产依赖国内的80万只拉考恩奶绵羊，当时拉考恩奶绵羊每年的泌乳量仅80 L。1970年以后有8 500多只公羊进行后裔测定后用于配种。1985年乳脂和乳蛋白含量被列入选择指标中，以提高绵羊奶酪质量。到1998年，拉考恩奶绵羊每年产奶量超过250L，成为世界上非常好的奶绵羊品种之一。自2001年以来又列入亚临床乳腺炎抵抗力和乳房形状两个指标。目前拉考恩羊的年产奶量已经超过300kg。

表 2-3　拉考恩羊选育进展

年份	1970	1980	1990	1999
记录产奶量的母羊数（占总羊数的百分比,%）	45 129（9%）	296 400（49%）	558 500（74%）	714 000（90%）
人工授精的母羊数（只）	31 100	93 700	294 000	322 300
后裔测定的公羊数（只）	40	332	453	450
核心群产奶量（L）	115	155	245	270
基础群产奶量（L）	110	125	200	220

资料来源：Upra Lacaune（1999）。

一、体型外貌

拉考恩奶绵羊（图2-2至图2-4）是大型品种。成年母羊体重70～75kg，成年公羊体重95～100kg。无角，头、腿和腹部基本裸露、无毛，仅背部和大腿上部有毛覆盖。乳用

图 2-2　放牧的拉考恩奶绵羊

型拉考恩羊的胴体一致性一般。

图 2-3 舍饲的拉考恩奶绵羊

图 2-4 进入挤奶台的拉考恩奶绵羊

二、泌乳性能

拉考恩奶绵羊一个泌乳期的平均产奶量为 300kg，乳脂率 7%～8%，乳蛋白率 5%～6%。只有拉考恩奶绵羊所产的奶才能生产世界著名的三大蓝霉奶酪之一——法国罗克福尔蓝霉奶酪。因此，拉考恩奶绵羊的育种目标目前并不是着眼于产奶量的提高，而是在稳定产奶量的基础上提高乳脂和乳蛋白的含量，以便保证生产的罗克福尔蓝霉奶酪在质地和风味方面一直保持传统优势。

三、产毛性能

拉考恩奶绵羊的羊毛很少，产毛量 1.5～2.5kg。被毛属于半细毛，但纤维较短、质量很一般。羊毛少可节省用于长毛的营养，这在产奶方面具有很大的优势。但是在冬季寒冷的地区，饲养拉考恩奶绵羊需要考虑羊毛覆盖率低而导致的冷应激问题。

四、繁殖性能

拉考恩奶绵羊为季节性繁殖品种，一般从 6 月上旬到 7 月上旬开始发情，其繁殖季节相当长，是晚秋或早冬产羔的理想品种。青年母羊在 7～8 月龄时即可发情配种，第一胎产羔率在 140% 左右，经产成年母羊的平均产羔率为 170%～180%。

五、适应性能

拉考恩奶绵羊对不同环境的适应性都很好，世界各地引入后未反映该品种有重大的健康问题。该品种所产羔羊的成活率高，可达 95%。

六、利用

自 1992 年以来，该品种已被 17 个国家引入，既可以用作纯种繁育，也可以用于杂交，已成功用于改良地方绵羊品种的产奶量。

拉考恩绵羊在法国有 3 种类型：奶用型（拉考恩莱特）、肉用型（拉考恩·维安德）和高繁型。因此，在引入拉考恩绵羊时应注意其差异。肉用型（拉考恩·维安德或多产拉考恩）的产奶性能很差，不具备专用奶绵羊的特征。

第三节 阿瓦西奶绵羊

阿瓦西奶绵羊（Awassi dairy sheep）是西南亚饲养量最多、分布最广的绵羊品种。主要饲养在伊拉克、叙利亚、黎巴嫩、以色列、沙特阿拉伯和土耳其等国。阿瓦西羊原来是中东西亚一代的沙漠放牧羊品种，后来在以色列被培育成一种适应性很好的奶绵羊，对地中海亚热带以及沙漠干旱气候环境具有良好的适应性，分为肉用、毛用和奶用品种。

一、体型外貌

阿瓦西奶绵羊（图 2-5）颈部细长，腿长短粗细适中，蹄结实。体型中等，成年公羊体重 60～90kg，成年母羊体重 45～55kg。头长而窄。公羊有角，角长 40～50cm；母羊一般无角或有小角。耳下垂，耳长约 15cm、宽 9cm。是脂尾型羊，具有中等大小的尾巴，成年母羊尾长 17～19cm、宽 15～16cm、重 6kg 左右；公羊尾巴大小几乎是母羊的 2 倍。体躯被毛大部分为乳白色，颈部和头部有棕色或黑色毛。

图 2-5 阿瓦西奶绵羊

二、泌乳性能

在以色列，经过系统选育的阿瓦西奶绵羊每个泌乳期产奶量可达 300kg，高强度选育的品系可达 750kg 以上，乳蛋白率 5％～7％，乳脂肪率 6％～8％。该品种的突出特点是抗逆性强，缺点是大脂尾，这对产奶性状不利。

三、产毛性能

阿瓦西奶绵羊为粗毛羊，产地毯毛。成年公羊平均产毛量 2.25kg，成年母羊平均产毛量 1.75kg。

四、繁殖性能

阿瓦西奶绵羊一般 8～9 月龄达到性成熟。母羊的繁殖季节从 4 月开始一直持续到 9 月，性成熟的公羊可全年配种。母羊的正常发情周期为 15～20d（平均 17d），繁殖季节发情 16～59h。阿瓦西奶绵羊的繁殖性能比较低，仅为 110% 左右。妊娠时间为 149～155d（平均 152d）。

五、适应性能

阿瓦西奶绵羊是由中东和非洲部分地区的沙漠地方品种培育而成的，合群性好，在极端严酷环境中的生存能力强，对于饲草缺乏的半干旱地区和环境炎热的气候具有很好的适应性。对疫病和寄生虫病有很好的抗性。良好的适应性和抗病能力使这个品种被用于奶绵羊新品种培育的首选材料。

六、利用

作为泌乳性和适应性都好的奶绵羊品种，本品种一般用作奶绵羊新品种的育种材料，以提高新品种的适应性。例如，中东地区培育的阿萨夫奶绵羊，就是用东佛里生奶绵羊和阿瓦西奶绵羊杂交培育的。阿瓦西奶绵羊于 1971 年被引入西班牙，1991 年被引入新西兰和澳大利亚，与引入地的绵羊品种或东佛里生奶绵羊杂交，用以提高奶绵羊的适应性。目前该品种已经被引入全世界 30 多个国家和地区。

第四节　其他奶绵羊品种

一、阿萨夫奶绵羊

阿萨夫奶绵羊（Assaf dairy sheep）（图 2-6）是以色列为提高阿瓦西羊的繁殖率，从 20 世纪 60 年代开始，至 1995 年正式培育成功的一个出色的杂交奶绵羊品种。该品种含 3/8 阿瓦西羊血液和 5/8 东佛里生奶绵羊血液。由于东佛里生奶绵羊的高繁殖力和高泌乳力基因提高了阿萨夫奶绵羊的产肉量和产奶量，因此阿萨夫奶绵羊在以色列很受欢迎，现在已出口到葡萄牙、西班牙、智利和秘鲁等几个国家。西班牙引入后，通过导入地方绵羊品种血液和严格选育形成了西班牙阿萨夫奶绵羊，该品种已成为西班牙最重要的奶绵羊品种，主要饲养在西班牙北部，饲养量达到 100 多万只，为舍饲或半舍饲饲养。在西班牙，95％的阿萨夫奶绵羊的奶用于加工高品质奶酪，奶酪产量的 70％出口到其他地区。

阿萨夫奶绵羊毛白色，无角。一个泌乳期平均产奶量 400～500kg，泌乳天数为 200～240d。羊奶中的干物质含量平均在 20％以上，乳蛋白率为 6％，乳脂率为 6.5％。该品种常年发情，平均年产 1.5 胎，产羔率 220％～250％。

图 2-6　西班牙阿萨夫奶绵羊

二、萨达奶绵羊

萨达奶绵羊（Sarda dairy sheep）（图 2-7）是意大利奶绵羊产业的当家品种，主要饲养在意大利南部撒丁岛地区。该地区约有 300 万只萨达奶绵羊，年总产奶量达到 30 万 t。所产绵羊奶主要加工意大利著名的佩科里诺奶酪（Pecorino cheese）。萨达奶绵羊从 1927 年开始进行良种选育登记，通过选育优秀个体组建核心群。1986 年进行后裔测定、人工授精和优选优配，约 50％的萨达奶绵羊参与了选种选配，使产奶性能的遗传潜力得到明显提升。目前萨达奶绵羊的年产奶量达到 300～500kg，乳脂率 6％～8％，乳蛋白率5％～6％。产奶量的差异除遗传因素外，环境的影响也很重要。萨达奶绵羊为粗毛羊，羊毛主要用于生产地毯。

图 2-7　意大利萨达奶绵羊

三、希俄斯奶绵羊

希俄斯奶绵羊（Chios dairy sheep）（图 2-8）是希腊占主导地位的地方奶绵羊品种。希腊成立了希俄斯奶绵羊育种协作组织，专门进行该品种的遗传改良工作。希俄斯奶绵羊的确切起源尚不清楚，一般认为是希腊希俄斯岛本地绵羊与土耳其安纳托利亚羊（Anatolia sheep）杂交的结果。希俄斯奶绵羊躯体白色，腿和头部为黑色，偶尔有棕色。眼睛、耳朵、鼻、腹部和腿部周围有黑色斑点。属于半脂尾型羊。母羊呈乳用体型，产奶量120～350kg，乳脂率7%～9%，乳蛋白率6%～7%。产奶量的高低主要取决于饲养管理条件。最高产奶纪录为一个泌乳期产奶量597.4kg，泌乳期

图 2-8　希腊希俄斯奶绵羊

为272d。所产的奶主要用于生产受欧盟法律保护的著名的菲达（Feta cheese）奶酪。

四、英国奶绵羊

英国奶绵羊（图2-9）是英国通过杂交培育而成的绵羊品种。其主要育种材料是东佛里生奶绵羊，同时含有蓝面莱斯特羊（Bluefaced Leicester）、无角陶赛特羊（Polled Dorset）、利恩羊（Lleyn）以及其他绵羊品种的血液。体型中等，无角，面部和腿部白色、无毛。繁殖率很高，产羔率第一胎可达221%，两岁以上可达263%～307%。泌乳性能非常好，210d泌乳期产奶量平均可达450kg，300d泌乳期产奶量可达690～900kg，且奶中干物质含量较高（美国国家绵羊协会，1992）。但也有报道认

图 2-9　英国奶绵羊

为英国奶绵羊的产奶性状并没有固定下来，其产奶量随东佛里生奶绵羊含血量的变化而变化。该品种羊屠宰后胴体较大，瘦肉率高。

五、比利时奶绵羊

在比利时有14个已登记的绵羊品种，比利时奶绵羊（Belgian dairy sheep）（图2-10）是其中数量较少的一个品种，登记数量不超过500只。比利时奶绵羊和东佛里生奶绵羊一样，属于欧洲西北海岸沼泽区绵羊，产奶量高，尾细而无毛，具有显著的鼠尾特征，其外貌与东佛里生奶绵羊非常相像。有人认为比利时奶绵羊是佛拉芒奶绵羊（Flemish sheep）的后裔。佛拉芒奶绵羊从19世纪开始就进行产奶性状的选择。第二次世界大

图 2-10　比利时奶绵羊

战后其他奶用品种（德国东佛里生奶绵羊）被引入比利时，和佛拉芒奶绵羊杂交，最后形成了比利时奶绵羊。比利时奶绵羊体高腿长，体型丰满呈楔形，头部覆盖较细的白毛，腹毛较稀疏，乳房发育好，产奶量高，所产羊奶香味浓郁。该品种繁殖率高。有关该品种生产性能方面的报道很少，估计与德国东佛里生奶绵羊相似。

六、新西兰和澳大利亚的奶绵羊品种

近年来新西兰和澳大利亚的绵羊奶产业在不断发展。由华人投资的新西兰牧怡公司开展了奶绵羊新品种培育和规模化养殖，该公司利用东佛里生羊、拉考恩羊、阿瓦西羊和新西兰陶波湖附近的本地品种绵羊，杂交培育而成的南十字星奶绵羊（Southerncross dairy sheep），产奶量不断提升，据报道一个泌乳期的产奶量可达 300～500kg。澳大利亚于 20 世纪 90 年代开始以东佛里生奶绵羊为主要育种材料和地方品种羊杂交培育的澳大利亚奶绵羊（Australia dairy sheep，ADS）产奶量也在 300kg 左右，这两个国家目前正采用最先进的分子育种手段进行奶绵羊品种培育工作。

七、其他有一定泌乳潜力的地方绵羊品种

除以上介绍的几种奶绵羊品种外，世界各个国家和地区的一些泌乳性能相对较好的地方绵羊品种也用于生产商品羊奶（表2-4）。这些品种尽管产奶量不高，但具有良好的适应性，所产羊奶的乳脂和乳蛋白含量高，品质优良，非常适合开发具有地方地理标识保护和具有特殊风味或质地的高品质绵羊乳制品。这些地方绵羊品种经过科学系统的本品种选育或杂交改良，产奶量性状都会得到一定程度的改进，有可能培育成专用的奶绵羊品种。

表 2-4 其他泌乳性能较好的地方绵羊品种、产地及泌乳量

品种	产地	一个泌乳期的产奶量（kg）
拉扎羊（Latxa sheep）	西班牙和法国	130～160
茨盖羊（Tsigai sheep）	乌克兰	100～200
瓦拉希羊（Valachian sheep）	斯洛伐克	80～120
曼切加羊（Manchega sheep）	西班牙	100～120
波兰山地羊（Polish mountain sheep）	波兰	210～260
湖羊（Hu sheep）	中国	100～240

第三章
奶绵羊育种 ▶▶▶

品种作为畜牧业最基础的生产资料，对提高家畜生产效率的贡献率高达40%。目前，我国畜牧业已经逐步向着现代化方向迈进，增长方式已经由过去的注重数量向现在的注重质量转变，这对畜禽品种的生产性能提出了更高要求。因此，只有通过对畜禽品种的有效改良，培育一批名、优、特畜禽新品种，才能满足产业快速发展的需要，生产出更具市场竞争能力的产品，实现畜牧业的可持续发展。

《国家羊遗传改良计划（2021—2035年）》提出培育一批羊的新品种和新品系，要求主导品种综合生产性能达到国际先进水平，打造具有国际竞争力的种羊企业，建立完善的繁育体系和以企业为主体的商业化育种体系，支撑和引领羊产业高质量发展。随着人们生活水平的逐渐提高，越来越多的人开始改变饮食结构，选择高端羊奶作为奶类的消费品。要想满足社会大众对高品质羊奶的需求，就需要加强奶绵羊新品种的培育。我国奶绵羊产业才开始起步，培育适合我国自然资源和生态环境的奶绵羊新品种是产业发展的基础。我国绵羊品种资源丰富，通过杂交改良或本品种选育，培育新的奶绵羊品种，是发展我国奶绵羊产业的必要条件。

第一节　奶绵羊个体鉴定

奶绵羊个体鉴定既是选种工作的基础和依据，也是育种工作的重要环节（Barillet，2001），包括年龄、体质外貌、生产性能、综合评分等。在生产中，只有个体鉴定达到二级及以上的奶绵羊才能留作种用。

一、年龄鉴定

年龄鉴定是个体鉴定的基础。不同年龄的奶绵羊，其生长发育和生产性能不同，其鉴定标准也不相同。因此，在进行其他鉴定前，应首先对年龄进行鉴定。一般情况下，可通过档案卡查阅年龄。但如果记录不全、不清，耳标混乱，就需要借助其他方法进行年龄鉴定。目前，比较可靠的年龄鉴定方法仍然是牙齿鉴定法。由于牙齿的生长发育、形状、脱换时间、磨损、松动有一定的规律，因此能比较准确地进行年龄鉴定。

奶绵羊共有32枚牙齿，上颌有12枚臼齿，每边各有6枚，无门齿，仅有角质层形成的齿垫。下颌有20枚牙齿，其中12枚是臼齿（每边各有6枚），8枚是门齿（也叫切齿）。最中间的门齿叫钳齿，外面的 1 对叫内中间齿，内中间齿外面的 1 对叫外中间齿，最外面的 1 对叫隅齿。利用牙齿鉴定年龄，主要依据下颌门齿的生长、更换时间、磨损、脱落情况来判断，其误差程度依品种、地区和个人的经验不同而异，一般情况下误差不超过半岁。

门齿呈圆柱形，但其形状不匀称。从门齿的外形看，分为齿冠（露出齿龈部分）、齿根（埋藏在齿龈部分）、齿颈（齿龈与齿冠中间的收缩部分）三部分。其中，齿冠的横断面最大，其次是齿颈，再次是齿根。从纵断面看，门齿分为釉质（包围在齿冠部分齿质的外层）、齿质（齿腔的外层）、齿髓（牙齿的中心）、垩质（门齿的最外层）四部分。

根据牙齿生长的先后次序，分为乳齿和永久齿。乳齿呈乳白色，细小而相对长；永久齿色稍黄，宽大而相对短。刚出生的奶绵羊就长有 6 枚牙齿；在 20～25 日龄，8 枚门齿长全；以后继续生长发育，到 6 月龄不再生长；12～18 月龄时中间齿脱换，随之在原脱落部位长出第 1 对永久齿；约到 24 月龄内中间齿更换，长出第 2 对永久齿；约在 3 岁时第 4 对乳齿更换成永久齿；4 岁时 8 枚门齿的咀嚼面磨得较为平齐；5 岁时可见到个别门齿有明显的齿星，说明齿冠部已基本磨完，暴露了齿髓；6 岁时已磨到齿颈部，因此门齿间出现有明显的缝隙；7 岁时缝隙更大，出现孔；8 岁时牙齿开始松动，个别羊的牙齿排列不正，有的牙齿已磨完；9 岁时隅齿脱落，这时绝大部分奶绵羊的生产性能非常低，必须淘汰。奶绵羊牙齿随年龄的变化情况如图 3-1 所示。

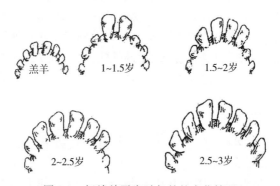

图 3-1　奶绵羊牙齿随年龄的变化情况

为了便于记忆和运用，将奶绵羊牙齿随年龄的变化规律总结出如下顺口溜，即：一岁半中齿换，到两岁换两对，两岁半三对全，满三岁牙换齐，四磨平，五齿星，六现缝，七露孔，八松动，九掉齿，十磨净，请记清。

二、外貌鉴定

（一）鉴定标准

奶绵羊的外貌鉴定标准见表 3-1。共分六大部分，按百分制评定。其中，公、母羊整体结构各占 25 分（品种特征 10 分，体尺、体重 10 分，体质、结构 5 分），体躯占 20 分（胸围 6 分，腹围 6 分，头、颈、肩结合 8 分）。公羊头部占 15 分（头方、额宽 6 分，鼻部周围脸呈粉红色 5 分，耳薄、长而平直 4 分），母羊头部占 10 分（头方、额宽占 5 分，鼻部周围脸呈粉红色 3 分，耳薄、长而平直 2 分）；乳房占 25 分（乳房容积 7 分，乳房结构 7 分，乳头 4 分，附着情况 4 分，乳静脉 3 分）；睾丸占 15 分（左右对称 5 分，发育良好 5 分，附睾弹性明显 5 分）；母羊四肢占 10 分（四肢结实 3 分，姿势端正 3 分，关节坚实 4 分），公羊四肢占 15 分（四肢结实 5 分，姿势端正 5 分，关节坚实 5 分）；尾部公、母羊各占 10 分（尾瘦长 5 分，无毛 5 分）。

表 3-1 奶绵羊外貌鉴定评分

项目	满分标准	评分	
		公	母
整体结构	体质结实，结构匀称，骨架大。外貌和体尺体重符合品种特征。半细毛，毛白色，偶有纯黑色个体出现。性征特征明显	25	25
体躯	头、颈、肩结合良好。体躯宽长，胸部宽深，腰部结实，肋骨拱圆，臀部略有倾斜。母羊腹大不下垂，公羊腹部紧凑	20	20
头部	头方、额宽、鼻梁稍隆起、嘴齐、眼大突出。鼻部周围脸呈粉红色。耳薄、长而平直。公、母羊均无角	15	10
乳房及睾丸	乳房结构优良、宽广，方圆形，基部附着良好，向前延伸，向后突出，质地柔软，乳头均匀，大小适中。公羊睾丸大而对称，富于弹力	15	25
四肢	四肢结实，肢势端正，关节坚实，系部强，蹄端正。四肢下部无细毛	15	10
尾部	尾瘦长、无毛、略上翘	10	10
总计		100	100

（二）鉴定细则

奶绵羊外貌鉴定是个体鉴定的基础项目。尽管不同品种、性别、生理时期的鉴定标准不同，但也有共同之处。一般情况下，泌乳羊的体型外貌应当是紧凑型，体质结实，结构匀称，骨架大，乳用特征明显。从不同部位的要求来看，要头方、额宽、鼻梁稍隆起、嘴齐、眼大突出，体躯要宽长，腿要直长。要求背腰平直，凹背或凸背均为失格；胸深而宽，两前肢很近者胸部不够开阔，心、肺等组织不够发达。要求腹大而不下垂，因为腹部是消化系统所在部位，发达的消化器官是高产的基础，腹大下垂是生长发育不均衡的表现，亦为失格。对尻部的要求是宽长而平，这样才能使两后肢间距宽，乳房有充分附着的空间。卧系、X 形肢势均为失格。对乳房的要求是方圆形，容积要大，乳房上的毛要稀、细，乳静脉明显，左右乳房对称，质地柔软，皮薄而有弹性；乳头大小适中，略伸向前下方，乳头间距离要宽；挤奶前乳房充分膨胀，挤后缩得很小，这样的乳房产奶量才会多。垂乳房、偏乳房等都是失格。奶绵羊的乳房见图 3-2。对成年公羊的要求是高大雄伟，健康活泼，头相对要大，颈要粗壮，头、颈、背过渡自然，背平尻方，胸部开阔，腹部下垂；睾丸大而对称，副性腺发达，用手触摸有弹性，既不过硬又不软如面团。小睾丸、隐睾及睾丸左右大小不均、过硬者，都不能留作种用。对羔羊鉴定一般在断奶时进行，要求羔羊的断奶体重不低于 18kg，因为此时体重大的个体，以后生长发育速度也快。要求羔羊健康活泼，头部端正，眼大有神，体格高大，体躯较长，四肢粗壮；生殖器官正常，公羔包皮距脐适中，母羔乳晕面积要大，没有副乳头。羔羊头小、嘴尖、鼻凹、眼小、胸窄、腿短、腹垂及间性羊，均需及时淘汰。

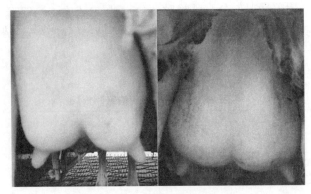

图 3-2　奶绵羊乳房

（三）缺陷评定

1. 母羊　对母羊进行体型鉴定时，按其各部位的缺陷程度分为严重失格、中度失格、轻度失格，评分时应适当扣分。如果存在严重缺陷，则应评为不合格。

（1）眼睛评定　全盲或一侧盲，不合格；斜视眼，中度失格。

（2）头部评定　嘴歪，严重失格；嘴唇不齐，中度失格。

（3）肢蹄评定　跛，中度失格至严重失格；X 形或 O 形腿，中度失格。

（4）乳房评定　瞎乳房，不合格；副乳头，中度失格；垂乳房，严重失格；半垂乳房，轻度至中度失格；硬结乳房，中度至严重失格；漏奶、肉乳房，不合格；小乳房，严重失格。

（5）体尺体重评定　体尺不够，严重失格；体重不足，中度失格。

（6）膘情评定　过肥，不合格；过瘦，中度失格。

2. 公羊　评定办法似母羊。

（1）眼睛评定　全盲或一侧盲，不合格；斜视眼，中度失格。

（2）头部评定　嘴歪，严重失格；嘴唇不齐，中度失格。

（3）肢蹄评定　跛，中度失格至严重失格；X 形或 O 形腿，中度失格。

（4）睾丸评定　单睾、隐睾、睾丸小、附睾以及睾丸过硬、过软、不明显的均为不合格。

（5）膘情评定　过肥或过瘦，轻微至中度失格。

对缺陷评定要从严把关，有轻微至中度失格；一项不合格者就要淘汰，严重失格为等外或淘汰，中度失格评为三等或等外，轻微失格评为二等或三等。

三、体重体尺测量

（一）体重测量

体重是衡量奶绵羊生长发育的主要指标，也是检查饲养管理水平的主要依据。称量体重应在早晨空腹情况下进行。

（二）体尺测量

测量奶绵羊的体尺，主要应用测仗、卷尺、圆形测定器等工具。测量体尺是个体鉴定的一项重要内容，也是外貌鉴定的辅助手段。所测体尺数据可用来计算各种体型指标，以表示各部位的相对发育程度。测量项目的多少，根据测量目的而定，但是必须包括主要和基本部位。其部位如图3-3所示。

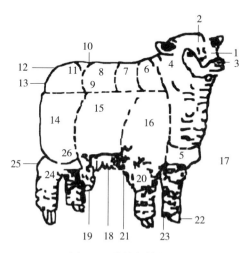

图3-3　绵羊躯体部位

1. 头部　2. 额　3. 鼻　4. 颈部　5. 胸部　6. 鬐甲　7. 背部　8. 腰部　9. 腰角
10. "十"字部　11. 臀（尻）部　12. 尾根　13. 坐骨端　14. 大腿　15. 肋部
16. 肩部　17. 肩端　18. 腹部　19. 阴囊（公羊）　20. 腿部　21. 肘部　22. 蹄部
23. 悬蹄　24. 后腿　25. 飞节　26. 膝部

一般测定的体尺有：

（1）体高　肩胛最高点到地面的垂直距离。

（2）体斜长　肩端至坐骨结节后端的距离。

（3）胸围　肩胛骨后缘绕胸1周的长度。

（4）管围　管骨上1/3的周径。

四、生产性能评定

奶绵羊的泌乳性能是个体鉴定的重要指标，主要包括产奶量、乳脂率、乳蛋白率、乳糖和干物质等。

个体产奶量是指一个泌乳期的产奶记录，一般以第一胎前90d的泌乳量作为测定指标。因为第一胎前的90d产奶量与整个泌乳期产奶量、各胎次产奶量均有正相关，所以测定第一胎前90d的产奶量不仅可看出个体以后的生产性能，而且这时鉴定时较早，可作为早期选种参考，及时淘汰生产性能较低的个体。一般而言，纯种奶绵羊的第一个泌乳期产奶量不低于300kg，改良羊不应低于350kg，乳脂率保持在6.5%左右或总干物质含量达17%以上才符合鉴定要求。

五、综合鉴定

奶绵羊综合鉴定是对其个体优缺点的全面评价。一般在体尺、体重达到要求后，再按生产性能和外貌评分综合评定其个体品质。由于各国奶绵羊品种及杂种羊改良程度不同，加之生态环境、饲料条件、饲养方式、繁殖与培育方法不同，因此，不能用一个鉴定标准来统一进行鉴定，各地应分别制定不同的鉴定标准。现将西北农林科技大学金昌奶绵羊试验示范基地东佛里生奶绵羊的鉴定标准介绍如下，以供参考。

（一）体尺体重

见表 3-2。

表 3-2 奶绵羊生长发育指标

年龄	性别	体高（cm）	体长（cm）	胸围（cm）	体重（kg）
初生	公	—	—	—	4.5
	母	—	—	—	3.6
2月龄	公	—	—	—	14
	母	—	—	—	13
6月龄	公	62	69	71	40
	母	58	67	68	35
12月龄	公	80	96	110	95
	母	75	90	105	85
18月龄	公	83	100	120	105
	母	80	95	115	90
36月龄	公	85	110	130	120
	母	82	100	120	95

（二）外貌评级标准

见表 3-3。

表 3-3 外貌评级标准

性别	特等	一等	二等	三等
公	80	75	70	65
母	85	80	75	70

凡有狭胸、凹背、乳房形状不良、后躯发育过差等缺陷之一且表现严重者都要评为等外，有角、尾巴粗且有长毛者评为等外。

（三）产奶量评级标准

1. 母羊产奶量评级标准　见表3-4。

表3-4　母羊产奶量评级标准（kg）

胎次	第一胎	第二胎	第三胎
特级	450	546	642
一级	420	510	600
二级	380	461	542
三级	300	364	428

产奶量达到相应等级标准，总干物质含量达到17%以上、乳脂率达到6%以上以及乳蛋白率达到5%以上即可评为相应等级。乳脂率、乳蛋白率和干物质含量为第2、5、7泌乳月中期各测一次的平均值。

2. 公羊产奶潜力评级标准　对生长发育良好以及外貌鉴定合格的公羊进行公羊指数测定（表3-5），测定时用公羊指数的计算公式计算。

$$F = 2D - M$$

式中，F 为公羊选择指数；D 为女儿平均产奶量（选12只同龄女儿第一胎的平均产奶量）；M 为母亲第二胎的平均产奶量。

表3-5　种公羊指数评级标准

等级	特级	一级	二级	三级
公羊指数	700	600	500	450

如果没有条件测定公羊女儿的产奶量，则可以根据公羊双亲等级评定公羊等级，评级标准见表3-6。

表3-6　按照双亲等级评定公羊

被测羊　母 ＼ 父	特级	一级	二级	三级
特级	特级	特级	一级	二级
一级	特级	一级	二级	二级
二级	一级	二级	二级	二级
三级	二级	二级	二级	三级

（四）综合评定

产奶母羊根据泌乳性能和外貌等级进行综合评定，种公羊根据公羊指数和外貌等级进行综合评定（表3-7）。对未进行公羊指数测定的公羊，根据双亲和外貌等级按表3-7标准进行综合评定，但最高不能评为特级。

表 3-7　奶绵羊综合评级标准

外貌等级	泌乳性能或公羊指数等级			
	特级	一级	二级	三级
特级	特级	一级	二级	二级
一级	特级	一级	二级	三级
二级	一级	一级	二级	三级
三级	二级	二级	二级	三级

东佛里生奶绵羊每年 8—10 月进行鉴定，初生、4 月龄时进行初选，36 月龄进行终生鉴定。种公羊从特级、一级母羊所生的公羔中选留。种公羊配种前和配种期进行精液品质检查，早期淘汰无精子羊和不爬跨的公羊。

第二节　奶绵羊选种选配

选种就是将符合人们期望和要求的优良个体从群体中挑选出来，留作种用，让它们组成新的繁殖群再繁殖下一代。经过如此反复多个世代选择，不断地选优去劣，以保持和提高羊群的优良生产性状、群体水平，最终形成一个遗传性能稳定、生产性状稳定、体型外貌较一致的群体（或品种）。选配是选种工作的继续，其目的是将选种选出的优秀个体之间有选择地进行配种，选种是选配的基础，但选种的作用必须通过选配来体现。利用选种改变群体动物的基因频率，利用选配有意识地组合后代的遗传基础。有了良好种源才能选配，反过来，选配只有产生优良的后代，才能保证在后代中选出好的种源。了解掌握奶绵羊的繁殖规律，科学运用繁殖原理，做好奶绵羊的选种选配工作，提高奶绵羊的繁殖能力，使母羊多产优秀的羔羊，是奶绵羊生产中十分重要的环节。

一、选种

（一）意义

选种指从奶绵羊群中选择优良的个体以作为种用。选种使品质较差个体的繁殖后代受到限制，而使优秀个体获得更多的繁殖机会，产生更多的优良后代，使奶绵羊群体的遗传结构发生定向变化，即有利基因的频率不断增加，不利基因的频率不断减少，最终使有利基因纯合个体的比例逐代增多。

（二）方法

1. 个体选择　个体选择是根据个体的生长发育、体型外貌和生产力的实际表现来推断其遗传型的优劣。具体方法是，与其所在羊群的其他个体相比，或与所在羊群的平均水平相比，也可与鉴定标准相比。

个体选择一般要经历一个从小到大多次选留、逐步淘汰的过程。个体选择能使后代得到多大的遗传改进，取决于所选个体表现型与基因型的相关程度、选择什么性状、选择强度大小、选择多少性状及怎样选。一般选择遗传力高的性状效果可靠、进展也大，而选择遗传力低的性状则可靠性差。

个体选择中，当所选性状不止一个时，可采用以下不同方法：

（1）顺序选择法　顺序选择法指同一时期只选择一个性状，当这个性状得到满意的改良后再选择第二个性状，然后选择第三个性状，按如此顺序递选。该法的效率主要取决于所选性状间的遗传相关。如果性状间呈正遗传相关，则该法可能相当有效；如果性状间呈负遗传相关，则该法费时费力、效率低。

（2）独立淘汰法　独立淘汰法是同时选择两个以上性状，并对每个性状分别规定出应达到的最低标准，凡全面达到标准者被选留。若有一项未达标准，即使其他方面都很突出也将被淘汰。此法虽简单易行，但被选留的个体总的表现可能很平常，因而后代的遗传改进不会很大。

（3）选择指数法　选择指数法是根据育种要求，对所选择的每一性状按其遗传力及经济重要性的不同，分别给以不同的加权系数，组成一个综合选择指数，然后按指数高低选种。此法的特点是对所选几个性状有主次之分地综合在一个指数公式中进行同时选择，效果最好。选择指数的计算公式为：

$$I = \sum_{i=1}^{n} W_i h_i^2 (P_i / \bar{P}_i)$$

式中，W_i 为性状的加权值；h_i^2 为性状的遗传力；P_i 为个体的表型值；$\bar{P}_i$ 为群体的平均值。

2. 系谱选择　根据系谱，按个体祖先的表型值进行选种的方法称系谱选择。一个完整的系谱应包括2～3代祖先的名号及生长发育、生产性能等有关资料。因为后代品质在很大程度上取决于亲代的遗传品质及其遗传的稳定性，所以系谱选择一般采取分析和对比，即先逐个分析各个体的系谱，审查祖先特别是亲代和祖代血统是否为纯种、生产性能高低及是否稳定，然后对各个体的系谱进行比较，从中选出祖先性能高且稳定又没有遗传疾患的个体作种用。但根据系谱选种只能预见个体的遗传可能性。因此，该法多用于幼龄奶绵羊的选留和引种。

3. 后裔选择　后裔选择是根据后代平均表型值进行选择的方法，因为后代品质好坏是对亲本遗传性能及种用价值最确切的体现。这种方法最适合于对遗传低的性状进行选择，许多国家都采用，并设立专门的测定站。由于该方法所需时间长、投资大，因此一般只用于种公羊的选留。后裔测定的方法有：

（1）母女对比法　将女儿的生产成绩与其母亲的相比，如女儿成绩显著高于母亲，则证明其父亲是一个"改良者"，反之则为"恶化者"，成绩相近则为"中庸者"。此法简便、易行，但母女年代不同，生活条件难于取得一致。

（2）同龄女儿比较法　将被测的几头公羊的同龄女儿进行同伴生产力间比较。由于它们的年龄、饲养管理条件较一致，故结果也较准确。

（3）半同胞比较法　将同父异母的半同胞后裔成绩进行比较，优点是能最大限度地消除母亲间和季节间的差异。

（4）公羊指数法　将公羊女儿的成绩与其母亲的成绩按公式计算成公羊指数后进行比较，公式为：

$$F = 2D - M$$

式中，F 为父亲的产乳遗传潜力，即公羊指数；D 为女儿的平均泌乳量；M 为母亲的平均泌乳量。

后裔选择应注意的事项：①与配母羊应在品种、类型、年龄和等级上尽可能相同；②后裔之间、后裔与亲代之间应在饲养管理上尽可能相同；③后裔的出生时间应尽可能安排在同一季节；④后裔的数量要足够多，一般以 20～30 只为宜；⑤评定指标要全面，既要重视后裔的生产力，还要注意其生长发育、体质外形、适应性及有无遗传疾患等。

4. 同胞选择　以旁系亲属（有全同胞与半同胞兄妹等）的表现为基础的选择，一般只根据全同胞或半同胞兄妹的平均表型值来选留种羊，统计资料时被选留个体本身不参加同胞的平均值计算。同胞测验，因其双亲相近、基因型一致，所以根据同胞资料能对该个体遗传基因型作出可靠判断，同时也是一个亲本（半同胞时）或双亲（全同胞时）的后裔测验，且比后裔选择需时短，能提早得出结论，对限性性状、活体不能度量的性状及低遗传力性状的选择都有重要意义。

上述几种选种法虽已被广泛应用，但都有些粗糙，不仅不能用数字来准确表示种羊的种用价值，而且评定结果不能相互比较。为克服这些缺点，可采用较复杂的"综合育种值"方法来评定种羊的种用价值。

（三）提高选种的准确性

为了掌握和确保选种工作顺利进行，提高选种效果及其准确性，需建立一套选种程序与制度，概括起来为"三选、四评、两达到、一突出"。"三选"即选留、选出、选定三步；"四评"即从外形、生长发育、生产性能和抗病力四方面评定；"两达到"即本身与其后裔要达到育种要求；"一突出"即要突出育种的主选性状或品系特点。为此应做到：目标明确、情况熟悉、条件一致、资料齐全、记录准确、方法正确、制度健全。

二、选配

（一）意义

（1）选配能创造必要的变异，为培育新的理想型创造条件。由于交配双方的遗传基础不可能完全一致，因此它们的后代不会与父母的任何一方完全相同，有可能发生变异，这就可能创造出理想的类型。

（2）选配能稳定遗传型，使理想的性状固定下来。个体遗传基础来自双亲，所以其遗传物质在一定程度上与父母相同，由此表现出的性状也就接近于父母均值。这样，经过若干代选择性状特征相近的公、母羊交配，该性状的遗传基础就可能更加纯合，性状特征便可能被固定下来。

（3）选配不仅能把握变异方向，而且能加强某种变异。当羊群中出现某种有益的变异时，可以通过选种将具有该变异的优良公、母羊选出，然后通过选配强化该变异，它们的后代可能保持这种变异。这样，经过若干代选种选配，便会形成特点明显的新类型或新品种。

（4）只有通过合理的选配，才能实现选种计划。选种是选配的基础，而选配是实现选种目标的途径。由此可见，正确选配对羊群或品种改良有着重要的意义，它和选种是互相连接的、不可缺少的两个育种技术环节。

（二）方法

1. 亲缘关系选配　亲缘关系选配指根据公、母羊之间亲缘关系的远近安排交配组合，有意识地进行近亲繁殖或远交。做好亲缘关系选择，必须进行羊群近交程度的分析。技术人员应熟悉系谱，计算近交系数及亲缘系数，明确近交的作用。

（1）系谱信息　系谱的表示方法很多，但常用的是横式系谱（图3-4）。当系谱复杂时，为了便于查看，可先将横式系谱改画成结构式系谱（图3-5）。

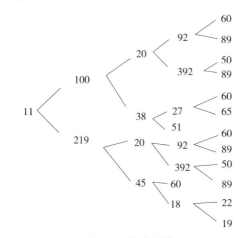

图 3-4　横式系谱

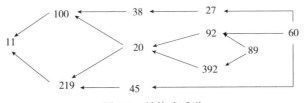

图 3-5　结构式系谱

（2）近交系数和亲缘系数　近交系数（F_x），指某一个体由于近交而造成的相同等位基因的比率。近交系数的大小取决于双亲间的亲缘程度，而亲缘程度的度量用亲缘系数（R_{SD}）来表示。两者的区别在于，F_x说明 X 个体本身是由什么程度的近交产生的，而R_{SD}则表示 S 与 D 两个个体间的遗传相关（亲缘）程度。当双亲均为非近交个体时，则$R_{SD}=2F_x$，计算近交系数的公式为：

$$F_x = \sum \left[\left(\frac{1}{2} \right)^{n_1+n_2+1} (1+F_A) \right]$$

式中，F_x为近交系数；n_1为一个亲本到共同祖先的代数；n_2为另一个亲本到共同祖先的代数；F_A为共同祖先本身的近交系数；$\sum$为所有共同祖先计算系数的集加符号。若共同祖先为非近交个体时，$F_A = 0$，公式可简化为：

$$F_x = \sum \left(\frac{1}{2}\right)^{n_1 + n_2 + 1}$$

以图 3-4 的横式系谱为例，从 11 号公羊的系谱中可以看出，其父母有两个共同祖先 20 号和 60 号。先看 20 号，通过它连接 11 号的父亲有一条通路，即 100 号←20 号→219 号；而 20 号本身是半同胞近交的后代，其近交系数为：$F_{20} = \left(\frac{1}{2}\right)^3 = 0.128$。再看另一个共同祖先 60 号，通过 60 号连接 11 号父母的通路有 3 条：

$$100 号←38 号←27 号←60 号→45 号→219 号$$
$$100 号←20 号←92 号←60 号→45 号→219 号$$
$$100 号←38 号←27 号←60 号→92 号→20 号→219 号$$

按公式计算 11 号公羊的近交系数值：

$$F_{11} = \left(\frac{1}{2}\right)^3 \times (1 + 0.125) + \left(\frac{1}{2}\right)^6 + \left(\frac{1}{2}\right)^6 + \left(\frac{1}{2}\right)^7$$

$$= 0.140625 + 2 \times 0.015625 + 0.0078125$$

$$= 0.1797$$

为了估计整个羊群的近交程度，有时要计算羊群的近交系数。根据羊群规模、繁育方式，可将计算方法分为以下 3 种：

①当羊群规模小时，可先求出每只羊的近交系数，然后累计，除以在群羊的数量，用平均值代表该羊群的近交系数。

②当羊群规模较大时，可用随机抽样的方法计算羊群 1/3 的近交系数，用其平均值代表整个羊群的近交系数。

③若羊群为闭锁繁育群体，则可用下列公式计算近交系数：

$$\Delta F = \frac{1}{8 N_d} + \frac{1}{8 N_s}$$

式中，ΔF 代表羊群每代近交系数的增量，N_d 代表能实际参加配种的母羊数；N_s 代表能参加配种的公羊数。

在一个规模较大的羊群，参加配种的母羊数较多，因此 $\frac{1}{8 N_d}$ 的值很小，一般可忽略不计。因此，其公式可简化为：

$$\Delta F = \frac{1}{8 N_s}$$

可见，在羊群中参加配种的公羊数愈多，则每代近交系数的增量愈低。因此，在一个闭锁繁育的羊群多留配种公羊，是控制羊群近交程度的可行方法。

（3）明确近交的作用　近交既有其有用的一方面，也有其有害的一方面，归纳起来，有以下 5 点：

①固定优良性状。近交的基本效应是基因纯合，因此，可用于固定优良性状，使这些性状的基因逐步成为纯合子，在后代中得到稳定遗传。这在品种育成阶段具有重要意义。

②揭露有害基因。在家畜育种中，需要淘汰的有害性状多数是由隐性基因造成的。因

而在杂合子情况下，它们得不到暴露。而近交时由于基因型趋于纯合，隐性有害基因暴露的机会就会增多，因而可及早将携带有害基因的个体淘汰，使有害基因在群体中的频率大大降低。例如，东佛里生奶绵羊与湖羊的杂交后代有时出现副乳头，这种性状虽与生产性能无关，但却不利于奶绵羊新品种的培育。如果偶尔遇到出现隐性有害性状，可先淘汰出现这种性状的个体，同时停止它们祖代亲本的种用繁殖。

③保持优良个体的血统。当羊群中出现个别特别优秀的个体时，需要尽量保持这些优秀个体的特性，并扩大其影响。为此而采用近交，这已证明是一种行之有效的方法。例如，当羊群中出现了一头特别优良的公羊，为了保持其特点，并扩大其影响，可让这头公羊与其女儿交配，或让其子女互相交配，也可采用其他形式的近交，以达到上述目的，这经常使用在品系繁育中。

④提高羊群的同质性。近交使基因纯合的另一结果是引起羊群分化，但是经过选择和整顿，却可以得到比较同质的羊群，从而使羊群比较整齐。这种遗传结构和特性比较一致的羊群，在与其他品系杂交时可以获得较显著的杂交优势。除此以外，同质化的羊群有利于减少科学试验时取样的误差，提高准确性。

⑤近交衰退。近交衰退是指由于近交，家畜的繁殖性能、生理活动以及适应性等有关性状，较近交前降低的现象。因为近交使基因纯合，基因的显性与上位效应减小，平时为显性基因所掩盖起来的隐性有害基因得以发挥作用，因而产生近交衰退现象。由此可见，近交虽然是育种工作的一种有效方法但它又有有害的一面，即近交衰退。一般而言，遗传力低的性状，如繁殖性能等，近交衰退较严重；遗传力高的性状，近交衰退不严重。表现近交衰退的性状，正是那些表现杂种优势明显的性状。因此，在实践中，为了防止近交衰退的发生，可采取如下措施：

A. 严格掌握近交程度和时间。不同绵羊品种对近交的耐受性不同。

B. 严格淘汰。对近交时出现的不良个体，必须淘汰。

C. 加强管理。近交产生的个体其种用价值可能较高，遗传性能也较稳定，但生活力较差，表现为对饲养管理条件要求较高。如果饲养管理条件满足不了它们的要求，近交的副作用可能会在各种性状上立即表现出来。因此，要加强对近交羊群的饲养管理。

D. 血液更新。在进行几代近交后，为防止不良影响过多积累，可购进一些同品种、同类型但无亲缘关系的种公羊或母羊进行血液更新。

E. 做好选配工作。多留种公羊，进行细致的选配工作，可避免进行近交。即使发生近交，也可以使近交系数的增量控制在一定水平以下。羊群每代近交系数的增量维持在3％～4％，即使持续若干代，也不致出现显著的有害后果。

2. 类型选配　类型选配指根据体型外貌或生产性能的特点来安排公、母羊的交配组合，包括同质选配和异质选配。

（1）同质选配　选择具有相似性状或育种值相似的公、母羊交配，称为同质选配。例如，体格高大的羊与体格高大的羊交配、产奶量高的羊与产奶量高的羊交配等。一般可在以下两种情况下采用同质选配。

①在杂交育种后期，羊群的有关性状参差不齐、分化很大。在这种情况下，可在体质外貌或生产性能类型方面进行同质选配。

②为了固定和发展某些优良性状，必须针对这些性状进行同质选配，以优配优，得到更多突出的后代。

同质选配的作用主要是使亲本的优良性状稳定地遗传给后代，使优良性状得以保持和巩固，并增加羊群中具有这种优良性状的个体数。同质选配的效果，与基因型判断是否准确有密切关系。如果仅根据表型选配，表型相同的个体基因型未必相同，即使是同质选配，也可能产生不相似的后代。如果交配双方的基因型都是杂合子，即使同基因型交配，后代也将发生分化，性状不能巩固，也不能得到大量理想个体。根据基因型选配，则可收到良好的效果。因此，在选配前有必要根据其遗传规律，确定其主要性状的基因型。

（2）异质选配　挑选体格类型或生产性能不相同的公、母羊交配，称为异质选配。这对改善和提高羊群的体质、外貌、生活力、适应性、生产能力都有良好的影响。异质选配常应用于以下两种情况：

①结合公、母羊双方的优良性状。例如，安排乳脂率高的类群或品系与产奶量高而乳脂率低的类群相互交配，可获得产奶量高、乳脂率也高的优良后代。

②以交配一方的优点纠正另一方的缺陷。例如，让背腰平直的公羊与背腰凹陷的母羊交配，以纠正后代母羊凹背的缺点。用后代乳脂率高的公羊与乳脂率低的母羊交配，克服其乳脂率低的缺陷。

从理论上解释，前一种所谓不同的优良性状，实际上是指不同位点的基因所决定的性状，设 A-表现为优秀的甲性状，B-表现为优秀的乙性状，个体 A-bb 与 B-aa 选配即为异质选配，其目的是使两个不同的优秀基因结合在一起，形成 A-B-。这种类型的异质选配在达到目的后要转入同质选配，使大量个体的基因型纯合成 AABB，这样才能使两个优良性状牢固地结合在一起。后一种即所谓的"改良选配"，设 A-表现为优异的性状，aa 表现为低劣的性状，它们之间进行异质选配，基因的结合可能为 AA×aa 或 Aa×aa，前者可能出现 Aa 型后代，生产性能有所提高，但不会出现基因型纯合的个体。由上可见，异质选配的主要作用是综合双亲的优良性状，丰富后代的遗传基础，创造新的类型，提高后代的适应性和生活力。因此，当羊群处于停滞状态或在品种培育初期，为了通过基因重组获得理想型个体，需要应用异质选配。

（三）选配原则

1. 按等级选配　即以优配优、以优配中、以中配中、以中配差，不可采取"拉平"的办法。一般而言，公羊的综合评分等级或育种值应高于母羊，不允许等级高的母羊与等级低的公羊交配。

2. 按年龄选配　由于公羊年龄对后代的影响很大，因此选配时要适当考虑交配双方的年龄。一般而言，幼龄羊所生后代具有晚熟、生活力差、生产性能低及遗传性不稳定等特点；壮年羊所生后代机体机能活动旺盛，具有比较保守和相对稳定的遗传性，具有生命力强、生产性能高和长寿等优势；老龄羊的后代具有高度的早熟性，但生长停止时间也较早，主要器官发育不全，易早期衰老，生活力差，遗传性亦不稳定。因此，为了获得好的后代，在选配时，公、母羊的年龄最好按如下原则选择：青年公羊配成年母羊，成年公羊配青年母羊，成年公羊配成年母羊，成年公羊配老龄母羊。不允许幼年公羊配幼年母羊、老年公羊配老年母羊。

在生产实践中，选配一般可分为个体选配与群体选配，其方案步骤如下：

（1）个体选配　对羊群不大或羊群中的育种核心群（类群或品系），可根据育种目标，分析每头公、母羊在生产性能及外貌结构上的优缺点，制订全年的个体选配计划，安排优秀的公、母羊进行配种，并按前述原则对参加配种的公、母羊逐只进行鉴定，分析其配合力，计算其近交系数，并列出主配公羊与次配公羊（当主配公羊配种任务大或发生疫病时，用次配公羊配种），然后进行全面审定修改。

（2）群体选配　对超过 60 只基础母羊的羊群，就要进行群体选配。首先将准备参加配种的母羊列出其名号，然后根据育种要求，按生产能力、体尺外貌存在的主要问题，把不同年龄、类型的母羊分别分类，最后根据育种要求或某些主要经济性状选择主配公羊和次配公羊，但每组预备母羊不能过多，一般不超过 30 只。

第三节　奶绵羊传统育种方法和分子育种技术

品种对整个畜牧业生产的贡献率在 40% 以上。优良品种是畜牧产业发展的基础，有了良种就能够在同样投入的条件下有更多的产出。育种方法有传统的表型育种和近年来发展迅速的分子育种技术。我国奶绵羊产业才开始起步，开展适合我国国情的奶绵羊新品种培育是奶绵羊产业能否健康、高效发展的决定性因素。奶绵羊新品种培育要做好以下几个方面的工作：①做好奶绵羊生产性能的测定、记录和分析工作；②做好奶绵羊功能基因的挖掘与解析，并进行重要经济性状基因的定位研究；③做好奶绵羊遗传资源评价、保护和利用。

一、传统育种方法

（一）育种体系

1. 确定育种目标　奶绵羊育种以能取得最大的经济效益为标准，其育种目标就是"育成一个新品种，使其在未来的生产和商品经济条件下获得最大的效益"。因此，在确定奶绵羊育种目标时，要考虑所有对奶绵羊生产效益有影响的性状。而对一般的外貌、形态等与生产性能不相关或相关性很小的性状可以不预先考虑或很少考虑，否则将会限制生产性状的选择效率。

确定育种目标的方法是计算综合育种值，因为综合育种值是育种目标的数量化。其计算公式为：

$$A_\mathrm{T} = \sum W_i A_i$$

式中，A_T 为综合育种值；W_i 为性状的经济系数；A_i 为第 i 个性状的一般育种值。奶绵羊选择育种目标性状，要根据具体情况而定。主要应当考虑以下几个主要性状：

（1）产奶性状　包括产奶量、乳脂率、乳蛋白率，或者只选择产脂量这一性状，因为产脂量是产奶量和乳脂率的综合性状。同时，这一性状与乳蛋白率呈正的遗传相关，选择这一性状可以同时改善以上几个性状。

（2）体重体尺　体重主要是提高8月龄或初配体重，体尺指标应选择乳用体型。

（3）乳房　乳房的体积、形状、附着程度以及乳头的位置朝向、大小和距离是奶绵羊乳房选择的重要性状指标，对于提高奶绵羊生产水平和适应机器挤奶有重要的意义。

2. 建立后裔测定体系　后裔测定体系的完善与否，直接关系育种工作的成败。后裔测定的方法很多，如在奶绵羊上应用的同期同龄女儿比较法及同群比较法都可用于奶绵羊的育种。以下介绍挪威的"公羊环"和法国的后裔测定站，供各地在育种工作时参考。

（1）挪威的"公羊环"　每一个"公羊环"至少包括5个群，每个群要求有500只母羊，同时有5只通过系谱测定的青年公羊（至少1岁），轮流分配到5个群中。在第一个泌乳期快要结束之前，先根据部分泌乳期的资料计算出一个临时指数，用来比较优秀的公羊。选择的优秀公羊在2.5岁时可以用于配种，这样可以缩短世代间隔。母羊指数是根据产奶量和乳房外形评分计算的。3岁左右的成年公羊冷冻精液可在牧场进行性能测定后使用。用"公羊环"进行后裔测验的体系，主要由以下3个步骤组成：①根据母羊指数选择最好的母羊。②为了繁殖下一代可种用的公羊，应用经过后裔测定后最好的公羊与最优秀的母羊配种。③在选择用来生产未来种羊的母羊群中，用已经证明是优秀个体的公羊配种。

加强对产奶性能的记录，测定足够多的公羊和母羊。同时，制定详细严格的配种制度，尽早计算公羊的临时指数和最后指数，以及有希望生产出好公羊的母羊指数。所有有用的资料都录入智能育种系统，并定期集中、统一分析，不断完善育种计划。在人工授精中心，产奶性能记载与资料处理者和选择公羊的负责人之间，必须建立一个高度协调、相互配合的制度，务必使参与配种的公羊确实具备优秀的泌乳遗传潜力。

（2）法国的后裔测定站　法国的后裔测定站测验分为3个阶段：

第一阶段：选择祖先。选择用作测验的公羊必须来自计划内的留种群。最理想的是11—12月生的羊，这样在第二年6～7月龄时，可以开始用它们的冷冻精液进行人工授精以测验公羊性能。

第二阶段：在3个预测中心站对100只公羊的生长、性行为、精液量，以及冻精与鲜精的活力进行个体对比。公羊在7月龄时的体重与精液量呈正相关，同时与其女儿在7月龄时的平均体重（后裔指数）也呈正相关。选择公羊在7月龄的体重，可以改良公羊的繁殖性能，增加其女儿在初配时的体重。

第三阶段：后裔测定。把20只最好的公羊的冷冻精液送到试验站去配基础群中的250只成年母羊，以保证每只公羊可获得10～15只女儿，女儿在试验站一直饲养到第一个泌乳期结束为止。

其中最好的个体进入预备群，在后裔测定站进行对比的性状有：生长发育情况（1～8月龄的每月体重）、每胎次的泌乳量、乳蛋白率和乳脂率（每14d测一次）、排乳速度、乳房形状与大小。在人工授精季节开始之前，根据女儿第一个泌乳期100d的指标，计算公羊的临时指数，比较其优劣，选最好的公羊用作大群配种。将公羊优秀的后代女儿选入基础群。

3. 实行联合育种方案　联合育种是指在一定范围（一个省、一个地区或全国）内进行跨场的联合种羊遗传评估，即将多个中小型种羊场的遗传资源合并到一起，形成相对大的核心群，进行统一的遗传评定，选出最优秀的种羊，供参与联合育种的各个羊场共同使用，其目的是实现种羊的跨场比较和选择。这一育种组织形式不仅可以提高选择强度，充分发挥最佳线性无偏预测（best linear unbiased prediction，BLUP）方法选择准确的优点，同时可有效避免群体太小导致的被动近交，提高选育效果和育种效率。联合育种工作主要包括 7 项内容：种羊登记、统一规范的生产性能测定、统一的数据管理系统、跨场联合遗传评估、种羊跨场选择与利用、有组织的人工授精体系及网络信息系统。联合育种的实施包括以下内容：

（1）实施育种者之间建立一个联合育种中心，在核心育种场生产他们所需的种公羊。

（2）经测验和选择过的种羊以两种方式流通，将从核心育种场中选择优秀的公羊分配到育种协作场，同时把在育种协作场中经过高度选择的优秀母羊送到核心育种场。

（3）选择重要的经济性状。

联合育种方案模式见图 3-6：

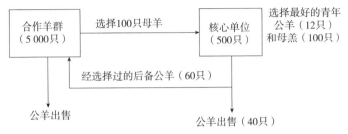

图 3-6 联合育种方案

假设参加联合育种的合作羊群中有 5 000 只奶绵羊，而核心育种场约需要 500 只奶绵羊，要求在前 5 年内逐渐完成组群的数量要求。经过 2～3 年后，核心育种场可以从育种协作场中得到 100 只经过选择的后备羊。同时，育种协作场羊群可以从核心育种场中得到 100 只优良母羔。2 年后，参加联合育种的育种协作场就有可利用的公羊和出售的公羊。

参加联合体中的各育种者，要在各自羊场中记载羊群的各项性能，同时要选送最好的母羊到联合体的核心育种场。在核心育种场中经过进一步的生产性能测定后，把最好的青年公、母羊留作种用。在核心育种场中选出的其他青年公羊作为育种协作场的后备公羊，连年进行这种测定和选择（图 3-7）。核心育种场开放地饲养着从各育种协作场选送来的最高生产力的母羊。当核心育种场中的羊占各协作场羊总数的 5%～10%，而后备母羊 40%～50% 来自各协作场的羊群时，就可以实现最大的育种进展。

（4）优点

①联合体的规模和潜力，比任何一个个体育种单位都大。因为联合体有专门的育种羊群，能降低后裔测定及改良的成本。

②种羊是从各个不同羊群中选出的，可以在核心育种场这一相同条件下进行比较。从各个羊群中选出来的不同品系，其遗传潜力可以进行测定和共享。育种者通过比较分析可以选择更优秀的个体。

③联合体可提供先进的育种技术，同时对市场产生的影响也比个体育种者大。

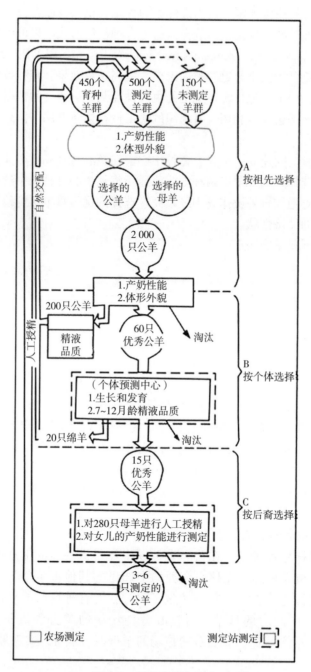

图 3-7　奶绵羊繁育体系

④在理论上讲，联合育种比个体育种者可获得更好的改良效果（15%～25%）。育种协作场扩大了母羊数目，增加了选择机会，最好的个体可集中在核心育种场。同时，核心育种场自身也可以进行更大强度的选择、精确的后裔测定和特殊的选配。由于育种协作场的优秀公羊都来自核心育种场，因此可以增加联合育种的改良效果。

可以避免在小规模育种中易出现的近交问题。对育种对象进行连年选择，可以保证一些经济性状得到更稳定的改良。

（二）本品种选育

本品种选育也称纯种选育或纯种繁育，是指在同一品种羊群内，通过选种、选配和培育不断提高羊群质量及其生产性能的方法。也即在现有品种群体内部，实行本品种公、母羊间交配的繁育制度。一般通过以下 4 种情况进行本品种选育。

一是良种选育。羊的地方良种，往往具有较一致的体型外貌和较高的生产性能以及稳定的遗传性。为了进一步提高其生产性能，促使其体型外貌更趋于一致，需采用本品种选育的方法，来提高和巩固某些优良的特征特性，这种繁育方法称为良种选育。如我国优良地方品种关中奶山羊，适应性好，奶用性能良好，抗病力强且耐粗饲，有稳定的遗传性，虽然存在乳房形状差、乳蛋白率低等缺点，但通过本品种选育，可以逐步纠正这些缺点，并逐渐提高其生产性能。

二是纯种繁育。一个优良的品种，经过人们的培育，能具有高度专门的生产性能及稳定的遗传性。为了增加数量，保持品种特性，不断提高品质，应进行有计划的选种选配，这种繁育方法称纯种繁育。引进品种保种也采用该法，如由国外引进的东佛里生奶绵羊等良种均不能随意引入其他品种羊的血液，必须采用本品种选育的方法保持纯种、扩大繁殖，以供推广和提供杂交育种的原材料。

三是保种选育。一个地方品种，虽然经济价值不高，不能满足人们的需要，但在某些性状方面，如适应环境的能力、抗病能力、耐粗饲能力、生产性能的某一方面有一定或较突出的优点，这就需要在一定的地区内保留其必要的数量，作为杂交育种的原始材料，这种繁育方法称为保种选育。

四是自群繁育。一个杂交种，进入到横交固定阶段以后，需要有目的地进行选种选配，以固定优良性状，使全群质量进一步提高并趋于整齐。这个阶段的育种工作，虽然不是在一个品种内进行选育，但其与品种内选育的方法相似，故称这种繁育方法为自群繁育。

同一个品种虽有共同的遗传基础，但是在不同条件的影响下，加上有意识的选种选配，建立品系品族，可形成一定的差异。育种的目的在于积极发现和充分利用这些差异，通过选种选配、定向培育、器官锻炼等措施，进一步克服缺点、提高品质，达到改良和培育新品种的目的。

本品种选育主要包括近亲繁育和品系繁育。

1. 近亲繁育　近亲繁育是指具有不同程度血缘关系的公、母羊进行交配。其可以迅速地巩固优良性状，使群体中纯合基因型的比例增加，杂合基因型的比例减少，迅速发展纯系，形成品种，是本品种选育或新品种培育过程中经常采用的一种方法。可以说，所谓纯种繁育，主要就是采取近亲繁育的方法。

当然近亲繁育既能使某些优良基因纯化，也能使某些隐性不利基因纯合而暴露出来，表现出不良性状而成为不良个体，如体格变小、体质变弱、生产性能降低、畸形发育等。因此，育种工作者要认真对待这一问题。具体办法：一是近亲交配只用 1 次或 2 次，然后用中亲或远亲交配，以保持其优良性状；二是严格选择，防止有共同缺点的公、母羊交配；三是严格淘汰那些突变型和重新结合的纯合劣质基因型的不良个体。

2. 品系繁育 品系繁育是育种工作的高级阶段，是本品种选育常用的一种育种方法。其特点是有目的地培育畜群在类型上的差异，以便使畜群的有益性状继续保持和扩大到后代中去。对在某一方面表现突出的个体或类群，采用同质选配的方法就可以将该品种这方面的优良性状继续保持下去。采用这种方法，在一个品种内建立若干个品系，每个品系都有其独特的特点，以后通过品系间的结合（杂交），即可使整个畜群得到多方面的改良。所以品系育种既可达到保持和巩固品种优良特性特征的目的，同时又可以使这些优良特性特征在个体中得到结合。例如，欧洲有些国家培育的奶绵羊既具有很高的产奶量（500～600kg），又具有较高的乳脂率（6.5%以上）和乳蛋白率（5.2%左右），另外还有较好的肉用性能。这些生产性能的显著提高，主要是采用品系繁育的结果。

（1）品系建立

①创造和选择系祖。建立品系的首要问题是培育系祖，理想的系祖是建系的前提条件。系祖必须是卓越的优良种公羊，不仅本身表现好，还能将本身的优良特性遗传给后代。如果系祖的特性不显著，特别是遗传性能不稳定，那么当与同质母羊选配时，所产生的后代就不一定都具有品系的特性。培育系祖时，可以从种子母羊群或核心母羊群中挑选符合品系要求的母羊若干头，与较理想的种公羊配种，对所生公羔进行培育和后裔测定，选五留一，建立品系。为了避免系祖后代中可能出现的遗传性能不稳定，在创造和培育系祖的过程中可适当采取亲缘选配，以巩固遗传性。但是为了防止由于近交系数过高而使后代生活力降低及某些不良基因结合而出现遗传缺点，应避免亲子交配。

②认真挑选品系基础母羊。有了优秀的系祖公羊，便可与同质的母羊进行个体选配，但要认真挑选与配的同质母羊，必须是符合品系要求的母羊才能与系祖公羊交配。此外，品系的基础母羊还必须有相当的数量，一般每一品系在建系时，要有150～200只可供建系的成年母羊。因为可供建系的基础母羊头数越多，越能发挥种公羊的作用，特别是在应用冷冻精液配种的情况下，一个品系的基础母羊数应大大增加。

③选育系祖的继承者。为了保持已建立的品系，必须培育系祖的继承者。一般而言，系祖公羊的儿子可作为品系的继承者。培育系祖继承者也必须按照培育系祖公羊的要求，通过后裔鉴定选出卓越的公羊。在建立品系以后，就要及早注意培育和选留品系公羊的继承者。一般一个品系延续到3代以后逐渐消失。如果这个品系没有存在的必要，便无需考虑品系的延续问题。若是特别有价值的品系需要保留，应采取以下解决办法：①继续延续已建立品系，方法是选留与原系祖有较多亲缘关系的后代公羊作为品系的继承者；②重新建立相应的新品系，即重新培育系祖。

（2）品系结合 建立品系是为了增加品种内部的差异性，以保持品种的丰富遗传性，而品系结合（即品系间杂交）可增强品种的同一性。可见建立品系的最终目的是为了品系结合。通过品系结合，品系间的优良特性互相补充、取长补短，从而使品种内的个体更能表现出固有的优点和有益的特征特性。

总之，品系建立与品系结合，是进行品系育种的两个阶段，这两个阶段可以循环反复，从而使品种不断获得改进和提高。

（3）顶交 在建系过程中，为了创造优秀的系祖和巩固其遗传性，往往采取近交的方法。然而近交常出现后代衰退现象，为了防止近交退化，提高下一代羊群的生产性能、繁殖效率和体质，用近交公羊和无血缘关系的母羊交配，在相同品种内能取得杂交优势，达到增强羊群体质、提高生产性能的目的，这就是顶交。

（三）杂交育种

杂交育种就是用两个或两个以上品种杂交，创造出新的变异类型，然后通过育种手段将它们固定下来，以培育出新品种或改进品种个别缺点的目的。

1. 引入杂交与畜群改良　引入（导入）杂交是当某品种基本符合国民经济的要求，但还存在个别缺点需要改良，而采用本品种选育短期内又不易见效时，为了迅速改良这些缺陷所采用的一种有限杂交方法。

引入杂交的方法是利用改良品种的公畜和被改良品种的母畜杂交一次，然后选用优良的杂种（包括公畜和母畜）与被改良品种（母畜和公畜）回交。回交一次获得含有1/4改良品种血统的杂种，此时如果已合乎理想要求，即可对该杂种动物群进行自群繁育；如果回交一次所获得的杂种未能很好地表现被改良品种的主要特征特性，则可再回交一次，把被改良品种的血统含量降到1/8，然后开始自群繁育。

引入杂交应注意的问题：①改良品种和被改良品种要体质类型相似、生产方向一致，改良品种必须具有针对被改良品种缺点的显著优点。②以加强本品种选育作为基础。③引入外血的量一般不要超过1/4。④创造有利于性状表现的饲养管理条件，同时必须进行严格的选种和细致的选配。

2. 级进杂交与畜群改良　级进杂交又称改造杂交或吸收杂交。当某一品种不能满足国民经济的要求，需要彻底改变其生产方向、改良其生产性能时，即可采用级进杂交法育成适应当地条件的新品种。

级进杂交的方法是利用改良品种的公畜与被改良品种的母畜杂交，所生杂种母畜连续几代与改良品种的公畜交配，直到杂种基本接近改良品种的水平时为止，然后将理想型的杂种群进行自群繁育。

级进杂交应注意的事项：①正确选择改良品种，即根据地区规划、国民经济的需要以及当地自然条件，选择适应性好、生产力高、遗传能力强的品种作为改良品种。②正确掌握级进杂交的代数，当后代既具有改良品种的优良性状，又适当保留被改良品种原有良好的繁殖力和适应性等优点时，就要不失时机地进行横交自繁。③必须为杂种创造合理的饲养管理条件。

3. 新品种培育

（1）新品种培育分类

①依据参加品种的数量分类。

A. 简单育成杂交。即通过两个品种杂交来培育新品种，如关中奶山羊就是利用萨能奶山羊和当地山羊培育的。

B. 复杂育成杂交。即通过多个品种杂交来培育新品种，用此法培育新品种，一般比简单育成杂交所需时间长。

②依据育种工作的目的不同分类。

A. 改变生产方向的杂交育种，如将肉用性能的绵羊向奶用性能的方向转变等。

B. 增进抵抗能力的杂交育种，如培育有特殊抵抗能力的耐热性品种、耐寒性品种或抗病性品种等。

③依据育种工作的基础不同分类。

A. 在杂交改良基础上培育新品种，如三河马、三河牛都是在群众性杂交改良基础上培育的。

B. 有计划地从头开始培育新品种。

（2）新品种培育的方法和步骤

①杂交创新阶段。主要是根据育种目标选择杂交用品种。通过杂交，综合各品种的优良特性；结合培育，创造出符合育种目标的理想型杂种。应当注意：

A. 参加杂交的品种数量不宜过多，以免给横交固定增加困难。杂交时应按先老后新、先专后兼的原则来安排，因为老品种育成时间较长，专用品种遗传性较稳定。

B. 注重参加杂交个体的选择。

C. 杂交代数要适当，只要达到了理想型标准，就应停止杂交。

D. 加强对杂种的培育，只有给予其良好的饲养管理条件，杂种的优良性状才能充分表现出来。

②自繁定型阶段。对已达到理想型标准的个体停止杂交，转入自群繁育，从血统上封闭畜群。为了使理想型个体的遗传性能尽快纯正稳定，使其已具备的新品种特征能得到巩固和发展，在选配方式上采用同质选配，必要时也可采用近交。衡量遗传性稳定的标志：

A. 从自繁开始算起，经 3～4 代可认为基本稳定。

B. 自繁所生后代有 70％能达到或接近一级标准。

C. 要求新品种具有一定的近交程度。

D. 利用固定后的公畜与低产品种杂交，并与其他品种杂交的效果相对比。

③扩群提高阶段。大量繁殖已固定的理想型个体，迅速增加群体数量和扩大分布地区，完成一个品种应该具备的条件，使之成为合格的新品种。

二、分子育种技术

（一）影响奶绵羊泌乳性能的功能基因

1. 下丘脑-垂体-性腺轴信号通路

（1）催乳素释放肽　催乳素释放肽（prolactin releasing peptide，PrRP）最初是在牛的下丘脑中被发现的。它在哺乳动物中有两种不同的类型：一种是由 20 个氨基酸残基组成的 PrRP-20，另一种则是由 31 个氨基酸组成的 PrRP-31，PrRP-20 是 PrRP-31 的 C 末端的一段。在绵羊中同样也证实有 PrRP-31 存在，其 CDS 区与牛的核酸和蛋白序列分别有 95.6％和 94.9％的相似性，且其在进化过程中是比较保守的。

PrRP 和甲状腺激素释放激素一样能促进雌性大鼠垂体细胞催乳素（prolactin，PRL）的分泌，并且 PrRP 的作用比较专一。但不同发育时期雌性大鼠的垂体前叶细胞对 PrRP

的敏感性不同，其中泌乳大鼠的垂体细胞与妊娠期及其他时期垂体细胞相比，对 PrRP 的敏感性最大。TRH 和牛垂体后叶提取物能显著提高培养细胞中的 PRL 浓度，而 PrRP 不能促进培养细胞中 PRL 的释放。人工合成的绵羊 PrRP 能提高羊原代培养垂体细胞液中 PRL 的浓度，可使每个培养液中的 PRL 浓度提高 2～3 倍。形态学和生理学研究表明，PrRP 并不是一个促垂体的 PRL 释放因子，可能是作用于垂体前叶细胞并由一些外周组织（肾上腺、胰腺、睾丸、胎盘等）分泌的一种激素，或是由间接的中枢机制可能经由下丘脑神经元影响 PRL。

（2）催乳素释放肽受体　催乳素释放肽受体（PrRP-R）是一种 G 蛋白偶联的 7 次跨膜受体-GPR10（hGR3），最初因为没有发现其内源性配体，故将其命名为"孤儿受体"，后从牛下丘脑分离出特异性配体并命名为 PrRP-R。PrRP-R mRNA 主要分布在丘脑网状核、下丘脑室旁核、背内侧核、孤束核、最后区以及垂体前叶。在大鼠肾上腺髓质、睾丸和附睾中也有 PrRP-R mRNA 的表达。PrRP 与受体特异性结合诱发三磷脂酰肌醇激酶-蛋白激酶 B/Akt 的级联激活，通过 cAMP 应答元件结合蛋白依赖机制发挥生理作用。

（3）催乳素　催乳素，又称生乳素、促乳素，是由垂体前叶催乳素细胞分泌的一种多肽激素，在动物体内广泛存在。该激素是一种古老的多肽类激素，在动物进化过程中比较保守，因最初发现其具有促进泌乳的功能而命名。其主要作用是促进乳腺的生长发育，并发动和维持泌乳。催乳素成熟蛋白由 199～200 个氨基酸残基组成，其相对分子质量为 23 500左右。PRL 分子在人体内最初是从垂体中获得的，它是一个包含 198 个氨基酸的单肽，相应的 *PRL* 基因被定位于 6 号染色体上，包括 4 个内含子和 5 个外显子，总长度约 10kb。生物体催乳素生物学效应的发挥是通过与其受体（prolactin receptor，PRLR）的结合来实现的。在哺乳动物中，催乳素受体广泛存在于乳腺、卵巢、黄体、睾丸、肝脏和前列腺等组织器官中，在禽类的脑、嗉囊、肝脏和肾脏中也可检测到 PRL 的受体位点，揭示 PRL 在体内存在广泛的调节作用。催乳素产生生物作用的前提是必须与其受体结合后使 PRLR 被激活，启动 JAK2-STAT5 信号转导途径，通过激活 STAT5 反式作用因子，启动或增强以乳蛋白基因启动子为作用元件的靶基因的表达而发挥作用。

（4）催乳素受体　催乳素的作用是通过 PRLR 调节实现的。*PRLR* 基因位于常染色体上。奶牛的 *PRLR* 基因定位在 20q17 上，人的 *PRLR* 基因定位在 5p13～5p14 上，猪的 *PRLR* 基因定位在 16q1.4 或 16q2.2～16q2.3 上，小鼠的 *PRLR* 基因定位在 15 号染色体上，大鼠的 *PRLR* 基因定位在 2 号染色体上，绵羊的 *PRLR* 基因定位于 16 号染色体上。

PRLR 属于细胞因子受体家族成员。根据对 PRLR 初级转录物的选择性剪接形成的膜内区长度的不同，将 PRLR 分为 3 种类型，即长型 LPRLR、中型 IPRLR 和短型 SPRLR。研究表明，由于各型催乳素受体膜内区不同，因而所启动的下游信号通路也不同。如 LPRLR 激活后主要启动 JAK-STAT 途径，而 IPRLR 和 SPRLR 则不能启动该途径或者改变其信号转导的方向，但 SPRLR 对 LF 有抑制作用。奶牛有两种形式的 PRLR 存在，即长型 PRLR（由 557 个氨基酸组成）和短型 PRLR（由 272 个氨基酸组成）。LPRLR 和 SPRLR 在泌乳周期、发情周期和妊娠周期均表达，但因各周期的激素环境不同其表达具有组织特异性。研究绵羊卵巢 PRLR 的表达情况发现，LPRLR 在发情周期的表达量增加，在黄体中期和卵泡发生初期的表达量降低，而SPRLR则在整个发情周期稳定表达。*PRLR*被认为是与产奶量及奶成分有关的重要候选基因，关于其的研究报道主要集中在其多态性与产奶性能及繁殖性能等方面。由于PRLR在促进奶牛及奶羊等动物的乳腺发育、乳汁生成和维持泌乳等方面发挥重要作用，因此人们通过对*PRLR*基因进行多态性分析，希望找到有效的遗传分子标记，以用于产奶动物产奶性状的标记辅助选择。

2. JAK-STATs信号通路　JAK家族共有4个成员，分别为JAK1、JAK2、JAK3和TYR2。JAKs的分布非常广泛，其中JAK1、JAK2和TYR2在所有的组织和细胞中均有分布，而JAK3只在淋巴系统和骨髓中存在。JAKs位于C-末端的JH1、JH2结构域，具有催化功能；而N-末端的4个JH域不具有酪氨酸激酶活性，目前推测其可能参与JAKs和其他信号蛋白分子的结合。

STAT家族有7个成员，即STAT1、STAT2、STAT3、STAT4、STAT5a和STAT5b以及STAT6；包含5个结构域，分别为氨基末端结构域、DNA结合域、SH2样结构域、SH3样结构域和转录激活域。

当受到如多种白细胞介素、表皮生长因子（epidermal growth factor，EGF）、血小板衍生生长因子等细胞因子的刺激被激活时，JAKs活化后使受体链酪氨酸残基磷酸化，并形成对应的STATs停靠位点。随后STATs的SH2结构域与靶受体结合，在JAKs的作用下磷酸化。激活后的STATs与受体分离，在形成同源或者异源二聚体之后入核与靶基因结合，进而与其他转录因子共同调控相应基因的转录。在泌乳期的乳腺组织中，PRL介导的JAK2-STAT5信号转通路在乳蛋白合成中发挥重要作用，已有研究证明在乳腺上皮细胞中PRL可以介导JAK2-STAT5对乳蛋白的转录调控。STAT5具有2种同源异形体，分别为STAT5a、STAT5b，两者通过形成磷酸化复合物起作用。研究表明，*STAT5a*基因缺失会导致乳腺发育迟缓、乳汁分泌减少，而*STAT5b*基因缺失并不影响乳腺发育。通过体外培养的奶牛乳腺上皮细胞，利用基因沉默技术沉默*STAT5a*等基因，检测相关蛋白及mRNA表达的变化，证明*STAT5a*在奶牛乳蛋白转录过程中同样发挥着不可或缺的作用，其已经成为反应乳蛋白转录水平的标识性转录因子。当细胞受到催乳素刺激时，诱导其受体二聚化，使JAK2磷酸化，进而STATs被激活，形成二聚体入核，与CSN2、*κ*-酪蛋白等乳蛋白基因上特定的应答元件结合，开始基因的转录激活。PRL可同时激活STAT1、STAT3和STAT5。不同的细胞因子可以激活不同的JAK激酶。STAT蛋白的激活方式也多种多样。

3. mTOR信号通路　乳腺中乳蛋白的翻译过程主要受哺乳动物雷帕霉素靶蛋白（mammalian target of rapamycin，mTOR）信号通路的调控。TOR属于PIKK超家族成员，作为Ser/Thr激酶而起作用。TOR首先在酵母中被发现，随后在哺乳动物中也发现了酵母TOR的同源物。在哺乳动物中TOR即被称为mTOR。mTOR存在两种不同的复合物形式，即对雷帕霉素敏感的mTORC1和对雷帕霉素不敏感的mTORC2。mTOR可参与基因转录、翻译、核糖体的合成、凋亡、代谢等许多生命活动。

mTOR信号通路包括2条上游调控途径和2条下游调控途径。mTOR通过调控2条上游信号通路，即磷脂酰肌醇3激酶（PI3K-Akt-mTOR）信号通路和腺苷酸活化蛋白激酶（LKB1-AMPK-mTOR）信号通路中因子的磷酸化作用产生应答效应；mTOR 还调节 2 条不同的下游通路，包括真核翻译起始因子 4EBP1 和 S6K1 通路，从而分别控制特定基因 mRNA 的翻译。在乳蛋白的翻译过程中起主要调控作用的是磷脂酰肌醇 3 激酶（PI3K）/蛋白激酶 B（PKB）/mTOR 信号途径。PI3K 作为 mTOR 上游的一个重要的信号分子，具有丝氨酸/苏氨酸激酶活性和磷脂酰肌醇激酶活性。当营养素、生长因子以及胰岛素等刺激 PI3K-AKT-mTOR 信号通路时，首先在细胞膜上激活 PI3K；PI3K 被激活后诱导产生 PIP3，使 AKT 磷酸化；而后 mTOR 被激活，作用于下游信号分子 S6K1 和 4EBP1，使其磷酸化，增强含嘧啶基因 mRNA 的翻译功能，调节乳蛋白的合成。

众多研究表明，JAK-STATs 和 mTOR 信号通路受多种体内激素、微量元素和营养素的调控，除了 PRL 外，胰岛素（insulin，INS）和生长激素（growthhormone，GH）等均能影响乳蛋白的合成，INS 可以促进乳腺上皮细胞从血液中摄取氨基酸，抑制蛋白质的分解。INS 既能与 PRL 协同调控乳蛋白的合成，也能单独促进与乳蛋白合成有关的基因表达。某些糖皮质激素，如氢化可的松也能激活 JAK-STATs 信号通路，调控乳蛋白的转录。

4. AKT 信号通路　蛋白激酶 B（PKB/AKT）可被多种因素激活，可通过大量底物的磷酸化参与许多生理过程。大量数据证实，在乳腺上皮细胞中，AKT 在细胞增殖、乳脂和乳蛋白合成等生理调控中都处于核心位置。

在乳脂合成方面，AKT 主要通过调控胆固醇调节元件结合蛋白-1（sterol-regulatory element binding proteins-1，SREBP-1）的表达来调控细胞中乳脂的合成分泌。SREBP-1 是脂质生物合成的重要调节因子。已有研究证实，SREBP-1 的表达受 AKT 的调节；此外，还有研究暗示乳腺上皮细胞中 AKT 上调可能有助于满足妊娠和泌乳期间增加脂质的生物合成。人活化的 AKT 在乳腺上皮细胞系 CIT3 中的过表达导致葡萄糖转运和脂质合成增加，进一步证实了在泌乳期的乳腺中 AKT 在乳脂质代谢中的作用。此外，AKT 还可以通过改变乳腺上皮细胞（mammary gland epithelial cells，MECs）中细胞质脂滴的形成和积累，来调节乳汁的分泌。

在乳蛋白合成方面，AKT 主要是通过 AKT/mTOR 信号通路来调节细胞中乳蛋白的合成。在奶牛乳腺上皮细胞乳蛋白合成调控通路中，AKT/mTOR 信号通路是最主要的信号通路之一。这条信号通路能通过对各种激素的应答调控乳腺上皮细胞泌乳。在 MECs 中，催乳素、胰岛素、生长激素等各种激素对泌乳的调控主要是通过各种途径激活细胞中的 AKT1，使其发生磷酸化激活；然后激活的 AKT 将信号传递至 mTOR，使其磷酸化激活，活化 mTOR 信号通路，从而启动下游的调控功能。除了在乳脂、乳蛋白的合成与分泌中的调控作用外，AKT 对 MECs 的增殖也有重要的调控作用。AKT 能影响 MECs 的细胞周期，并能调控细胞周期相关的周期蛋白（如 CyclinD1）的表达。在人乳腺上皮细胞中，AKT 对细胞中 CyclinD1 的表达有显著影响，并通过上调 CyclinD1 的表达促进细胞增殖。在小鼠中，AKT 能调控 MC3T3-E1 细胞中 CyclinD1 的表达，在 AKT 过表达的细胞中，处于 S 期、G2/M 期的细胞比例显著增加，G1 期的细胞显著减少，这说明 AKT 能显著促进细胞增殖。通过 PI3K-AKT-mTOR 通路能调控奶牛脐带间充质干细胞的细胞周期，抑制细胞凋亡，促进细胞增殖。

目前研究表明，在乳腺上皮细胞中，AKT 是一个影响细胞泌乳的极重要的调控因子，它参与多个泌乳信号通路的调控，能从乳脂、乳蛋白及细胞增殖等多方面调控乳腺上皮细胞的泌乳。

5. SREBP-1 信号通路 SREBP-1 属于碱性亮氨酸拉链转录因子超家族成员。在哺乳动物中，SREBP-1 含有 SREBP-1a 和 SREBP-1c 两种亚型。SREBP-1 被认为是哺乳动物脂质稳态的主要调节因子，包括乳脂合成。乳脂的合成涉及许多蛋白质，包括转运蛋白和酶。在牛乳腺上皮细胞中，通过基因的过表达和敲除发现，SREBP-1 在许多与乳脂合成和分泌相关基因的转录调控中处于中心位置。研究表明，SREBP-1 在小鼠从妊娠期进入泌乳期的过程中作为正向调节因子促进脂肪酸合成酶的合成。在内质网中，SREBP 与分裂活化蛋白相结合，被转运到高尔基体，利用蛋白酶水解功能产生活化转录因子形成 SREBP-1，*SREBP-1* 基因编码转录启动区的甾类元件开始自我转录，激活脂肪酸合成基因转录，而 *SREBP-1* 不能单独调控脂肪酸合成酶的表达。在小鼠乳腺研究中还发现，SREBP 家族基因是小鼠乳腺中脂肪酸合成的主要调控因子，*SREBP-1* 正向调控乳腺脂肪酸链的生物合成以及与脂肪合成有关酶的活性。

（二）GWAS

1. GWAS 的原理和方法 GWAS（全基因组关联分析）是对多个个体在全基因组范围的遗传变异（标记）多态性进行检测，获得基因型，进而将基因型与经济性状进行群体水平的统计学分析，根据统计量或显著性 P 值筛选最有可能影响该性状的遗传变异（标记），挖掘与性状变异相关的基因。

全基因组关联分析首先在人类医学领域的研究中得到了极大的重视和应用，尤其是其在复杂疾病研究领域中的应用，使许多重要的复杂疾病的研究取得了突破性进展。因而，全基因组关联分析研究方法的设计原理得到了全球学者的重视。随着基因组学研究以及基因芯片技术的发展，人们已通过 GWAS 方法发现并鉴定了大量与复杂性状相关联的遗传变异。近年来，这种方法在动物重要经济性状主效基因的筛查和鉴定中得到了应用。

目前 GWAS 研究主要采用两阶段方法/多阶段方法。第一阶段用覆盖全基因组范围的 SNP 进行对照分析，统计分析后筛选出较少数量的阳性 SNP。可以个体为单位进行基因分型，也可采用 DNA pooling 的方法进行基因分型。尽管 DNA pooling 可大大降低基因分型的成本和工作量，但 DNA pooling 基因分型的结果与对所有个体进行基因分型的结果相比仍有一定差异，DNA pooling 估计的等位基因频率标准差在 1‰～4‰范围。第二阶段或随后的多阶段中采用更大样本的对照样本群进行基因分型，然后结合两阶段或多阶段的结果进行分析。这种设计需要保证第一阶段筛选与目标性状相关 SNP 的敏感性和特异性，尽量减少分析的假阳性或假阴性，并在第二阶段应用大量样本群进行基因分型验证。GWAS 具体操作步骤如下：①挑选具有代表性的试验样本，提取 DNA 样品。②对试验样本上机进行重测序建库。③挑选代表性个体进行高深度重测序（个体数不低于 30，深度不低于 20×），与已有测序结果进行对比分析。④对测序结果进行质控，删除不符合上机要求的数据。⑤对 SNP 突变位点进行基因分型及数据填充。⑥进行群体遗传分析，如系统进化树分析、主成分分析、群体遗传结构分析、群体遗传多样性分析等。⑦进行全基因组关联分析，进行 GWAS 分析、连锁不平衡分析、候选基因富集分析等。⑧根据需求进行一些个性化分析，如单倍型分析等。

2. 基因组选择效果的影响因素 虽然 GWAS 结果在很大程度上增加了对复杂性状分子遗传机制的理解，但也显现出很大的局限性。首先，通过统计分析遗传因素和复杂性状的关系，确定与特定复杂性状关联的功能性位点存在一定难度。通过 GWAS 发现的许多 SNP 位点并不影响蛋白质中的氨基酸，甚至许多 SNP 位点不在蛋白编码开放阅读框（open reading frame，ORF）内，这给解释 SNP 位点与复杂性状之间的关系造成了困难。但是，由于复杂性状很大程度上是由数量性状的微效多基因决定的，SNP 位点可能通过影响基因表达量对这些数量性状产生轻微的作用，它们在 RNA 转录或翻译效率上发挥作用，可能在基因表达上产生短暂的或依赖时空的多种影响，刺激调节基因的转录表达或影响其 RNA 剪接方式。因此，在寻找相关变异时应同时注意到编码区和调控区位点变异的重要性。其次，等位基因结构（数量、类型、作用大小和易感性变异频率）在不同性状中可能具有不同的特征。

全基因组关联分析方法对动物进行基因组选择是通过计算关联分析方程得出一个与目标性状显著相关的相关性系数 P 值，再通过计算所得的一个固定阈值从海量的基因变异中筛选出与性状显著相关的基因突变位点。因此，为提高筛选的准确度，对关联分析的方程要求较高，方程中考虑的影响因素越全面，筛选所得突变位点就越准确。对 GWAS 分析影响较大的因素有以下几方面：

（1）用于分析的个体选择 试验个体组成的群体要有丰富的遗传变异和表型变异，而且群体结构分化不能过于明显（如亚种以上，发生生殖隔离不能做 GWAS）。

（2）用于分析的个体数量 非稀有变异中，对中等变异解释率（10%左右）位点的检测功效达到 80% 以上时，需要的样本量在 400 个左右。位点的效应越低，需要的样本量就越大。

（3）用于分析的群体选择 第一种是种质资源材料，其特点是遗传变异丰富，可以同时对多个性状进行分析。但其群体结构复杂，稀有变异多，遗传信息丢失明显。第二种是人工群体，包括 F_2、半同胞家系、动物远交群体、NAM 群体、MAGIC 群体和 ROAM 等群体类型。其特点是背景单纯，检测功效高，可以放大稀有变异。但是遗传变异不够丰富，重组事件有限，定位精度可能较低。

（4）目标性状表型值的测定 精确的表型检测是进行关联分析的关键，对数量性状和质量性状都适用，目标性状大致分 4 种：

①数量性状。多基因控制，能够测量得到具体数值，符合正态分布；考虑到数量性状受环境的影响大，最好将所有动物在同一环境下养殖，或者用多年多点的数据分开分析后综合结果或取 BLUP 值作为性状值进行关联分析。

②质量性状。单基因控制，无法用具体数值衡量，可转换成 0、1 等表示，每个群体选取近似的样本。

③分级性状。表型分布类似质量性状，但实际受多基因控制（数量性状），如抗性性状，需要提供每个个体精确的测量数据。

④多指标性状。有多个指标可以同时度量时，找出代表原表型数据变异的主成分因

子，作为关联分析的表型数据。

在 GWAS 研究后要确定一个基因型-表型因果关系还有许多困难，连锁不平衡导致相邻的 SNP 之间会有连锁现象发生。在测序时同样存在连锁不平衡现象，而且即使测序的费用降到非常低的水平，一般获得大量样本的基因组数据还是非常困难的。但是，随着基因组研究和基因芯片技术的不断发展、完善，GWAS 必将得到广泛应用。

3. GWAS 应用实例 随着基因组学研究以及基因芯片技术的发展，人们已通过 GWAS 方法发现并鉴定了大量与复杂性状相关联的遗传变异。近年来，这种方法在动物重要经济性状主效基因的筛查和鉴定中得到了应用。

GWAS 的具体研究方法与传统的候选基因法相类似。最早主要是选择足够多的样本，一次性地在所有研究对象中对目标 SNP 进行基因分型，然后分析每个 SNP 与目标性状的关联，统计分析关联强度。出生重、体高、胸围和体长等是绵羊生长发育的指标，良好的体型对绵羊养殖大有裨益。基因组性状选择可能是评价绵羊体长的最佳选择。Jiang 等（2021）以绵羊体尺为目标性状，利用绵羊 SNP50 微芯片对 240 只肉用湖羊核心群的基因型进行测序分型，并进行 GWAS 分析，以筛选与绵羊体尺发育相关的遗传突变及其候选基因，并对其中的 204 只母羊进行检测验证。对测序分型结果进行质控后，利用 TASSEL 5.0 软件的混合线性模型对 SNP 上的 GWAS 进行鉴定，以确定湖羊肉用生产核心群体型性状相关的 SNP。通过制作的曼哈顿图，筛选出 5 个与体高有关的 *SNP* 基因突变和 4 个与胸围有关的 *SNP* 基因突变。分析表明，9 个 *SNP* 基因中有 4 个位于 *KITLG*、*CADM2*、*MCTP1* 和 *COL4A6* 基因内。验证了前人研究得到的结果：*KITLG* 和 *CADM2* 是与体高相关的候选功能基因，*MCTP1* 和 *COL4A6* 是与胸围有关的候选功能基因。对 9 个 SNP 位点经 PCR 扩增鉴定，3 个突变位点 S554331 下游 134bpG＞C 突变、S26859.1 上游 19bpT＞G 突变、S26859.1 下游 81bpA＞G 突变与体高呈显著正相关。

绵羊作为一种重要的家畜，其肉质性状是其重要的经济性状之一，前人对其进行了许多肉质性状的 GWAS 研究。Yuan 等（2021）以绵羊肉质性状和脂肪酸谱为目标性状对 149 只绵羊的冷冻肝脏和肌肉组织进行研磨，提取其中的 DNA 进行基因组测序；选择 935 只具有全基因组序列变异的绵羊（117 只纯美利奴羊、726 个欧洲品种、92 个其他品种）作为参照种群，采用高密度 OvineSNP 微芯片（HD500KSNP）进行基因分型，共有 20 824 844 个 SNP 通过质量控制，用于表达数量性状（eQTL）关联检测，并进行 GWAS 分析。通过将绵羊基因型与基因表达、外显子表达和 RNA 剪接 3 种主要的分子表型联系起来，研究了绵羊转录体的遗传结构，检测到大量显著的 eQTL。例如，肌肉中的几个基因表达数量性状位点 GeQTL 定位于 *FAM184B* 基因，数百个 RNA 剪接数量性状位点 SQTL 在肝脏和肌肉中定位到 *CAST* 基因，数百个 RNA 剪接数量性状位点 SQTL 在肝脏中定位到 *C6* 基因。

母羊的繁殖率也是重要的经济性状，繁殖性状在绵羊品种间和品种内都有很大的差异。母羊繁殖性能的优劣直接影响养殖场的盈利水平。繁殖是一个复杂的过程，排卵率、产仔数等性状受许多次要基因和一些主要基因的影响。为了筛选影响伊朗 Baluchi 绵羊产羔数的优势基因，以绵羊产羔数为目标性状，对 1 506 只伊朗 Baluchi 绵羊进行基因分型，利用 1 506 只母羊的 3 848 份表型数据进行关联分析，筛选出 3 个与产羔数显著相关的

SNP 位点。其中，*NTRK2* 基因的 rs406187720 位点在 2 号染色体（OAR2）上，*RAB4A* 基因的 rs430079982 位点在 25 号染色体（OAR25）上，另外一个 SNP 位点定位在 10 号染色体（OAR10）上。

第四节 奶绵羊育种工作的主要措施

我国奶绵羊育种工作处于探索阶段，要做好这项工作，首先要认清发展形势，明确发展目标。其次要制定切实可行的育种方案，整合各方面的技术力量，加大经费投入，强化养殖企业的运行与经营管理，提高养殖收益，促进奶绵羊育种工作的顺利开展。

一、成立奶绵羊育种组织

美国、法国、德国、新西兰等畜牧业发达国家对每一个家畜、家禽品种都成立了品种协会等育种组织，负责组织本品种的保种和进一步的改良提高工作，如种畜鉴定、良种登记、生产性能测定、后裔测定及指导育种等。随着各国种质资源与技术的不断交流，这些育种组织国际化程度越来越高，如美国的 DHIA、INTERBULL 及各国的品种育种委员会等。

我国的家畜育种工作组织成立于 20 世纪 70 年代，这些组织，如中国奶业协会育种专业委员会、中国畜牧业协会羊业分会等，在农业农村部的统一领导下，配合当地农牧业主管部门，开展教学、科研与生产的大协作，在宣传贯彻政府有关发展畜牧业的方针政策、统一各家畜育种方向、开展种畜后裔测定、推广人工授精等先进技术和扶持养殖专业户等方面做了大量的工作，促进了绵羊、山羊数量的持续发展和种群质量的提高。但这些组织在适应市场经济发展的需要以及进一步完善各种职能等许多方面仍需要加强和改善。

二、编号与标记

羊编号与标记是育种工作必不可少的技术措施。特别是核心育种场，必须给羊编号和标记，以利于育种工作的顺利开展。羊号由 2 个英文字母和 6 个数字组成，英文字母为品种或杂交后代的缩写，6 个数字中的前 2 位代表出生年月，后 4 位代表出生顺序。

三、建立记录和统计制度

在养羊业中，如果没有正确、精细的各项记录和科学的饲养管理，育种工作将无法进行。例如，进行选种选配时，必须要有羊的生长发育、生产性能和系谱记载等资料。有了配种记录，才能推算母羊的预产期和了解羔羊的血统；有羔羊的体重增长和母羊的体重及产奶量、乳脂率、乳蛋白率等记录，才能科学地进行日粮配制和开展饲养管理工作。只有根据这些记录，才能了解羊的个体特性，及时发现、分析和解决问题，检查计划任务的执行和完成情况。所以，建立记录和统计制度，是开展羊育种和组织养羊生产的一项基本工作，必须予以高度重视。目前，可以借鉴奶牛群改良（dairy herd improvement，DHI）制度制定奶绵羊的改良计划。

常见的记录表格及记录内容如下：

1. 种羊卡片　记录羊的编号和良种登记号；品种和血统；出生地和日期；体尺体重、外貌结构及评分；后代品质；公羊的配种成绩，母羊的产奶性能及产羔成绩、鉴定成绩等；公、母羊照片等。

2. 公羊采精记录表　记录公羊编号、出生日期；每次采精日期、采精次数、精液质量、稀释液种类、稀释倍数、稀释后及解冻后精子的存活率、冷冻方法等。

3. 母羊配种繁殖登记表　记录母羊发情、配种、产羔等情况与日期。

4. 母羊产奶记录表　记录每天分次产奶记录；全群每天产奶记录；每月产奶记录；各泌乳月产奶记录；羊奶质量指标等。

5. 羔羊培育记录表　登记羔羊的编号、品种和血统；出生日期和出生重；毛色及其他外貌特征；各阶段生长发育情况及鉴定成绩等。

6. 羊群饲料消耗记录表　登记每头羊和全羊群每天各种饲草、饲料消耗总量等。

四、建立良种登记制度

良种登记包括系谱、生产性能和体型外貌等内容。建立良种登记制度是育种工作中的重要措施之一。良种登记可以正确地开展选配工作，即在良种登记的基础上，选出拔尖种子母羊群，与经过后裔测定的优秀公羊选配，从而使羊群质量得到不断改进和提高。如法国各个奶羊品种协会的主要任务是办理奶羊的良种登记、产奶登记、产奶量及乳脂、乳蛋白测定和奶羊分级鉴定等工作，根据测定和鉴定结果进行良种登记，给合格的良种公、母羊发证书，这对提高羊群质量有很大的促进作用。我国荷斯坦奶牛育种协作组在 1974 年制定了《良种登记暂行办法》，并多次出版了良种登记簿，对加快荷斯坦奶牛的育种进展起到了积极的推动作用。

五、定期举办赛羊会

赛羊会一般由品种协会、畜牧技术推广站等育种组织和部门举办，对吸引广大养羊者参与到育种工作中来、促进羊的育种工作具有良好的作用。在一些养羊业发达的国家，举办赛羊会十分普遍，并有专门的赛羊场所。参赛羊如果得奖，会身价倍增，对羊的育种起到良好的促进作用。

陕西关中奶山羊养殖区的广大群众素有赛羊的传统，十分重视良种关中奶山羊的培育。育种协会、畜牧技术推广站等部门和组织应统一规范赛羊规程和评比办法，引导赛羊向健康方向发展。

六、编制育种工作计划

羊群经过鉴定、整顿和分群后，应着手编制育种工作计划，以便有目的地进行育种

第三章　奶绵羊育种

工作。

编制奶绵羊育种工作计划时，要根据国家的畜禽育种方针和《全国羊的品种区域规划》，以及各省（区）羊种改良工作区域规划，结合各地和农牧场的生产任务及具体条件，并从完成任务的实际可能出发。因为羊育种工作周期较长，计划一经拟定，就要贯彻执行。在编制育种工作计划时，必须考虑本地区的生产任务和自然条件、羊群类型及饲养水平等特点，采用哪个品种、利用何种繁育方法、分年度的育种目标等都应详细列出。

育种工作计划的内容主要包括三个部分。

1. 羊场和羊群的基本情况　羊群所在地的自然、地理、气候、社会、经济条件，羊群结构、品种及其来源和亲缘关系，体型外貌特点及其缺点，生产性能及目前饲养管理水平和饲料供应等情况。

2. 育种方向和目标　指羊群逐年增长的头数和育种指标。育种指标根据育种方向而有所不同，如乳肉兼用品种羊，其育种指标不仅要包含各胎次产奶量、乳脂率、乳蛋白率等指标，还要考虑羔羊初生重、各阶段体重、主要体尺、平均日增重、屠宰率、净肉率、眼肌面积、肉骨比，以及新品种体型外貌要求等指标。

3. 育种措施　提出保证完成育种工作的各项措施，如加强组织领导，建立健全育种机构；建立育种档案及记录制度；明确选种方向、选配方法及育种方法；加强羔羊培育；制定各类羊的饲养管理操作规程；建立饲料基地，合理供应饲草料；做好羊舍布局与建筑；制定和认真落实奖励政策；开展劳动竞赛；培训技术人员及加强疫病防治工作等。

第五节　北美洲奶绵羊品种选育实例

不管是纯种选育还是杂交选育都需要长期坚持和组织协作。生产者要想在遗传方面提高奶绵羊的产奶能力，有 4 种选择：一是对本土奶绵羊进行纯种选育；二是利用良种奶绵羊与当地绵羊进行杂交改良，生产 F_1 代以提高产奶量；三是通过配合力测定确定哪些品种组合能产生最有效的产奶性能，通过杂交培育一个新品种；四是通过将地方品种母羊与纯种奶绵羊公羊或改良品种公羊进行级进杂交，逐步将本地品种培育为奶绵羊品种。每个方式都有其优势和劣势，奶绵羊遗传学领域的专家认为，如果期望良种的种质占比不超过 50%，通过依赖良种奶绵羊改良本地绵羊种群在大多数情况下很难实现。育种策略包括通过本地品种和引入品种的杂交来合成新品种，避免超过 50% 的基因来自引入品种，或通过在其本地区对本地品种进行持续改良。任何最终的方案都必须考虑到成本、时间与具体情况之间的平衡。20 世纪 70 年代，在西欧进行的奶绵羊遗传改良和经济效益的比较分析发现，在特定地区和生产条件下对地方品种进行乳用方向的改良是比较科学的选择。

一、培育品种选择

（一）选择地方品种

在进行奶绵羊品种培育时，要优先选择地方品种，其具有许多明显的优点：一是所选的品种一般都能很好地适应当地环境；二是群体数量大，价格低廉；三是改良的泌乳性能能够稳定地遗传下去；四是泌乳性能的改进会使许多生产者受益；五是待改良性状具有中到高度遗传力。

法国将拉考恩羊这个地方品种培育成奶绵羊品种就是一个成功的范例。在20世纪60年代末，拉考恩羊虽然用于产奶，但一个泌乳期只能生产70～80L奶。到20世纪90年代末，它已经是世界上非常好的奶绵羊品种之一，165d泌乳期的产奶量超过270L。并在选择指标中引入脂肪和蛋白质含量指标，提高了奶品质（表3-8）。该品种采用的育种方案也适合其他地方品种（法国的曼内克羊、西班牙的拉茨羊、意大利的萨达羊）朝奶用方向选育，可取得不同程度的成功。

表3-8 拉考恩奶绵羊第一泌乳期乳用性状的遗传力

特征	3～4个测定日的h^2评估	整个泌乳期的h^2评估
产奶量	0.30	0.32
乳脂率	0.35	0.62
乳蛋白率	0.46	0.53
脂肪产量	0.28	0.29
蛋白质产量	0.29	0.27

数据来源：Barillet等（2000b）。

（二）拉考恩奶绵羊育种成功的因素

主要包括：①数量多，1970年法国有5 661个农场，共存栏50万只拉考恩羊。②大多数养殖者有提高母羊产奶量的意愿。③在所有羊奶加工企业的支持和组织下形成了一个完整的产业。④法国国家农学研究所制订了严格的选育计划并给予持续支持。⑤进行了大量的生产性能记录分析、数据分析和后裔测定分析。⑥建立人工授精中心，对450多只良种公羊采集新鲜精液，采用同期发情技术，对约40万只母羊进行了系统的人工授精，使优良的遗传基因迅速扩散。⑦在饲料生产、营养、管理和设备方面为生产者提供支持。

在上述各种条件的支持下，拉考恩奶绵羊每年的泌乳性能提高6.3%，包括3.9%的环境改良（管理、营养）和2.4%的遗传改良。

二、公羊参考制度

在一个单独的羊群内进行独立选育往往有很大的限制。羊群太小，难以在个体之间获得良好的遗传比较，个体选择通常受到限制。单个绵羊群体一般只能在极低的水平下进行选择，准确性往往很差。尤其是公羊通常是从生产性能最好的母羊的后代中进行选择，没有矫正非遗传效应的影响。从公羊母亲的产奶量估算该公羊育种值的准确性仅为$\sqrt{0.25 \times h^2} = 0.28$（若$h^2 = 0.32$），生产者常会选择并不理想的种公羊。

所以求助于另一个生产者来获得理想公羊是常用的手段，这样也可以避免近交。在一个育种计划中，具有相同目标的生产者之间只有协同选育才能取得有效的遗传进展。公羊评定制度可在一个牧场选择出一定数量和质量的公羊，然后对从各不同牧场选出的公羊进行遗传关联分析，以剔除环境、管理、营养等其他非遗传因素的效应，比较不同牧场的公羊质量。

通过计算期望后裔差（expected progeny difference，EPD），利用有记录的个体母羊、母系祖母、父系祖母、全同胞姐妹、半同胞姐妹及其他任何雌性亲属的产奶性状（或任何其他性状），可以对母羊或后备公羊进行评定。具有最高 EPD 的公羊可以成为备选公羊。用高 EPD 备选公羊与每个群中一定比例的母羊（通常是具有最高 EPD 的母羊）进行自由交配，最好进行人工授精。一头种公羊对农场主的回报（报酬、使用时间、成本等）由参与选育的农场主小组进行评估。

EPD 计算需要相对复杂的统计技术和相当多的计算机资源，目前由美国国家绵羊改良计划对少数肉用品种进行计算。对于奶绵羊来说，目前由一些奶绵羊生产者组成协会，并与 NSIP（或其他实体）合作计算绵羊产奶量性状的 EPD。

公羊选育方案并不是一个新概念，因为大多数选择方案在核心群进行选育，在基础群进行优良基因扩繁，其选育原理是相似的。新西兰在小群体中率先采用公羊循环配种的方法，在产肉和羊毛性状改良上取得了良好的效果。一些类似的育种计划正在其他国家（如西班牙）奶绵羊培育中应用。

任何类型的选育计划都需要较长的时间，期望短时间内对产奶性状有显著提升是不可能的。尽管表型改良可能在 5 年内就可以观察到，但在遗传方面的改良可能需要长达 10 年的时间才能确定。

三、公羊选育方案

公羊选育方案的流程应包括以下步骤：

第一步，将具有共同目标的农场主组织起来。如果有 10 个牧场，每个牧场有 200 只母羊，那么以这样的规模开始进行选育是最好的。充分利用已经存在和运行的团体，如合作社等。

第二步，确定选育标准，建立标准化的性能记录方法（产奶性能检测和系谱记录）。

第三步，计算羊群内 EPD（或计算根据年龄校正产奶量），以鉴定出每个羊群中最好的 30 只母羊（占总羊群的 10%～20%）。每个羊群中最好的 30 只母羊组成选育核心群，散养在各个牧场，不要饲养在一个牧场。通常最好的公羔羊来自这个核心群。每个牧场核心群的母羊逐渐被具有最好 EPD 的母羊来替代。

第四步，第一年确定 3～4 只初始公羊，在羊群之间建立遗传联系。

第五步，采集选择的公羊精液，制作鲜精或冻精，给每个羊群中最好的 30 只母羊用新鲜或冷冻精液进行人工授精，其余的母羊由农场主自己决定用哪些公羊进行交配繁殖。

第六步，计算后代第一个泌乳期的 EPD。

第七步，选择具有最佳 EPD 的 3～4 只公羔。

第八步，采集这些最佳 EPD 公羊的精液，并给每个羊群中最好的 30 只母羊进行人工授精。其余的母羊由生产商自行决定用哪些公羊交配，一般是从自己的羊群中挑选出次好的公羊，或从联合育种组织的其他牧场购买公羊或精液。

在最初的 3～4 年中，由于要经历不同的选育阶段，因此改进的速度相当缓慢，但随后的速度迅速加快。

四、杂交改良

使用高产奶绵羊品种如东佛里生奶绵羊或拉考恩奶绵羊，可以很快取得显著的杂交改良效果。在美国斯普纳农业研究站，以无角陶赛特羊为初始群体与东佛里生奶绵羊杂交，在3～4 年中每只母羊的平均产奶量可达到 160～180L。1、2、3 岁母羊的产奶量（与其胎次相对应）见表 3-9。杂交母羊的泌乳期比无角陶赛特羊母羊长 30～40d，产奶量是无角陶赛特羊的 2 倍以上。与杂交母羊相比，无角陶赛特羊奶中的脂肪和蛋白质含量比东佛里生奶绵羊约高 0.5%。不同东佛里生奶绵羊血统占比母羊的产奶量、乳脂和乳蛋白含量之间无差异。与 25% 东佛里生奶绵羊血液母羊相比，50% 东佛里生奶绵羊血液母羊的产奶量并没有提高。与本地母羊相比，东佛里生奶绵羊血液高于 50% 的杂交母羊产奶量更高。但是也有报道称东佛里生奶绵羊血液超过 50% 的杂交母羊其产奶量低于地方品种。Gootwine 和 Goot（1996）发现，纯东佛里生奶绵羊和东佛里生奶绵羊杂交母羊的产奶量不如或者近似于改良的阿瓦西羊。含有更高东佛里生奶绵羊血液的羊泌乳性能差的原因，可能是由于在地中海地区含东佛里生奶绵羊血统的羊对该地区高温环境的适应性较差而导致的。

在北美洲用东佛里生奶绵羊杂交育种时其适宜的血液占比仍然有待确定。但可以肯定的是，东佛里生奶绵羊血液含量的高低并不是高产奶性能所必需的。由于高东佛里生奶绵羊血液的羊对新环境的适应能力较低，健康问题的发生率较高，因此高东佛里生奶绵羊血液含量可能导致生产力较低。

表 3-9　东佛里生奶绵羊（EF）与无角陶赛特羊杂交后代中母羊的产奶量

品种	年龄	母羊数量（只）	产奶时间（d）	总产奶量（kg）	乳脂率（%）	乳蛋白率（%）
不含 EF	1	73	79±5	62±9	5.9±0.6	5.3±0.05
	2	43	94±7	91±12	5.5±0.7	5.8±0.10
含 1/4EF	1	124	112±4	139±7	5.5±0.4	5.1±0.04
	2	92	152±5	206±8	5.1±0.5	5.4±0.04
	3	35	173±7	246±13	5.3±0.7	5.1±0.07
含 3/8EF	1	69	101±5	122±9	5.3±0.5	5.1±0.05
	2	40	146±7	190±11	5.0±0.7	5.3±0.07
	3	13	160±12	250±21	5.1±0.5	5.2±0.10
含 1/2EF	1	71	99±5	128±9	5.1±0.5	4.9±0.04
	2	16	145±11	187±18	5.0±1.1	5.4±0.10
	3	12	178±12	250±22	5.0±1.3	5.1±0.10

注：EF 指东佛里生奶绵羊，1/2EF 指含 1/2 东佛里生奶绵羊血液的杂种，1/4EF 指含 1/4 东佛里生奶绵羊血液的杂种，3/8EF 指含 3/8 东佛里生奶绵羊血液的杂种。

五、F₁代杂交系统的管理

对于一个良种奶绵羊血液占比要求不超过 50％ 的杂交系统而言，应用 F$_1$ 代杂交系统是相当直接和简单的，饲养者可以购买 F$_1$ 代母羊用于生产。比如从一组未改良的母羊（如陶赛特羊）开始，饲养者用良种公羊与未经改良的母羊进行杂交繁育，所有杂交的后代母羊留下来尽快用于挤奶。次年采用相同的系统，只配种一定数量的未改良母羊，为泌乳群提供足够的 F$_1$ 代母羊。不能购买 F$_1$ 代母羊的牧场必须保留足够数量的未改良母羊，以提供 F$_1$ 代母羊和用于未改良母羊的更新。F$_1$ 代母羊应该用终端父本品种（萨福克羊、汉普郡羊、特克塞尔羊）进行三元杂交，用于肉用羔羊的生产。

F$_1$ 母羊的杂交优势明显，体现在母羊产奶水平的提高以及应用终端父本进行三元杂交后代的产肉性能提高等方面。尽管这些杂交母羊的产奶水平明显提升，但几乎没有进一步改良的可能，因为产奶性状仅来自父本，而父本目前在北美洲地区没有经过强度选择。用于生产 F$_1$ 母羊的奶用公羊必须来自经过验证而且有效的选育计划选育群。此外，并不是所有的母羔都具备高产奶性能。饲养者预计第一年将淘汰 20％ 左右的产奶母羊，这样要求其生产或购买更多的羔羊用于后备补充。

六、创造合成品种

合成品种是通过将几个品种（至少 2 个）的组合连续杂交几代后，固定优良性状而获得的新品种。合成品种的成功例子很多，如美国培育的 Polypay 奶绵羊品种、加拿大培育的阿尔考特里多奶绵羊品种，以及以色列用阿瓦西羊和东佛里生奶绵羊（3/8EF）杂交培育的阿萨夫奶绵羊等。合成品种的创造通常是为了满足新的市场需求。

合成品种的培育通常在研究站进行。该过程要求育种者选择最初的品种，并确定需要每个品种的哪些性状；评价初始杂交后代的性能和环境总体适应性；确定最终品种形成后各个参与品种的血液占比；对合成品种进行扩繁，并对目标性状进行强度选育，至少繁殖 4 代后固定性状，这样杂种才可以被称为"品种"，以获得可持续利用的种群。

考虑到需要 5 年的初步研究，繁殖一代需要 2.5 年，又需要 10 多年的扩繁才能形成一个可持续利用的种群，这样培育一个新品种的总年数约为 20 年。这相当于在最优的选育计划下将拉考恩羊培育成一个奶绵羊品种所花费的时间。虽然创造一个合成品种所需的时间与选择一个品种的某一性状所需的时间一样长，但合成品种的优势在于结合了参与杂交的所有品种的最突出优良性状。

FSL 奶绵羊是利用东佛里生奶绵羊（Friesian）、萨达奶绵羊（Sarda）和拉考恩奶绵羊（Lacaune）通过合成杂交培育的新品种。选东佛里生奶绵羊是因为在 1965 年其产奶量远远优于拉考恩奶绵羊；选萨达奶绵羊是因为其具有良好的机器挤奶性能（挤奶时乳汁可快速排出）；选拉考恩奶绵羊则由于其对法国当地环境有很好的适应性，是法国奶绵羊饲养者所喜欢的传统品种。合成品种 FSL 是想将 3 个品种的优点结合在一起。图 3-8 显示了合成品种培育成功前必要的连续杂交过程。

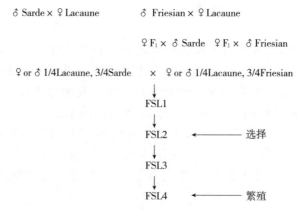

图 3-8　合成品种 FSL 的培育过程

七、级进杂交改良本地品种

级进杂交的原理非常简单，许多养殖场喜欢用级进杂交的方法改良本地品种。一般用良种奶羊的公羊通过本交或人工授精方式与地方品种羊进行级进杂交，直至杂交后代中的母羊含有足够高比例的良种奶羊血统，其生产性能或外貌与良种乳用品种的纯种个体几乎没有区别。尽管级进杂交有许多优点，但使用时必须考虑的因素有：为避免近亲繁殖，公羊必须来自不同的几个家系，而且来源可靠，选择产奶或任何其他需要的性状作为改良目标；确定改良品种能够适应新环境，如东佛里生奶绵羊的环境适应性较差，因此许多国家在改良计划中放弃或限制使用东佛里生奶绵羊血统超过 50% 的育种方案。无论使用何种杂交方式，在没有进行系谱资料记载和个体性能测定的情况下，都无法确定最佳产奶个体并进行遗传改良；所有参与联合育种的牧场必须使用同种文字术语及性能测定方法进行可靠的记录，以便不同场的羊可以进行优劣比较。

1. 产奶性状

（1）哺乳期　指羔羊哺乳或哺乳与产奶同时进行的时期。如果羔羊仅在初乳期哺乳，则认为哺乳时间为 0。如果有一个初始的哺乳期，这一时期的泌乳量等于纯哺乳量（在纯哺乳的情况下），或等于哺乳量加挤奶量（在哺乳期间同时进行挤奶）。

（2）挤奶期　从羔羊彻底断奶到母羊干奶期间挤奶的时间。

（3）泌乳期　哺乳期加上纯挤奶期的总和。

每个泌乳期的总泌乳量：哺乳期泌乳量（哺乳量或哺乳量加挤奶量）加挤奶时期泌乳量的总和。

只有个体挤奶时的泌乳量才能简单测量并作为农场产奶性能准确记录的一部分。如果哺乳期不为 0，则奶绵羊的泌乳量只考虑纯哺乳期和纯挤奶期（从羔羊完全断奶开始到母羊停奶）的泌乳量之和。

2. 奶量记录方法　对于没有专业的自动记录奶绵羊日泌乳量设备的牧场来说，要通过间隔挤奶来测试个体的日泌乳量，最后矫正成总产奶量。羊群的第一个测试日安排在该年或该季节开始挤奶后 4～15d。随后的测试每隔 28～34d 进行一次，直到所有母羊干奶为止。泌乳量可以按重量或体积记录。由于中国乳品公司按重量进行经济核算，所以最好使用千克（kg）测量，也可按羊每次产奶的体积进行换算，普通绵羊奶体积重量换算为：1L＝1.036kg。

可使用以下公式（弗莱什曼法）估算每个挤奶期的个体泌乳量：

估计泌乳量＝第 1 次检测的产量×开始挤奶到第 1 次检测间隔天数＋（第 1 次检测的产量＋第 2 次检测的产量）/2×第 1 次和第 2 次间隔的天数＋（第 2 次检测的产量＋第 3 次检测的产量）/2×第 2 次和第 3 次间隔的天数＋…＋（倒数第 2 次检测的产量＋最后 1 次检测的产量）/2×倒数第 2 次和最后 1 次检测间隔的天数＋最后 1 次检测的产量×最后 1 次检测和最后挤奶间隔的天数。

目前随着养殖场规模的扩大，奶绵羊大多采用智能机器挤奶方式挤奶，机器可以自动记录每天每只羊的产奶量。这样记录准确，且可大大节省测试的人工劳动强度。

测定羊奶质量时样本采集必须来自每个个体，在挤奶期间至少分析 3 次脂肪、蛋白质含量及体细胞数量。羊奶检测最好由专业机构进行，因为专业机构拥有专业的职员和设备，并以较低的费用进行奶量测定、样本采集及奶质检测。

3. 记录其他信息　只有准确记录单只奶绵羊的泌乳量性能，泌乳记录才是有价值的改良基础资料。因此，泌乳性能记录需要以下信息：

一是个体识别，每只羊都应该通过耳号或双耳标标记进行永久性的识别，应该重点考虑使用电子耳标；二是产羔日期；三是断奶系统（产羔后立即挤奶还是哺乳 30d 后挤奶）；四是断奶日期或首次挤奶日期；五是最后一次挤奶日期（停乳）；六是系谱记录；七是出生羔羊数和断奶羔羊数。考虑到奶绵羊经营中出售羊奶的收入仅占总收入的 50%～55%，因此不能忽视羔羊生产，应记录羔羊的繁殖性能和生长情况。

在任何育种项目中，个体生产性能记录和系谱登记都是成功培育品种的关键，养殖场（户）应该记录和保存他们认为对其经营有价值的任何信息。随着计算机的广泛应用，建议大家使用数据库系统来保存记录、查询表格和报告。

第四章
奶绵羊繁殖 ▶▶▶

    繁殖是动物扩大种群、传递遗传资源的基本生理活动。大多数动物的经济性状也属于繁殖性状，比如奶畜的产奶性状、蛋鸡的产蛋性状等。动物生产效率的高低在很大程度上取决于繁殖力。动物的繁殖力越强，则畜产品生产所需要承担的种畜成本越低。我国奶绵羊生产大多采用集约化、规模化方式，这种方式需要利用繁殖技术对羊的繁殖活动加以干预，使产羔和产奶按照预定的计划均衡生产。同时在育种和生产上也要求利用优良公羊和优良母牛的遗传资源，以扩大优良基因在种羊群中的频率。这就要求采用高效繁殖的手段来实现优良种羊个体的最大化利用，并生产优质遗传商品，如冻精和胚胎等。因此，掌握奶绵羊的繁殖机理、利用其繁殖规律研发繁殖技术、提高繁殖效率，是奶绵羊高效生产的基本保证。

第一节　奶绵羊生殖器官与生殖生理

一、公羊生殖器官与生殖生理

    公羊的生殖器官：主要腺体为睾丸；附属腺体为输精管壶腹、精囊腺、前列腺和尿道球腺；输送管道有睾丸输出管、附睾管、输精管及尿生殖道；交配器官为阴茎。因此，公羊的生殖器官具有产生精子、分泌雄性激素及将精液注入母羊生殖道内的作用。

（一）睾丸

1. 睾丸的位置和形态　睾丸是产生精子的器官，并能合成和分泌雄性激素，以刺激公羊生长发育，促进公羊第二性征及副性腺的发育。

    在胎儿未出生时，睾丸位于腹膜的外面；当胎儿发育到一定时期，它和附睾一起通过腹股沟管进入阴囊，分列在阴囊的两个腔内。出生后的公羔若睾丸未降入阴囊，会成为"隐睾"，该公羔不能留作种用。成年公羊的睾丸位于阴囊内，由浆膜、白膜和实质部组成，呈长的卵圆形，左、右共2个，长轴垂直，重量为150～200g，每克羊睾丸每天可产生精子（3.4～4.0）×10^7个。睾丸后面有附睾附着，血管进出的一端为睾丸头，接附睾头；另一端为睾丸尾，与附睾尾相连，中间为睾丸体。

2. 睾丸的组织结构　睾丸的被膜由一层很薄的鞘膜脏层和它下面的一层白膜组成。

白膜由睾丸头端向睾丸内部伸入形成索状的睾丸纵隔，再由睾丸纵隔发出小梁，将睾丸分成许多外粗内细的锥状体小叶。每一个小叶内有 2～5 条曲精细管，其间有间质细胞。曲精细管汇合为直精细管后进入纵隔，汇合成睾丸网。由睾丸网分出 10～30 条睾丸输出小管，构成附睾头的一部分。睾丸大小主要与曲精细管的长度有关。

（1）曲精细管　是一种十分盘曲的上皮性管道，由界膜围绕，管壁上皮为特殊的生精上皮。细胞分为两类，即生精细胞和支持细胞。

（2）间质　睾丸间质由血管、淋巴管、神经纤维和睾丸间质细胞组成，填充在曲精细管之间。睾丸间质细胞多呈卵圆形或多角形，体积较大，常成群分布，或排列在间质内的小血管周围，细胞核大而圆。在间质中，结缔组织细胞、间质细胞内含有大量的滑面内质网、线粒体和脂滴。间质细胞除主要产生雄激素外，还产生少量雌激素。在胚胎早期，间质细胞产生的雄激素能刺激公羊雄性生殖器官和第二性征的发育；在出生前可以促使下丘脑完成性分化；到初情期和性成熟时可以促进精子生成，并对整个机体的生长发育起促进作用。另外，间质细胞也能产生和分泌多种局部调节因子，在睾丸内通过内分泌和旁分泌作用，调节不同类型细胞的功能和精子生成。

（3）直精细管和睾丸网　直精细管壁无生精细胞，由单层柱状立方上皮细胞组成，一端连曲精细管，另一端连接睾丸网。睾丸网位于睾丸纵隔中，由互相连通的不规则腔腺和管道组成。睾丸网分泌的液体，为精子存活和输送提供了基质。直精细管和睾丸网上皮可以清除变性的精子。

（二）附睾

公羊的附睾附着在睾丸外侧，是精子发育和贮存的地方，外面覆有固有鞘膜和薄的白膜。附睾由睾丸输出管和附睾管构成，分为附睾头、附睾体和附睾尾。附睾管很长，可达40～90m。精子借附睾管肌的蠕动和上皮细胞纤毛的波动，通过附睾管至附睾尾需要13～15d。精子在通过附睾管的过程中脱水收缩，获得一层具有保护作用的蛋白质外膜。附睾管上皮分泌物可以供给精子发育所需的物质，精子在通过它的过程中才逐渐发育成熟。在附睾管内，分泌物为弱酸性，缺乏果糖，温度较低，所以精子不活动，消耗的能量很少，可以存活很久。附睾尾管腔是精子的贮存处，其管壁的环状平滑肌发达，收缩时可将精子排出，但每次射精并不是将所有的精子全部排出。配种过勤，精液中会出现未成熟的精子。如果长时间不配种，则精子衰老、死亡、分解并被吸收。附睾头主要由睾丸输出小管构成，输出小管黏膜上皮是由高柱状纤毛细胞与低柱状无纤毛细胞构成的。高柱状细胞的纤毛能向附睾管方向摆动，帮助精子通过。柱状细胞具有分泌作用。

（三）阴囊

阴囊从外向内由皮肤、肉膜、睾外提肌、筋膜及壁层构成，并由一纵隔分为两腔，将阴囊从外表分为左、右两部分。阴囊是保持精子正常生成的温度调节器官。阴囊内温度比体温略低，适宜精子的生成。天热时，肉膜靠外提肌弛缓，阴囊壁松弛变薄，睾丸位置下垂，阴囊皮肤上的汗腺分泌汗液增加，降低温度；天冷时，上述肌肉收缩，阴囊壁收缩变厚，睾丸贴近腹壁能保持温度。

（四） 输精管

输精管为公羊输送精子的管道，起始于附睾尾，经腹股沟管入腹腔，再沿后部底壁向后进入盆腔，在膀胱背侧的尿生殖道褶内继续向后伸延，末端开口于尿生殖道骨盆部背侧的精阜。其黏膜内有腺体分布，分泌物参与构成精液。

（五） 尿生殖道

尿生殖道兼有排尿和排精的作用，起于膀胱颈的输精管口，沿骨盆腔底壁向后延伸，绕过坐骨弓，再沿阴茎腹侧向前延伸至阴茎头，开口于外界。可分为骨盆部和阴茎部，两部以坐骨弓为界。骨盆部是自膀胱到骨盆后口的一段，位于骨盆腔底壁与直肠之间。在起始部背侧壁中央有一圆形隆起，称为精阜。阴茎部是生殖道骨盆部的直接延续，起于坐骨弓，至阴茎腹侧，末端开口于阴茎头，开口处称尿道外口。尿道海绵体外包有一层强大的尿道肌，在羊的海绵体与尿道肌之间有前列腺的扩散部。输精管、精囊腺、前列腺及尿道球腺均开口于尿道骨盆部。尿道阴茎部位于阴茎海绵体部，直达龟头。

（六） 精索

精索呈扁平的圆锥形索状，其基部附着于睾丸和附睾，顶端到达腹股沟管内口，内含睾丸动脉、静脉、神经、淋巴管、睾内提肌和输精管，外包有鞘膜。

（七） 阴茎

阴茎主要由阴茎海绵体、尿生殖道阴茎部和肌肉构成，外面为皮肤。阴茎是公羊的交配器官，平时很柔软，退缩在包皮内；交配时勃起、伸长并变粗、变硬，利于交配。阴茎位于腹壁之下，起自坐骨弓，经两股之间，沿中线向前延伸至脐部。可分为阴茎根、阴茎体和阴茎头。阴茎根以两个阴茎脚起于坐骨结节腹面，外面覆盖着发达的坐骨海绵体肌，两阴茎脚间为尿生殖道骨盆部向阴茎部的延续部，两个阴茎脚合并为圆柱状的阴茎体。阴茎头为阴茎的游离端。

（八） 包皮

包皮为皮肤折转形成的管状皮肤鞘，有容纳和保护阴茎头的作用。

（九） 副性腺

副性腺包括精囊腺、前列腺和尿道球腺，均为成对腺体。分泌物称为精清，参与形成精液，并有稀释、营养精子和改善阴道内环境等作用，有利于精子的生存和活动。

精囊腺位于膀胱颈背侧的尿生殖褶中，在输精管的外侧。每侧精囊腺的导管与同侧输精管共同开口于精阜。前列腺位于尿生殖道起始部背侧，分为腺体部和扩散部，两部以许多导管成行地开口于精阜附近的尿生殖道内。前列腺的发育程度与羊的年龄有密切关系，幼龄时较小，性成熟期较大，老龄时逐渐退化。尿道球腺位于尿生殖道骨盆部末端的背面两侧，其导管开口于尿生殖道内。

二、母羊生殖器官与生殖生理

母羊的生殖器官由卵巢、输卵管、子宫、阴道、尿生殖前庭、阴唇、阴蒂组成。卵巢、输卵管、子宫和阴道为内生殖器官，尿生殖前庭、阴唇和阴蒂为外生殖器官。

（一）卵巢

母羊的卵巢呈卵圆形或圆形，长 1～1.5cm，宽及厚 0.8～1cm，位于骨盆前口的两侧、子宫角起始部的上方。实质由外周的皮质和中央的髓质构成。表面常不平整，子宫端以固有韧带与子宫角的末端相连，前端接输卵管伞。背侧缘为卵巢系膜缘，血管、神经和淋巴管沿卵巢系膜出入卵巢，此处称为卵巢门。腹侧为游离缘。卵巢的主要生理功能是发育卵泡、排卵及形成黄体等。

（二）输卵管

输卵管是位于卵巢和子宫角之间的 1 对细长而弯曲的管道，长 14～20cm，具有输送卵子的作用，是提供卵子受精的场所。分为漏斗部、壶腹部和峡部三段。漏斗部为输卵管起始的膨大部分，边缘有许多不规则的皱褶，称输卵管伞；中央有一小的开口通腹膜腔，称输卵管腹腔口。壶腹部较长，是位于漏斗部和峡部之间的膨大部分，壁薄而弯曲，受精常在此部位进行。峡部位于壶腹部之后，较短，细而直，管壁较厚，末端的输卵管子宫口与子宫角相接。

（三）子宫

子宫为中空、有伸展性的肌质性器官，长 10～14cm，是胚胎发育和胎儿分娩的器官。子宫借助子宫阔韧带附着于腹腔顶壁和骨盆腔侧壁，大部分位于腹腔内，小部分位于骨盆腔内。子宫分为子宫角、子宫体和子宫颈三部分。绵羊的子宫均为双角子宫，即左、右共2 个子宫角。子宫角为子宫的前部，呈弯曲的圆筒状，前端通输卵管，并连接卵巢固有韧带，后端汇合而成为子宫体。子宫颈是子宫的后部，直径 1～3cm，前端开口于子宫体，称子宫颈内口；后端开口于阴道，称子宫颈外口。子宫颈肌的环状层很厚，其与纵行层之间有一层稠密的血管网，破裂时出血很多，黏膜及环行肌层构成 2～6 个横的月牙状皱襞，使子宫颈成为螺旋状。子宫颈收缩很紧，妊娠时封闭得更紧密，发情时也仅开放为一弯曲的细管。黏膜上还有许多纵皱襞，经产羊的皱襞有时肥大如菜花状。子宫颈黏膜上有大量隐窝，是精子的贮存库。

（四）阴道

阴道是母羊的交配器官，也是胎儿出生的产道。位于骨盆腔内，背侧为直肠，腹侧为膀胱和尿道，前接子宫，后接尿生殖前庭。呈扁管状，在子宫颈阴道部周围，形成一个环状隐窝，称阴道穹隆。

（五） 尿生殖前庭

尿生殖前庭是交配器官、产道和尿液排出的系统。位于骨盆腔内、直肠腹侧，其前接阴道。在尿生殖前庭的腹侧壁上，靠近阴瓣的后方有尿道外口，两侧有前庭小腺的开口。前庭两侧壁内有前庭大腺，开口于前庭侧壁。

（六） 阴唇

阴唇构成阴门的两侧壁，中间的裂缝称为阴门裂；两侧阴唇的上、下端分别融合起来，形成阴门的上、下角，阴门上角与肛门之间的部分称为会阴。

（七） 阴蒂

主要由海绵组织构成，阴蒂海绵体相当于公羊的阴茎海绵体，阴蒂头相当于公羊的龟头，见于阴门下角内。

三、生殖细胞发育

生殖细胞是生物体内能繁殖后代的细胞的总称，包括从原始生殖细胞到最终分化的生殖细胞，是由雌、雄性腺分化出来的特殊细胞。雄性动物性腺分化出来的生殖细胞为精子，雌性动物性腺分化出来的生殖细胞为卵子。

（一） 精子发生

精子的发生过程可分为 3 个阶段，即精原细胞增殖、精母细胞发育与成熟分裂、精子形成。性成熟后，在睾丸曲精细管的管壁中，可见许多不同发育阶段的生精细胞，可分为精原细胞、初级精母细胞、次级精母细胞、精子细胞和精子。从精原细胞到精子形成的过程称精子发生。

1. 精原细胞　精原细胞位于曲精细管上皮的外层，圆形、较小，是下一个精子发生周期的起始细胞。

2. 初级精母细胞　位于精原细胞内侧，有 2～3 层，是生精细胞中最大的细胞，呈圆形。经第一次减数分裂后，产生 2 个单倍体的次级精母细胞，它是由 A 型精原细胞分化而来，并通过有丝分裂方式继续增殖为 B 型精原细胞，成为精母细胞的前体细胞。

3. 次级精母细胞　位于初级精母细胞的内侧，是初级精母细胞经过第一次减数分裂后产生的含单倍数染色体的精母细胞。体积小于初级精母细胞，圆形，核也小。次级精母细胞不再进行染色体复制，很快进行第二次减数分裂。其间每条染色体的着丝点分裂，姐妹染色单体分开，平均地分配到 2 个子细胞中，结果由 2 个次级精母细胞发育成 4 个精子细胞。

4. 精子细胞　精子细胞的体积更小，呈圆形，位置靠近曲精细管的管腔，常排成数层。

5. 精子　形似蝌蚪，家畜的精子均包括头部、颈部和尾部。刚形成的精子经常成群地集中在曲精细管的支持细胞游离端，尾部朝向管腔，成熟后脱离支持细胞进入管腔。精子细胞在形成之后不再分裂，附着在靠近管腔的支持细胞顶端。精子形成过程中高尔基复合体形成顶体，细胞核变成精子头部的主要部分，中心小体逐渐形成精子尾部，线粒体成为精子尾部中段的线粒体鞘膜，细胞质则大部分脱落，仅有极少量被保留在精子中。

（二）　影响精子生成的因素

生殖细胞在睾丸内增殖和分化时，对环境的变化及物理、化学等因素的改变反应敏感。奶绵羊的睾丸功能呈季节性变化。日照延长和缩短对精子的形成有直接的影响，用长日照处理绵羊会使其生精功能下降。温度与羊的生精功能关系也很密切，在夏季30℃以上的高温条件下，羊的生精功能显著降低，精液品质下降，与配母羊受胎率降低。降低羊舍的温度，可减少高温对精子密度等的不良影响。运动对公羊的影响明显，不运动的公羊后肢发育不足，爬跨无力，精子活力下降，每天运动 2～4h 能改善种公羊的精液品质。

饲料中能量、蛋白质、维生素、矿物质等的摄取量对精子的形成都有影响。对于后备公羊，当能量和蛋白质供给不足时，会导致睾丸和副性器官发育不正常，公羊性成熟推迟，性欲减退，采精量、精子密度、有效精子数和冻精活力下降；但过高的能量和蛋白质水平会使公羊肥胖，亦会降低后备公羊的性活动。维生素 A、矿物质、微量元素与羊的生精功能有密切的关系。缺乏维生素 A 会导致生精功能发生障碍，公羊性欲减退，精子细胞变性萎缩，射精量减少，精液品质下降。缺乏维生素 E 可导致睾丸发育不良，精子生成受到阻碍，精液品质下降。缺乏矿物质会引起睾丸变性，生精功能发生障碍。缺乏镁、锌时精子的生成和睾丸内分泌功能受到抑制，从而影响公羊的配种质量。补充维生素 A、胡萝卜素和微量元素，可使公羊精液生成和正常性活动得到恢复。

（三）　卵子发生

卵子发生从胚胎发生早期开始，经过胚胎期、出生直至有性行为，其间要经历一个漫长而复杂的变化过程。由原始生殖细胞形成卵原细胞，卵原细胞经增殖形成初级卵母细胞，成熟期经过减数分裂形成次级卵母细胞（未受精卵），受精时因精子进入而被激活，最终完成减数分裂的全过程。

1. 原始生殖细胞起源与迁移　原始生殖细胞最早在胚盘原条尾端形成，之后伴随着原条从原沟处内卷，到达尿囊附近的卵黄囊背侧内胚层，随后以阿米巴样运动，沿胚胎后肠和肠系膜迁移到胚胎两侧的生殖嵴上皮内。

2. 卵原细胞形成　原始生殖细胞进一步迁移到未分化性腺的原始皮质中，与其他来自中胚层的生殖上皮细胞结合在一起形成原始性索，原始生殖细胞在原始性索中占位后很快转化为卵原细胞。卵原细胞增殖结束后发育成初级卵母细胞，短时间便被卵泡细胞包围而形成原始卵泡。原始卵泡出现后，一部分卵母细胞便开始退化，卵母细胞的数量逐渐减少，最后能达到发育成熟直至排卵的数量只是极少数。

3. 初级卵母细胞形成和原始卵泡发生　卵原细胞增殖到一定时期，有些细胞开始进入第一次减数分裂前期的细线期。进入第一次减数分裂时称为初级卵母细胞。初级卵母细胞从细线期进入偶线期，同源染色体配对并联会，由偶线期再进入粗线期，进一步发展到第一次减数分裂前期的双线期。到达双线期后期时其染色体散开，此时称为核网期。发育至核网期后，原来的细胞分裂周期被打断，卵母细胞的细胞核较大，称为生发泡，由核膜、染色体、核仁和核质组成。此时卵母细胞周围包有一层扁平的前粒细胞形成原始卵泡，逐步形成初级卵泡库。一些卵母细胞开始退化，最后能达到发育成熟直至排卵的数量只是极少数。此后卵母细胞也一直在卵泡内生长发育，直至成熟排卵。

（四） 卵泡发育

1. 卵泡发育阶段　在羔羊出生前开始早期卵泡发育。绵羊卵母细胞通过有丝分裂阶段进入减数分裂，之后启动卵泡生成。达到减数分裂前期的双线期时，卵母细胞周围包有一层鳞状前粒细胞，建立了原始卵泡库，在羔羊体内的数量为 4 万～30 万个。绵羊原始卵泡通过旁分泌因子的激活不断离开非生长的卵泡库，同时形态及粒细胞和壁细胞的增生速度也随着发生改变。原始卵泡变为次级卵泡时就具有 2～3 层立方状的粒细胞。卵泡腔形成期间，壁细胞开始分化，在卵泡内形成卵泡腔。在卵泡生成的早期阶段结束时，卵泡可对促性腺激素发生反应，这是确保有腔卵泡生长和成熟的必要条件。随着到达初情期，卵泡直径增大到 1～2mm。从原始卵泡生长到达排卵前阶段，在母羊需要超过 6 个月的时间，从原始卵泡生长到达早腔阶段需要大约 130d，直径达到 0.5mm 需要 24～35d，直径达到 2.2mm 时再需要 5d，排卵前卵泡的直径需要 4d 才可达到 4mm。

2. 有腔卵泡发育的卵泡波　绵羊有腔卵泡发育的主要特点为卵泡以波的动态变化发育，2 个卵巢上 1～4 个小卵泡（直径 2～3mm）同步生长达到排卵大小，这种变化发生在血液循环中促卵泡激素（follicle-stimulating hormone，FSH）浓度升高之后。每个卵泡波出现之前均会出现 FSH 浓度的峰值，但在初情期前的羔羊及向乏情期过渡的一些成年绵羊 FSH 峰值并不能启动卵泡波。绵羊的发情周期大多数具有 3 个或 4 个卵泡波。大量研究表明，FSH 分泌的周期性及卵泡波的出现并不受卵泡产物的控制，奶绵羊连续两个卵泡波形成的卵泡可同时排卵，诱导的卵泡波并不抑制或延缓 FSH 峰值及随后的卵泡生长波。此外，在绵羊出现的 FSH 节律性及内源性变化和持续时间受黄体孕酮的调节。

（五） 黄体发育与变化

发情周期中绵羊黄体主要是由促黄体生成素（luteinizing hormone，LH）引起破裂卵泡的粒细胞和壁细胞的一系列功能及表型的变化而形成的。LH 的支持作用对黄体的生长及细胞分化必不可少。在排卵后 3～4d，绵羊黄体的直径为 6～8mm，6d 后达到 11～14mm 的最大直径。绵羊黄体在排卵后 12～15d 突然发生萎缩。绵羊黄体包括 4 种主要的细胞类型，即小黄体细胞、大黄体细胞、成纤维细胞及毛细血管内皮细胞。小黄体细胞和大黄体细胞为甾体激素生成细胞，分别来自壁细胞和粒细胞。大黄体细胞在发情周期的第 4、12 天增大，但其数量一直到黄体溶解开始前一直保持稳定。小黄体细胞的大小不发生变化，发情周期的第4～8天在有丝分裂的作用下数量明显增加。毛细血管内皮细胞及黄体成纤维细胞的数量分别在发情周期的第4～16天明显增加。

第二节　奶绵羊发情生理与发情鉴定

一、公羊初情期、性成熟和适配年龄

初情期是公羊首次出现性行为并能够射出精子的时期。性成熟指公羊生殖器官生殖功能趋于完善，能够产生具有受精能力的精子，并具有完全性行为的年龄。

（一）初情期

初情期标志着公羊开始具有生殖能力，公羊要持续几个月才能达到正常的繁殖水平。初情期也是公羊生殖器官和身体发育最为迅速的生理阶段。春季所产羔羊初情期为7～9月龄，秋季所产羔羊初情期为8～11月龄。公羔要到8～10周龄、体重为25～30kg时，睾丸体积增大，这与出现初级精母细胞和精曲细管增大的时间相吻合。早在5～6月龄公羔活重达到成年公羊体重的40%～60%时，已可交配射出有活力的精子并能受精。根据公羊初情期的以上特点，在生产实践中，首先应在此之前进行公、母羊的分群饲养，防止幼龄公羊随意交配；其次要特别注意青年公羊的发育迅速，要充分满足其对能量、蛋白质及其他营养元素需要；再次在生产中采用体重、睾丸大小和采精后精液品质评定来估测公羊等级。

（二）性成熟

性成熟是继初情期之后，青年公羊的身体和生殖器官进一步发育、生殖机能达到完善、具备正常配种能力的年龄。绵羊性成熟多在10～12月龄，群体中如有母羊存在，则可促使公羊性成熟提前。此外，品种、遗传、营养、气候和个体差异等因素均可影响达到性成熟的年龄。

（三）适配年龄

又称配种适龄，是指适宜配种的年龄。一般是性成熟后再经过一段时间的发育，机体各器官、组织发育基本完成并具有本品种外貌特征时，故适配年龄要比性成熟期晚一些。在开始配种时的体重应达成年体重的60%～70%。一般根据自身发育情况和使用目的确定公羊的配种年龄，奶绵羊公羊的适配年龄为15～18月龄。对于核心种羊场应严格掌握这一原则，不宜过早使用；繁育场可适度放宽，对于急于了解后裔测定结果的后备公羊，采精或配种时间可相应提前。

二、母羊初情期、性成熟与适配年龄

（一）初情期

奶绵羊性机能的发展分为初情期、性成熟期及停止期。奶绵羊母羊在出生以后，生殖器官和机能不断生长发育。在下丘脑-垂体-卵巢轴生长和分泌机能的调节下，当达到一定年龄后，脑垂体开始具有分泌促性腺激素的机能，促使机体发生一系列复杂的生理变化。例如，卵巢上有卵泡发育成熟，子宫发育初步成熟，具有内分泌机能；母羊有发情表现，接受公羊交配等行为。在这一时期，母羊的生殖器官已基本发育完全，具有繁衍后代的能力。奶绵羊母羊第一次发情和排卵的时期为初情期，一般为 5～6 月龄。奶绵羊第一次发情之前就有 LH 释放的周期规律，同时黄体化卵泡分泌孕酮，但第一次发情并不一定都排卵。

（二） 性成熟

母羊表现出规律的发情周期和完全的发情征状，排出能受精的卵子，具备完整繁殖周期（妊娠、分娩、哺乳）的时期称为性成熟。性成熟为 7～8 月龄。母羊到性成熟并不等于已经达到适宜的配种繁殖年龄，此时其身体生长发育尚未完成，生殖器官的发育也未完善，过早妊娠会妨碍自身的生长发育，还可能造成难产，所生后代也可能体质较弱、发育不良，出现死胎，泌乳性能较差，故此时一般不能配种。

（三） 适配年龄

母羊的繁殖适龄应是既达到性成熟，又达到体成熟。体成熟为 10～12 月龄。奶绵羊的初配年龄需在 10 月龄。

三、发情季节及发情的影响因素

（一） 发情季节

绵羊为季节性多次发情动物，在温带气候条件下，未妊娠成年绵羊的卵巢活动依赖于季节变化而表现静止或恢复卵巢周期。例如，我国甘肃、内蒙古等地区母羊的发情季节通常开始于秋季 8 月，发情率达到 85%～95%。如果没有妊娠，经 6～8 个发情周期到冬季停止发情。奶绵羊在夏季 6—7 月发情比较少，即使进行同期发情处理，发情率也较低，仅为 75%～85%。

（二） 发情的影响因素

绵羊发情受光照、纬度、温度、营养等因素的影响。在温带地区，光照是决定性因素，其他环境因素可能只影响发情季节的长短；但在热带地区，营养对季节性发情发挥更重要的作用。

1. 光照 光照时长的变化通过神经内分泌系统引起母羊下丘脑，来促进或抑制促性腺激素释放激素（gonadotropin-releasing hormone，GnRH）的分泌，从而引起绵羊繁殖活动的季节性变化。在繁殖季节受短日照的诱导，下丘脑的 GnRH 更易发生脉冲式释放，启动 LH 脉冲释放器使 LH 的释放频率增加，LH 波动的频率能够诱导母羊排卵。在乏情季节受长日照的影响，LH 脉冲释放器释放 LH 的能力降低，而且该脉冲释放器对雌二醇的负反馈作用非常敏感，结果 LH 的低频释放不能进一步刺激引起雌二醇的释放，发情周期被阻断而不能出现正常的周期性发情。从繁殖季节向非繁殖季节过渡的时候，雌二醇的产生明显减少，黄体孕酮浓度降低，卵巢对促性腺激素的敏感性下降。因此，光照可能在诱导发情行为、排卵及阻止黄体溶解中发挥作用。

2. 纬度　纬度不同意味着光照周期不同，从而导致发情季节改变。在纬度43°～44°的地带，在短日照期间进行繁殖，赤道附近长年可以繁殖。例如，在北半球饲养的英国绵羊为9—10月发情，将其北运到冰岛，则其发情季节会延迟到11月；又如，美国哥伦比亚绵羊从北方的爱达华州南移到佛罗里达州，须经2年时间才能恢复其正常的发情周期。当然在地理上纬度不同的地区，其气温也各异，因此纬度对于发情周期的影响实际上是光照和气温等因素综合作用的结果。

3. 温度　温度对绵羊发情季节也有影响。长时间内保持32℃的恒温情况下，大多数母羊都推迟了发情。试验表明，在羊舍7℃下饲养的母羊，改为25℃下饲养，可以使繁殖季节提早30d。

4. 营养　在营养条件良好的环境中，母羊的发情季节开始得较早，发情集中，受胎率也较高。

蛋白质水平对于母羊繁殖性能具有极其重要的影响。一方面，蛋白质缺乏会抑制母羊体内促性腺激素的分泌，影响其正常生长、发情、排卵、受胎及妊娠，降低母羊的繁殖率。另一方面，蛋白质过剩会对母羊机体的代谢能力及繁殖能力造成影响，致使成年母羊的繁殖性能大幅度下降。一些研究表明，给母羊饲喂高蛋白质日粮，可提高血液尿素氮浓度，过高的血液尿素氮水平可减少促黄体素与卵巢受体的结合，导致血清中孕酮浓度降低，受精率下降，不利于胚胎在子宫内附植和发育。

能量不足时可引起母羊产后GnRH释放受到抑制及LH分泌减少，推迟母羊的发情周期和排卵质量，延长母羊乏情期，从而导致母羊的繁殖效率大幅度降低。另外，过高的能量摄入造成母羊过胖，导致母羊内分泌紊乱，发情不正常，难于配种；母羊过肥还会使腹腔内子宫堆积脂肪过多，对子宫造成压迫，影响子宫的血流量，降低母羊妊娠率和妨碍胎儿的生长发育。在发情前，增加日粮能量水平可以促进母羊发情和增加排卵数，有利于妊娠早期胚胎的存活。妊娠母羊膘情好，泌乳能力和羔羊成活率高，所产羔羊生长得又快又好，养羊的效益也高。

另外，日粮中缺乏维生素A、维生素D、维生素E和微量元素会影响初情期年龄、发情持续时间、群体发情整齐度、排卵率和再次配种的间隔时间。缺乏维生素和微量元素可影响促性腺激素、雌二醇、孕酮的分泌和清除，因此对排卵率和妊娠率有明显影响。

四、发情周期

（一）概念

奶绵羊性成熟以后，生殖器官发生一系列周期性的变化，这种变化一直到性机能活动停止为止。这种周期性的性活动，称为发情周期。发情周期即为从一次发情开始到下一次发情开始的间隔时间。绵羊的发情周期为16～17d（范围14～20d），发情持续24～48h。奶绵羊发情周期的差异不超过3d，发情季节的初期和晚期，发情周期多不正常。在发情的旺季，发情周期较短，此后逐渐变长。青年羊的发情周期较短，成年绵羊的发情周期处于中间，老龄绵羊的发情周期长。

（二）发情周期过程

1. 发情前期　母羊发情周期所产生的前一次黄体逐渐萎缩，卵巢增大，新的卵泡开始快速生长，子宫充血、增粗，子宫腺体分泌活动略有增加。阴道轻微充血、肿胀，阴门逐渐充血、肿大，排尿次数增加而量少。母羊兴奋不安，喜欢接近公羊，但不接受公羊爬跨。

2. 发情　母羊性欲进入高潮，卵泡增大、充盈。子宫角和子宫体呈充血状态，肌层收缩力加强，子宫腺体分泌活动继续增加。子宫颈管道松弛，子宫颈口开张，外阴充血、肿胀，并有大量稀薄的黏液流出。母羊主动接近公羊，嗅闻公羊阴囊部，或静立接受公羊爬跨。

3. 发情后期　母羊由发情的性欲激动状态逐渐转为安静状态，卵泡破裂排卵后雌激素分泌显著减少，黄体开始形成并分泌孕酮作用于生殖道，使充血、肿胀逐渐消退，子宫肌层蠕动逐渐减弱，腺体活动减少，黏液量少而稠，子宫颈管逐渐封闭，子宫内膜逐渐增厚，阴道黏膜增生的上皮细胞脱落。

4. 间情期　又称休情期，是黄体活动时期，也是发情周期中最长的一段时间。该期的特征是母羊性欲已完全停止，精神状态恢复正常。间情期的前期，黄体继续发育增大，分泌大量孕酮作用于子宫，使子宫黏膜增厚，表层上皮呈高柱状，子宫腺体高度增生，大而弯曲的分支多，分泌作用强，其作用是产生子宫分泌物供胚胎发育。如果卵子受精，则间情期将延续下去，母羊不再发情。如未妊娠，则增厚的子宫内膜回缩，腺体缩小，腺体发育分泌活动停止，卵巢上黄体逐渐形成，并分泌孕激素。卵巢上虽有卵泡发育，但均发生闭锁。

（三）生理及内分泌特点

绵羊为自发性排卵的动物，排卵一般发生在发情开始后 24～27h，但也有的前后相差数小时。东佛里生奶绵羊在发情结束前 4～12h 一般排 2 个卵子，2 个卵子的排卵时间平均相隔约 2h。

1. 黄体期　排卵之后破裂的卵泡转变为黄体（corpus luteum，CL）。黄体生长非常迅速，持续时间为发情周期的第 2～12 天，上皮细胞增生速度很快，黄体细胞分化为两种形态和生化特点完全不同的大、小黄体细胞。大黄体细胞为椭圆形，直径 22～50mm；小黄体细胞呈纺锤形，直径 12～22mm。

前列腺素 $F_{2\alpha}$（prostaglandin $F_{2\alpha}$，$PGF_{2\alpha}$）具有溶黄体作用。$PGF_{2\alpha}$ 在发情周期的第 12 天或第 13 天首先以小的波动开始分泌，然后分泌频率增加，第 14 天时达到高峰。绵羊黄体含有高、低两种亲和力的 $PGF_{2\alpha}$ 受体，激活高亲和力的受体可选择性地释放催产素而对孕酮的分泌没有任何影响；而激活低亲和力的受体则可增加黄体催产素的分泌，降低黄体孕酮的分泌。在发情周期的第 7～10 天，$PGF_{2\alpha}$ 通过对孕酮浓度的升高发挥溶黄体作用，10d 后的释放则与孕酮浓度降低和雌二醇浓度升高有关。

2. 卵泡期　绵羊卵泡期的主要特点是卵泡发育，孕酮浓度降低，黄体退化。绵羊在发情周期的第 15 天孕酮浓度开始降低，雌二醇通过促进子宫对催产素发生反应，增加 $PGF_{2\alpha}$ 的分泌而发挥溶黄体作用。垂体产生的 LH 和 PRL 对绵羊黄体功能的维持发挥重要作用。在发情周期的早期注射外源性孕酮可使黄体期缩短，此时用孕酮处理可能会干扰正常黄体的建立及功能的发挥。

（四）异常发情

奶绵羊正常发情周期的长短一定，外部表现明显，发情后卵巢上有卵泡发育和排卵，排卵后形成具有分泌功能的黄体，这样的发情为有效发情。无效发情是指有发情表现，但卵巢上无卵泡发育和排卵，也无黄体形成；或虽有排卵和黄体形成，但黄体早期发生退化，不能维持胚胎发育，因而配种后不能受胎。

（1）假发情　母羊有发情行为，也接受公羊爬跨，但外部表现不明显，卵巢上无卵泡发育和排卵。此种发情多见于母羊营养不良或发情季节早期，配种后不能受孕。

（2）短周期发情　发情周期为 5～13d，此种异常发情多见于发情季节早期。由于卵巢上没有前一周期残存的黄体分泌孕酮的协同作用，因此卵泡不能充分发育成熟。未充分成熟的卵泡排卵后黄体化不足，常于排卵后 4～5d 发生早期退化。黄体退化后，卵巢上又有卵泡重新发育而再次发情。此种羊配种后几乎全部返情。

（3）超长周期发情　发情周期可长达 40～60d 及以上，原因可能有两种情况：一种是第一次配种受孕，但胚胎发育到某一阶段发生死亡，胚胎死亡后黄体退化，卵巢上又有卵泡发育，母羊多于第一次配种后的 40d 或 60d 再次发情；另一种是配种后母羊未受孕而发生了子宫积水或蓄脓，也不再发情。

（4）孕后发情　奶绵羊第一次配种妊娠后仍可能再次发情，称为孕后发情。奶绵羊孕后发情有可能排卵，再次配种仍可受孕而发生异期复孕。孕后发情的一般外部表现为不完全发情，有的母羊不接受公羊爬跨。

五、发情鉴定

一般采用外部观察法、阴道检查法和试情法对母羊进行发情鉴定，以判断其发情质量，预测排卵时间，确定配种日期，从而及时进行配种。

（一）外部观察法

外部观察法是鉴定母羊发情最常用的方法，主要是观察母羊的外部表现和精神状态，以判断其发情情况。母羊发情时主要表现为喜欢接近公羊，摆动尾部，被公羊爬跨时站立不动，外阴部及阴道充血、肿胀、松弛，分泌黏液。

（二）阴道检查法

进行阴道检查时，应保定好母羊，外阴部用 0.1% 新洁尔灭清洗干净。用开膣器打开阴道，在光照下通过观察黏膜、分泌物和子宫颈口的变化来判断母羊发情与否。如果发情，则母羊阴道黏膜充血、色红，表面光亮、湿润，有透明液体流出；子宫颈口松弛开张，有黏液流出。

（三）试情法

利用种用价值不高但性欲旺盛的公羊，施行输精管结扎手术或腹部拴系试情布后，使其精子不能射出，作为试情公羊。

1. 试情公羊准备

（1）输精管结扎　公羊侧卧保定，肌内注射鹿眠宁 0.2mL，麻醉后切开阴囊皮肤，提出并分离输精管，在稍远离附睾处剪断，切除输精管约 4cm，分别用 0 号丝线结扎两断端，无出血后缝合皮肤，用碘酒消毒，术后 4 周待输精管内的精子完全消失后用于试情。

（2）拴系试情布　在试情公羊腹下拴系试情布，以阻止阴茎伸出，试情结束后去掉试情布。

2. 试情公羊管理　试情公羊至少离母羊 50m 以上，单圈喂养。试情公羊和种公羊一样应满足营养需求，保持体格健壮。试情公羊每周应本交 1 次，隔 2 周休息 1d，2～3d 更换试情公羊。

3. 试情方法　试情公羊和母羊的比例以 1：40 为宜，与同期发情母羊的比例应为 1：20。每天早晚各进行 1 次试情，进行胚胎移植时应每隔 4h 试情 1 次。在试情过程中，应保持安静，随时赶动母羊，让试情公羊追逐发情母羊。发情初期的母羊喜欢接近试情公羊，但不接受其爬跨。当母羊进入发情盛期，则表现静立接受公羊爬跨。母羊接受公羊爬跨作为发情判断的标志。在较大的母羊群中，也可在试情公羊的腹部戴上标记装置或在其前胸涂上颜料，公羊爬跨时将颜料印在母羊臀部，据此即可辨别出发情母羊。

六、配种时间

奶绵羊初配在 10～12 月龄，2～5 岁时的繁殖力最强。母羊的最佳利用年限为 6 年。北方地区母羊的繁殖季节一般在 7 月至第二年 1 月，而以 9—11 月为发情旺季。冬羔以 8—9 月配种、春羔以 10—11 月配种为宜。规模化饲养的奶绵羊应采用人工授精技术，但奶绵羊产业发达的国家公羊品质好、数量多，母羊群体整齐，为了节省劳力，多采用公、母羊比例为 1：30 的自然交配方式。

绵羊排卵时间一般在发情终止前 4～16h，但也有在发情终止后几小时排卵者。因此，母羊应在发情 10h 后开始第一配种，12h 再配种一次。在生产实践中，母羊清晨发情、配种一次，晚上再配种一次；晚上发情，第二天早上配种一次，可提高受胎率。

第三节　奶绵羊配种

一、配种方法

奶绵羊的配种方法有自由交配、人工辅助交配和人工授精 3 种。自由交配现在只有在条件较差的生产单位和农村使用，在条件较好的羊场多用人工辅助交配和人工授精方法。

1. 自由交配　自由交配是最简单的交配方式，公、母羊混群放牧。在配种期内，可根据母羊多少，选择优秀种公羊放入母羊群中任其自由寻找发情母羊进行交配。这种方法目前在农村和牧区养羊中较普遍采用。该法省工省事，适合小群分散的养殖场。配种期内可按1：25的比例将公羊放入母羊舍或固定栏自由交配，配种结束将公羊隔出来分群放牧管理。每年群与群之间要有计划地进行公羊调换，交换血统。

2. 人工辅助交配　全年将公、母羊分群隔离饲养，在配种期内用公羊试情，发情母羊用指定公羊配种。这种配种方法不仅可以减少公羊体力消耗，提高种公羊的利用率，且有利于选配工作的进行，可防止近亲交配和早配，做到有计划地安排母羊分娩和产羔管理等。

3. 人工授精　人工授精是指利用器械采集绵羊公羊的精液，经检查和处理后，再用器械将精液输入到发情母羊的生殖道内，以代替自由交配而使母羊受孕的配种方式。人工授精技术包括器械消毒、精液采集、精液品质检查、精液稀释、精液保存和运输、母羊发情鉴定等主要技术环节。人工授精技术要求高、人力成本大，普通养殖场的受胎率很难达到理想要求。进行人工授精时鲜精的受胎率可达到60％～80％，冻精的受胎率可达到30％～50％。

奶绵羊养殖大多采用集约化舍饲方式，加之要不断进行遗传改良，因此，采用人工授精方式进行配种可提高优秀公羊的利用率。

二、精液采集

精液采集是奶绵羊人工授精技术的重要环节，因此，应认真做好采精前的准备，熟练掌握采精技术，合理安排采精频率，做好各项组织和管理工作，以保证获得大量的优质精液。

（一）种公羊饲养管理

种公羊在提高母羊群的生产能力以及羊场综合经济效益等方面起着重要作用，因此，应加强和重视种公羊的饲养管理。要求体质结实，保持中上等膘情，性欲旺盛，精液品质好，采用单独组群饲养，避免与母羊混群。种公羊的饲养管理分为配种期和非配种期两个不同的时期，严格按照机体营养需要在人工授精工作开始前1个月左右加强蛋白质、维生素等营养物质的供给，以确保公羊的种用体况，使其产生优质精子。体重80～90kg的种公羊，一般每天饲喂精饲料1.2～1.4kg、青干草2kg、胡萝卜0.5～1.5g、食盐15g、碳酸氢钠5～10g。采用放牧2～4h或每天驱赶运动2h。在运动场设有可以爬高的草架子，诱导公羊爬高吃草，锻炼其后肢力量。

（二）公羊生殖健康检查

检查生殖健康可评估公羊在繁殖季节的配种能力以及使母羊妊娠的能力，包括经济检查、健康检查、生殖器官检查、性行为检查、精液品质检查等。

1. 经济检查

(1) 遗传性　优秀的公羊不仅影响后代的数量和质量，也影响后代的产奶量。因此，应建立公羊生产和繁殖性状标准。阴囊周径是与繁殖性能关系最为密切的遗传性状，与精子产量、雄性后代达到初情期的年龄、排卵率及多胎率有关。

（2）配种成本　每只公羊的配种成本是由公羊买价及该公羊配种后产生的羔羊数量决定的。公、母羊的比例及产羔率对公羊配种后每产一只羔羊的年度成本有明显影响。

（3）配种能力　公羊的配种能力由精子产量、精液质量及性欲决定。大多数情况下，体况较好、性欲高的公羊配种能力强。

2. 健康检查　健康检查主要检查公羊体重和体长是否符合优秀公羊标准。观察是否有呼吸道疫病、消化道疫病、腐蹄病和腿部溃疡，有且不能治愈的公羊应予以淘汰。重视传染性病原布鲁氏菌、衣原体的定期检测，公羊每年间隔2个月要检查1次；新进的公羊间隔1个月检测1次，连续检测3次以上。如果羊群中有一只阳性羊，则全场公羊应每隔20d检测1次，必须检查6次以上，直至保持阴性1年以上才算净化。所有布鲁氏菌病阳性公羊均应立即淘汰。

3. 生殖器官检查　公羊的生殖器官检查非常重要。可用卷尺测定阴囊周径（scrotal circumference，SC），据此估计精液产量。体重超过75kg的公羊阴囊周径应超过35cm，12～18月龄时应超过38cm，体重在115kg以上的公羊应超过40cm。检查有无阴囊肿大、阴茎旋转、阴茎损伤、溃疡性皮炎、包皮过长和尿道结石等疾病；对出现睾丸和附睾增大及发生纤维化的公羊必须要检查布鲁氏菌病2～3次，阳性公羊应立即淘汰。

4. 性行为检查　性行为是指成年公羊接触母羊时，在激素的作用下，通过神经刺激所表现出来的特殊行为，主要包括性激动、求偶、勃起、爬跨、交配、射精及射精结束等步骤。求偶主要表现为嗅、闻发情母羊的生殖器官和尿液，抬头、伸颈、上嘴唇翘起，嘴里发出"吧嗒"的求偶声音，不断地用前肢摩擦、轻推和拨打母羊，舐舐母羊生殖器官。交配时阴茎勃起，迅速将前肢跨到母羊背上。腹部肌突然收缩，阴茎很快插入母羊阴道，射精时头部向后上方急速跳动，交配后伸展头颈。公羊射精持续时间短，仅在数秒内完成。体质健壮而性欲强的青壮年公羊，可能在2h后阴茎再度勃起而反复交配。公羊交配的频率因品种、个体、气候及性刺激的不同而有很大的差异。据估计，10％的公羊对配种母羊没有兴趣，同时可干扰其他公羊配种，对性欲不足的公羊应淘汰。

5. 精液品质检查　在确定公羊没有感染布鲁氏菌，已经通过了配种能力检查之后可进行精液品质检查。种公羊在配种前1个月开始采精，检查精液品质。开始时1周采精1次，以后逐渐增加到1周2次，直到每隔2d采精1次，到配种时每天可采精2～3次。采精间隔时间至少2h。公羊采精前不宜吃得过饱。如果采精量少、精子活力不足，则可让公羊休息1周，每天增加2枚鸡蛋；同时，肌内注射复方布林他注射液3～5mL，维生素A、维生素D、维生素E注射液4mL，2d后再肌内注射复方布林他注射液3～5mL及孕马血清促性腺激素（pregnant mare serum gonadotropin，PMSG）1 000IU，精子密度和活力会有明显提高。

在生产中，可根据阴囊周径、精液品质及健康检查结果预测公羊的繁殖性能，安排其在羊群中的使用。所有指标分类为满意的公羊可在繁殖季节为母羊配种。如果所有指标均达不标，则可将其淘汰或在60d内再次测定。表4-1为公羊生殖健康检查分类建议。

表 4-1　公羊生殖健康检查分类

月龄	优秀	满意	可疑（不满意）
6～12	SC＞35cm 精子活力＞50% 正常精子＞90%	SC＞33cm 精子活力＞30% 正常精子＞70%	SC＜32cm 精子活力＜30% 正常精子＜70%
12～18	SC＞38cm 精子活力＞70%	SC＞36cm 精子活力＞50%	SC＜35cm 精子活力＜30%

注：SC 为阴囊周径。

（三）公羊调教

将一头发情母羊固定在采精架上，以引起公羊性欲，让其爬跨但不让其交配。公羊一旦爬上去就将其拉下来，如此反复多次，以刺激公羊达到性高潮。对性欲迟钝的公羊，往往要进行各种性刺激，以增加其性欲。在调教过程中，切忌强迫、拍打、恐吓；同时，要注意人、羊安全和公羊生殖器官卫生。例如，让公羊在母羊附近瞬间停留，更换发情公羊，观摩其他公羊爬跨。如果公羊还没有性欲，可以注射激素，具体方法为一次肌内注射十一酸睾酮 250mg＋丙酸睾丸素 50mg，连续 7～10d，同时一次肌内注射或静脉注射绒毛膜促性腺激素 1 000IU，LRH-A$_3$ 号 20IU。注射后，每天将公羊与发情母羊混群 2 次，或进行采精训练 1 次。

（四）建造采精室

采精要有固定的场地和环境，应在地势平坦、避风向阳而又排水条件良好的地方，建造采精室、精液处理室、输精室、消毒室、工作室、种公羊舍、试情公羊舍和待配母羊舍等。各房舍布局要合理，既便于采精、精液制备和输精，也应符合卫生和管理要求。

（五）采精

1. 采精器械等物品消毒　人工输精常用的器械等物品有假阴道内胎、假阴道外壳、开膣器、输精器、集精杯、显微镜、血细胞计数板、消毒锅、温度计、体温计、吸耳球和量筒等（表 4-2）。常用药品等包括酒精、生理盐水、凡士林、消毒液等。采精、输精及与精液接触的所有器械都要求消毒、清洁、干燥，存放在清洁的柜内或烘箱中备用。

（1）金属仪器和玻璃器皿消毒　金属仪器包括开膣器、输精器，玻璃器皿包括集精杯、玻璃注射器、玻璃棒、烧杯、试管等。器具洗净烘干后要用干燥箱高温消毒（120℃，90min）或高压灭菌器（121℃，30min）消毒。如果紧急使用，可用 75% 酒精棉球擦一遍，然后用镊子夹住在酒精灯上均匀加热 3min，等降温后用生理盐水冲 2 次，使用前再用精液稀释液冲洗 1 次。

（2）假阴道消毒　先用 2% 的碳酸氢钠溶液清洗假阴道，再用清水冲洗数次，然后用 75% 酒精自内胎一端向外端擦拭消毒，待残留酒精挥发后用生理盐水冲洗 3 次，最后用稀释液冲洗 2 次。

（3）润滑剂消毒　将盛有凡士林的容器放入水浴锅内煮沸 30min 待用。

（4）纱布、毛巾消毒　凡是人工授精接触到精液的纱布、毛巾，都要经高压消毒后才可以使用。

表 4-2　制备冷冻精液所需器材

设备、器材名称	规格	单位	数量	用途	说明
基础设备					
电热干燥箱		台	1	器材烘干和消毒	
高压蒸汽灭菌器		只	1	器材消毒	
生物显微镜		台	1	精液检查和评定	
显微镜保温箱		只	1	精液检查环境保温	自制
电冰箱		台	1	精液平衡和稀释保存	
液氮罐	30L	只	1	精液贮存	
液氮罐	10L	只	1	液氮贮存和周转	
双蒸馏水器		台	1	蒸馏水制备	
玻璃下口瓶		只	1	蒸馏水贮存	
天平		台	1	试剂称量	
常规器材					
烧杯	500mL	个	2	稀释液配制	
容量瓶	500mL	个	2	稀释液配制	
吸量管	20mL	个	2	稀释液配制	计量甘油
量筒	100mL	个	2	稀释液配制	计量卵黄
酒精灯		个	1	器材临时消毒	
脱脂纱布			若干	常规用途	
脱脂棉			若干	常规用途	
精液采集、检查、稀释器材					
假阴道	羊用	套		精液采集	每只公羊1套
集精杯	羊用	只		精液采集	每只公羊1套
润滑剂	羊用	瓶		假阴道润滑	
温度计（0～100℃）		个		假阴道测温	
热水瓶		只		提供调温热水	
注射器	2mL	个		计量射精量	每只公羊1只
注射器	20mL	个		量取稀释液	
注射器针头	12#	个			
血细胞计数板		套	2	精子密度检查	
移液器			1	吸取精液样品	

（续）

设备、器材名称	规格	单位	数量	用途	说明
移液器吸头			200	吸取精液样品	一次性用品
载玻片、盖玻片			2	精液质量检查	
精液冷冻及保存器材					
试管	10mm	只	20	精液滴冻	
纱布袋		个		颗粒冷冻精液包装	
搪瓷盘（带盖）	中号	个	1	放置冷冻操作工具	
长柄镊子		把	2	冷冻操作工具	
记号笔		支	2	精液保存标记	

2. 采精方法 羊的采精方法一般用假阴道法。由于假阴道采精法能收集到公羊射出的全部精液，既不降低精液品质，又不影响公羊的生殖器官和性功能，所以应用广泛。

假阴道是模拟雌性阴道仿制的人工器具，主要由外壳、内胎、集精杯及其附件组成。外壳为筒状，由硬质塑料制成，内胎为弹力强、无毒、柔软的乳胶或橡胶管制成，集精杯用棕色玻璃制成。此外，还有固定内胎、保定集精杯用的三角保定带等材料。

（1）安装和消毒假阴道 首先应检查所用内胎有无损坏和沙眼，若完整无损先放入开水中浸泡 10min，刷洗干净。安装时先将内胎装入外壳，并使其光面朝内，要求两头等长，然后将内胎套在外壳内（勿使内胎发生扭转），并使之松紧适度，再于两端分别用橡皮筋固定，将集精杯套在假阴道的一端。

（2）调节水温 左手握住假阴道的中部，右手用量杯将 50℃ 温水从气门孔注入。水量约为外壳与内胎间容量的 2/3，水温控制在 40～42℃，集精杯温度也应保持 35～37℃，最后装上带活塞的气嘴，并将活塞开关安好。

（3）涂抹润滑剂 用消毒玻璃棒取少许无菌凡士林，由外向内均匀涂抹一层。涂抹深度占内腔长度的 1/3～1/2。涂抹润滑不宜太多，以免混到精液中，降低精液品质。

（4）调节压力 借助注水和吹气来调节假阴道的压力，以内胎口呈三角形最合适。要仔细检查外壳、内胎、集精杯，不能有漏水和漏气情况。采精前假阴道入口处用 2～4 层消毒纱布盖住，防止落入灰尘。装好的假阴道放在 40～42℃ 的恒温箱内，以备下次采精使用。

（5）采精 选择发情明显的健壮母羊为台羊，将其固定在采精架上，用 0.1% 新洁尔灭消毒母羊外阴部，用温水擦洗干净公羊阴茎周围，并剪去多余的长毛，将公羊牵到采精现场后母羊反复挑逗，待公羊阴茎充分勃起并伸出时，再让其爬跨。采精员下蹲在公羊右侧，当公羊爬跨时迅速上前，右手持假阴道靠在母羊臀部，其角度与母羊阴道的位置相一致（与地面成 35°～45° 角），用左手轻托阴茎包皮，使假阴道与公羊阴茎方向成一直线，迅速将阴茎导入假阴道中。羊的射精速度很快，当公羊爬下时应持假阴道随阴茎后移，迅速竖起集精瓶，打开开关，放出空气，取下集精杯，立即将精液送入精液处理室进行品质检查与处理。

三、精液品质评定

精液品质评定的目的是鉴定精液质量，以便确定制作输精剂量，并检查公羊的饲养管理水平和生殖器官机能状态，评估技术操作质量，依此作为检验精液稀释、保存和运输效果的依据。精液品质检查项目分为常规检查和定期检查。常规检查项目包括射精量、活力、密度、色泽、气味、混浊度和 pH 等。定期检查项目包括死活精子检查、精子计数、精子形态、精子存活时间及指数、美蓝还原试验、精子抗力及其他项目等。

（一）外观检查

精液外观检查需要在 $18\sim25℃$ 室温条件下，快速准确进行操作。

1. 色泽 正常精液颜色为乳白色或浅乳黄色，其他颜色均为异常。如精液呈淡灰或淡青色，说明精子稀少；精液呈淡红色，表明混入血液，有可能是采精时内胎没有涂抹润滑剂或误伤阴茎所致；精液呈黄色可能混入尿液或脓液；精液呈绿色可能混入脓液；精液呈棕色可能混入腐败物质或精液已腐败；精液呈灰黑色可能混入泥土。

2. 射精量 射精量一般为 $1.0mL$（$0.3\sim2.5mL$）。射精量变动异常时，应检查采精技术、调整采精频率和改善饲料营养。

3. 气味 精液一般无气味或略带腥味。如有异常气味，则不能用于输精。必须无菌抽取精液，检查精子的活力和密度，必要时进行细菌学检查后方可用于输精。

4. 雾状 奶绵羊精子密度很大，如果精子活力很强，显微镜下观察到精子的翻滚现象如云雾状。这是精子活动非常的表现。

5. pH 使用 pH 试纸或酸度计对精液进行测定，一般羊的精液 pH 呈弱酸性，6.7 左右（$6.5\sim7.0$）。当公羊患有附睾炎或睾丸萎缩时，其精液偏碱性。

（二）用显微镜检查

1. 密度检查 密度检查是精液检查的重要内容，可分为目测法、计数法、光电比色计测定法。

（1）目测法 目测法是生产使用中方便易行的测定方法，但不能准确测出每毫升精液中的精子数，一般在 400 倍显微镜下初步估计精子密度。根据精液的黏稠度不同，将其分为稠密、中等和稀薄三级，分别以"密""中""稀"表示。该方法在每次采精时都要使用（图 4-1）。

密：精子彼此间的空隙小于 1 个精子的长度，非常拥挤，很难看清楚单个精子的活动情况。每毫升精液含精子数 20 亿个以上。

中：精子分散在整个视野中，彼此间的空隙为 $1\sim2$ 个精子的长度，能看到单个精子的活动情况。每毫升精液含精子数 10 亿个左右。

稀：精子在视野中彼此的距离大于 3 个精子的长度。每毫升精液含精子数 5 亿个以下。

（2）计数法 用红细胞计数器计数。用移液枪吸取 3‰ NaCl 溶液 $180\mu L$ 放入小试管

稀　　　　　　中　　　　　　密

图 4-1　显微镜下的精子密度

内，再吸取精液 20μL 注入小试管内混匀。然后取一滴稀释后的精液滴于计数板边缘，使精液流入计数室内。在 400 倍显微镜下，统计计数板四角及中央共 5 个中方格（80 个小方格）内的精子数，代入下列公式即可算出每毫升精液中的精子数：

每毫升精液中的精子数＝5 个中方格的精子数×80×400×10×1 000×稀释倍数

为了减少误差，必须进行两次精子计数，如果前后两次误差大于 10％，则应做第三次检查。3 次检查中取两次误差不超过 10％的结果，求得的平均数即为所确定的精子数。

（3）光电比色计测定法　先将原精液以不同比例稀释，并以血细胞计数器测定各种稀释比例的精子密度，制成标准管。再用光电比色计测定已知精子密度的各标准管的透光度，求出相差 1％透光率的级差精子数，根据不同透光度与其相对应的精子数，制成精子查数表。将新鲜精液 0.1mL 加入另一个装有生理盐水 4.9mL 的比色仪中，用 440nm 进行比色，记录其透光度和光密度值，计算每毫升精液样品所含精子数。

2. 活力检查

（1）用显微镜检查　精子活力是判断精液质量的重要指标。精子活力测定是在 37℃条件下检查精液中直线前进运动精子的百分率。检查方法是将精液滴在载玻片上，盖上盖玻片，在 200～400 倍显微镜下观察精子直线前进运动情况。可采用十级评分，将原精液作 1∶4 倍稀释，全部精子都做直线前进运动的评为 1 级，90％的精子做直线前进运动的为 0.9 级，以此类推，无直线前进运动精子的计为"0"。每次采精都要进行检查，以确定采得精液的稀释倍数。公羊新鲜精液的精子活力一般为 0.7～0.8。为保证较高的受胎率，液态保存精液的精子活力在 0.5 以上时可以用于输精。

（2）毛细管试验　在载玻片上放一个内装有稀释液的毛细管（长 10mm、内径 0.5mm），两端分别滴一滴精液和稀释液。在显微镜下观察第一个经毛细管进入稀释液的精子所需时间，来判断精子的活力。活力越强，则所需的时间越短。

（3）精子分析仪检测　精子分析仪是计算机技术和图像处理技术结合的精液分析仪器设备，通过显微镜下摄像和计算机快速分析多个视野内精子的运行轨迹，客观记录精子密度、精子总数、精子活力和存活率等各项参数，可在 3min 测定出精子密度和运动速度。

3. 形态学鉴定　精子形态是否正常与受精率有密切的关系。绵羊正常精液中精子的畸形率不超过 14％。在一个配种季节内，至少要进行一次形态学鉴定。用于制作冷冻精液的公羊，至少每个月应检查一次。检查方法是把精液做成抹片，染色后在高倍显微镜下观察。

（1）畸形率检测　精子畸形率是精液中畸形精子数占精子总数的百分比。在正常精液中，一般以精子局部畸形比较多见，一般有头部畸形、颈部畸形、中段畸形、主段畸形 4

类。精液中出现大量畸形精子的原因可能是精子生成过程受阻，副性腺及尿道生殖道分泌物出现病变，也可能是在精液处理过程中操作不当，精子受到外界不良因素的影响所致。绵羊精液中精子畸形率不得超过 14％。精子畸形率过高则表示精液品质不良，不能用于输精。

测定方法：取一滴精液置于洁净载玻片的一端，加微量生理盐水稀释后均匀涂片，自然干燥制成精液抹片。滴加 $100\mu L$、0.5%龙胆紫酒精溶液染色 3min，之后用流水缓缓冲去染料，干燥后镜检。

畸形率计算：将抹片置于高倍镜（400～600 倍）下检查 500 个精子，计算其中畸形精子所占百分比。

（2）精子顶体完整率检测　精子顶体畸形率是指精液中顶体异常的精子数占精子总数的百分比。顶体异常表现为精子顶体肿胀、缺损，部分或全部脱落。精子顶体内含有多种与受精有关的酶类，它们在受精过程中起关键作用。

测定方法：制作精液抹片，滴加 $100\mu L$、4%多聚甲醛固定 15min，水洗后用 $100\mu L$吉姆萨染液染色 60～90min，水洗、风干后再用 0.5%伊红染液复染 2～3min，水洗、风干后置于 1 000 倍显微镜下用油镜观察。采用吉姆萨染液染色时，精子顶体呈紫色。每张抹片要观察 300 个精子，统计出顶体完整精子的百分率。

（3）精子细胞膜结构检测　检测精子细胞膜结构是否完整的传统方法是进行伊红低渗溶液试验。活精子的细胞膜可以阻挡染料进入精子体内，只有死精子或细胞膜损伤的精子可用染料染色。具有正常细胞膜通透性的活精子置于低渗溶液中，由于水分进入细胞内，精子尾部即出现肿胀，据此可以反映精子细胞膜的生理机能。根据上述原理，伊红低渗溶液试验可作为精子生理机能的检测方法。取 $50\mu L$精液和 0.1%伊红 $50\mu L$（5%伊红水溶液）于载玻片上混匀，覆以盖玻片，静置 3～5min；400 倍显微镜下计数 200 个精子，观察精子头部着色和尾部肿胀情况。头部未着色而尾部肿胀的精子，为精子细胞膜生理机能正常的精子。

4. 精液微生物学检查　正常精液内不含任何微生物，如果含有病原微生物，人工授精后可能会造成动物传染病的人为传播。因此，精液的微生物学检查已被列为精液品质检查的重要指标之一，是各国海关进出口精液中的重要检查项目。精液微生物学检查主要检测的布鲁氏菌、结核杆菌、副结核杆菌、钩端螺旋体、衣原体、支原体、胎儿弧菌、溶血性链球菌、化脓杆菌和葡萄球菌等。此外，还有假单孢菌、毛霉菌、白霉菌和曲霉菌等。若每毫升精液中微生物数量超过 1 000 个，则判定为不合格精液。

四、精液稀释与保存

（一）稀释液的种类

绵羊的精液密度大，一般 1mL 原精液中约有 30 亿个精子，但每次配种只要输入 5 000万个精子就可使母羊受孕，精液稀释以后不仅可满足更多母羊的配种需求，更重要的是稀释液可以缓解副性腺分泌物对精子的损害作用；同时，供给精子所需要的营养，为精子生存创造一个良好的环境，延长精子的存活时间，便于精液保存和运输。目前已有的精液稀释液可分为以下四类。

1. 现用稀释液 适用于采精后立即输精。此类稀释液采用简单的等渗生理盐水、5％葡萄糖盐水和灭菌羊奶即可。

2. 常温保存稀释液 适用于精液在常温下短期保存，以糖类和弱酸盐为主，具有 pH 偏低的特点。

3. 低温保存稀释液 适用于精液低温保存，具有含卵黄成分或以乳液为主体的抗冷休克特点。

4. 冷冻保存稀释液 适用于精液超低温冷冻保存，一般含有甘油、乙二醇或二甲基亚砜等抗冻物质。

（二）稀释液的主要成分

稀释剂中的营养物质和保护物质都具有稀释精液、扩大容量、保护精子的作用。

1. 扩溶剂 单纯用于扩大精液量的物质，多采用等渗氯化钠、葡萄糖、果糖、蔗糖及奶类配制的溶液等。

2. 营养剂 主要提供营养以补充精子生存和运动所消耗的能量，常用的营养物质有葡萄糖、果糖、乳糖、奶类和卵黄等。

3. 保护剂 指对精子起保护作用的各种制剂，如维持精液 pH 的缓冲剂、防止精子发生冷休克的抗冻剂，以及创造精子生存的抗菌物质等。

4. 缓冲物质 在精液保存过程中，随着酸性代谢产物的积累，pH 会逐渐降低，超过一定限度时会使精子发生不可逆的变性。为防止精液保存过程中的 pH 变化，需加入适量的缓冲剂，常用的缓冲物质有柠檬酸钠、酒石酸钾钠、磷酸二氢钾等。

5. 抗冻物质 精液在低温和冷冻保存中，必须加入抗冻剂以防止冷休克和冻害的发生，常用的抗冻剂为甘油、乙二醇和二甲基亚砜等。此外，奶类和卵黄也具有防止冷休克的作用。

6. 抗菌物质 在精液稀释液中必须加入一定剂量的抗生素，以抑制细菌生长，常用的抗生素有青霉素、链霉素、庆大霉素、林可霉素、泰乐菌素、多黏菌素、头孢噻呋钠等。

7. 其他添加剂 主要作用是改善精子外在环境的理化特性，以及母羊生殖道的生理机能，以利于提高受精机会，促进受精卵发育。①酶类，如过氧化氢酶具有能分解精子代谢过程中产生的过氧化氢，消除其危害，提高精子活率；β淀粉酶具有促进精子获能、提高受胎率的作用。②激素类，如催产素、PGE 等可促进母羊生殖道蠕动，有利于精子运行而提高受胎率。③维生素类，如维生素 B_1、维生素 B_2、维生素 B_{12}、维生素 C 和维生素 E 等，具有改善精子活率、提高受胎率的作用。

（三）稀释液的配制

1. 配制注意事项 ①接触稀释液的仪器都必须彻底洗净消毒，使用前必须用稀释液冲洗数次。②配制稀释液的各种化学原料要达到分析纯，称量要准确；所用蒸馏水或去离子水必须是新鲜的，pH 呈中性；药物原料用水溶解后要进行过滤，去除杂质，然后用水煮沸或高压蒸汽消毒。③卵黄应来自没有被大肠埃希氏菌和沙门氏菌污染的新鲜鸡蛋。稀释液要现配现用，在冰箱中存放超过 7d 的弃用。但卵黄、抗生素、酶类、激素类成分必须在稀释液冷却至室温后、使用前再加入。

2. 配制步骤

(1) 室温保存稀释液

①现用稀释液。如生理盐水、5％葡萄糖生理盐水、复方生理盐水等。

②鲜奶稀释液。将新鲜羊奶用数层纱布过滤，然后水浴加热至 95℃，维持 30min；冷却至室温，除去上层奶皮；每毫升加青霉素 1 000IU、链霉素 1 000IU 混匀。

(2) 低温保存稀释液

①配方 1。无水葡萄糖 3.0g、柠檬酸三钠 1.4g、蒸馏水 80mL，溶解过滤后在 103kPa 压力下消毒 12min，降至室温作为基础液。用时每 80mL 基础液中加 20mL 卵黄及青霉素、链霉素各 10 万 IU。

②配方 2。甘氨酸 0.942g、柠檬酸钠 2.71g、蒸馏水 100mL，溶解过滤后在 103kPa 压力下消毒 12min，降至室温作为基础液。用时每 80mL 基础液中加 20mL 卵黄及青霉素、链霉素各 10 万 IU。

(3) 冷冻稀释液

①配方 1。

A 液：柠檬酸钠 3.0g、葡萄糖 3.0g，加蒸馏水至 100mL 作为基础液。溶解、过滤后在 103kPa 压力下灭菌 12min，温度降至 3～5℃时取该基础液 80mL 加卵黄 20mL 摇匀备用。

B 液：取 A 液 88mL 加甘油 12mL 及青霉素、链霉素各 10 万 IU 摇匀即可。

②配方 2。葡萄糖 3.1g、乳糖 4.6g、柠檬酸钠 1.5g，加蒸馏水 100mL 作为基础液。溶解、过滤后在 103kPa 压力下灭菌 12min，待温度降至室温时取该基础液 75mL，加卵黄 20mL、甘油 5mL 及青霉素、链霉素各 10 万 IU，摇匀即可。

（四）稀释方法

(1) 选用新鲜稀释液，一般每次制作不要超过 1 周的用量。稀释液和被稀释的精液温度调至 30℃左右，将稀释液徐徐倒入精液杯中。

(2) 确定稀释倍数，精液的稀释倍数取决于精子密度和计划输精的母羊头数，绵羊精液的稀释倍数一般为 2～4 倍。

(3) 按需要量吸取稀释液，吸液前最好先吸入少量稀释液，清洗试管内壁，弃去后再正式吸入需要量的稀释液，于瓶壁缓缓注入精液内，轻轻混匀。

(4) 保存记录，分装时应在标签上注明公羊号、采精时间、精子密度、活率和稀释倍数。进行高倍稀释时一般应分步完成，先低倍稀释，几分钟后再做高倍稀释。输精时应在 37℃的温度下检查精子活力，应尽快输精。

（五）液态精液保存

1. 常温保存　精液稀释后可保存在 20℃以下的室温环境中 1～2d。

2. 低温保存　将精液装入小试管内，外面包以棉花或 10 层纱布，再装入塑料袋内，直接放入冰箱中冷藏，使温度逐渐降至 2～4℃保存 2～3d。运输前精液小瓶应用纱布或棉花包裹，放入 2～5℃的冰瓶内，可实现集中采精、流动输精、送精到户、就地配种。

3. 冷冻保存　冷冻精液是精液保存的一种方法，它是在超低温环境（－196℃）下，将精液冻结成固态，可实现长期保存精子并保持其受精能力的效果，冷冻精液可最大限度地利用优秀种公羊，提高羊的改良效果。精液经过降温、冷冻和解冻处理后前进运动的精子比例减少，受精率降低，限制了冷冻精液在人工授精中的应用。精子经冷冻、解冻后的复苏率为 30%～50%，做直线前进运动的精子占比通常为 30%～40%。

（1）稀释　稀释液需在采精前加温至接近采出的精液温度，精液经检查性状正常、活力达 0.7 级以上者方可用于冷冻保存。稀释倍数根据精子密度决定，当密度为每毫升 25 亿～30 亿个时一般可按 1:（3～5）稀释。稀释时用注射器吸取适量稀释液沿集精瓶壁缓慢注入并混匀。

（2）降温和平衡　精液用含甘油的稀释液稀释后，直接放入 4℃冰箱内平衡 2～4h，在平衡过程中保持温度恒定。

（3）冷冻　一般采用细管装储精液。细管为长 125～133mm、容量 0.25mL 的各种颜色聚氯乙烯复合塑料制成，通过吸引装置将平衡后的精液进行分装，用聚乙烯醇粉末或超声波静电压封口，先置液氮蒸气上冷冻，再浸入液氮中保存。细管型精液具有许多优点：适于快速冷冻，精液细管内径小，每次冻制细管数多，精液受温均匀，冷冻效果好；精液不在外暴露，可直接输入羊子宫内，因而不受污染；精液剂量标准化，标记明显，不易混淆；容积小，便于大量保存，精液损耗小。

精液冷冻采用程序化自动冷冻仪。用灌封机将平衡后的精液灌装到细管中，用程序化自动冷冻仪对精液用预先设计的冷冻程序进行冷冻。提前 0.5h 将液氮阀打开以平衡液氮罐内的压力。待冷冻箱内温度降至 4℃时，维持 30s，打开冷冻箱盖将放有细管精液的托架放入冷冻箱内，关闭冷冻箱盖进行精液冷冻，计算机同步显示精液温度、冷冻温度和冷冻曲线的变化。当精液温度下降至－140℃即冷冻结束，保持 30s 后打开冷冻箱盖，立即取出细管冷冻精液并浸入液氮中。注意标记冷冻时间、细管精液支数，并检查精子冷冻后的活力。

（4）管理

①检查。冷冻后精液经抽样解冻检查，每批活力达到 0.3 级以上时才可放入液氮容器中保存。

②分装。细管精液可以每 10 支装入小塑料筒内或按 50～100 支装入纱布袋中，颗粒精液可分装于纱布袋中。

③标记。冷冻精液的包装上须明确标明公羊品种、羊号、生产日期、精子活力及数量，再按照公羊品种及羊号将冷冻精液装入液氮罐提筒内，浸入固定的液氮罐内贮存。

④取用。取用冷冻精液应在 5L 广口液氮罐或其他小容器内的液氮中进行，精液每次脱离液氮的时间不得超过 5s。

⑤抽检。由专人负责，每隔 7d 检查一次液氮容量。当剩余液氮为液氮罐容量的 2/3 时，须及时补充。发现液氮消耗过快时，说明液氮罐的保温性有问题，应及时更换。

⑥运输。液氮罐应罩保护袋或装入木箱内，严禁撞击和翻倒。运输途中要减少震动。

冷冻精液必须经过精子活力检查，查验公羊品种、羊号及数量与精液标签一致无误后方可运输。

五、输精

（一） 解冻

可以直接在 35～40℃ 的温水中解冻，等细管内的精液融化一半时，即可以将其从温水中取出在常温下摇动至完全解冻。

（二） 输精

1. 母羊准备 将发情母羊两后肢抬起搭在离地 50cm 的横杠式输精架上。也可以是工作人员倒骑在羊的颈部，用双手握住羊的两后肢飞节上部并稍向上提起，以便于输精。先用 0.1％ 新洁尔灭消毒母羊的外阴部，再用生理盐水冲洗掉药液，最后以灭菌棉球擦干。

2. 器械准备 输精人员要身着工作服，以 0.1％ 新洁尔灭消毒手臂，手戴一次性无菌手术手套，持无菌的输精器输精。输精器须先用灭菌稀释液冲洗。输精枪以每头母羊一支为宜。使用过的金属输精枪先用 1％ 新洁尔灭浸泡消毒 30min，再用稀释液冲洗后方可再次使用。

3. 精液准备 精液必须符合羊输精所要求的量、精子活力及有效精子数等，使用时温度恢复至 35～40℃。

4. 输精时间 母羊输精时间一般在发情后 12～24h。为提高母羊的受胎率，可在第一次输精后间隔 12h 再输精一次。此后若母羊仍继续发情，可再输精一次。

5. 输精量 原精液为 0.5mL，稀释后精液或冷冻精液为 0.2mL，每个输精剂量中有效精子数应不少于 5 000 万个。

6. 输精部位

（1）阴道和子宫颈 将开膣器轻轻插入母羊阴道后旋转 90°，开起开膣器扩张阴道，利用光源寻找子宫颈口，子宫颈口附近黏膜充血而颜色较深。将输精器缓缓插入阴道 10～13cm 深处，将输精器头部尖端缓慢插入子宫颈口内 0.5～1.0cm。有些羊需用输精器前端拨开子颈外口上、下 2 片或 3 片突起皱襞方可将输精器插入子宫颈外口内。然后稍向后退，用大拇指轻压活塞，每次每只母羊注入原精液 0.1～0.2mL、低倍稀释精液 0.1～0.5mL。对于初产母羊，若无法打开其阴道看清子宫颈口，可进行阴道深部加倍输精；有的母羊子宫颈口较紧或不正，可将精液注到子宫颈口附近。退出输精器、开膣器，使阴道闭合。注意，输精时应减少对母羊的刺激，不得损伤其生殖道黏膜。母羊输精完毕后，原地停留一会儿再将其赶走。输精总的原则是适时、深部、慢插、轻注、稍站。

（2）子宫角内 通过腹腔镜将冷冻精液 0.1～0.2mL 直接输入两侧子宫角内，可以提高受胎率到 50％～70％。输精前 12～24h 母羊禁食，手术部位剃毛及擦洗消毒；手术前将母羊仰卧保定在输精架上，头部朝下，与地面保持 45°～60° 夹角。输精前 10～15min 按说明书注射兽用麻醉剂。将解冻后的冷冻精液细管装入羊腹腔镜输精枪中。母羊在腹中线两侧 5～10cm 处，乳房基部下方用套管穿刺针刺入腹腔，开两个孔：一侧套管上插入腹腔镜，另一侧套管上插入输精枪。发现子宫角后，将输精枪的前端细针刺入子宫角内，输入精液 0.1mL；对侧子宫角以同样方式输精，并检查输精部位是否正常。输精结束后将腹腔镜等从腹腔内取出、清洗、消毒，母羊创口处喷洒碘酊消毒，肌内注射青霉素 160 万 IU。母羊术后停留观察 2～3h。

第四节　奶绵羊胚胎移植技术

一、胚胎移植的概念、意义和基本原则

（一）概念

胚胎移植又称受精卵移植，俗称"借腹怀胎"。其是将体内外生产的母羊早期胚胎移植到同种、生理状态相同的母羊生殖道内，使之继续发育成正常个体的生物技术。其中，提供胚胎的母羊叫供体，接受胚胎并代之完成妊娠、分娩及哺乳胎儿的母羊称为受体。经胚胎供体产出的后代，其遗传物质来自供体母羊和与之交配的公羊，而胚胎发育所需要的营养物质则来自受体。

（二）意义

1. 充分发挥良种母羊的繁殖力，提高繁殖效率　胚胎移植技术可充分发挥优良母羊的繁殖潜力，使繁殖效率提高 5～8 倍，迅速增加优良母羊的后代数量，最大限度地延长具有优秀遗传特性母羊生产后代的时间。可使优秀母羊在一个发情周期内获得 12～20 枚胚胎，移植给其他母羊可获得 10 只以上的羔羊。

2. 加速品种改良进度，扩大良种群体　胚胎移植最大限度地发挥了优良母羊的繁殖效率，是进行品种改良和优良品种选育的有力技术手段。此外，应用胚胎移植技术能最大限度地减少公羊后裔测定的时间，提高群体的选择强度，加速育种改良进程。

3. 引进优良品种　绵羊的引进主要是活羊和胚胎引进。活羊引进价格高、运输不便、检疫和隔离程序复杂，且存在疫病传播和应激反应大的问题。而引进良种胚胎，结合胚胎移植与胚胎冷冻技术，使胚胎的移植不受时间和地域限制，检疫程序简单、成本低廉。目前，羊胚胎移植与胚胎冷冻技术已成为国际、地区间良种遗传资源交流廉价而简便的方式。

4. 保存优良和濒危羊品种　胚胎移植和胚胎冷冻技术相结合为保存稀有及优良种质资源提供了新的技术手段。

5. 胚胎移植是动物胚胎工程的必要技术手段　胚胎工程包括胚胎移植、胚胎分割、体外受精、嵌合体、转基因、克隆及胚胎干细胞研究等，而胚胎移植技术是研究哺乳动物受精和早期胚胎发育机制不可缺少的手段。如受精后胚胎发育潜力的衡量、调控早期胚胎发育关键基因功能的确定、妊娠识别和胚胎附植机制的研究等都要通过胚胎移植来实现。随着胚胎移植技术的发展，围绕胚胎移植配套的激素、器械、设备等相关产业也得到了迅速发展，产生了良好的社会、经济效益。

（三） 基本原则

1. 胚胎移植前后所处环境的同一性

①供体和受体在分类学上同属于一个物种。

②受体和供体的发情时间要同步，时间差不能在 24h 以上。发情同步性越好，移植后的妊娠率就越高。

③胚胎移植前后所处空间部位相似。也就是说，如果胚胎采自供体的输卵管，那么也要把胚胎移植到受体的输卵管；如果胚胎采自供体的子宫角，那么也需把胚胎移植到受体的子宫角。

2. 胚胎发育的期限　采集和移植的胚胎日龄不能超过周期黄体的寿命。通常在供体发情配种后 3～8d 内采集胚胎，受体在相同时间接受胚胎移植。

3. 胚胎质量　从供体采集的胚胎并不是每个都具有生命力，胚胎需经过严格的质量鉴定，只有确认发育正常的胚胎才能用作移植。

4. 供、受体的生产性能和经济价值　供体的生产性能和经济价值要大于受体。供、受体应营养良好、体质健壮，生殖器官具有正常繁育机能，否则会影响胚胎移植的效果。

二、胚胎移植技术程序

（一） 供、受体的选择

1. 供体的选择　进口的原种奶绵羊产过一胎后方可作为供体，从国内引进的经产绵羊在应激期过后 2 个月方可作为供体。供体要求年龄在 1～4 岁，体格健壮无疫病，发情正常，年产奶量 500kg 以上。一般在产后 90d 以上才可以进行处理。对所选择的供体要提前进行布鲁氏菌病和衣原体感染的检查，按时进行疫苗接种和驱虫。在胚胎移植前 40d，每只供体母羊每天补充精饲料 0.6～0.8kg，保持中等膘情。

2. 受体的准备　受体选择湖羊、小尾寒羊或其他地方品种及其杂交后代。要求：①年龄在 2～4 岁，膘情中等，剔除过肥、过瘦的个体；②为经产空怀母羊，产后 90d 以上，产羔及母性良好，无难产史；③布鲁氏菌病检测为阴性，没有生殖方面的疫病；④发情周期正常；⑤所有受体的疫苗预防接种和体内外寄生虫驱虫工作应在同期发情前 20d 完成。

3. 种公羊的选择　优秀种公羊的筛选要求：①年龄为 2～4 岁；②体格健壮，性欲旺盛，精液品质良好，精子活力不低于 0.7，精子密度在 20 亿个/mL 以上；③无布鲁氏菌病和繁殖性疫病；④在配种前进行疫苗预防注射和驱虫工作；⑤每天运动 2～3h；⑥每只种公羊每天饲喂配合饲料 0.7～1.5kg，其中胡萝卜 1～2kg、鸡蛋 1～2 枚。

（二） 供体母羊超数排卵

1. 超数排卵

（1）超数排卵所用激素　超数排卵所用激素类药物有垂体促卵泡激素（FSH）、氯前列烯醇（$PGF_{2\alpha}$ 类似物）以及促黄体素释放激素-A_3（luteinizing hormone releasing hormone-A_3，LHRH-A_3）等。

（2）激素剂量　FSH注射剂量一般为260～350IU，在实际应用时要对FSH剂量作适当调整；LHRH-A$_3$用量为10～20IU；氯前列烯醇肌内注射0.1mg。

（3）注射程序　供体母羊阴道内放置羊用CIRD阴道栓（内含孕酮）作为处理的第0天，肌内注射氯前列烯醇0.1mg；第16天开始注射超排激素FSH，每天早晚间隔12h注射一次FSH，连续4d，剂量依次递减。在最后一次注射FSH的同时，肌内注射氯前列烯醇0.1mg，撤除阴道栓观察母羊的发情状况。发情羊配种时肌内注射LH-A$_3$ 15IU，未发情者注射FSH 50IU。供体母羊超数排卵的季节选择秋、冬两季最佳，避免在炎热的夏季进行超排处理。

2. 发情鉴定　从撤除阴道栓后的12～72h开始，对超排供体母羊进行发情观察。当有明显的爬跨反应、阴道流黏液等时，对母羊进行接受爬跨检查，以站立接受公羊爬跨作为发情开始的标准，记录发情起止时间。

（三）配种

1. 本交　在公羊充足的情况下，供体母羊宜选择本交进行配种；公羊不足时，采用本交和人工授精相结合。供体母羊一般每8h配种一次，第一次配种时肌内注射LH-A$_3$ 15IU。直至发情结束，停止配种。

2. 子宫颈人工授精　输精器械保持清洁无菌，利用鲜精子宫颈口人工授精时，每次输入的有效精子数不低于1.0×10^8个，注入精液0.5mL。每次间隔8h输精一次，直到母羊停止发情为止，输精次数3～6次。

3. 腹腔镜子宫输精　利用鲜精输精时，可在供体母羊撤栓后的36～48h进行，借助腹腔镜观察母羊子宫、卵巢、卵泡发育情况，用腹腔输精枪在两侧子宫角大弯处各输精一次，注入精液0.1～0.2mL，有效精子数不低0.5×10^8个；利用冻精输精时，可在供体母羊发情后的12h和20h分别子宫输精一次，注入精液0.2mL，有效精子数不低0.3×10^8个。

（四）胚胎的采集与保存

1. 器械　包括手术台、剃毛刀、创布、止血纱布、剪毛剪、手术刀柄、手术剪、止血钳、巾钳、持针器、肠钳（带乳胶管）、手术刀片、缝合针、镊子、表面皿（120mm）、头皮针（尖端磨钝）、硅胶管双路通管（8mm）、螺旋回收针、注射器（10mL、20mL）、玻璃管（8mm）和培养皿（5mm）等。

2. 溶剂和药品　包括磷酸盐缓冲液、胚胎培养液、75%酒精、碘伏、新洁尔灭、0.9%生理盐水、兽用麻醉药和解麻药等。

3. 方法　配种后5～7d，从供体母羊双侧子宫角回收桑葚胚和囊胚。术前母羊空腹24h，将其仰卧保定于手术架上，按说明肌内注射麻醉药。手术部位一般在乳房正中与大腿内侧的鼠蹊部，刮去鼠蹊部被毛，清洗消毒后固定创巾。避开乳房和大血管，纵向切开皮肤，做3～5cm长的创口，分离结缔组织、肌肉层和腹膜，轻轻拉出子宫和卵巢，观察和记录两侧卵巢黄体和卵泡数，从双侧子宫角回收胚胎。胚胎回收时可用长柄肠钳（齿槽外套乳胶管）夹住子宫角基部，将子宫角胚胎回收专用管头端插入子宫腔内，尾端贴于集胚杯的内壁。拉直宫管结合部，用连有12号针头的注射器吸取

30mL专用冲胚液，刺入宫管结合部进行冲胚。将含有胚胎的冲胚液回收到专用集胚杯内，及时送入检胚室。用37℃的生理盐水将子宫及卵巢冲洗干净，然后送入腹腔，向腹腔注入甲硝唑注射液500mL以预防感染。创口采用两层缝合法缝合，腹膜连同肌肉进行缝合，皮肤进行节结缝合，针孔间距1cm。冲胚要求无血、无菌、顺畅、轻柔和稳定。

胚胎质量鉴定时保持检胚室温度为20～25℃，采用体式显微镜在集胚杯中仔细查找并收集胚胎。将检出的胚胎收集到盛有保存液的培养皿中，用保存液冲洗3～4次后进行质量鉴定。根据卵裂球的发育质量和整个胚胎的形态结构，可将胚胎分为A、B、C、D共4个等级。

A级：胚胎发育阶段与胚龄相吻合，透明带完整，卵裂球均匀紧凑，轮廓清楚，透明度好，饱和充盈于透明带内，整个胚胎呈球形。

B级：胚胎发育阶段与胚龄相符，卵裂球均匀紧凑，透明度好，无畸形。

C级：胚胎发育阶段与胚龄相符，透明带畸形或部分缺失，卵裂球轮廓不清楚，细胞分散，色泽过暗或过淡。

D级：胚胎发育阶段与胚龄相符，卵裂球已分散开或细胞已破裂，失去继续发育的潜力。

A、B级胚胎可用于冷冻保存；A、B、C级胚胎可用于鲜胚移植；D级胚胎一般弃掉不用。

4. 胚胎冷冻保存

（1）所用仪器和器械　主要有实体显微镜、胚胎冷冻仪、吸胚管、0.25mL麦管、麦管塞、装管器、细菌滤器（0.22μm针头式）以及培养皿等。

（2）溶液　溶液主要有含0.4%牛血清蛋白的PBS保存液；用保存液配制含10%甘油的冷冻液，或用保存液配制含1.5mol/L乙二醇和0.1mol/L蔗糖的冷冻保护液。

（3）甘油胚胎冷冻法

①具体步骤。第一步，胚胎在保存液中清洗5～10次后移入1/3 10%甘油冷冻液，再加入2/3保存液平衡5～7min；第二步，胚胎移入2/3 10%甘油冷冻液再加入1/3保存液平衡5～7min；第三步，胚胎移入10%甘油冷冻液平衡5～7min。胚胎经三步预处理后装入细管（在10～20min内完成），然后放入胚胎冷冻仪中冷冻。

②冷冻程序。先以1℃/min的速率降温，在-7～-6℃下平衡5min，在-7.5～-7℃下平衡10min；再以0.3℃/min速率降温，在-38～-36℃下平衡10min；最后浸入液氮中保存。

（4）乙二醇胚胎冷冻法　先将胚胎用保存液冲洗5～10次；然后将其转移到含有0.5mol/L、1.0mol/L乙二醇冷冻液中各平衡5min，转入1.5mol/L乙二醇冷冻液常温条件下平衡15～20min，并将胚胎装入细管（在10～20min内完成）；最后放入胚胎冷冻仪中进行冷冻。

5. 胚胎的解冻

（1）器械　实体显微镜、温度计、解冻用水杯、0.25mL麦管、吸卵管、细管推杆、装管器、细菌滤器（0.22μm针头式）以及4个100mm塑料培养皿等。

（2）溶液　用含有 0.4％胎牛血清蛋白的 PBS 保存液配制含 1mol/L 蔗糖的解冻液，用保存液配制含 10％甘油冷冻液，或用保存液配制含 1.5mol/L 乙二醇和 0.1mol/L 蔗糖的冷冻保护液。

（3）胚胎解冻方法　胚胎从液氮中取出在空气中停留 10s，在 30℃水浴中解冻 1min，擦干细管、剪去管塞、推出胚胎，然后进行三步脱甘油或乙二醇操作。冷冻胚胎依次在 1/3 解冻液、2/3 冷冻液中平衡 5～7min，1/3 解冻液、1/3 冷冻液、1/3 保存液中平衡 5～7min，1/3 解冻液、2/3 保存液中平衡 5～7min，最后用保存液洗2～3次，转移到显微镜下进行鉴定。

（五）受体的同期发情

按供、受体 1∶6 比例准备受体，进行分组、记录和标记。与供体母羊同时放阴道硅胶栓，肌内注射氯前列烯醇 0.1mg，以放栓日为第 0 天，于放栓的第 15 天下午撤除阴道栓。撤栓时肌内注射 PMSG 250～350IU、氯前列烯醇 0.1mg。撤栓 12h 开始跟群观察，每天严格记录受体发情情况 2～4 次，以“爬跨静立”为发情标准。

（六）胚胎移植

1. 移植方法　在受体发情后 5～6d 进行胚胎移植，术前禁食、禁水和麻醉，将母羊仰卧保定在专用手术架上。在乳房基部前方沿腹中线向前及两侧区域进行剃毛（12cm×12cm），术部清洗消毒后固定手术创巾。用套管针在腹中线两侧分别刺入腹腔开孔，将腹腔镜经套管插入右侧腹壁孔，通过腹腔镜观察受体卵巢、黄体的发育情况，将黄体发育好的一侧子宫角从左侧腹壁孔用子宫铗夹至腹腔外，而后迅速在子宫角注入胚胎。移植结束，用子宫钳将子宫角还纳入腹腔，取出套管针、腹腔镜、子宫钳缝合创口。手术 1 周后拆线，术后受体 45～60d 采用 B 超进行妊娠诊断。

2. 妊娠母羊饲养管理　严禁给妊娠羊饲喂发霉、变质饲料和冰冻饲料，注意防寒保暖，减少环境应激，同时做好布鲁氏菌病和衣原体病的检测及净化工作，防止流产。

三、胚胎移植中存在的问题

胚胎移植技术虽然在北美洲、大洋洲和欧洲已实现商品化应用，在我国也正实现产业化推广，但仍然存在一些问题。

1. 超排效果不稳定　利用外源性促性腺激素刺激奶绵羊超数排卵，不同的个体、季节和年龄获取的有效胚胎质量和数量差异很大，排卵率很不稳定。

2. 胚胎回收率低　位于输卵管或子宫角内的胚胎并不能全部被回收，而且排卵数过多往往受精和回收率低。一般来说，输卵管回收的数量较子宫角的多。

3. 供体母羊的再利用问题　只要操作方法正确熟练，胚胎移植除推迟供体母羊自然繁殖时间2～3个发情期以外，对供体母羊自身的繁殖功能不会有太大的影响。但由于供体母羊均为经济价值高的良种，反复进行超排和手术，对卵巢和子宫有明显的影响和损伤，表现为卵巢对激素不敏感，不发生超排反应，子宫与子宫、卵巢与子宫、卵巢与伞部粘连，输卵管堵塞等一系列问题。因此，一旦出现供体母羊丧失繁殖能力的情况，就会造成很大的经济损失，并影响技术操作人员的技术信誉度。

4. 营养水平不稳定 日粮中如果蛋白质和能量水平过低，缺乏维生素，钙、磷、微量元素等营养物质不足或不平衡，都会影响促性腺激素的分泌，导致受体妊娠率下降。另外，蛋白质过剩也会影响胚胎发育与存活，降低受体妊娠率 10%～30%。能量过高可导致母羊内分泌紊乱，降低母羊的妊娠率和影响胎儿的生长发育。供体母羊日粮中添加维生素 E，可显著提高黄体数、发情率和受胎率；给受体注射维生素 A、维生素 E 和维生素 D 注射液也有助于提高妊娠率。

5. 供、受体容易发生应激反应 大部分养殖场饲草品种单一，大多以玉米秸秆、花生秧为主，秋季饲喂青绿饲料的时间短，冬季饲喂霉变、霜冻饲草和饮冰冻水后，会增加羊体内自由基的数量，抑制体内抗氧化酶的生物合成以及抗氧化酶的活性，从而导致机体产生氧化应激和流产。羊暴露于温度变化剧烈、有害气体污染的环境下，机体内的自由基会过量产生或细胞内抗氧化系统失衡，进而产生氧化应激。妊娠期氧化应激会导致母体胎盘血管功能紊乱，低氧供给导致胎盘滋养层非正常分化，从而引发胎盘血流减少和胎儿组织损伤。这些都会影响妊娠前期移植胚胎的附植效果，导致中期胎儿生长阻滞和后期流产。

第五节　奶绵羊繁殖控制技术

奶绵羊繁殖控制技术通常是利用外源激素处理母羊，有意识地控制其发情时间、排卵和配种，充分发掘母羊的繁殖潜力，便于生产管理。

一、诱导发情

（一）概念

诱导发情是对于乏情状态（生理性或病理性乏情）的母羊，利用外源性生殖激素或其他手段人工诱导其正常发情和排卵的技术。诱导发情技术可缩短母羊的乏情期，使之比自然状态下提前配种、增加胎次、提高繁殖率。

（二）原理

母羊乏情的原因主要有两个：一个是处于生理性乏情（季节性乏情和哺乳期乏情），母羊垂体前叶垂体激素 FSH 和 LH 的分泌减少，不能刺激卵泡发育和排卵，在此期间内，卵巢既无卵泡发育也无黄体存在；另一个是处于病理性乏情，有的是卵巢上有持久黄体存在，从而抑制了卵泡发育，造成母羊长期不发情；而有的是因卵巢萎缩、硬化和静止等造成卵巢功能下降，使母羊长期不发情。母羊繁殖活动始终是在内分泌和神经系统的共同调控下进行的。母羊发情周期受到下丘脑-垂体-性腺轴的调控及环境因素的影响。下丘脑分泌的 GnRH 作用于脑垂体，促进脑垂体分泌 FSH 和 LH 促使卵泡发育、成熟和排卵。因此，对季节性乏情、哺乳期乏情的母羊用外源性促性腺激素或者环境条件刺激（如改变光照时间、异性刺激、断奶等）可进行诱导发情；对持久黄体性乏情用溶黄体激素进行诱导发情；对卵巢萎缩、硬化和静止等卵巢功能减退的病理性乏情，可通过改善环境条件，并配合促性腺激素治疗的方法诱导其发情。

（三）方法

（1）对季节性乏情的母羊可连续12～16d使用孕激素处理（硅橡胶阴道栓），在停药当天一次肌内注射PMSG 500IU，24～72h即可发情。

（2）对非繁殖季节的乏情母羊，10～14d使用孕激素（硅橡胶阴道栓）处理，在停药当天肌内一次注射PMSG 300～350IU，24～72h即可发情。同期发情率可达95%，第一情期受胎率为85%左右。

（3）在发情季节到来之前的数周，将公羊放入母羊群中或早晚试情，通过"公羊效应"来促使母羊提前发情、提早进入发情季节。另外，可以采用补饲催情的方法进行诱导发情，即在发情季节临近时补充优质精饲料，增加优质苜蓿和青绿饲草；给母羊注射维生素注射液、添加微量元素和维生素添加剂并加强管理，以促进其发情。

二、同期发情

（一）概念

利用某些激素人为地控制一群母羊的发情周期，在一定时间内使母羊集中发情的方法叫同期发情。同期发情可有计划地组织母羊的发情鉴定和配种，可以更广泛地应用人工授精技术，同期发情是鲜胚移植技术的关键环节之一。但供体和受体必须发情同期化，才能使移植后的胚胎正常发育。

（二）原理

在母羊发情周期中，卵巢的变化可分为卵泡期和黄体期。在卵泡期，卵巢上有卵泡的发育和成熟过程；而在黄体期，则有黄体的形成和退化。卵泡期结束即进入黄体期，黄体期结束即进入卵泡期。在母羊的一个发情周期中，黄体期约为14d，占整个发情周期时间的70%，卵泡期占30%。黄体分泌的孕酮对卵泡发育成熟有很强的抑制作用，只有黄体消退后孕酮水平降至最低，卵泡才可发育至成熟阶段，母羊才能表现发情。母羊同期发情的方法有两种，一种是延长黄体期法，对母羊使用孕激素，12d后停药，将孕激素对卵泡生长发育成熟的抑制作用解除，即可引起母羊同期发情；另一种是缩短黄体期法，利用PG及其类似物溶解黄体，使黄体消退，人为地中断黄体期，使孕酮停止分泌，从而促使垂体促性腺激素释放，引起卵泡的发育成熟，使母羊发情。

（三）方法

1. 孕激素阴道栓法 延长黄体期法最常用的是采用孕激素处理。常用的孕激素有孕酮、甲基孕酮、甲地孕酮、炔诺酮、氯地孕酮、18-甲基炔诺酮和16-次甲基甲地孕酮等，这些孕激素制剂能抑制垂体分泌FSH，从而间接地抑制卵泡的发育和成熟，延长母羊黄体期。

同一天给母羊阴道放置羊用孕激素硅胶栓，9～15d后撤栓。撤栓前12h或撤栓时各注射FSH 50IU或在撤栓时一次注射PMSG 300～400IU，同时注射氯前列烯醇0.1mg，可提高同期发情效果。

2. 前列腺素注射法 $PGF_{2\alpha}$ 具有明显的溶黄体作用，但对5d以内的新生黄体不敏感。在羊发情周期的第7～16天的任意一天臀部肌内注射0.1mg $PGF_{2\alpha}$，第一次注射后8～11d再次肌内注射0.1mg $PGF_{2\alpha}$。由于前列腺素易引起妊娠母羊流产，因此只有在确认母羊空怀时才能使用。

3. PG结合孕激素 母羊阴道放置羊用孕激素硅胶栓处理10～12d，结束时肌内注射 $PGF_{2\alpha}$ 0.1mg和PMSG 300～400IU，同期发情的效果好。

三、控制排卵

控制排卵主要是指用激素控制母羊排卵的时间和数量。一般将在同期发情的基础上通过诱发排卵来控制排卵的时间称为同期排卵。母羊发情后会自然排卵，而实际情况是同期发情或诱发发情后，母羊发情、排卵尚有较大的时间范围，不能精确预测。在发情即将到来或已经到来时给予促性腺激素或GnRH处理，可以准确控制排卵时间。

（一）诱发排卵

母羊从发情至排卵的时间相对稳定，一般在发情结束后12～20h，只有极少数可能会再延长数小时。羊从发情到排卵的时间变化较大，以至于在人工授精和自由交配中有时候母羊的受胎率普遍较低。如果母羊排卵延迟，在配种时结合外源激素诱发排卵，可提高受胎率。一般在第一次配种时肌内注射LH 12.5～25IU或LRH-A₃ 20IU可诱发排卵。

（二）同期排卵

母羊阴道放置羊用孕激素硅胶栓处理10～12d，配合注射PMSG 350IU，或第一次输精时肌内注射LRH-A₃ 20IU和PG 0.1mg，或配合注射绒毛膜促性腺激素100IU和PG 0.1mg。第一次输精时肌内注射LRH-A₃ 20IU，可使排卵进一步同期化，提高同期发情后的受胎率。

四、产后发情控制技术

（一）原理

产后哺乳会使卵巢功能受到抑制，引起泌乳性乏情。哺乳期乏情持续时间因品种及泌乳状态不同而有很大差别，脉冲式LH释放是母羊正常发情周期的先决条件。下丘脑间歇性地释放GnRH进入垂体门脉系统，使垂体脉冲式分泌LH。LH经血液循环到卵巢，使卵泡发育并产生雌二醇。雌二醇升高伴随LH分泌上升，形成排卵前的LH峰，导致排卵。妊娠干扰了下丘脑-腺垂体基础性和周期性释放模式与负反馈机制。胎盘分泌雌二醇，对LH水平形成明显的负反馈抑制作用。尽管产羔之后母羊垂体LH贮存和释放量都上升，至产后 2～4d 达到高峰，但哺乳和挤奶都会抑制或推迟 LH 脉冲出现，使产后发情延迟。哺乳和挤奶的频率、强度及时间是影响产后乏情期的主要因素。

（二）具体技术

1. 产后当天断奶　当天断奶或与激素处理结合可以缩短分娩至第一次发情的时间间隔，也能缩短分娩至受孕的时间间隔，提高受胎率。

2. 限制哺乳　限制羔羊每天哺乳 1 次，每次 30～60min，为期 10d 以上，可以缩短产后第一次发情的时间间隔，提高受胎率。

3. 诱导排卵和同期发情

（1）产后 3 周左右给哺乳母羊放置孕酮阴道栓 12d，撤栓时注射 GnRH 10μg。

（2）单独使用 $PGF_{2\alpha}$ 对母羊进行产后同期处理，方法之一是间隔 10～12d 进行 2 次注射。

（3）在用孕酮阴道栓处理 14d 结束时注射 PMSG 500IU，间隔 12h 分 2 次注射溴隐亭 2mg，母羊出现发情时静脉注射 $LR-A_3$ 20IU 即可配种。

第六节　奶绵羊分娩

一、分娩预兆

分娩是妊娠期满的母羊将子宫内的胎儿及其附属物排出体外的过程，助产是借助于外力帮助母羊分娩的一种辅助方法。母羊分娩前，机体器官在功能和形态方面会发生显著的变化，这些变化是适应胎儿产出和新生羔羊哺乳需要的机体的特有反应。

1. 乳房变化　妊娠中期乳房开始增大，分娩前 1～3d 明显增大，乳头直立，乳房静脉怒张，手摸有硬肿感，用手挤有少量黄色初乳，但个别母羊在分娩后才能挤出初乳。

2. 外阴部变化　临近分娩时母羊阴唇逐渐柔软、肿胀，皮肤皱襞消失，阴门逐渐开张并充血变红，从阴道流出的黏液由浓稠变为稀薄。

3. 骨盆韧带变化　骨盆韧带松弛，欣窝部下陷，以临产前 2～3h 最为明显。

4. 行为变化　临近分娩前数小时，母羊表现精神不安、频频起卧，有时用蹄刨地，排尿次数增多，不时回顾腹部，喜卧墙角，卧地时两后肢向后伸直。

二、分娩过程

（一）子宫开口期

子宫开口期也称宫颈开张期，从子宫开始阵缩算起，至子宫颈充分开大或能够充分开张为止，一般为 4～5h。这一时期一般仅有阵缩，没有努责。子宫颈变软、扩张。绵羊至产前数小时，宫颈迅速变软，这种快速变化与启动分娩的机理密切相关。临产时，胎儿肾上腺皮质醇促使胎盘生成雌二醇，当雌二醇水平达到最高值时子宫颈明显变软。前列腺素对子宫颈的变化也可能起重要作用。开口期中，临产母羊会寻找不易受干扰的地方等待分娩，表现为食欲减退、轻微不安、时起时卧、尾根抬起，常做排尿姿势，并不时排出少量粪尿，脉搏、呼吸加快，用前蹄刨地，常舔舐别的母羊所生羔羊。

（二）胎儿产出期

胎儿产出期简称产出期，一般为1.5h。此期子宫颈充分开张，胎囊及胎儿的前置部分进入阴道；或子宫颈已能充分开张，胎囊及胎儿进入盆腔，母羊开始努责，到胎儿排出或完全排出为止。在这一时期，阵缩和努责共同发生作用。先是胎儿通过完全开张的子宫颈，渐渐进入骨盆腔，随后增强的子宫颈通过收缩促使胎儿迅速排出。在胎头进入并通过盆腔及其出口时，由骨盆反射而引起强烈努责。这时母羊一般侧卧，四肢伸直，腹肌强烈收缩。母羊努责数次后休息片刻，然后继续努责。这时脉搏加快，子宫收缩力强，持续时间长。强烈阵缩与努责使得胎膜带着胎水被迫向完全开张的产道移动，最后胎膜破裂，排出胎水。胎儿也随着努责向产道内移动，当间歇时胎儿又稍退回子宫；但在胎头进入盆腔之后，间歇时不能再退回。产出中期，胎儿最宽部分排出需要较长的时间，特别是胎头。当通过盆腔及其出口时，羊努责最强烈。在胎头露出阴门以后，母羊往往稍微休息。如为正生，随着继续努责，将胎儿胸部排出，然后努责立即骤然缓和，其余部分也迅速排出，脐带亦被扯断，仅将胎衣留在子宫内。这时母羊不再努责，休息片刻后站起来照顾新生羔羊。

（三）胎衣排出期

胎衣排出期是从胎儿排出后算起，到胎衣完全排出为止，一般为0.5～4h。胎儿排出之后，母羊即安静下来。胎衣排出期是通过胎盘退化和子宫角的局部收缩来完成的。胎儿排出并断脐后，胎儿胎盘血液大为减少，绒毛体积缩小，同时胎儿胎盘的上皮细胞发生变性。此外，子宫收缩使母羊胎盘排出了相当于胎儿总量20%左右的血液，减轻了子宫黏膜腺窝的张力。新生羔羊开始吮奶时，刺激催产素释出，促进母羊放奶，也刺激子宫收缩。借助外露胎膜的牵引，绒毛容易从腺窝中脱落出来。因为母体胎盘血管没有受到破坏，所以胎衣脱落时一般不出血。只有当母体胎盘组织的张力减轻时，胎儿胎盘的绒毛才能脱落下来。绵羊母体胎盘呈盂状，子宫收缩能够使胎儿胎盘的绒毛受到排挤，故排出历时较短。在胎衣排出期，腹壁不再收缩，子宫肌仍继续收缩数小时，然后收缩次数及持续时间才减少，子宫肌的收缩促使胎衣排出。羊怀双胎时，胎衣在两个胎儿出生以后排出来。

三、接产方法

（一）助产准备

1. 产房及用具准备 产羔工作开始前3～5d，必须对产羔舍、运动场、饲草架、饲槽和分娩栏等进行修理和清扫，并用3%～5%氢氧化钠溶液或10%～20%石灰乳进行彻底消毒。消毒后的产羔舍，应当做到地面干燥、空气新鲜、光线充足，舍温在15℃左右。产羔舍内可划分为3～4个小圈，按分娩日龄依次分圈。

2. 饲草料准备　羊场应当为产羔母羊准备充足的青干草和适当的精饲料。

3. 接羔人员准备　羊场应当有受过接产训练的技术人员，技术人员应熟悉母羊分娩规律，严格遵守接产操作规程。夜间应当安排接产值班人员。要根据羊群的品种、质量、数量、营养状况等具体情况安排饲养员，做到分工明确，责任落实到人。对初次参加接羔的工作人员，在接羔前组织学习有关接羔的知识和技术。

4. 药品准备　备好常用的接产药械及用具，并放在固定的地方，包括 70% 酒精、5% 碘酒、5% 新洁尔灭、抗生素、缩宫素等；注射器及针头、棉花、纱布、常用产科器械、体温计、听诊器等；细绳、毛巾、肥皂、大块塑料布、热水等。

5. 防护准备　助产人员要剪短指甲，消毒手臂，系上围裙，穿上胶靴和防护服，戴上口罩和帽子。先用温水将妊娠母羊外阴部、肛门、尾根、后躯及乳房洗净擦干，再用 0.1% 新洁尔灭溶液消毒。

（二）接产步骤

1. 子宫颈开张期　当母羊出现分娩征兆后，注意做好产前的准备工作，观察母羊分娩进程，注意宫缩和努责情况，避免人声嘈杂和干扰。

2. 胎膜露出时　母羊卧下分娩时，最好使其呈左侧卧位，以免胎羔受瘤胃压迫而难以产出。仔细观察母羊宫缩、努责和胎膜露出情况。如宫缩、努责不足，胎头已进入软产道，则应立即撕破胎膜，拉出胎羔；当宫缩、努责过强时，应使母羊站立，牵其走动，以减弱收缩强度。

3. 羔羊前肢和鼻端露出阴门时　配合母羊努责，交替牵引胎儿的两前肢和胎头，并注意按压阴门上联合，保护会阴部以防被撕裂。胎头产出后，用毛巾将其口、鼻中的黏液（羊水）擦净。当胎羔肩胛部娩出后，托住躯干将其拉出并放在铺好的干净垫草或塑料布上。倒生胎羔要尽快地拉出，否则胎羔在母羊盆腔中受到压迫，容易造成窒息死亡。拉出胎儿时要注意与母羊努责配合，并需按骨盆轴的路线将胎羔一边上、下、左、右活动，一边拉出羔羊。当胎羔即将全部产出时，不要急于拉出，以免子宫内形成负压而内翻脱出。过快地拉出胎羔，还容易使母羊腹压突然下降，导致脑贫血。在助产过程中，要对母羊的全身状态进行监护，尤其是对分娩时间较长的母羊更应注意。母羊分娩后非常疲倦、口渴，应给其提供温水，以 500mL 为宜，最好加入少量麦麸或红糖。母羊产后第一次饮水量过大，容易造成前胃疾病。

（三）母羊难产时的助产

母羊难产有产力性难产、产道性难产和胎儿性难产三种。前两种多见于母羊阵缩、努责微弱及产道狭窄，后一种多见于胎儿过大、双胎及胎儿姿势位置方向不正。在以上三种难产中以胎儿性难产最为多见。胎儿的头颈和四肢较长，容易发生姿势不正，其中主要是胎头姿势反常。初产母羊因骨盆狭窄，胎羔过大常出现难产。母羊破水后 20min 左右不努责，胎膜未出来时就应助产。助产前应查明难产情况，重点检查母羊产道是否干燥、有无水肿或狭窄、子宫颈开张程度等。检查胎儿是否正生、倒生，以及姿势、胎位和胎向的变化，判断胎儿的死活等。当胎儿过大时，助产员先将母羊阴门撑开，把胎儿的两前肢拉出来再送进去，重复 3～4 次；然后一只手拉胎儿前肢，另一只手扶其头，随着母羊的努责慢慢向后下方拉出。如果体重过大的胎儿兼有胎位不正时，应先将母羊身体后部用草垫高，将胎儿露出部分推回，伸手入产道摸清胎位，予以纠正后再将其拉出。助产后为预防母羊感染、促进子宫收缩、排出胎衣，除注射抗生素药物外，还应注射催产药物，如催产素 10～20IU。对于胎儿过大、子宫颈或骨盆腔狭窄，尤其是胎儿尚活时，应及时实施剖宫产手术，争取使母子存活。

（四）新生羔羊护理

1. 擦净羊水 胎儿产出后先要擦净鼻孔内的羊水，防止窒息。同时应观察其呼吸是否正常，如无呼吸征兆必须立即抢救。然后擦干羊水或让母羊舐干羔羊身上的羊水，防止天冷时受冻。羊水中富含的 PGs 可增强母羊子宫收缩强度，加速胎衣脱落。对头胎羊，不要擦其头颈及背部，否则母羊可能会不认羔羊。

2. 处理脐带 将脐带内的血液尽量挤向羔羊，待脐带血管停止搏动后在离脐孔 4～5cm 处以碘酒消毒脐带，用消毒丝线结扎两道（间隔 3～5cm），然后用消毒剪刀从中剪断，断端也需用碘酒消毒。

3. 帮助哺乳 新生羔羊产出后不久即试图站起，此时应加以扶助。在羔羊接近母羊乳房之前，最好先挤掉几把初乳，擦净乳头，然后再让羔羊吮乳。对于特别虚弱或不足月的羔羊，应将其放在 20～30℃ 的室内，包上棉被，进行人工哺乳。

4. 假死羔羊急救 如碰到分娩时间较长、羔羊出现假死情况时，欲使羔羊复苏，一般采用两种方法：一是提起羔羊两后肢，使其悬空，同时拍打背胸部；另一种是使羔羊卧平，用两手有节律地推压其胸部两侧。暂时假死的羔羊，经处理后即可苏醒。

5. 检查胎衣 胎衣一般在产后 1h 排出，胎衣脱落后应尽可能检查其是否完整和正常，以便确定是否有部分胎衣不下。检查完毕后应及时移走胎衣，以免母羊吞食后引起消化不良。如果 24h 胎衣还没有被排出，可注射缩宫素、抗生素，口服中药生化汤，通过药物促使残留胎衣排出。

（五）诱导分娩

诱导分娩亦称人工引产，是指在妊娠末期的一定时间内，人为地诱发妊娠母羊分娩，产出具有独立生活能力的羔羊。诱导分娩的方法可以用于人工流产。

1. $PGF_{2\alpha}$ 法 在母羊妊娠 141～144d 时，肌内注射 15mg $PGF_{2\alpha}$ 能使其在 3～5d 内产羔。如用量过大会引起大出血和急性子宫内膜炎等并发症，因此绵羊不宜广泛应用 $PGF_{2\alpha}$ 诱导分娩。

2. 糖皮质激素法 母羊妊娠 144d 时，肌内注射 12～16mg 地塞米松或倍他米松或 2mg 地塞米松，可使多数母羊在 40～60h 内产羔。引产后一般不会增加胎衣不下的发病率。如果妊娠母羊发生阴道脱出或妊娠毒血症，则可在妊娠 137d 时引产，挽救母羊。

3. 雌激素法 母羊妊娠 130～140d 时，先肌内注射雌二醇 8mg，5h 后再肌内注射雌二醇 8mg，间隔 10～12h 注射催产素 40IU，8h 内未产者再补注催产素 40IU 即可诱导分娩。

（六）围产期护理

1. 产前管理

（1）妊娠中期　配种后大约 40d 采用 B 超检查母羊妊娠情况。妊娠母羊可根据怀羔多少、营养状况进行分组管理。

（2）产羔前 1 月　母羊肌内注射多价梭菌疫苗强化免疫，免疫接种应包括有效针对破伤风、D 型产气荚膜梭菌感染、肠毒血症、恶性水肿的疫苗，应剪除所有妊娠绵羊会阴部或乳房周围的毛。增加营养供给，饲喂谷类干草，补饲矿物质和脂溶性维生素，驱除体内外寄生虫。

（3）产羔前 2 周　清洁、消毒产羔舍垫上新鲜的干草，配备必需的器械及药物等。妊娠母羊提前转入产房，产房必须通风充足，降低氨气浓度，保持室内温度在 15℃ 左右。检查母羊精神、食欲、行为、临产变化，乳房是否充盈发红，如果乳汁过多，每天定时挤出少部分乳汁。不能给母羊饲喂发霉变质的花生秧、秸秆及冰冻的青贮草。预计产羔日期前 1 周应每 4～6h 观察一次，应特别注意母羊有无妊娠毒血症的症状，如拒绝采食、角弓反张、磨牙、肌肉颤抖及昏迷；有无低钙血症的症状，如步态不自然、过度流涎、伏卧而后腿伸展；有无阴道脱出、流产及乳腺炎等。如果发现上述症状，应及时进行治疗。

2. 分娩管理　绵羊妊娠期为 145d 左右，怀二胎和三胎时通常比怀单胎时产羔要早，在妊娠 137d 时产羔。分娩第一阶段的主要特征包括乳房增大及充满初乳，骨盆韧带松弛，阴门肿大。母羊表现为离群独居，有筑窝现象，同时有转圈、刨地、低声咩叫等。随着子宫收缩强度的增加及胎儿进入骨盆，母羊躺卧，头颈伸直而努责。分娩的第二阶段一般发生在强力努责后不到 1h 的时间内，产羔时间单羔通常不到 3min、双羔接近 1h、三羔 2h，初产母羊产羔时间略长。母羊产羔期间如果受到干扰，会停止努责数分钟。如果羔羊的娩出延迟，脐带挤压于羔羊四肢与母体骨盆之间，则可能会在产出前发生窒息。产出羔羊后母羊站立，脐带被扯断；母羊舔闻羔羊，刺激羔羊呼吸。

3. 母羊催乳　初产母羊少奶是泌乳系统发育不充分或营养水平低所致，应在产前 2 周及产后泌乳期，每天人工按摩乳房 1～2 次，促使乳腺发育及泌乳。母羊过肥而导致泌乳少时可用激素催奶，皮下注射促乳素 500～1 000IU，连续注射两次显效。对于较瘦的母羊，缺奶主要是营养不良和消耗性疾病所致。每天给母羊饲喂熟黄豆 100g，可提高母羊乳腺的分泌功能。

4. 预防羔羊伤亡　围产期羔羊的死亡率不应超过 5％，断奶前羔羊的死亡率一般不超过 15％。围产期羔羊死亡主要发生在产前、分娩中及产后 2d 内。

（1）调查原因　收集相关的病史资料，剖检流产、死产及死亡的胎儿，观察病理变化，检测病原，分析血液理化指标。调查饲养管理中存在的问题，包括环境、管理、饲草、精饲料、母羊产羔异常等详细资料。寒冷气候与羔羊死亡具有密切关系，老龄母羊及小母羊所产羔羊易发生死亡。给妊娠母羊饲喂发霉饲草和衣原体感染母羊所产羔羊体重较小；子宫发炎、胎衣不下、胎水污染发黄、膘情不好的母羊所产羔羊一般较小，分娩时间延长，初乳量不足，窝产羔羊数少。过胖的母羊容易难产，也是羔羊死亡的重要风险因子。这些资料均有助于判断羔羊死亡的原因。

（2）临床表现

①被毛及外观。羔羊被毛稀少、质量差，说明早产；被毛染有胎衣，说明分娩过程比较困难；胎衣黏附，说明母羊清理不到位；羔羊口角周围有唾液，说明可能是内毒素中毒。另外，还应检查是否有先天性异常，如肛门闭锁、间性、腭裂、关节弯曲。

②体表及皮下。检查羔羊脱水程度，是否有皮下水肿、腹水、全身水肿；由难产引起的头部肿大，颈部水肿可能为甲状腺肿大、说明可能缺乏碘元素。

③检查脐带。确定脐动脉是否空虚，如果空虚，说明胎儿是在出生前或是在分娩过程中死亡；如果脐带断端，呈锥形且含有血液，说明羔羊是在出生后死亡；如果脐带断端为锥形且含有血凝块，说明胎儿出生后存活了数小时；如果脐带周围有充血、纤维蛋白及化脓性物质，说明发生了脐静脉炎。

（3）病理变化　检查羔羊骨骼肌、膈肌及心肌是否发白，是否有白肌病迹象；皮下组织是否有出血，如有则表明羔羊在死亡前体温过低；胸膜和腹膜是否有纤维蛋白，如有说明在死亡前发生败血症；如果是流产所致死亡，则应采集胎儿、子宫分泌物或血液送实验室培养，检查衣原体、弯曲杆菌和布鲁氏菌等；如果羔羊腹膜腔有血液，则血液可能来自破裂的肝脏、肾脏、肠系膜或脐血管，表明胎儿在子宫内、分娩过程中或产后发生创伤；胸膜腔或腹膜腔有染血的液体，说明羔羊产前 1～2d 在子宫内死亡；肾脏和心脏周围有棕色脂肪，如果浆膜萎缩，则说明羔羊在死亡前为低血糖；如果肺脏完全不膨胀，说明羔羊从未呼吸，应剖开气管及支气管，检查是否有吸入性肺炎；如果皱胃空虚或皱胃中有泥土或草，同时发现脂肪萎缩，说明羔羊生后存活了至少 5h，但没有哺乳；肠系膜淋巴管内如果有脂肪，说明最后一次哺乳后可能经过了数小时；检查颅骨、大脑是否有出血，如果硬膜下及整个大脑有出血，说明可能发生了脑损伤；检查关节是否有败血性炎症渗出液。根据上述检查获得的信息判断羔羊死亡的时间段。

（4）救治

①低血糖。

临床表现：低血糖是羔羊死亡最常见的原因。患病羔羊在开始时腰背弓起，随后斜卧；如果伏卧，则能站立，但表现沉郁、反应缓慢，最后侧卧及昏迷。

治疗原则：可用注射器饲喂初乳，剂量为每千克体重 50mL，应在 5～10min 内缓慢注入羔羊口中。

②低温症。

临床表现：羔羊的正常体温是 39～40℃，温度一旦低于 37℃ 就表现为精神沉郁、伏卧不起、反应缓慢，最后昏迷。引起羔羊发生低体温和低血糖的因素主要有：母羊在妊娠期营养不良，乳腺发育及乳汁产生不足，初乳质量及数量均不足；早产（妊娠期不足142d），母羊拒认羔羊；母羊患乳腺炎而哺乳不足；母羊乳头或乳房构型不良，羊毛覆盖乳房。母羊患隐性乳腺炎会导致乳汁排不出，羔羊出生后未及时吃到初乳，导致饥饿而耗尽体内有限的能量储备，自身又难以产生需要的热能；出生时的环境温度低于 10℃ 或环境卫生条件差；出生后 5h 之内全身未擦干，散热过多等。

治疗原则：初生羔羊由母羊舔干净身上的黏液，操作人员用干净布块或干草迅速将羔羊擦干，以免羔羊受凉。羊舍应注意保暖、防潮、避风、防雨淋、干燥、清洁，常换垫草。冬季及早春天气寒冷时，应注意保温。同时应使初生羔羊尽快吃到初乳，增强对寒冷的抵抗力。也可用红外灯给羔羊保温，但温度不应超过 41℃。必要时肌内注射能量合剂1 支、樟脑磺酸钠 1mL，或腹膜腔内注射 5％葡萄糖 50mL、维生素 C 0.5g、ATP 1 支，注射液温度应与体温一致，注射完后给羔羊保温。

第五章
奶绵羊营养与饲料 ▶▶▶

随着人口数量的不断增加和社会经济的快速发展，人们对高端食品的需求量不断增大，这使得现代和未来农业朝规模化、集约化、工厂化和智能化方向快速发展。对于奶畜生产而言，这种趋势更为明显。奶绵羊是很适合集约化、规模化舍饲养殖的畜种之一，但在集约化、规模化饲养条件下，要想获得比较理想的经济效益，必须使投入产出比达到最大化。奶绵羊养殖场最大的投入就是饲草料，一般占总饲养成本的65%以上，因此使投入的饲草料最大限度地转化为有价值的产品，包括羊奶、羔羊和羊肉等，提高饲料利用率，是提高牧场经济效益的重中之重。

提高饲料利用率的主要措施是提高饲料转化效率。饲料转化效率的高低，一方面取决于对奶绵羊营养需要的精准研究，即要确切知道奶绵羊需要哪些营养素，在不同阶段、不同环境、不同生产水平下对各种营养素的需求量；另一方面取决于能否给奶绵羊精准地提供所需要的营养素。也就是能否通过科学的饲料营养价值评估，把奶绵羊所需要的营养素通过科学搭配各种饲料配制成营养最佳的日粮。这种日粮的营养素含量不仅能满足奶绵羊对营养物质的需求，而且能满足营养素之间平衡的比例关系。然后还要根据奶绵羊的消化生理特点对饲料进行科学的加工调制，使其在奶绵羊体内能更好地转化。第一个方面为奶绵羊的营养研究，第二和第三个方面为奶绵羊的饲料研究。通俗地说，奶绵羊的营养研究是解决奶绵羊"吃什么、吃多少"的问题，而奶绵羊的饲料研究是解决奶绵羊"怎么吃"的问题。只有这三个问题解决好了，才能有效地提高饲料转化效率和牧场经济效益。

第一节　奶绵羊营养

与肉用羊或毛用羊相比，奶用羊的管理和营养需要更为精细。泌乳对营养的需要非常高，营养供给不足会降低羊奶日产量并缩短泌乳期。奶绵羊为了维持其生命、活动、生长、繁殖、产毛、泌乳等，需要从外界环境摄取足够的营养物质，保持其正常的生命体征，维持其健康的身体状态，并发挥其最佳的生产潜力。奶绵羊对营养需要的主要指标包括干物质采食量、能量需要、蛋白质需要、碳水化合物需要、脂肪需要、矿物质需要、维生素需要和水的需要。

一、采食特点

尽管奶绵羊和奶牛都是奶用反刍动物，两者有相似之处，饲养奶绵羊通常也会借鉴饲养奶牛的经验，但奶绵羊和奶牛在采食生理方面还有很大的区别。不能简单地把奶绵羊当成一个小型的奶牛来对待，奶牛的营养和饲养管理并不能完全适用于奶绵羊。这两个物种之间最重要的一些差异与它们的体型有关。一般来说，奶绵羊体型大小只有奶牛的1/12～1/10。随着体重的增加，维持能量增加的比例会降低，维持能量需求与体重的 0.75 次方成正比（$BW^{0.75}$，通常称为代谢体重，MW）。这意味着 1 头 600kg（MW＝121.2kg）牛的维持能量需求仅比 1 只 60kg（MW＝21.6kg）的绵羊高约 5.6 倍，所以山羊和绵羊单位体重采食量高于牛。绵羊进食和反刍 1kg 干物质需要比牛多 9～16 倍的时间，绵羊比牛咀嚼时间更长，因为绵羊体型较小、咀嚼能力也较弱。同时，绵羊必须将饲料咀嚼得更小，才能通过瘤胃和前肠及其他部分。

绵羊在采食习性方面和牛相比有以下特点：①绵羊必须比牛吃得更多才能满足它们的能量维持需求。这导致饲料通过消化道的效率高，使粗纤维的消化率降低。②绵羊比奶牛更挑食。③绵羊的采食量受饲料颗粒大小和纤维含量的影响更大。④绵羊进食和反刍 1kg 饲料要花更多的时间。⑤绵羊通常对谷物和高能量日粮具有更高的消化率。

二、干物质采食量

干物质（dry matter）一般指饲料在 100～105℃烘干，失去结合水后的剩余物。奶绵羊干物质采食量（dry matter intake，DMI）的多少直接影响其健康与生产中可获得的营养成分，同时也是评估奶绵羊生产力水平高低的重要营养指标。正确估测奶绵羊干物质采食量，是科学配制日粮的前提。影响奶绵羊采食量的因素包括品种、生理阶段、日粮质量（结构、适口性、营养价值）、生产水平以及饲养管理因素等。

关于奶绵羊各个阶段的干物质采食量尚没有系统的计算模型，不同产奶水平下阿瓦西奶绵羊母羊干物质采食量如表 5-1 所示。

表 5-1　不同日产奶量下阿瓦西奶绵羊母羊的干物质日采食量（kg）

日产奶量	0.5	1.0	1.5	2.0	2.5	3.0
干物质日采食量	1.8	2.2	2.6	2.8	3.2	3.5

根据实际生产情况，一般断奶至第一胎产羔的青年母羊饲料干物质采食量占其体重的 2.5％左右；为了维持其较高的产奶量，产奶羊需要的干物质采食量占体重的比值在泌乳前期为 3％左右、泌乳高峰期为 4％，泌乳后期（妊娠前期）和干奶期（妊娠后期）为 3.0％左右；非配种季公羊干物质采食量占体重的 2.3％左右，配种期占 3％左右。确定干物质采食量要依据奶绵羊的生产水平和膘情进行灵活调整。

三、能量需要

奶绵羊能量需要分为维持、生长、妊娠和泌乳几个部分，能量不足和过剩都会对奶绵羊造成不良影响。如果能量供应不足，后备羊生长发育就会受阻，初情期会延长。泌乳羊能量供给低于产奶需要时，不仅产奶量降低，羊还会消耗自身营养转化为能量，维持生命与繁殖需要，严重不足时会引起体重降低和繁殖功能紊乱。能量过多则会导致肥胖，母羊出现发情周期紊乱、难孕、难产等，造成脂肪在乳腺内大量沉积，妨碍乳腺组织的正常发育，影响泌乳功能而导致泌乳量减少。

泌乳奶绵羊能量需求的计算方法与非泌乳品种的泌乳母羊相同。不同研究机构已经发布了估算绵羊能量需求的方程式。表 5-2 列出了法国 INRA（1989）、澳大利亚 CSIRO（1990）和英国 AFRC（1995）系统计算的奶绵羊能量需求量。

表 5-2　舍饲成年奶绵羊的能量需求（日代谢能，Mcal）

| 6.5% FCM (kg/d) | 50kg 体重 | | | | 60kg 体重 | | | | 70kg 体重 | | | |
| | * AFRC | INRA | CSIRO | | AFRC | INRA | CSIRO | | AFRC | INRA | CSIRO | |
	总	总	总	维持	总	总	总	维持	总	总	总	维持
0	1.53	1.79	1.57	1.57	1.76	2.05	1.79	1.79	1.99	2.30	2.01	2.01
1	3.22	3.54	3.45	1.74	3.45	3.80	3.65	1.96	3.67	4.05	3.90	2.19
2	4.90	5.29	5.33	1.91	5.14	5.55	5.51	2.13	5.36	5.80	5.78	2.36
3	6.59	7.04	7.22	2.08	7.13	7.30	7.36	2.30	7.05	7.55	7.66	2.53

资料来源：Pulina 等（1989）；Cannas（2000）。

注：NRC（1985），维持需求（日代谢能，Mcal），50 kg，2.00；60 kg，2.20；70 kg，2.40；

6.5% FCM（6.5%脂肪校正绵羊奶）＝实际羊奶产量 ×［0.368 8＋0.097 1×乳脂率（%）］。

绵羊 NRC（1985）系统主要是为肉羊和毛用羊编写的，没有规定羊奶生产的能量需求。对于干奶期母羊，NRC（1985）的维持需求高于其他系统（见表 5-2 注）。CSIRO（1990）系统的维持能量需求与羊奶产量成比例增长，原因是绵羊产奶时需要额外的能量。当动物（不仅仅是反刍动物）产奶时，由采食量增加形成的体增热以及合成奶中营养物质时的代谢所需，需要补充额外的能量，因此哺乳期的维持能量需求一般高于干奶期。

对绵羊而言，与冷应激相关的维持需求经常被忽略，但冷应激对绵羊的影响比牛大得多。因为小体型动物每千克体重对应的体表面积比大动物大，所以它们会散发更多的热量。尽管绵羊毛的保暖性比牛毛更好，但其增加的保暖性比体表面积的影响要小。尤其在风力较大的时候，这种冷应激会加剧。Cannas（2000）利用 CSIRO（1990）模拟了冷应激对绵羊的影响，结果表明泌乳期母羊受冷应激的影响小于干奶期母羊。这是因为维持产奶量所必需的高能量摄入增加了身体和瘤胃产生的热量，从而减轻了冷应激的影响。由于羊毛具有保暖性能，因此羊毛厚度对于减少冷应激的影响也非常重

① cal 为非法定计量单位。1cal≈4.182J——编者注

要，但风或雨可以明显降低其保护作用。在模拟试验条件中，所有这些因素的综合作用使维持需求增加了 3 倍。

四、蛋白质需要

蛋白质是动物体组织和奶中最重要的组成成分，从某种意义上讲，人类从事现代动物生产的目的就是为了获取其中的蛋白质成分。蛋白质需求的满足程度对奶绵羊的生长、繁殖和泌乳有广泛而显著的影响。计算泌乳母羊蛋白质供给量是一项艰巨的任务。对于反刍家畜而言，日粮提供的蛋白质一部分在瘤胃中发酵降解，一部分在小肠中消化吸收，还有一部分没有消化，随着粪便排出体外。

在瘤胃中发酵的蛋白质（可降解摄入蛋白质）在有适量可发酵碳水化合物存在的情况下被瘤胃微生物分解利用，合成为菌体蛋白。瘤胃微生物随食糜进入肠道，作为母羊优质蛋白质的主要来源。因此，母羊的蛋白质需求部分由过瘤胃并在小肠消化吸收的蛋白（不可降解摄入蛋白质，undegraded intake protein，UIP）和部分在小肠中消化的细菌蛋白质来满足。

但瘤胃中发酵蛋白质的数量（以及由此产生的 UIP 的数量）和细菌利用这些蛋白质的能力受许多因素的影响，如摄入的饲料类型和数量（通常与产奶量有关）、饲喂频率和瘤胃中发酵所需要的能量等。这就很难估算出满足泌乳母羊蛋白质的需要量。法国（INRA，1989）、澳大利亚（CSIRO，1990）和英国（AFRC，1995）的营养需要标准以可代谢蛋白（被肠道吸收的细菌和饲料来源的总蛋白量，MP）来表达蛋白质需求。表 5-3 列举了通过这些系统计算出的绵羊可代谢蛋白（MP）的需求量。尽管使用了不同的方法，但 INRA（1989）和 CSIRO（1990）系统预测的 MP 需求非常相似，而 AFRC 对泌乳母羊 MP 需要的估算最低。

表 5-3 不同体重和产奶量成年绵羊可代谢蛋白的需求量

含 5% 真蛋白的羊奶含量	50kg 体重[3]				70kg 体重[3]			
	AFRC	CSIRO[1]		INRA	AFRC	CSIRO[2]		INRA
	（总）	总	维持	（总）	（总）	总	维持	（总）
(kg/d)	MP[3]（g/d）							
0	41	41	41	38	53	52	52	49
1	115	126	54	123	126	137	65	134
2	188	210	67	207	200	221	78	218
3	262	295	80	292	274	305	91	303

注：[1]基于干奶期及产奶量分别为 1kg/d、2kg/d 和 3kg/d 的母羊，其 DMI 分别为 1.2kg/d、1.8kg/d、2.4kg/d 和 3.0kg/d 的假设。

[2]基于干奶期及产奶量分别为 1kg/d、2kg/d 和 3kg/d 的母羊，其 DMI 分别为 1.5kg/d、2.1kg/d、2.7kg/d 和 3.3kg/d 的假设。

[3]生产 1 kg 含 5% 真蛋白羊奶的 MP 需求是 AFRC 为 74g/d、CSIRO 为 71g/d、INRA 为 85g/d。

还有一些研究以可消化蛋白（digestible protein，DP）作为奶绵羊蛋白质需要量的指标。Loew（1980）对阿瓦西奶绵羊日粮的蛋白质需要研究表明，随着日产奶量的提高，饲料中的日可消化蛋白需要成比例增加（表5-4）。

表5-4　不同日产奶量阿瓦西奶绵羊母羊的 DP 日需要量

日产奶量（kg）	0.5	1.0	1.5	2.0	2.5	3.0
DP 日需要量（g）	110	150	190	230	270	310

虽然使用 MP 或 DP 可以给出更精确的估计，但有关 MP 及 DP 需要或饲料 MP 及 DP 营养价值的研究较少，确定这些指标需要严格条件控制的饲养试验。而奶绵羊所需要的粗饲料资源在营养方面的变异较大，因此在实践中，一般采用易于测定的饲料粗蛋白质指标作为奶绵羊日粮蛋白质指标更为可行。

NRC（1985）使用粗蛋白质代替 MP，并给出了干奶期母羊维持所需蛋白质的实际估算值，如表5-5所示。

表5-5　干奶期母羊维持所需蛋白质的实际估算值

体重（kg）	50	60	70	80
蛋白质需求（g/d）	95	104	113	122

母羊产 1kg 奶所需的粗蛋白质：当乳蛋白含量为 5％时，饲料中粗蛋白质含量需达到 120～125g/kg；如果乳蛋白含量高或低于 5％，则按比例调整饲料中的粗蛋白质比例。维持蛋白需要加上产奶蛋白需要即为粗蛋白质总需要量。由于采食量、饲料中蛋白质和能量来源以及饲喂方法不同，饲料中最佳粗蛋白质采食量和浓度有很大差异。NRC（1985）建议，以日粮干物质为基础计算，日产奶量为 1.74kg 的母羊其日粮中粗蛋白质含量应为 13％（90kg 体重）～14.5％（50kg 体重），日产奶量为 2.6kg 的母羊其日粮中粗蛋白质含量应为 14％（90 kg 体重）～16.2％（50 kg 体重）。这个指标在很多情况下可完全满足产奶羊的粗蛋白质需要量。但在粗蛋白质来源中瘤胃可降解蛋白质比例偏低的情况下，日粮粗蛋白质达到 18.0％～18.5％ 时才可以进一步提高产奶量。高产奶量母羊需要含更多 UIP 蛋白的日粮。微生物蛋白无法完全满足高产母羊对蛋白质的需求。

表5-6 为不同体重和产奶量的泌乳绵羊日粮实际粗蛋白质含量，这些数据主要来源于有关奶绵羊饲养试验的综述，普遍高于 NRC（1985）标准，这意味着绵羊对蛋白质的利用效率较低，也可能是因为绵羊产毛对含硫氨基酸（如蛋氨酸）的需求量较高（Bockquier 等，1987）。蛋氨酸通常是奶畜产奶的第一限制性氨基酸。Lynch 等（1991）研究表明，添加瘤胃保护的蛋氨酸和赖氨酸可显著增加绵羊的产奶量。总之，蛋白质质量和氨基酸组成对羊奶生产有很大影响。

表5-6　不同体重和产奶量泌乳绵羊日粮 CP 比例推荐表（基于 DM，％）

5％真蛋白羊奶	体重（kg）								
（kg/d）	30	35	40	45	50	55	60	65	70
0.5	16.6	15.8	15.1	14.8	14.5	14.0	13.7	13.3	12.9

（续）

5%真蛋白羊奶	体重（kg）								
（kg/d）	30	35	40	45	50	55	60	65	70
1.0	17.7	16.9	16.5	15.9	15.6	15.0	14.5	14.3	13.9
1.5	18.5	17.7	17.4	16.7	16.4	15.9	15.7	15.2	14.8
2.0	19.1	18.7	18.1	17.7	17.2	16.6	16.4	15.9	15.7
2.5			18.9	18.3	17.8	17.5	17.0	16.6	16.4
3.0					18.6	18.0	17.6	17.3	16.9
3.5							18.3	17.8	17.6
4.0									18.0

资料来源：Serra 等（1998）。

五、碳水化合物需要

碳水化合物一般分为结构性碳水化合物（structural carbohydrate，SC）和非结构性碳水化合物（non-structural carbohydrate，NSC）。结构性碳水化合物包括纤维素、半纤维素和木质素，非结构性碳水化合物包括淀粉、糖和果胶。根据 Van Soest（1967）提出的洗涤纤维分析方法，用中性洗涤纤维（neutral detergent fiber，NDF）、酸性洗涤纤维（acid detergent fiber，ADF）和酸性洗涤木质素等指标作为测定饲料纤维性物质的指标。其中，NDF 包括纤维素、半纤维素、木质素和硅酸盐，ADF 包含纤维素、木质素和硅酸盐。中性洗涤纤维与酸性洗涤纤维之差即可得到饲料中的半纤维素含量。55%～95%的结构性碳水化合物在瘤胃内发酵产生挥发性脂肪酸、CO_2和甲烷等，其中挥发性脂肪酸能够提供给反刍动物的能量占总需要量的 60%～80%。同时结构性碳水化合物可以调控采食量，与其他饲料相比，粗饲料作物生长时间长、体积大、蓬松、收获率高、吸水性强，有强烈的填充作用。适当长度的粗饲料可促进羊正常反刍和胃肠道蠕动，有利于羊对养分的吸收利用。纤维素还可调节微生物活动，对瘤胃发育和健康的意义重大。NSC 主要对日粮中 NDF 提供的能量不足的部分起到补充作用。日粮中 NSC 含量过高，会导致瘤胃酸中毒。因此，在饲粮中加入一定比例的粗饲料对反刍动物健康具有重要意义。奶绵羊日粮中 NDF 和 NSC 之间的比例关系是其日粮营养需要的一个重要指标。

对泌乳绵羊最低纤维需求的研究报道很少。给奶绵羊饲喂含 32% NDF 的颗粒料，自由采食时采食量约为体重的 4.75%，与饲喂粗饲料较高的母羊相比，产奶量没有变化。饲喂含 14%～26% ADF 的日粮时，与饲喂高纤维饲料相比，奶绵羊的采食量和产奶量没有差异。但是饲喂高纤维饲料时，奶中的脂肪含量显著增加。在芬兰羊泌乳第 1 周，高粗饲料组（粗精比 60∶40）比低粗饲料组（粗精比 20∶80）的产奶量要低得多。在泌乳第 4 个月时，日粮粗精比为 45∶55，则奶绵羊的产奶量仅比粗精比为 75∶25 日粮组略高。在泌乳期的第 5～7 个月，东佛里生奶绵羊母羊饲喂含 20%淀粉和糖的饲料组与饲喂含 35%淀粉和糖的饲料组相比，低精日粮提高了营养物质的摄入量和产奶量，但高精日粮提高了母羊的体重。

在奶绵羊泌乳期的第5~8个月，比较了两种NSC（平均29％和40％）水平下14％~21％ CP日粮对奶绵羊生产性能的影响。研究表明，饲喂低NSC浓度日粮的母羊，其采食量（2 411g/d和2 195g/d）和产奶量（1 428g/d和1 252g/d）都较高。这可能是由于高NSC日粮的瘤胃淀粉过多，导致亚临床酸中毒；而且高NSC日粮会导致乳脂、乳糖和乳pH降低。

有学者认为，高NSC日粮产生了更多的丙酸，可能使能量更多地用于体脂沉积，而不是羊奶生产。在奶绵羊泌乳的最后一个月，饲喂3种不同的粗精比饲料（90∶10、70∶30、50∶50），其化学成分也随之变化（NSC从32％到43％，NDF从43％到31％）。结果表明，随着粗精比的降低，绵羊的产奶量下降、体重增加。因此，在泌乳期的后半阶段，不管采用以草为基础的低质日粮或者以豆类为主的高质日粮，奶绵羊日粮NSC浓度不应高于30％（淀粉和糖的最大值为20％）。这是因为豆科牧草的果胶含量相当高，这些果胶是NSC组分中的一部分，但会产生与糖和淀粉不一样的发酵产物。比较牛、羊对NSC的利用情况，绵羊（咀嚼谷物能力强）对NSC的瘤胃消化率高于奶牛，而对纤维的消化率低于奶牛。这意味着在日粮NSC含量接近时，绵羊瘤胃内乙酸与丙酸的比例低于生产水平相当的奶牛。因此，在泌乳早期饲喂大量谷物（NSC高达35％~40％）可能有助于缓解母羊的能量负平衡，从而生产更多的羊奶，然而在泌乳后期饲喂大量谷物（高NSC）可能对母羊不利。

六、脂肪需要

脂肪包括动物油脂和植物油脂，动物油脂中一般饱和脂肪酸含量高，国家严禁在反刍动物日粮中使用动物油脂。植物油脂如豆油、玉米油、菜油等，不饱和脂肪酸含量高，可在反刍动物日粮中使用。油脂的作用主要是提供能量，供应动物必需脂肪酸，促进脂溶性维生素的溶解和吸收。油脂是热增耗最低的供能物质，其能量利用效率比蛋白质和碳水化合物高5％~10％。奶绵羊日粮中脂肪含量低，可通过补充长链脂肪酸提高日粮能量转化效率，但当脂肪含量超过5％时会影响纤维消化。在奶绵羊后备羊或泌乳高峰期羊日粮中添加保护性脂肪，可以提高生长速度以及缓解能量负平衡，避免饲喂高NSC日粮导致的瘤胃发育不良以及酸中毒问题。

七、矿物质需要

动物机体组织除碳、氢、氧、氮4种主要元素以有机物形式存在外，还含有无机矿物质元素。一般把占体重0.01％以上的矿物质元素称为常量矿物质元素，占体重0.01％以下的矿物质元素称为微量矿物质元素。

（一）常量矿物质元素需要

体组织常量矿物质元素中钙、镁、钾、钠、磷、硫、氯等含量较多。在奶绵羊常用日粮中，一般钙、磷、钠、氯等元素不足，需要由日粮额外补充。

1. 钙和磷　钙是奶绵羊需要量最多的矿物质元素。奶绵羊体内 95％ 以上的钙存在于骨骼和牙齿中，其余的存在于软组织和细胞外液中。钙除参与形成骨骼与牙齿以外，还参与肌肉兴奋、心脏节律收缩的调节、神经兴奋传导、血液凝固和羊奶生产等。钙缺乏会导致奶绵羊采食量下降、产奶量下降，出现各种骨骼症状，如羔羊佝偻病、成年羊软骨症以及母羊患产前瘫痪等。

磷除参与机体骨骼组成外，还是体内许多生理生化反应不可缺少的物质。若磷不足，羔羊易患佝偻病，成年羊易患软骨症，并导致生长速度和饲料利用率下降，食欲减退，出现异食癖、产奶量下降、乏情、发情不正常或屡配不孕等。

奶绵羊每天从奶中排出大量钙、磷，由于日粮中钙、磷不足或者钙、磷利用率过低而造成奶绵羊缺乏钙、磷的现象较常见。日粮钙、磷配合比例通常以 （1～2）：1 为宜。有关奶绵羊钙、磷需要的研究较少，参照奶牛的钙、磷需要量，钙一般占日粮干物质的 0.5％～2％，磷一般占日粮干物质的 0.35％～0.65％。奶绵羊泌乳期由于奶中有大量钙、磷排出，因此日粮中钙、磷和维生素 D 含量要高一些。

2. 食盐　奶绵羊缺食盐会产生异食癖、食欲不振、产奶量下降等。食盐的需要量一般占奶绵羊日粮干物质的 0.46％，或在精饲料补充料中按 1％ 添加即可。非泌乳期按日粮干物质的 0.30％～0.40％ 计算，泌乳期按 0.40％～0.50％ 计算。奶绵羊维持需要的食盐量约为每千克体重 0.03g，每产 1kg、6％ 乳脂校正乳供给 2.2g。以钠离子和氯离子一般占日粮干物质的百分比计算，钠离子占 0.11％～1.20％，氯离子占 0.15％～1.62％。

3. 钾　奶绵羊钾的需要量一般为日粮干物质的 0.65％～0.75％。一般来说，绵羊饲料中钾的含量足以满足其需要。

4. 镁　奶用反刍动物的常用饲料中一般不缺乏镁。如果为了维持较高的泌乳量而需要加大精饲料饲喂量时，需要在日粮中添加氧化镁和小苏打缓解瘤胃酸中毒。在这种情况下，日粮镁的含量会增高，但上限不要超过日粮干物质的 0.65％。

5. 硫　奶绵羊的羊毛主要由含硫氨基酸组成，因此对硫的需要量较高。奶绵羊对饲料硫的摄取主要是用于提供充足的瘤胃微生物发酵底物，以确保最大的微生物蛋白质合成量。当硫以无机硫酸钠、硫酸钙、硫酸钾或硫酸镁的形式添加到饲粮时，占饲粮干物质 0.20％ 的硫水平足以维持硫的最大存留量（满足微生物合成半胱氨酸和蛋氨酸的需要量）。为了有效地利用日粮中的非蛋白氮，饲料中氮硫比应该维持在 （10～12）：1。

（二）微量矿物质元素需要

微量元素铜、铁、锰、锌、钴、硒、碘一般在日粮中容易缺乏，需要额外补充。

1. 铜　绵羊对铜的耐受性较低，供给量过大会引起中毒。奶绵羊对铜的需要量一般按日粮干物质计，建议添加量为 7～10mg/kg。

2. 铁　铁不足时不能合成血红蛋白，会导致羊贫血。奶绵羊对铁的需要量一般按日粮干物质计，建议添加量为 30～50mg/kg。

3. 锰　奶绵羊对锰的需要量一般按日粮干物质计，建议添加量为 20～40mg/kg。

4. 锌　锌对绵羊的作用：一是维持公羊的正常繁殖力，如睾丸的组织发育、精子细胞的形成以及精子的正常生成等；二是维持羊毛的正常生长发育，使之不脱毛。缺锌时，绵羊表现为生长缓慢，甚至停止发育，食欲降低乃至废绝，掉毛，随之皮肤变得厚而粗糙，继而掉落皮痂，部分羔羊在关节部位可能出现水肿等现象。奶绵羊对锌的需要量一般按日粮干物质计，建议添加量为 $30\sim40mg/kg$。

5. 钴　钴是绵羊瘤胃微生物合成维生素 B_{12} 的主要原料之一。缺钴时，羊食欲减退乃至废绝，身体出现进行性消瘦，时间久时会导致贫血，繁殖力低下，泌乳量和泌乳力降低，毛的质量和产量均大幅降低。相比较而言，缺钴对幼龄羊的影响小一些，对成年羊的影响大一些。奶绵羊对钴的需要量一般按日粮干物质计，建议添加量为 $0.1\sim0.3mg/kg$。

6. 硒　动物白肌病和营养性肌肉萎缩症都是由缺硒引起的，其临床症状包括四肢虚弱和强直，跗关节弯曲，肌肉颤抖，心肌和骨骼肌有白垩样条纹和坏疽，动物常常死于心衰。临界缺乏或短期硒缺乏会引起羔羊生长减慢，全身虚弱和腹泻。在缺硒地区给妊娠后期母羊饲喂硒补充料或注射硒可以降低胎衣不下的发生率。补充硒也有利于其他病症的治疗，包括子宫炎、卵巢囊肿和乳房水肿病等。奶绵羊对硒的需要量一般按日粮干物质计，建议添加量为 $0.1\sim0.3mg/kg$。

7. 碘　缺碘的羔羊甲状腺肿大，无毛而亡，即使生存也很衰弱。成年羊缺碘会引起羊毛减产，受胎率低下。奶绵羊对碘的需要量一般按日粮干物质计，建议添加量为 $0.1\sim2.0mg/kg$。

（三）其他矿物质元素需要

铝、砷、镍、硅、锡、矾这些元素在动物组织中的含量极少。从试验用啮齿动物的饲粮中去掉这些元素，显示出其中某些元素对动物是必需的。但目前还缺乏有关这些元素对反刍动物具有重要性的资料，且不认为饲喂常规饲粮会导致这些元素的缺乏。它们中的大部分在大量添加后，都会导致动物出现中毒现象，这才是奶绵羊饲养中应该关注的问题。

八、维生素需要

羔羊初生后由于瘤胃未完全发育，不能合成足够的 B 族维生素和维生素 K，因此在日粮中必须添加 B 族维生素和维生素 K。成年绵羊只需要在日粮中添加足够的维生素 A、维生素 D 和维生素 E 即可。B 族维生素、维生素 K 和维生素 C 可在瘤胃和肠道中由微生物合成。通过紫外线照射皮肤可使皮肤中的 7-脱氢胆固醇转变成维生素 D_3。尽管许多天然饲料中含有维生素 A 前体物质和维生素 E，但是仅仅依赖饲料中含有的维生素和阳光照射合成的维生素 D_3 往往不能满足高产奶绵羊对维生素的需要。另外，在舍饲条件下，奶绵羊接触到的阳光和新鲜饲草很有限。因此，在奶绵羊日粮中添加维生素 A、维生素 D_3 和维生素 E 是必须的。

（一）维生素 A

缺乏维生素 A 容易患夜盲症。妊娠母羊维生素 A 缺乏的典型症状是流产和胎衣不下的发生率增加。1IU 的维生素 A 相当于 $0.3\mu g$ 全反视黄醇（$0.344\mu g$ 全反乙酸视黄醇酯，

或者 $0.550\mu g$ 全反棕榈酸视黄醇酯）。植物中不含视黄醇，但是许多饲料都含有 β-胡萝卜素（维生素 A 原），动物可把植物类胡萝卜素转化为维生素 A，但转化效率很低。奶绵羊饲料中维生素 A 添加量建议为 1 500～2 400IU/kg DM，β-胡萝卜素为 5～30mg/kg DM。

（二）　维生素 D

大多数哺乳动物的皮肤都能产生维生素 D_3，这是因为 7-脱氢胆固醇可经光化学反应转化生成维生素 D_3。紫外线照射可使植物中的麦角固醇转化成维生素 D_2。维生素 D 缺乏会导致幼龄羊患佝偻病，成年羊出现骨软化，二者都是骨骼疾病，且主要损害都是由于骨有机质不能矿化造成的。奶绵羊饲料中维生素 D_3 添加量建议为 150～500IU/kg DM。

（三）　维生素 E

白肌病是典型的维生素 E 临床缺乏症，维生素 E 和硒联用可有效防止羔羊白肌病的发生。奶绵羊饲料中维生素 E 的添加量建议为 10～40IU/kg DM。

（四）　其他维生素

B 族维生素、维生素 K 和维生素 C 都可以在瘤胃中由瘤胃微生物合成产生，一般能满足奶绵羊的需要量，日粮中不需要额外添加。但刚出生的羔羊由于瘤胃尚未发育健全，建议在饲料中添加充足的 B 族维生素、维生素 K 和维生素 C。这样可有效改善羔羊的健康状况，提高成活率和生长速度。

成年奶绵羊在瘤胃中能够合成足够的 B 族维生素和维生素 K。然而在特定条件下，例如泌乳高峰期的早期，母羊会有产后应激反应，出现厌食或患病，这个时候补充一定量的尼克酸、维生素 B_1、维生素 B_2 和维生素 B_{12} 是非常有益的。超量添加维生素 B_{12} 具有刺激食欲作用，同时还有助于奶绵羊恢复到正常的采食水平。对于高产奶绵羊，添加烟酸可提高产奶量、乳脂率并预防脂肪肝和酮病。日粮中添加生物素有助于羊的肢蹄健康。每千克奶绵羊精饲料补充料中的烟酰胺添加量建议为 50～60mg，生物素的添加量为 0.3～0.6 mg。

九、水需要

奶绵羊体组织中含水量为 50％～60％，奶中含水量为 78％～83％，水是奶绵羊最重要的营养素。实践证明，缺水可使羊健康受损、生长缓慢、产奶量下降。因此，供给充足、清洁、温度适宜的饮水是保证奶绵羊健康、高产的前提条件。

奶绵羊每天需要摄入大量的水，一般通过 3 种途径来满足其对水的需要：自由饮水量、采食含水量较多的饲料以及由机体内营养物质代谢产生的水。与前两个水来源途径相比，代谢水途径显得微不足道。所以，自由饮水量和由饲料摄入的水量即可代表总的水分摄入量。夏季奶绵羊饮水量一般是日粮干物质采食量的 4～5 倍，冬季则为其 2.5～3 倍。

第二节　奶绵羊常用饲料

饲料是发展养羊业的物质基础，也是舍饲养羊最主要、成本最大的投入品。我国的饲草料资源短缺，尤其是蛋白质饲料资源依赖进口的局面短期内还无法突破。近年来随着集约化养殖业的发展，饲草资源尤其是优质饲草料资源严重短缺，我国已经成为世界第二大牧草进口国，因此我国发展奶业的饲草料资源约束非常严重。了解奶绵羊常用饲料的种类和营养特性，按照营养需要进行科学搭配，同时对其进行合理的加工调制，提高饲料适口性、改善瘤胃发酵特性、消除饲料中的抗营养因子是提高奶绵羊健康和生产水平、改善饲料利用效率和产品品质的必要途径。

一、粗饲料

奶绵羊作为反刍动物，其日粮中必须有一定比例的粗饲料满足其对纤维的需要量，以维持瘤胃微生物良好的发酵特性，否则容易导致健康问题。同时奶绵羊作为奶畜，奶成分和卫生状况也受粗饲料的影响，比如日粮 NDF 不足会导致乳脂率下降。粗饲料由于大多数在户外晾晒调制，容易发生霉变等卫生污染，导致奶的卫生指标不达标。泌乳奶绵羊采食的粗饲料一般与优质的禾本科、豆科牧草或豆皮等搭配使用，其他羊群可使用部分玉米秸秆或秕壳类饲料。

（一）苜蓿干草

紫花苜蓿是奶绵羊最优良的豆科牧草。苜蓿干草一般指紫花苜蓿收割后经过晾晒或烘干而成的含蛋白质 18% 以上、水分低于 14%、粗纤维低于 40%、相对饲喂价值高于 130 的饲草。晒制青干草的苜蓿应在含苞期刈割。

优质苜蓿干草的感官质量判定指标有 4 个。一是含叶率。含叶率要高于 60%，因为叶子的可消化总养分、粗蛋白质和维生素分别占苜蓿干草的 60%、70% 和 90%。一般而言，含叶率高的苜蓿干草其矿物质、维生素、能量和粗蛋白质含量都比较高。苜蓿刈割期恰当，收割工艺和设备精进，管理完善，其含叶率就比较高。二是颜色。苜蓿干草的颜色应该是翠绿色，这样的颜色表示晒制加工得宜，没被雨淋过，没发生霉变，贮存过程中没发热。三是味道。优质的紫花苜蓿干草带有一股草香味，适口性好，胡萝卜素含量高，饲用价值高。四是杂草异物含量。杂草、作物秸秆、树枝、泥土块、铁丝、塑料等杂质如果过多，则苜蓿干草质量很差。

（二）燕麦草

燕麦草是一年生禾本科燕麦属植物，适合在高寒干旱地区种植。燕麦干草一般是燕麦在抽穗期刈割后晒制而成。优质燕麦干草中粗蛋白含量在 7.5% 以上，NDF 含量低于 50%，总可消化养分高于 47%，产奶净能为 0.94Mcal/kg DM。燕麦草的粗蛋白瘤胃降解率比苜蓿干草低，虽然 NDF 含量略高于苜蓿干草，但半纤维素含量高、木质素含量低，更容易被奶绵羊消化，降解速度相对更快，在瘤胃中停留的时间短，从而可以刺激奶绵羊采食更多的干物质。燕麦草中水溶性碳水化合物含量比苜蓿干草高 1 倍以上，适口性更好，是奶绵羊良好的禾本科干草。

（三） 玉米秸秆

玉米秸秆是玉米收获籽实后被风干的植株，含粗蛋白质 6%、NDF 79%。玉米秸秆的营养价值变异很大，易被霉菌污染。由于玉米秸秆的营养价值较低且卫生不容易把控，因此不建议在奶绵羊日粮中使用。

（四） 大豆皮

大豆皮中粗纤维含量高，达到 35%；富含铁，含量为 324mg/kg。尽管大豆皮粗纤维含量高，但粗蛋白质含量达 9.4%，总可消化养分达 77%，所以很容易被反刍动物瘤胃微生物所消化。大豆皮可用作奶绵羊的粗饲料原料。

二、青绿饲料

青绿饲料的营养价值随着植物的生长而变化，一般来说，在植物生长早期营养价值较高，但产量较低；在生长后期，虽然干物质产量增加，但由于纤维素含量增加，木质化程度提高，故营养价值下降。青绿饲料青饲时，其营养价值可以得到最大程度的利用。但由于供应受季节限制，且容易发生农药、亚硝酸和氢氰酸中毒等问题，因此在集约化饲养条件下，奶绵羊日粮中一般不用青绿饲料作为其组成成分。

三、青贮饲料

青贮饲料中最常见的是全株青贮玉米。全株青贮玉米就是把包括玉米穗在内的玉米植株在玉米籽实乳熟末期至蜡熟前期全部收割下来制作的青贮。目前有专门用于青贮的玉米品种，一般在中等水肥条件下，专用青贮玉米品种亩*产鲜秸秆可达 4.5~6.3t。优质全株青贮玉米的营养价值高，一般要求干物质含量高于 30%，干物质中淀粉含量高于 30%、蛋白质含量高于 8%、NDF 含量低于 50%、NDF 消化率高于 50%、乳酸含量高于 6%、玉米籽粒破碎度大于 70%。

四、能量饲料

（一） 玉米

玉米是奶绵羊饲料中最常用的谷实类能量饲料，一般占精饲料补充料的 40%~65%。玉米适口性好，蛋白质含量在 8% 左右，可利用能值高，羊代谢能为 13.42MJ/kg DM，

---

* 亩为非法定计量单位，1 亩≈666.67m² ——编者注

亚油酸含量高达 2%。玉米中维生素 E 含量较多，约为 20mg/kg。黄玉米中含有较多的胡萝卜素，但维生素 D 和维生素 K 几乎没有。玉米中缺乏赖氨酸和色氨酸，钙、磷含量较少，且比例不合适。目前有专门培育的高赖氨酸玉米和高油玉米品种，其饲用价值更高。

（二）小麦

与玉米相比，小麦中的代谢能稍低一些，羊代谢能约 13.23MJ/kg DM；但粗蛋白质含量比玉米高，约 15.9%；脂肪含量低，约 1.7%；磷、锰、铁、B 族维生素以及维生素 E 含量较多；非淀粉多糖含量很高，其中主要是木聚糖。传统上小麦以人类食用为主，仅少部分用于饲料。但近年来随着饲用玉米需求的急剧上升，玉米价格往往高于小麦价格，小麦作为饲料用粮的比例有所上升。

（三）大麦

大麦中蛋白质含量较高，为 12% 左右，羊代谢能 12.29MJ/kg DM，富含 B 族维生素，缺乏胡萝卜素和维生素 D、维生素 K 及维生素 B_{12}。大麦是传统的饲料用粮，饲喂奶绵羊的效果较好。

（四）燕麦

燕麦含蛋白质 12.8% 左右，羊代谢能 12.05MJ/kg DM；粗纤维含量较高，为 10%～13%。燕麦富含 B 族维生素，脂溶性维生素含量较少，钙少磷多。燕麦是重要的饲料用粮，饲喂奶绵羊的效果极佳。

（五）小麦麸皮

小麦麸皮是小麦磨粉后的种皮副产品，其营养价值因麦类品种和出粉率高低变异较大。一般含蛋白质 15%～17%，羊代谢能 10.53 MJ/kg DM；粗纤维含量高，为 8%～10%，其中一半为优质膳食纤维；矿物质中磷、钙、钾、镁含量较高。小麦麸具有轻泄作用、质地蓬松、适口性好，母羊产后喂以适量麦麸汤，可以有效调节消化道机能。

（六）糖蜜

糖蜜富含糖类，可为奶绵羊提供能源物质；同时，具有香甜味，可改善饲料的适口性、降低饲料粉尘，提高颗粒饲料质量。

五、蛋白质饲料

干物质中粗纤维含量低于 18%，粗蛋白质含量达到或超过 20% 的饲料属于蛋白质饲料。我国规定，反刍家畜严禁使用除奶和乳制品饲料外的动物源性饲料。

（一）豆粕

豆粕是营养价值最好的植物性蛋白质饲料，含蛋白质 42%～48%、赖氨酸2.5%～

3.0%、色氨酸 0.6%～0.7%、蛋氨酸 0.5%～0.7%。但未经处理的豆饼、豆粕中含有抗胰蛋白酶、尿酶、皂角苷、甲状腺肿诱发因子等，对奶绵羊及饲料的消化利用会产生不良影响，一般通过适当的热处理可消除这些抗营养因子。

（二）棉籽和棉粕

棉籽的营养价值非常全面，其干物质中粗蛋白质含量可达 21%、粗脂肪占 17%、NDF占 45%。利用全棉籽饲喂奶绵羊，可提供良好的过瘤胃脂肪和过瘤胃蛋白，提高生产水平。

棉粕是奶绵羊重要的蛋白质饲料，粗蛋白质含量达 44% 左右。但棉粕中的蛋白质组成不太理想，精氨酸含量高达 3.6%～3.8%；而赖氨酸含量仅 1.3%～1.5%，只有豆粕的一半；蛋氨酸含量也不足，约 0.4%；矿物质中硒少、钙少、磷多；维生素 B_1 含量较多，维生素 A、维生素 D 含量少。

棉酚是棉籽粕中最主要的抗营养因子，可侵害生殖系统，因此棉籽粕在奶绵羊饲料中的用量有一定限制。

（三）菜籽粕

菜籽粕是油菜籽通过预压浸提工艺榨油后的副产品。粗蛋白质含量在 36% 左右，氨基酸组成较平衡。菜籽粕中碳水化合物多为不易消化的戊糖，含有 8% 戊聚糖，粗纤维含量为 10%～12%，因此可利用能量水平低；低于豆粕但高于棉粕。菜籽粕中烟酸和胆碱含量高，胡萝卜素、维生素 D 等含量低，矿物质中钙、磷、硒、锰含量较高。菜籽粕中含有较多的有毒有害物质，如异硫氰酸酯、硫氰酸酯、噁唑烷硫酮等物质，不但影响日粮的适口性和其他营养物质的利用，还可引起奶绵羊甲状腺肿大，抑制其生长。因此，极大地限制了其在奶绵羊日粮中的应用。

（四）DDGS

DDGS（distillers dried grains with solubles）是玉米发酵生产酒精过程中酒精糟经分离脱水后的干燥部分（DDG）和酒精糟滤液经过浓缩干燥后部分（DDS）的混合物，称干酒糟及其可溶物。外观为黄褐色或深褐色，可溶物含量高且烘干温度高时颜色加深。DDGS 含有机酸，口感有微酸味。饲喂奶绵羊可提高瘤胃发酵功能，提供过瘤胃蛋白质，将纤维转化为能量。DDGS 的适口性和饲用安全性强，是磷和钾等矿物质的良好来源。但有些玉米发酵生产酒精的企业会采用发霉的玉米生产工业用乙醇，导致霉菌毒素聚集在 DDGS 中，因此在使用前一定要测定霉菌毒素的卫生指标。

（五）单细胞蛋白质饲料

单细胞蛋白质饲料亦称"微生物蛋白质饲料"，是利用酵母、细菌和藻类等微生物发酵底物后以增殖的单细胞生物作为蛋白质的饲料。单细胞生物应用较多的是饲用酵母。由于原料及生产工艺不同，其营养成分变化较大，一般风干制品中含粗蛋白质 50% 以上，B族维生素丰富。单细胞生物不但蛋白质含量高，且氨基酸组成合理，不仅富含动物生长必需的赖氨酸、蛋氨酸和色氨酸等，同时富含脂肪、碳水化合物、核酸、维生素等。

六、矿物质饲料

（一）石粉和磷酸钙盐

一般提供钙营养的有石粉，含钙38%左右。提供钙、磷营养的有磷酸氢钙和磷酸二氢钙，磷酸氢钙一般含钙21%以上、含磷18%以上，磷酸二氢钙含钙20%、含磷21%。

（二）钠盐

提供钠和氯营养的为食盐，含钠38%、含氯62%。另外，为保持瘤胃的酸碱平衡，日粮中常添加小苏打（碳酸氢钠），一般含钠离子27%。

（三）微量元素

由于奶绵羊对微量元素的需要量低，因此生产厂家先把一些需要量极少的微量元素按照一定比例做成预混剂，比如含1%硒的亚硒酸钠预混剂、含2%碘的碘酸钙预混剂等，以增加其在复合微量元素预混料中的添加量，保证其能混合均匀。单一微量元素在精饲料补充料中的占比低，一般不直接添加，而是制作成在精饲料补充料中占0.1%～1%的复合微量元素预混料后再添加，这样才能保证各个微量元素在精饲料补充料中完全混合均匀。

七、维生素饲料

维生素饲料包括工业合成或由原料提纯精制的各种单一维生素和混合多种维生素。羔羊前期饲料中一般补充核黄素、硫胺素、烟酸、泛酸、吡哆醇、生物素、氰钴胺素、叶酸等B族维生素。成年奶绵羊瘤胃已经完全发育，瘤胃微生物区系建立，合成的B族维生素大部分可以满足需要，一般在日粮中只补充维生素A、维生素D、维生素E、胆碱和部分B族维生素（如烟酸和生物素等）即可。维生素的添加量一般极少，应提前设计好在精饲料补充料中可以混合均匀的添加量，然后按照各种维生素单体的需要量设计配方，如以磨细的麸皮作为载体和稀释剂，只有先混合成复合维生素预混料后再添加到精饲料补充料中才能混合均匀。

第三节　奶绵羊饲料的加工调制

根据奶绵羊消化生理特点，对组成其日粮的各种饲料进行加工调制是改善饲料理化性质和营养水平、提高饲料的适口性、促进其更好地消化吸收的重要手段。奶绵羊饲料除常规的加工调制处理外还有其特殊的要求。

一、精饲料的加工调制

（一）粉碎

精饲料的组成复杂，一般由能量饲料、蛋白质饲料、矿物质饲料、维生素饲料和添加剂组成。基于奶绵羊的生理特点，对于高度发酵的谷物，如大麦、小麦和燕麦，用整粒代替加工过的谷物（破碎、蒸煮或磨碎）饲喂效果更好。整粒谷类可刺激反刍，减缓反刍发酵速度。相较牛而言，绵羊对谷物的咀嚼更细，粪便中不会有大量的整粒谷物损失。但是当供给缓慢发酵的淀粉源（如玉米和高粱谷物）时，谷物经过破碎或压片处理后可能更好。组成精饲料补充料的糠麸类能量饲料、蛋白类饲料属于食品加工类副产品，本身就是粉碎产品。精饲料补充料中的矿物质饲料、维生素饲料和添加剂产品都是细粉产品且添加量较少，因此建议配制奶绵羊饲料时把糠麸类能量饲料和蛋白质类饲料细粉过 2mm 筛后与矿物质饲料、维生素饲料和添加剂产品充分混合制成半成品，然后经过制粒工序制成颗粒饲料。按照精饲料补充料设计的配方与压片玉米、整粒大麦、整粒燕麦或整粒小麦混合饲喂效果更佳。

（二）蒸汽压片

蒸汽压片饲料是指整粒谷物能量饲料经高温蒸汽处理后压成的薄片饲料，是奶绵羊的优质饲料。蒸汽压片饲料的制作过程是将玉米粒、大麦粒等原料在特制的处理设备中加湿，把含水量调整为 20%～22%，经 105～110℃高温蒸汽调制 40min，在对辊式压片机中压制成厚度为 0.7～1.2mm 的薄片，然后烘干，使薄片含水量降低至 12%～14%，即为蒸汽压片饲料。给奶绵羊饲喂蒸汽压片饲料的好处是：蒸汽压片饲料中所含淀粉受高温高压作用而发生糊化，形成糊精和糖，使蒸汽压片饲料变得芳香，因而提高了饲料适口性。同时，淀粉发生高温糊化作用，提高了淀粉在小肠中的消化率，使得蒸汽压片饲料转化率提高 7%～10%。

（三）制粒

制粒是指粉状饲料通过 80℃左右蒸汽调制后，在颗粒饲料专用制粒机中挤出模孔，经冷却后制成的颗粒饲料。制粒可改善奶绵羊对饲料营养物质的消化率，延缓饲料中脂肪的氧化，提高适口性，避免羊挑食以及粉状饲料浪费。

（四）膨化

膨化饲料是利用挤压、摩擦、推进、瞬间高温、快速喷出等一系列工艺将饲料加工成蓬松、多孔的状态。饲料被很大压力挤出模孔时，由于突然离开机体进入大气中，温度和压力骤降，因此饲料中水分快速蒸发，饲料体积迅速膨胀。饲料经过膨化后可提高适口性、改善消化率，同时能有效杀菌、脱除毒素。常用的膨化饲料有膨化大豆、膨化玉米、膨化尿素等。

（五）过瘤胃营养保护

过瘤胃营养保护是指采用特殊技术对一些在瘤胃中容易被微生物降解或破坏的饲料进行处理，使其含有的营养物质如淀粉、蛋白质、脂肪、维生素、氨基酸、精油等在反刍动物瘤胃中发酵及降解的比例降低或缓释，以便进入皱胃和小肠中被消化和吸收，实现营养物质在消化道的定向分配，提高饲料利用率并有助于瘤胃健康。这些特殊技术包括：

1. 物理方法 加热加压处理或制成颗粒。

2. 化学方法 主要有化学试剂处理和氨基酸类似物、衍生物以及氨基酸螯合处理等。

3. 包被技术 主要有物理包被、液态包被和微囊包被等技术。

二、粗饲料的加工调制

（一）青干草的调制

青干草的营养价值常随生长时期以及晒制方法不同而差异较大。优质青干草的营养价值为青草的 70%～90%，品质差的青干草营养价值仅占青草的 50%～60%。要想最大限度地存留青绿饲料中的营养物质，适时刈割非常重要。如紫花苜蓿的最佳刈割时期为现蕾期到初花期（10%植株开花），结籽后的苜蓿营养价值显著降低。用沙打旺晒制干草时，刈割时间为现蕾期，开花以后茎秆趋于木质化，叶量减少，质量降低。草木樨一般在株高 50cm 左右时刈割，此时为现蕾前期，适口性较好。燕麦草在抽穗期刈割晒制的干草营养价值最高。牧草刈割时应留茬 5～10cm，以利再生。

1. 晒制 青干草的晒制方法有以下两种：

（1）田间晒制法 当牧草长到适宜刈割时，选择好天气将割下的青草平铺，就地放到田间 1～3d 阴干，待草能拧成绳既不断裂、也不出水时堆成大堆或者用打捆机械打成草捆。这种晒制方法适用于人工草地种植的苜蓿、沙打旺、燕麦草和草木樨等。优点是初期干燥速度快，可减少牧草因细胞呼吸作用造成的营养损失；打捆或堆成小堆后接触阳光面积小，能保存较多的胡萝卜素；茎叶干燥速度较一致，可减少叶片、嫩枝的破损或脱落。

（2）人工干燥法 通过人工热源加温能使青绿牧草迅速脱水。温度越高，干燥时间越短，效果越好。150℃干燥 20～40min，温度高于 500℃时 6～10s 即可。高温干燥的最大优点是时间短，不受雨水影响，营养物质损失小，能很好地保留原料本色，但耗能大、成本高。

2. 粉碎 给奶绵羊饲喂全混合饲料（TMR）时，不能参照奶牛的 TMR 日粮加工参数，奶绵羊的饲料摄入量受饲料颗粒大小的影响更大。如果 TMR 牧草的粒径过大，母羊会很快先吃掉所有的精饲料，这样即使日粮中没有太多淀粉，也会导致酸中毒。当用牛的 TMR 日粮制作标准制作奶绵羊日粮时，往往导致奶绵羊的采食量和产奶量下降。这是因为使奶牛采食量和产奶量最大化的颗粒大小对于泌乳期的奶绵羊来说太粗了。在实践中，可将青贮饲料揉切得更细一些，或在 TMR 搅拌车中将粗饲料磨得更细一些。这样做可增加奶绵羊的采食量和产奶量。有学者比较了两种 TMR 饲料（粗精比 60:40 和 20:80）的饲喂效果，其中粗饲料（苜蓿干草）粉碎后通过 32mm 筛和 8mm 筛研磨，结果饲喂过 8mm 筛研磨日粮的奶绵羊产奶量提高了 25%，但采食量没有受到影响。

在康奈尔大学的一项试验中，给芬兰羊和陶赛特羊饲喂过 12mm（粗）、2.4mm（中）和 1mm（细）筛网研磨的干草，结果表明干草粒径减小时增加了采食量、产奶量和乳蛋白产量，而乳脂肪产量没有受到影响，但显著降低了绵羊的反刍活动。即使饲喂颗粒非常细的粗饲料日粮，绵羊的生产性能也能很好地发挥。因此，养殖户不要担心把饲料粉得太细而不适合泌乳母羊，而是太粗的饲料颗粒对母羊可能更不利。

3. 制粒　基于已有的研究结果，奶绵羊日粮中的干草粉碎得越细越好。将粉碎的干草、麸皮、豆粕、棉粕、DDGS、其他植物性蛋白质饲料、矿物质元素以及维生素预混料混合在一起制成颗粒饲料，再按照设计好的全日粮配方将颗粒饲料与整粒谷物饲料和青贮饲料混合，制成 TMR 饲料饲喂奶绵羊，可取得较好的效果。但是饲料配方中干草比例过高时不易制粒，在制粒时一定要采用黏结性较好的一些饲料原料，比如次粉、糖蜜、膨润土等，以改善制粒效果。

三、青贮饲料的加工调制

青贮饲料作为奶绵羊养殖生产中常用的饲料，具有性价比高、来源广、易贮存等优点。全株青贮玉米是奶绵羊养殖场常用的饲料。由于青贮饲料的调制具有季节时限性，在制作时一旦出现质量问题，牧场全年的饲料供应、羊群的健康以及生产水平都会受到影响。因此，要高度重视青贮玉米饲料的制作。以下是优质全株青贮玉米的制作要点。

1. 青贮窖的制作要点　青贮窖建议采用地上式。窖址选在地势高燥、地下水位低、远离水源和污染源、取料方便的地方。青贮窖要坚固耐用、不透气、不漏水，采用砌体结构或钢筋混凝土结构建造。规模羊场的青贮窖高度不宜超过 4.0m、宽度不少于 6.0m、长度以 40m 内为宜，要满足机械作业要求，日取料厚度不少于 30cm。可根据青贮饲料的实际需要量建设数个连体青贮窖。

青贮窖墙体呈梯形，高度每增加 1m，上口向外倾斜 5～7cm。窖的纵剖面呈倒梯形。青贮窖的墙体应采用钢筋混凝土结构，墙体顶端厚度 60～100cm；如果采用砖混结构，则墙体顶端厚度为 80～120cm。每隔 3m 加造与墙体厚度一致的构造柱，墙体的上、下部分别建圈梁加固。窖底用混凝土结构，厚度不少于 30cm。青贮窖底部要有一定坡度，坡比为 1∶（0.02～0.05），在坡底设计渗出液收集池。

青贮窖大小以总容积计算。奶绵羊场按存栏量计算，每只羊占 1m³ 的青贮窖建筑容积就可以满足全年全场羊对青贮饲料的需要量。

2. 青贮玉米采收地选择　要提前确定牧场周边采收玉米的区域，尽量缩短运输距离，防止长途运输导致发热带来的营养物质损失和杂菌发酵风险。选择土地平整、长势良好、植株健康度高的地块采收。最好提前与周边农户签订收购合同，并鼓励农户种植专用的青贮玉米品种，这样收获数量和质量都可以得到保证。

3. 青贮窖清理　在青贮原料收割前 7d，对青贮窖进行全面清理、消毒。使用地下窖或半地下窖的牧场，需对青贮窖底排水管道和设施进行检查，清理杂物，避免堵塞。

4. 收割时机　一般在玉米乳熟期进行收割。可通过玉米籽粒乳线是否达到 1/2～3/4 进行判断，或观察玉米棒包衣是否变黄，有条件的牧场可通过专业的检测设备测定青贮原料中的干物质含量，确保其达到 30% 以上。足够的干物质含量可保证青贮饲料中的淀粉含量在 30% 以上，否则会降低营养损失。

5. 留茬高度　在收割过程中，青贮玉米留茬高度应为 $25\sim40cm$。较高的留茬高度能够有效提升青贮玉米的营养水平和发酵质量，并减少将土壤带入青贮中，避免影响发酵品质和防止霉菌毒素超标。

6. 切割长度　青贮玉米切割长度控制在 $1.2\sim1.8cm$，制作过程中应及时测量切割长度，并利用宾州筛对切割效果进行检测，及时调整收割机的切割长度或者更换刀片。

7. 籽粒破碎度　良好的籽粒破碎度能够大大提高青贮料中的淀粉消化率。要尽量选择进口的大型设备，对于无法使用大型设备的小地块，应将国产小型机械进行升级，增加籽粒破碎功能。制作好的青贮料随机采样 $1kg$，挑出未破碎的籽实进行计数，数量少于 10 粒方为合格。

8. 压窖过程　全株玉米青贮是一个无氧发酵过程，只有通过不断地反复碾压，才能最大化地减少青贮窖中的氧气，以最短的时间使物料进入乳酸菌发酵阶段，减少损失，提高发酵品质。

压窖方法：以 $5\sim8\ km/h$ 速度行进，青贮饲料面至少被压实两遍，逐层碾压，每层堆料厚度不得超过 $10cm$。单口窖靠窖尾的部分要横压。窖头至窖尾坡度控制在 $30°\sim45°$，保证窖头、窖尾充分压实。

9. 添加剂使用　根据牧场实际生产需要，选择同型或异型混合发酵剂，保证活菌数量大于 $10^5 CFU/g$，严格按照产品说明书正确使用。大型青贮窖可用水泵、喷水枪、抽水电机等或直接在青贮窖处增加一台喷雾装置添加青贮发酵剂，但必须保证喷洒均匀。

10. 封窖管理　青贮窖壁铺设透明膜或黑白膜至窖底，防止侧面氧化腐败。青贮原料填窖时的最大高度不得高于窖壁 $1m$，青贮膜连接处至少重叠 $1m$。压实的原料覆盖黑白膜，白面朝上、黑面朝下，使用轮胎压紧。窖边用沙袋压盖，最大程度地排出空气。压实后每隔 $1m^2$ 至少再用 1 个轮胎压实，轮胎不足时可将整个轮胎切成两半来压，保证覆盖密度。有条件的牧场可使用隔氧膜，提高发酵品质，降低顶层损失。上层可覆盖草垫、工程布、渔网等，预防猫、犬、鸟等破坏青贮膜。

11. 青贮料霉菌毒素管控　发酵异常或霉变的青贮料，会出现多种霉菌毒素，而霉菌毒素长期累积会给奶绵羊健康带来不利影响，引起机体代谢异常。青贮原料发霉或者在制作取用过程中空气进入会导致二次发酵，产生霉菌毒素。因此，要保证青贮料的卫生指标在正常范围内，同时要尽最大可能维持青贮料在制作和取用过程中的厌氧条件。

12. 青贮饲料取用　全株青贮玉米一般在窖贮后 $45d$ 左右即可取用。一旦打开青贮窖，就会有氧气进入，与空气接触的青贮饲料开始变质，pH 上升，霉菌生长，李斯特菌和丁酸梭菌增殖。取用时操作正确可减少污染和浪费。首先，保证适宜的取用速度，每天必须要取用整个窖宽表面至少 $30cm$ 厚的青贮料，这样可以限制霉菌生长。其次，取用时必须整齐切下，而不是随意掏取。掏取会增加进入青贮料中的空气，加速需氧微生物的生长，这也是导致青贮料损失的一个原因。最后，取用时如果有发霉变质现象，必须把发霉的部分取出后丢到远离青贮窖的地方。青贮窖附近要干净卫生，不要堆放含有机质的废弃物。在发热的情况下，可以用干净而透气的厚网布覆盖在青贮窖的暴露面，在保持空气流通的同时使青贮料处于阴凉状态。避免采用塑料布遮盖青贮料的开口面，这种方法会形成霉菌生长所需的湿热环境。

第四节　奶绵羊的日粮配制

考虑到我国奶绵羊养殖业的资源禀赋和食品卫生安全等因素，一般采用规模化舍饲养殖比较适宜。规模化养殖场的饲草料大部分依赖外购，而优质饲草料资源短缺成为我国奶绵羊产业发展最大的约束条件。因此，合理配制奶绵羊日粮、提高饲料转化效率是节约资源、提高效益、生产优质羊奶和保护环境的重要手段。

一、日粮配制原则

（一）科学性原则

奶绵羊日粮配制应该首先考虑科学性原则。与奶牛、奶山羊等奶用反刍动物不一样，目前尚没有对奶绵羊营养需要进行系统研究而形成的饲养标准，但关于其营养需要的研究文献也不少。配制奶绵羊日粮时，应根据不同品种、不同生理阶段、不同饲养水平和不同生态环境，可以在参考已有研究成果的基础上，制定出适合所在地区生态环境的奶绵羊饲养标准，确保能量、蛋白质、矿物质、维生素、NSC 和 NDF 的平衡。日粮营养设计水平要有一定的安全系数，实际设计水平应稍高于饲养标准，以保证日粮在加工、贮存以及饲喂过程中部分养分损失后依然能满足奶绵羊的需要。

（二）经济性原则

设计奶绵羊日粮时一定要坚持效益最优原则，即设计"最佳效益日粮"。不但要满足奶绵羊的营养需要，还要根据羊奶以及羊肉价格从经济的角度去设计日粮结构和营养水平。同时，饲草料的选用应因地制宜，就近解决，以充分利用本地资源，降低饲料运输成本。

（三）多样化原则

每一种饲草原料都有其营养特点，单靠一种满足不了奶绵羊对所有养分的需要并达到营养平衡。不仅如此，奶绵羊营养需要复杂，即使同一种养分也有不同的指标。因此，奶绵羊日粮平衡更需要将多种饲草搭配在一起，尽可能实现原料组成多样化。

（四）安全性原则

饲料卫生安全是决定畜产品安全的首要条件。对于奶绵羊而言，一旦奶中有毒有害成分超标，势必造成巨大的经济损失。因此必须高度重视奶绵羊日粮的安全问题。要严防各种金属元素超标，禁止使用被农药化肥严重污染的饲料，禁止使用发霉、变质、酸败以及被毒素污染的饲料，禁止使用国家严禁在奶畜使用的药物和添加剂，禁止使用除奶以及乳制品以外的任何动物源性饲料（如鱼粉、骨粉、羽毛粉、血粉等）。

（五）稳定性原则

设计日粮配方时要考虑饲料资源的供应情况，保证所用原料供货稳定，可长期采购。

奶绵羊日粮不宜经常进行大幅度调整，除了生理阶段过渡期和饲料、羊奶、羊肉市场价格剧烈变化外，日粮应全年保持比较稳定的状态。同时由于绵羊奶中含干物质比较多，饲料所含的一些成分很容易转化到奶中，因此日粮结构大幅度调整也会影响奶中各种物质的含量和比例。另外，日粮频繁调整还会对奶绵羊造成严重应激，从而出现健康问题。

二、常见饲料类型

（一）代乳粉

代乳粉是奶绵羊养殖场必须使用的饲料之一。母羊产羔后，一般和羔羊分离，羔羊先采用人工哺喂方式哺喂初乳，然后用代乳粉。母羊则转入挤奶羊群，在挤奶台上生产商品羊奶。给羔羊哺喂代乳粉是实现羔羊早期断奶和增加商品羊奶产量的常规措施。

羔羊代乳粉一般模拟羊奶特性制作而成。优质代乳粉可以增强羔羊的免疫力，有效降低羔羊腹泻，同时改善羔羊的生长性能。如果代乳粉中的蛋白质来源全部为乳蛋白，则羔羊代乳粉中的蛋白质含量应在 20％以上；如果由植物性蛋白质替代部分乳蛋白，则蛋白质含量应高于 22％。这是因为一方面植物性蛋白质中氨基酸的平衡性不如乳蛋白；另一方面羔羊的消化系统尚未发育健全，不能分泌足够的消化酶来消化这些植物性蛋白质。代乳粉中的能量主要由乳糖和脂肪提供，脂肪水平一般为 5％～15％。同时，代乳粉中应含有一定的粗纤维，其含量应在 3％以下。这是因为粗纤维可改善结肠发酵情况，增加胃肠道容积及瘤、网胃中双歧杆菌和乳酸杆菌的数量。另外，羔羊瘤胃发育不完善，瘤胃内微生物还不能合成所需维生素，需在代乳粉中添加。

表 5-7 为羔羊代乳粉产品配方示例。代乳粉产品生产所需条件较高，建议从专业生产公司购买，按照说明书哺喂羔羊。

表 5-7　羔羊代乳粉配方示例

原料	含量	营养成分	含量
乳清粉（％）	21.00	干物质（％）	91.8
膨化玉米粉（细粉）（％）	18.00	粗蛋白质（％）	22.5
乳清蛋白（％）	6.80	钙（％）	0.88
蔗糖（％）	6.00	总磷（％）	0.57
大豆浓缩蛋白（％）	19.00	可利用磷（％）	0.45
大豆皮（细粉）（％）	3.00	盐（％）	1.13
脂肪粉（％）	8.00	赖氨酸（％）	1.82
全脂奶粉（％）	15.00	蛋氨酸（％）	0.452
石粉（％）	1.00	羊消化能（kcal/kg）	3125
磷酸氢钙（％）	0.98	粗纤维（％）	1.5
食盐（％）	0.50	粗脂肪（％）	18.9
微生态制剂（％）	0.20	粗灰分（％）	8.0
羔羊专用有机多矿（％）	0.20		

（续）

原料	含量	营养成分	含量
羔羊专用水溶性多维（%）	0.07		
98%赖氨酸（%）	0.08		
蛋氨酸（%）	0.05		
苏氨酸（%）	0.09		
反刍动物专用酶制剂（%）	0.02		
甜味剂（%）	0.01		
合计	100.00		

（二）精饲料补充料

精饲料补充料是用以弥补奶绵羊采食的粗饲料所不能满足其自身营养时的补充。但在高产奶绵羊日粮中，精饲料不仅仅起到补充作用，而是满足奶绵羊高产所需的且能提供大部分营养的饲料。精饲料补充料营养水平的高低依赖羊场的粗饲料质量，如果粗饲料质量好，则精饲料补充料营养水平可低一些，饲喂量可少一点；反之则设计得高一些，饲喂量大一点。表5-8是奶绵羊使用的部分精饲料补充料配方示例。

表5-8 奶绵羊精饲料补充料配方

项目	羔羊	育成羊	成年公羊	泌乳母羊	干奶羊
原料（%）					
玉米	53.80	55.00	49.85	51.00	46.42
大豆粕	18.00	7.58	9.43	15.50	3.00
小麦麸	8.00	10.00	12.00	4.00	12.00
棉籽粕	5.00	8.00	7.00	9.00	11.00
菜籽粕	4.00	5.00	5.00	3.00	5.00
大豆皮	3.00	5.00	4.00	6.00	6.00
葵花饼	2.00	3.00	5.00	3.00	7.00
DDGS	2.00	2.00	3.00	4.00	5.00
石粉	1.75	1.85	2.00	1.85	1.93
糖蜜	1.00	1.00	1.00	1.00	1.00
磷酸氢钙	0.77	0.70	0.81	0.70	0.76
食盐	0.40	0.62	0.63	0.67	0.64
羊复合微量元素	0.22	0.20	0.22	0.22	0.20
羊复合维生素	0.04	0.03	0.04	0.04	0.03
甜味剂	0.02	0.02	0.02	0.02	0.02
合计	100.00	100.00	100.00	100.00	100.00

（续）

项目	羔羊	育成羊	成年公羊	泌乳母羊	干奶羊
营养成分					
粗蛋白质（%）	19.0	17.0	18.0	20.0	18.0
钙（%）	0.90	0.90	1.00	0.90	0.90
总磷（%）	0.58	0.58	0.60	0.58	0.58
食盐（%）	0.50	0.70	0.80	0.80	0.80
羊消化能（kcal/kg）	3062	2946	2937	3260	2845

（三）浓缩饲料

表 5-9 列出的舍饲奶绵羊 30% 系列浓缩饲料配方供参考。

表 5-9　舍饲奶绵羊 30% 系列浓缩饲料配方

项目	羔羊	育成羊	成年公羊	泌乳母羊	育肥羊
原料（%）					
棉籽粕	16.00	30.00	32.00	29.00	38.00
DDGS		15.00	8.00	14.00	13.00
菜籽粕	10.00	16.00	17.00	16.00	16.00
大豆粕	54.90	15.00	22.40	16.40	11.40
石粉	6.00	6.03	6.50	6.62	6.62
葵花粕	4.00	8.00	5.00	8.10	6.00
磷酸氢钙	4.00	2.60	2.68	2.50	2.50
玉米皮		2.00	1.00	2.00	1.00
食盐	1.61	2.00	1.77	1.77	1.78
小苏打	1.50	1.50	1.70	1.71	1.80
糖蜜	1.00	1.00	1.00	1.00	1.00
羊复合微量元素	0.80	0.70	0.75	0.70	0.70
羊复合维生素	0.12	0.10	0.13	0.13	0.13
甜味剂	0.07	0.07	0.07	0.07	0.07
合计	100.00	100.00	100.00	100.00	100.00
营养成分					
羊消化能（kcal/kg）	2 738	2 595	2 614	2 580	2 589
粗蛋白质（%）	36.4	33.1	34.5	33.1	33.6
钙（%）	3.24	2.96	3.15	3.14	3.14
总磷（%）	1.30	1.21	1.20	1.18	1.21
盐（%）	1.57	2.30	2.02	2.16	2.14

注：该配方中，优质玉米占 60%，优质麸皮占 10%，浓缩料占 30%。

（四）添加剂预混料

添加剂预混料产品在设计时必须预先设计好在精饲料补充料中的添加量并提供推荐使用的精饲料补充料配方。表 5-10、表 5-11 和表 5-12 分别为舍饲奶绵羊 0.2%复合微量元素预混料、0.04%复合维生素预混料和 5%复合预混料配方以及推荐精饲料补充料配方示例。

表 5-10　舍饲奶绵羊 0.2%复合微量元素预混料配方

原料	含量（%）	营养成分	含量（mg/kg）
石粉	60.47	钴	150.00
一水硫酸锰（31.8%）	15.72	铜	5 000.00
一水硫酸锌（34.5%）	10.14	铁	20 000.00
一水硫酸亚铁（30%）	6.67	锰	50 000.00
五水硫酸铜（25%）	2.00	锌	35 000.00
碘酸钙（1%）	2.00	碘	200.00
亚硒酸钠（1%）	1.50	硒	150.00
氯化钴（1%）	1.50		
合计	100.00		

注：此产品在精饲料补充料中的添加量为 2kg/t。

表 5-11　舍饲奶绵羊 0.04%复合维生素预混料配方

原料	含量（%）
维生素 A（50×10^8IU/kg）	3.33
维生素 E（50%）	13.33
维生素 D（50×10^8IU/kg）	1.34
维生素 B_3（98%）	8.50
维生素 H（2%）	7.50
米糠	66.00
合计	100.00

注：此产品在精饲料补充料中的添加量为 400g/t。

表 5-12　舍饲奶绵羊 5%复合预混料配方以及推荐精饲料补充料配方

项目	羔羊	育成羊	成年公羊	泌乳母羊	育肥羊
原料（%）					
石粉	32.00	31.00	30.00	30.00	29.60
统糠	26.40	26.60	25.00	20.00	20.00
小苏打	6.00	8.00	10.00	15.00	15.00
磷酸氢钙	18.00	16.00	16.00	16.00	16.00
食盐	8.00	12.00	12.00	12.00	12.00

（续）

项目	羔羊	育成羊	成年公羊	泌乳母羊	育肥羊
赖氨酸	2.00				1.00
羊复合微量元素	4.00	4.00	4.40	4.40	4.00
羟基蛋氨酸钙	2.00	1.00	1.00	1.00	1.00
羊复合维生素	0.80	0.60	0.80	0.80	0.60
甜味剂	0.4	0.4	0.4	0.4	0.4
抗氧化剂	0.4	0.4	0.4	0.4	0.4
合计	100.00	100.00	100.00	100.00	100.00
推荐配方（%）					
玉米	58.00	59.00	55.00	58.00	56.00
小麦麸	8.00	12.00	14.00	13.00	15.00
豆粕	20.00	9.00	10.00	7.00	6.00
棉籽粕	5.00	8.00	9.00	10.00	12.00
菜籽粕	4.00	7.00	7.00	7.00	6.00
5%复合预混料	5.00	5.00	5.00	5.00	5.00
合计	100.00	100.00	100.00	100.00	100.00
营养成分					
羊消化能（kcal/kg）	3 163	3 114	3 100	3 100	3 087
粗蛋白质（%）	19	17	18	17	17

（五）全混合日粮

1. 全混合日粮　全混合日粮（total mixed ration，TMR）是指根据奶绵羊在不同生理阶段（育成、泌乳、干奶、空怀和育肥）和不同生产水平下对各种营养成分的需要量，把多种饲料原料和添加剂成分按照规定的加工工艺配制成均匀一致、营养价值完全的饲料产品。依据羊的营养需要和 TMR 配方，将干草、青贮饲料和精饲料补充料放入专用TMR 搅拌机中，按照一定的工艺配制而成。TMR 营养全面平衡，是大型奶绵羊养殖场进行营养供给的最佳方式。

2. 全混合颗粒饲料　全混合颗粒饲料既含有粗饲料，又含有精饲料，精粗比例一致，营养丰富均衡；既能满足奶绵羊的营养需要，又便于机械化饲喂。奶绵羊对粗饲料的粉碎粒度要求低，给其饲喂这种饲料可大大提高饲料转化效率。但缺点是长期饲喂会影响奶绵羊的反刍行为，一般辅之以质量较差的长草，比如麦秸、稻草等供奶绵羊自由采食时效果更佳。舍饲奶绵羊全混合颗粒饲料配方示例如表 5-13 所示。

表 5-13　舍饲奶绵羊全混合颗粒饲料配方

项目	育成羊	成年公羊	泌乳母羊	干奶羊
原料（%）				
玉米	31.00	33.00	33.00	34.00

（续）

项目	育成羊	成年公羊	泌乳母羊	干奶羊
苜蓿干草	15.00	20.00	25.00	15.00
燕麦干草	15.00	11.50	10.00	15.50
葵花饼	10.00	4.70	4.00	10.00
棉籽粕	5.82	8.40	7.00	7.40
次粉	5.00	5.00	4.20	4.00
大豆皮	5.00	5.00	3.00	4.00
小麦麸	4.00	5.00		
大豆粕	5.00	3.36	9.25	5.50
石粉	1.13	1.00	0.90	1.00
糖蜜	1.00	1.00	1.00	1.50
膨润土	0.50	0.50	1.00	0.50
小苏打	0.50	0.50	0.50	0.50
食盐	0.45	0.45	0.50	0.50
磷酸氢钙	0.35	0.34	0.40	0.35
羊复合微量元素	0.20	0.20	0.20	0.20
羊复合维生素	0.03	0.03	0.03	0.03
甜味剂	0.02	0.02	0.02	0.02
合计	100.00	100.00	100.00	100.00
营养成分				
干物质（%）	87.7	87.6	87.6	87.6
粗蛋白质（%）	15.0	16.5	18.0	17.0
钙（%）	0.80	0.55	0.55	0.80
总磷（%）	0.42	0.40	0.40	0.40
盐（%）	0.45	0.45	0.45	0.50
羊消化能（kcal/kg）	2 438	2 581	2 713	2 613
粗纤维（%）	4.2	3.6	2.7	4.3

三、日粮配方设计方法和步骤

以奶绵羊泌乳阶段为例，其 TMR 的设计步骤如下。

（1）确定饲喂对象及其生产水平 比如设计奶绵羊产奶高峰期日粮，羊的体重为 60kg，日产奶量为 2.5kg。

（2）确定饲养标准 经参考相关文献，其饲养标准为每天需要采食干物质 3.2kg、代谢能 5.55Mcal、粗蛋白质 544g、钙 11g、磷 7g。

（3）确定日粮精粗比例 该阶段日粮精粗比例为 50：50。

（4）确定粗饲料和精饲料补充料中干物质的采食量 粗饲料中干物质的采食量为 3.2kg×0.50＝1.60kg，精饲料补充料中干物质的采食量为 3.2kg×0.50＝1.60kg。

（5）确定青贮料的每天饲喂量 考虑青贮料饲喂过多可能导致瘤胃的酸度问题，一般设定每天饲喂量不超过 1.5kg；以青贮干物质 30％计算，则青贮饲料提供的干物质为 0.45kg。

（6）确定干草干物质的饲喂量 干草干物质的饲喂量为粗饲料干物质采食量减去青贮干物质采粮量，即 1.60－0.45＝1.15kg。如果干草干物质为 88％，则饲喂量为 1.15/0.88＝1.31kg。如果为混合干草，由苜蓿干草和燕麦干草组成，且其比例为 1∶1，则饲喂量苜蓿为 0.65kg、燕麦为 0.65kg。

（7）确定精饲料的饲喂量 精饲料中干物质为 86％，则其饲喂量＝1.60/0.86＝1.86kg。

（8）计算精饲料补充料中应该补足的营养水平 确定每天粗饲料饲喂量提供的营养，计算精饲料补充料应该补足的部分，并计算精饲料补充料的营养水平（以％计算），计算过程如表 5-14 所示。

表 5-14 粗饲料提供的营养以及精饲料补充料的营养水平

项目	每天饲喂量（kg）	代谢能（Mcal/d）	粗蛋白质（g/d）	钙（g/d）	磷（g/d）
营养需要		5.55	544.00	11.00	7.00
玉米青贮提供	1.50	0.87	31.50	0.27	0.08
苜蓿干草提供	0.65	0.99	117.00	8.10	0.26
燕麦干草提供	0.65	1.35	65.00	0.22	0.04
不足部分		2.34	330.50	2.41	6.62
精饲料补充料的营养水平（％）	1.60	1.46	21	0.15	0.41

（9）设计精饲料补充料配方并按照配方生产精饲料补充料 将玉米、麸皮、豆粕、棉粕、食盐、石粉、磷酸氢钙、微量元素、维生素等饲料原料按照其营养价值设计成营养水平达到表 5-14 中计算的精饲料补充料营养水平的配方，并按照一定的生产工艺加工成精饲料补充料。

（10）制作全混合日粮 将精饲料补充料、青贮玉米、苜蓿干草、燕麦干草按照表 5-14 中每只羊每天的饲喂量乘以全群羊的数量，利用 TMR 机制作成全混合日粮。

第六章
奶绵羊泌乳生理 ▶▶▶

泌乳性状是奶绵羊重要的经济性状，由亲代遗传性、环境因素以及其他因素共同决定。从泌乳的功能器官乳腺着手，了解乳腺的解剖学和组织学结构，研究乳腺的泌乳机制、乳汁合成和分泌机理以及影响因素，可为进一步研究奶绵羊乳腺发育、人工调控产奶量和奶品质提供科学依据，同时也为提高奶绵羊的产奶量和乳房健康提供技术支撑。

第一节　奶绵羊乳腺结构与发育

奶绵羊乳房（图 6-1）位于腹股沟，被乳间沟分为左右两部分，每部分均含有一个乳腺腺体，两个腺体紧密并列于腹部，由一系列强健的悬韧带和腱悬挂于骨盆，整个腺体被弹性纤维结缔组织所覆盖、保护和支撑。绵羊的特征是在每个乳头后的腹股沟中都存在皮肤腹股沟袋，其中含有皮脂腺，能产生一种黄色脂肪分泌物，用于保护乳腺皮肤。

图 6-1　奶绵羊乳房

一、乳腺结构

乳腺由实质（薄壁组织）和间质两个主要结构组成。实质是腺体的分泌部分，由来自胚胎外胚层的小管和腺泡上皮组织组成，包含导管和腺泡系统。间质由中胚层发育而来，由血管、淋巴管、脂肪、结缔组织和神经组成。

（一）导管

奶绵羊出生时，乳腺池和乳头分化明显，导管系统发育处于初期，只有少数的初级导管。随着乳腺组织的发育，至青春期开始形成次级导管系统和分支。在性激素的刺激作用下，导管和间质快速生长（正向异速生长）。但是与实质（导管-腺泡上皮）的发育程度相比，这一阶段间质的过度生长（主要是脂肪和结缔组织）会影响哺乳期乳腺的泌乳能力。乳腺实质在青春期发育完成，而初情期提前会导致实质发育缓慢。配种后和妊娠期间，乳腺实质表现异速生长，其中胎盘起重要作用。妊娠60d后可从绵羊胎盘中获得一种特殊的依赖于高繁殖力的绒毛膜生长激素；妊娠95～100d，乳腺发育明显，并在100d后检测出乳糖（标志着乳生成开始）；在妊娠后期可观察到导管末端出现腺泡分泌叶。妊娠期间随着乳腺发育，实质中的腺上皮细胞取代了脂肪组织，所占比重为10%～90%。在干奶期则出现相反的现象，母羊的腺泡完全消失，并被脂肪细胞替代（图6-2）。

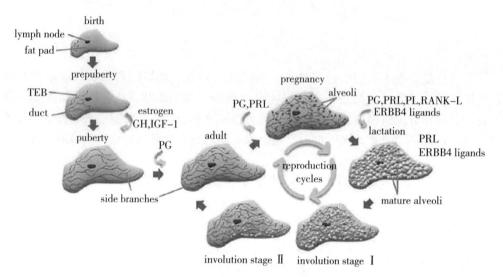

图6-2 乳腺发育的不同阶段

注：reproduction cycles，繁殖周期；birth，出生；prepuberty，青春前期；puberty，青春期；adult，成年；pregnancy，妊娠期；lactation，泌乳期；involution stage Ⅰ，退化阶段Ⅰ；involution stage Ⅱ，退化阶段Ⅱ；lymph node，淋巴结；fat pad，脂肪垫；side branches，侧支；alveoli，腺泡；mature alveoli，成熟腺泡；estrogen，雌激素；TEB，末端乳芽；duct，导管；PG，前列腺素；RANK-L，核因子κB受体活化因子配体；PRL ERBB4 ligands，催乳素上皮生长因子受体4配体；GH，生长激素；IGF-1，胰岛素样生长因子-1；PRL，催乳素。

（二）乳腺叶和腺泡

分泌叶是实质中的重要结构，由多分支的小叶内导管和腺泡组成。腺泡是乳腺的分泌单位，由一层特殊的立方上皮细胞（乳腺上皮细胞）和一个内腔组成。腺泡与乳腺导管共同构成乳腺泌乳的基本单位，乳腺上皮细胞分泌的乳汁先贮存在内腔中，最终排出体外。乳腺导管的发育过程一直处于动态变化中，在延伸中不断生长，产生分支，最后形成复杂的导管网络系统。腺泡间分布着丰富的毛细血管网和淋巴管，为腺泡输送营养物质以及为乳腺上皮细胞泌乳提供营养物质，同时运输代谢产物。奶的贮存方式分为："腺泡奶"和"乳池奶"。前者是在腺泡腔内贮存乳汁，后者是贮存从腺泡中分泌出的部分乳汁，其余乳汁贮存在大导管和腺体中（图6-3）。

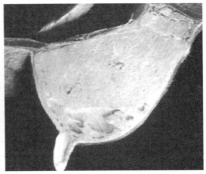

图 6-3　非泌乳期奶绵羊和泌乳早期奶绵羊的乳池

（三）乳池

乳房中的乳汁贮存量通常指乳池、导管、腺泡中乳汁的排放总量。Rovai 等（2000）发现，不同奶绵羊品种其乳池奶含量为 25%～70%，但大多数奶绵羊品种中，奶含量都超过 50%。乳池大小对母羊产奶量有重要影响。有研究表明，Manchega 和 Lacaune 这两个品种羊在泌乳期同一阶段（90d）产奶量有差异，但其腺泡奶的产量非常接近，Lacaune 仅多 10%，而乳池奶的差异为 102%。说明乳池大小是乳用羊泌乳的重要限制因素。

（四）乳腺组织解剖学结构

有学者通过无创超声扫描技术（X 线）检测奶绵羊排乳反射以验证该方法的有效性，随后用于测量不同奶绵羊品种的乳池大小，比较不同品种奶绵羊乳房内部形态。由于受乳腺悬挂系统的压力，挤奶前乳腺和乳池中充满乳汁，挤奶后乳池是空的，外部结构呈现扁平状（图 6-4）。此外，塑料铸型法也可用来模拟乳池和小叶-腺泡系统，此方法是抽干奶绵羊乳腺中的奶后，在安乐死的羊上剥离出完整的乳腺管状系统，并立即向乳头括约肌内注射环氧树脂，填充全部的导管-腺泡系统（乳池、导管和腺泡）。待环氧树脂完全硬化后，用氢氧化钾溶液腐蚀、去除乳房内有机组织，铸成完整的奶绵羊乳房模型，用于宏观和微观研究。另外，有学者通过扫描电镜观察奶绵羊乳腺的泡状结构发现，奶绵羊泌乳时乳腺实质中确实存在不同程度的导管发育（图 6-5）。

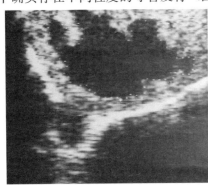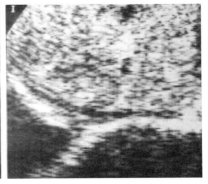

图 6-4　奶绵羊乳房 X 线扫描图

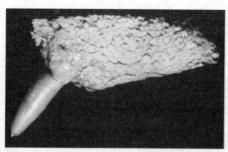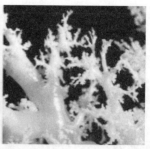

图 6-5　泌乳期奶绵羊乳腺超微结构

二、乳腺生理特性

（一）胚胎期的乳腺生理特性

动物早期胚胎由可发育成表皮和神经系统的外胚层，发育成肌肉、血管系统、性器官的中胚层，以及发育成消化管和消化腺的内胚层组成。羊胚胎期的乳腺发育与牛相似，都由外胚层和中胚层分化而来。在 30 胚龄时，腹股沟处的外胚层开始增厚，形成乳腺结构；67 胚龄时，乳腺上皮细胞开始快速增殖，乳腺发育加快，形成乳芽结构，随后乳芽增殖、分化形成乳腺及乳头；70 胚龄时，形成乳腺二级导管，乳腺导管基本形成。

（二）性成熟期的乳腺生理特性

奶绵羊性成熟后，乳腺会经历周期性变化，促卵泡激素、促黄体素、雌激素、孕酮、生长激素等多种激素协同促进乳腺导管发育。奶绵羊在发情周期以及卵泡期，乳腺导管快速增殖；乏情期乳腺导管发育停滞，发生萎缩。当经历循环往复的发情周期后，就形成了复杂的乳腺导管系统，此时乳腺中还不具备具有泌乳功能的乳腺上皮细胞以及腺泡系统。不同反刍动物之间甚至是同一反刍动物不同品种间乳腺的发育程度可能也不同。在性成熟前期，乳腺导管从乳头基部开始向外生长，乳腺导管的末端产生乳芽，末端乳芽是乳腺导管延长和分支的发生部位。反刍动物乳腺组织中基本的发育单位是终末导管小叶单位，是乳腺实质组织中的发育和功能单位，结构类似于葡萄树茎末端的一串葡萄。终末导管的上皮细胞组分通过松散的小叶内结缔组织结合在一起，并被一层致密的小叶间结缔组织鞘包围。羊青春期前乳腺的薄壁组织发育非常紧凑、密集，没有顶芽，缺乏乳腺脂肪垫（图6-6），并且薄壁组织集中在乳头附近。

图 6-6　奶绵羊乳腺发育阶段（Akers 等，2017）

（三）妊娠期的乳腺生理特性

在妊娠前期，乳腺组织体积逐渐变大，乳腺导管侧枝增多，乳腺上皮细胞大量增殖。同时，乳腺组织中毛细血管增多、血流量增大，为乳腺组织的快速发育提供营养物质，并为乳腺上皮细胞泌乳做准备。在妊娠中期，乳腺小叶逐渐变大，分化出不具有分泌能力的腺泡。随后，腺泡出现空腔，乳腺腺泡具有泌乳能力。乳腺小叶的结缔组织隔膜变薄，乳腺腺泡增大、导管扩张，乳腺脂肪垫被腺泡和导管所填充。此时，乳腺发育主要是乳腺上皮细胞的大量增殖。在妊娠末期，乳腺导管和腺泡已基本发育完全。

（四）哺乳期的乳腺生理特性

哺乳期绵羊乳腺中产生大量腺泡，腺泡腔内逐渐积累乳汁。此时乳腺腺上皮细胞具有明显的分泌特征，且泌乳量与乳腺上皮细胞的数量密切相关。同时，乳腺发育与泌乳受雌激素、胰岛素、催乳素、孕酮等激素的共同调控。乳腺肌上皮包裹在腺泡外围，呈扁平状，胞质内含有大量的肌球蛋白和肌动蛋白，有助于乳汁运输与排出。绵羊乳腺模型具有典型的葡萄样外观，每个腺泡都对应一个独立的小叶导管，相邻腺泡之间没有融合，并且奶绵羊乳腺导管的数量会随着泌乳量的增多而增加（图 6-7A）。泌乳期第 1～5 周，Manchega 和 Lacaune 奶绵羊乳腺导管数量明显增多，同时观察到大量乳腺腺泡（图 6-7B）。小叶导管与一级导管的汇集处出现一种瓣膜样结构的阀状结构（图 6-7C），这可能是当腺泡和导管充满乳汁时，细胞存在的一种防护机制，防止乳汁泄漏。绵羊泌乳期第 1 周乳腺小叶导管发生套叠式生长，这种新的生长方式增加了小叶导管的数量（图 6-7D）。泌乳第 5 周时腺泡结构发生一些改变，在同一个小叶导管中发现了发育完全的腺泡和其他一些未发育完全的腺泡。同时小叶导管上生成了一些半球形的芽状结构，它们通过缩小与导管之间的距离，最终完全发育成球状结构。然后，平滑的芽表面开始凹陷形成小窝，此时腺泡形成。在这一泌乳阶段，小叶导管表面具有很多芽生形状的腺泡（图 6-7E）。在泌乳第 13 周，同时观察到一些表面光滑和表面有凹槽的腺泡（图 6-7F）。在

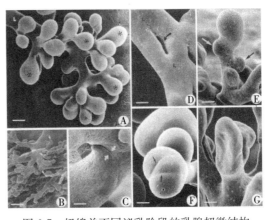

图 6-7　奶绵羊不同泌乳阶段的乳腺超微结构

A. 泌乳第 13 周的小叶导管和腺泡（40mm）；B. 泌乳第 1 周的腺泡（0.2mm）；C. 导管中的阀状结构（30μm）；D. 泌乳第 1 周小叶导管的套叠式生长（28μm）；E. 泌乳第 5 周新的腺泡芽（60μm）；F. 泌乳第 13 周的腺泡凹槽（30μm）；G. 泌乳第 13 周腺泡塌陷（20μm）。

少数情况下，还观察到一些塌陷的腺泡（图 6-7G），这些凹槽可能是毛细血管包围腺泡造成的。

（五）退化期的乳腺生理特性

幼龄羊断奶后，导致乳汁在母羊乳腺上皮细胞中滞留。乳腺组织开始退化，具有泌乳能力的乳腺上皮细胞大量死亡，复杂的导管系统恢复成简单的导管结构。乳腺的退化分为

两个阶段，第一阶段是可逆的，继续挤奶后乳腺上皮细胞的泌乳能力恢复。在这一阶段部分上皮细胞凋亡，一些腺上皮细胞脱落后聚集到腺泡腔内。第二阶段是不可逆的，大部分具有分泌能力的上皮细胞死亡，乳腺彻底停止泌乳，腺泡塌陷，乳腺组织开始重塑，但仍保留部分腺泡。羊的乳腺退化 3d 时，腺泡腔变小，腔内有少量的细胞凋亡碎片，腺上皮细胞数量减少。退化 7d 时，大量腺上皮细胞凋亡，乳腺内腺泡塌陷，终末导管萎缩，但腺泡结构依然存在。腺泡周围脂肪组织和结缔组织逐渐增多。退化 21d 时，几乎所有腺泡都退化萎缩，只有少数体积很小的腺泡。完全退化的乳腺重新呈现出奶绵羊未妊娠时的状态，导管系统和腺泡不发达，主要由结缔组织和脂肪组织组成。乳腺组织退化模式见图 6-8。

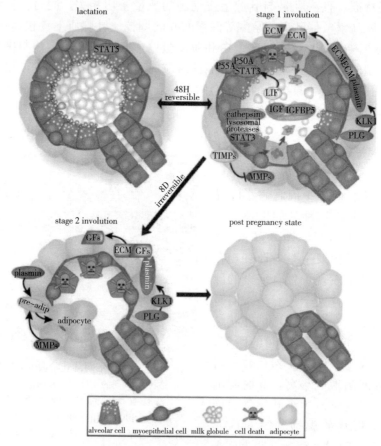

图 6-8 乳腺组织退化模式图

注：lactation，泌乳；stage 1 involution，退化第一阶段；stage 2 involution，退化第二阶段；post pregnancy state，妊娠后阶段；alveolar cell，腺泡细胞；myoepithelial cell，肌上皮细胞；milk globule，乳球；cell death，细胞死亡；adipocyte，脂肪；plasmin，纤溶酶；preadip，前体脂肪；cathepsin，组织蛋白酶；lysosomal proteases，溶酶体蛋白酶；MMPs，基质金属蛋白酶；ECM，细胞外基质；STAT3，信号转导和转录激活因子 3；PLG，纤溶酶原；KLK1，激肽释放酶；LIF，白血病抑制因子；IGF，胰岛素样生长因子；IGFBP5，胰岛素样生长因子结合蛋白 5；TIMPs，组织金属蛋白酶抑制剂。

三、乳腺细胞生物学

乳腺是一种管泡状的腺体结构，包括血管内皮细胞、上皮细胞、成纤维细胞、基质细胞、巨噬细胞、脂肪细胞等多种细胞（图 6-9）。乳腺内血管主要由血管内皮细胞构成，乳腺的导管和腺泡主要由乳腺上皮细胞构成。乳腺上皮细胞分为乳腺腺上皮细胞和乳腺肌上皮细胞。其中，乳腺肌上皮细胞组成了乳腺的基底部。在成熟腺泡中，乳腺肌上皮细胞位于腺泡外侧，乳腺腺上皮细胞位于腺泡内侧。上皮细胞之间紧密连接，腺上皮细胞紧贴乳腺基质，基质内的毛细血管网为腺泡合成乳汁提供营养。间质成纤维细胞镶嵌在脂肪垫内，附着在导管上皮的基底侧。成纤维细胞与上皮细胞中的生长因子、蛋白酶和其他因子能进行细胞间的通信交流，在导管侧支生成过程中发挥重要作用。乳腺脂肪垫主要由脂肪细胞组成，脂肪细胞的占比能影响导管的延伸和侧支形成过程。乳腺还可以作为哺乳动物特有的黏膜免疫器官，将细胞内合成的免疫活性组分分泌到乳汁中发挥免疫作用，提高幼畜的机体免疫机能和存活率。其中，分布在乳腺中的 T 细胞、B 细胞、巨噬细胞等组成了机体免疫防御系统。

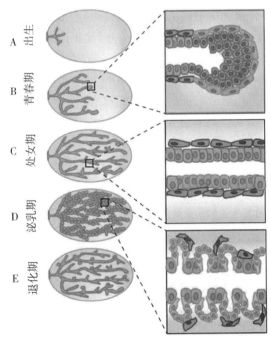

图 6-9 乳腺中的细胞类型

注：⬤，腺泡细胞；🔹，上皮细胞；▮，上皮体细胞；▮，
管腔上皮细胞；▱，肌上皮细胞。

四、乳房评定

（一）乳房的类型

乳房的类型与奶绵羊产奶量和其他生产性状密不可分。乳房类型评定可有效地用于品种筛选、适合机器挤奶绵羊群的标准化选择、组建羊群时母羊以及种公羊的选留。根据乳头位置和乳池大小评定乳房，适合机器挤奶的理想奶绵羊和健康的乳房类型应达到以下标准：①乳房大，呈球状，乳头明显。②乳房组织柔软，富有弹性，乳池深且体积大。③乳房高度适中，不超过跗关节。④两乳房间有明显的悬韧带。⑤乳头大小适中（长度和宽度），乳头朝下。

（二）乳房的评定指标

奶绵羊乳房的主要性状包括乳头长度、乳头角度、乳房深度、乳房宽度、乳池高度，其重要指标均在机器挤奶前进行检测。乳头长度指乳头顶部到乳头基部的距离；乳头角度是以垂直于地面的线为零度，测量乳头与垂直线之间的夹角，角度越小越有利于机器挤奶；乳房深度指左右乳房基部到乳头最底部的距离；乳房宽度指乳房左右基部的宽度；乳池高度指从左右乳房基部到乳房最底部（乳基部）的距离，其与乳汁的贮存量高度相关，乳池越高，产奶量越多。奶绵羊的品种、胎次等因素不同程度地影响泌乳期的乳房性状，从而影响产奶量（表 6-1）。乳房性状与产奶量之间存在相关性：①乳房大小（高度和宽度）与产奶量高度相关且呈正相关；②乳头大小（宽度和长度）与产奶量的相关系数处于中等位置且呈正相关；③乳池形态（高度）和乳头位置（位置和角度）与产奶量的相关系数处于中等位置且呈正相关。随着乳房宽度的增加，乳池高度降低、乳头角度缩小；相反，随着乳房高度的增加，乳池高度变大、乳头角度增大。当乳房形态特征与产奶量相关时，乳房宽度和高度影响最大；乳池越深、体积越大，产奶量越多。

表 6-1　曼切加奶绵羊（63 只）和拉考恩奶绵羊（24 只）乳房性状及品种、胎次、泌乳期对乳房影响的平均值

项目	曼切加奶绵羊	拉考恩奶绵羊	显著性		
			品种	胎次	生长阶段
产奶量（4～20 周）					
总量（L/只）	84.6[a]	153.2[b]	0.001	0.073	——
每天（L）	0.82[a]	1.36[b]	0.001	0.017	0.001
乳头					
长（mm）	33.6[a]	29.1[b]	0.003	0.025	0.001
宽（mm）	15.1[a]	13.2[b]	0.002	0.01	0.001
角度（°）	42.5	44.1	0.065	0.487	0.052
乳房					
深（cm）	17.2[a]	17.8[b]	0.001	0.001	0.001

（续）

项目	曼切加奶绵羊	拉考恩奶绵羊	显著性		
			品种	胎次	生长阶段
高（cm）	11.4	11.3	0.51	0.639	0.001
乳头距离（cm）	12.6	12	0.619	0.001	0.001
乳池高度（mm）	15.5[a]	20.0[b]	0.001	0.002	0.001

资料来源：Rovai 等（2000）。

注：同行上标不同小写字母表示差异显著（$P < 0.05$）。

（三）乳房性状评定

适合机器挤奶的 4 个重要乳房性状是：乳房深度或高度（从会阴处至乳池底部的距离）、乳房附着（与腹壁接合部位的周长）、乳头角度（乳头与垂直线之间的角度）、乳头长度（从腺体到乳头顶端的距离）。

根据这些可测量的乳房指标以及可重复性、遗传力、变异系数等参数，利用 9 点线性标尺评估乳房性状等级，如乳头角度为 0°（垂直乳头）时评分为 9（理想值的最高分数），因为垂直乳头能减少挤奶杯脱落次数并使乳汁排出更容易、更彻底；乳头长度呈中等大小且与挤奶杯口径一致时得 5 分；就乳房高度而言，鉴于其与产奶量呈正相关，可取平均分。使用相同的 9 点线性标尺，还可以根据先前描述的最佳标准和乳房类型评估整个乳房形状及乳房特征（表 6-2）。

表 6-2　奶绵羊乳房性状评价线性评分

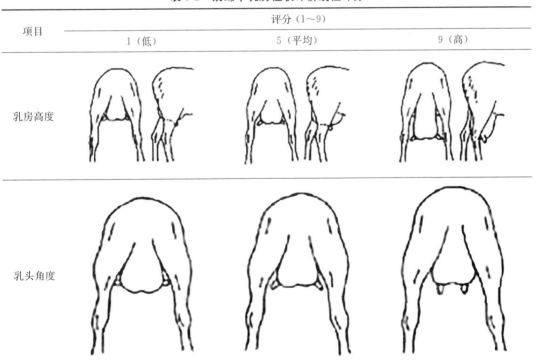

项目	评分（1～9）		
	1（低）	5（平均）	9（高）
乳房高度			
乳头角度			

（续）

项目	评分（1～9）		
	1（低）	5（平均）	9（高）
乳头长度			
乳房形状			

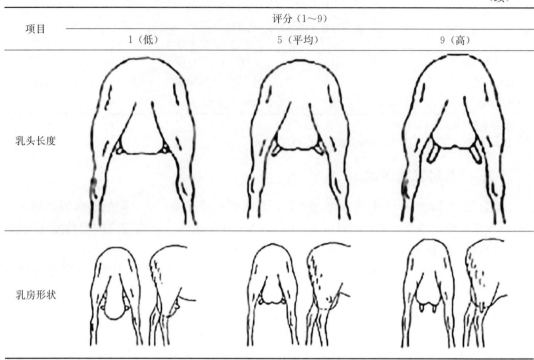

有研究表明，绵羊产奶量和乳房形状、乳房附着（$r=0.55$）和乳头位置（$r=0.96$）呈高度正相关。泌乳末期的乳房高度和乳房附着较泌乳高峰期下降幅度更大，乳房性状的线性评分下降，而乳头大小只有小幅改变，这与乳房体积减小和产奶量下降的趋势一致。因此，乳房形状类型的 9 点评分具有高度的可重复性和可遗传性，表明其作为奶绵羊单一性状的选择是可靠和通用的，而且使用以上 4 个乳房性状分类对奶绵羊育种过程中改善乳房形态、提高产奶量具有重要指导意义。此外，可重复性、遗传变异性和遗传力也是奶绵羊育种过程中乳房性状选择以及产奶量表型选择的重要遗传参数。乳房表型和遗传可能性的相关性分析表明，产奶量低的奶绵羊乳房形态的评分一般较差；而乳房高度和乳头位置的评分较低，一般代表房内结构松散，不适合机械挤奶。

第二节　奶绵羊泌乳过程及奶的形成机理

奶绵羊的泌乳期为 5～7 个月，泌乳高峰期为第 3～4 周，泌乳量和泌乳时间在很大程度上取决于奶绵羊品种、营养状况以及其他因素。奶的合成与分泌由神经内分泌和自分泌系统控制。妊娠期和泌乳期乳腺导管及腺泡数量增多，乳腺体积变大，开始泌乳。乳汁分泌主要分为两个阶段：第一阶段发生在妊娠期间，此时乳腺能分泌少量的特定乳成分，如酪蛋白和乳糖；第二阶段开始合成和分泌大量乳汁。乳腺可摄取血液中的葡萄糖、氨基酸等多种小分子营养物质，通过转运蛋白将这些物质运输至乳腺上皮细胞内，从而合成乳糖、乳蛋白等重要的奶成分。其中，乳蛋白从头合成所需的氨基酸至少 90% 是乳腺从血液中摄取的。乳蛋白的生物合成需要消耗大量的氨基酸和三磷酸腺苷（adenosine triphosphate，ATP），从粗面内质网的核糖体开始，由信号肽序列引导进入内质网腔，并在内质网和高尔基体内进行磷酸化和糖基化等蛋白修饰，再由分泌腺泡转运到上皮细胞顶膜，通过胞吐方式释放到腺泡腔，最终乳汁通过乳头运输至体外。

乳蛋白和乳脂共同决定了奶的品质，直接影响羊奶生产商的经济效益，甚至影响奶业的健康发展。因此，乳中蛋白质和脂类的合成、代谢、调控等研究也成为奶绵羊生产和研究者关注的热点。

一、乳蛋白的合成机制

（一）乳蛋白的合成

随着细胞分子生物学的发展，乳蛋白合成信号通路逐渐成为当前泌乳生物学研究的重点。乳蛋白的合成主要受氨基酸利用率、激素、葡萄糖以及 mTOR 信号通路的影响，其中氨基酸利用率是蛋白质合成调节的主要限制性因素。参与蛋白质加工的基因在奶绵羊妊娠晚期和哺乳期之间受到差异调节，如妊娠末期乳蛋白合成相关基因受到正向调控，为泌乳做准备。

乳蛋白合成途径依赖于多种激素的协同调控，如 PRL、糖皮质激素、胰岛素等，这些激素对乳腺上皮细胞维持泌乳和功能分化必不可少。EGF、葡萄糖等因子也能通过激活膜受体诱导乳蛋白的转录和翻译，调节乳蛋白合成相关基因的表达。除以上遗传分子机制影响绵羊乳蛋白合成调节外，日粮组成和日粮中的蛋白质水平也可调控乳蛋白的合成。不同日粮组成可能影响绵羊采食量以及蛋白质水平的差异，进而影响乳蛋白的合成。

（二）乳蛋白的合成信号

乳蛋白的合成通路主要包含以下 3 条：调控基因转录的 JAK2-STAT5 信号通路，调控蛋白质翻译的 mTOR 信号通路，调控氨基酸代谢的 GCN2-eIF2a 信号通路（图 6-10）。

1. JAK2-STAT5 信号通路 哺乳动物乳蛋白的合成受 Janus 激酶 2（Janus kinase 2，JAK2）及 STAT5 的调控，催乳素、胰岛素等外源信号与细胞膜上相应受体结合后，催化 JAK2 磷酸化，磷酸化的 JAK2 激活下游蛋白 STAT5。转录因子 STAT5 包含 STAT5a 和 STAT5b 共 2 种不同基因编码的亚型，在不同物种中具有高度同源性，最高可达 96%。STAT5 的 2 种亚型可形成同源或异源二聚体，活化的 STAT5 以二聚体的形式转移到细胞核内，与靶标基因启动子区特异位点结合后，启动多种乳蛋白基因的转录过程。

2. mTOR 信号通路 mTOR 可以形成 mTORc1 和 mTORc2 共 2 种形式的复合体。mTORc1 与乳腺的泌乳功能密切相关，其被上游信号激活后，可激活核糖体 S6 蛋白激酶 1（S6K1）的磷酸化，从而激活核糖体 S6 蛋白，促进包括乳蛋白在内的多种蛋白的合成过程。奶绵羊乳腺上皮细胞中胰岛素和催乳素等激素会影响参与 mTOR 信号传导因子的丰度，并最终影响乳蛋白的合成。

对奶绵羊进行生长激素处理可改变由 mTOR 信号通路介导的 mRNA 翻译起始和延伸，增加乳蛋白的产量；乳腺上皮细胞中胰岛素和催乳素等激素会影响参与 mTOR 信号传导因子的丰度，并最终影响乳蛋白的合成。另外，在乳腺组织中单独提供异亮氨酸或亮

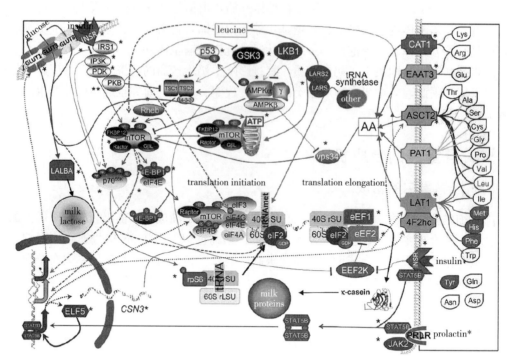

图 6-10　乳蛋白合成调控网络

注：glucose，葡萄糖；glut，葡萄糖转运蛋白；insulin，胰岛素；leucine，亮氨酸；translation initiation，转译起始；translation elongation，翻译延长；PRLR，催乳素受体；milk lactose，乳糖；CSN3，酪蛋白κ；mTOR，雷帕霉素靶蛋白；AMPK，腺苷酸活化蛋白激酶；CAT1，碱性氨基酸转运载体 1；EAAT3，氨基酸转运蛋白 3；ASCT2，谷氨酰胺转运蛋白2；LALBA，乳白蛋白；ELF5，转录因子5；IP3K，磷酸肌醇3激酶；PDK，磷酸肌醇依赖性蛋白激酶；PKB，蛋白激酶 B；GSK3，丝氨酸/苏氨酸激酶 3；AMPK，腺苷酸激活蛋白激酶；p53，人体抑癌基因；LARS，亮氨酰 tRNA 合成酶；AA，氨基酸；CAT1，精氨酸转运蛋白 1；EAAT3，胶质细胞谷氨酸转运蛋白 3；ASCT2，谷氨酰胺转运蛋白 2；PAT1，氨基酸转运蛋白 1；LAT1，大型中性氨基酸转运蛋白 1；4F2hc，异聚氨基酸转运蛋白；Lys，赖氨酸；Arg，精氨酸；Glu，谷氨酸；Thr，苏氨酸；Ala，丙氨酸；Ser，丝氨酸；Cys，半胱氨酸；Gly，甘氨酸；Pro，脯氨酸；Val，缬氨酸；Leu，亮氨酸；Ile，异亮氨酸；Met，甲硫氨酸；His，组氨酸；Phe，苯丙氨酸；Trp，色氨酸；Tyr，酪氨酸；Gln，谷氨酰胺；Asn，天冬酰胺；Asp，天冬氨酸；STAT，信号转导及转录激活蛋白；JAK2，非受体酪氨酸激酶2；Eef2k，真核延伸因子 2 激酶；4E-BP1，起始因子 4E 结合蛋白；TSC1，结节性硬化症复杂基因 1。

氨酸会增加 mTOR 磷酸化和部分酪蛋白的合成；在乳腺上皮细胞中，减少异亮氨酸会影响 mTOR 下游蛋白 S6K1 和 4E-BP1 的磷酸化以及 β-LG 的合成率，L-赖氨酸可增加 STAT5 和 mTOR 的表达和磷酸化，进而介导乳腺上皮细胞中蛋白质的合成。

3. GCN2-eIF2a 信号通路　蛋白质合成过程中，为避免肽链合成失败，氨基酸代谢的监管机制是必要的。阻遏蛋白激酶 2（GCN2）结合 tRNA 能有效感知氨基酸不足。当氨基酸含量充足时，氨基酸与特定的 tRNA 相连接；当氨基酸含量不足时，则 GCN2 易与空载 tRNA 相结合从而被激活。活化后的 GCN2 可以磷酸化真核翻译起始抑制因子 eIF2a，通过 eIF2a 磷酸化引起翻译起始阻滞，抑制全局蛋白翻译的速率，从而降低细胞内氨基酸的消耗量。另外，GCN2 还会激活转录因子 4，通过增强某些特定基因的转录，促进多巴胺的释放、抑制缺少氨基酸饲料的采食，从而缓解由氨基酸缺乏造成的危害。

二、乳脂的合成机制

乳脂是衡量奶绵羊产奶性能的一项重要指标。乳脂率高低受各种因素，如品种、生理状态、日粮营养、乳脂前体物和健康状况等的影响。羊奶中脂肪球体积小、脂滴小且致敏性低，这一生理特性使羊奶较牛奶对肠道微生物的耐受性更高，也更利于人体消化、吸收。

（一）乳脂的合成

关于奶绵羊乳脂合成方面的研究，主要通过基因功能验证或转录组分析来筛选乳腺中乳脂合成相关基因。

乳汁中的脂肪几乎有一半由乳腺上皮细胞合成，如可以直接吸收血液中一些游离的长链脂肪酸，其余的从食物中摄取。奶绵羊乳腺中脂肪酸开始合成主要发生在乳腺上皮细胞胞质内并且需要关键酶的催化，乙酰辅酶 A、羧化酶和脂肪酸合成酶（fatty acid synthetase，FASN）发挥着重要作用。在奶绵羊中，碳链长度为 C4～C14 的脂肪酸及约 50% 的 C16 脂肪酸是由乳腺上皮细胞开始合成的。主要碳源是乙酸（瘤胃中 40%～70% 的乙酸作为底物合成乳脂）和 β-羟丁酸，其作为乳脂合成的重要前体物，通过基底外侧膜被乳腺上皮细胞吸收。此外，已合成的脂肪酸、甘油和单酰基甘油也通过基底外侧膜进入乳腺上皮细胞。其中，脂肪酸合成所需要的起始的 4 个碳原子几乎有一半来源于 β-羟丁酸，另一半由乙酸提供。乙酸和丁酸在粗面内质网被酯化，乙酸在乙酰 CoA 羧化酶和脂肪酸合成酶的作用下延长碳链，最长可延长到棕榈酸（C16）。奶绵羊血液中甘油三酯的组成主要为 16 碳以上的长链脂肪酸，尤其是 C16：0 和 C18：1。乳腺从血液中吸收的主要也是这些脂肪酸。血液中的甘油三酯主要结合在极低密度脂蛋白和乳糜微粒中，被水解成游离脂肪酸，进一步被乳腺上皮细胞吸收，而从参与乳脂合成。

乳脂大部分以脂肪球的形式分散在乳中，乳脂肪球（milk fat globule，MFG）被完整的乳脂肪球膜（milk fat globule membrane，MFGM）包裹。乳脂质主要存在于 MFG、MFGM 及水相中，不同的脂质成分在这三相中的分布是不一样的。大部分乳脂质分布在 MFG 中（甘油三酯、部分胆固醇及未酯化的脂肪酸、脂溶性维生素等），磷脂和胆固醇在 MFGM 及水相中都有分布。乳腺上皮细胞通过独特的机制组装和释放脂肪滴，相比脂蛋白、脂质体和其他加工处理的脂肪滴有着特殊的组成和结构。这些通过独特的生物过程分泌的脂肪滴称作 MFG。MFG 中的甘油三酯以液滴的形式存在于乳腺上皮细胞内质网中，这些脂滴在内质网的双层膜间聚集，然后包裹着一层来自内质网的膜，以出芽的形式释放到细胞质中。细胞质中的小脂滴逐渐融合成大脂滴，最终脂滴被迁移至细胞顶端。在 MFG 的分泌过程中，一些细胞质可能残留在脂肪液滴和膜周围。

（二）调控乳脂合成的信号

一些关键的转录因子以及信号通路共同调控乳脂合成过程，如固醇调节元件结合蛋白（sterol-regulatory element binding proteins，SREBPs）和过氧化物酶体增殖物激活受体（peroxisome proliferators-activated receptors，PPARs）。

SREBPs 主要存在 3 种形式，包括 SREBP1a、SREBP1c 和 SREBP2，由 SREBP1 和 SREBP2 共 2 种基因编码，是调节哺乳动物乳中脂肪酸和胆固醇合成的重要转录因子。SREBF1 以无活性的前体蛋白形式锚定在内质网上，当细胞内胆固醇含量低时，SREBF1 与前体蛋白结合，被转运至高尔基体进行加工剪接，释放出氨基末端活性形式，即成熟的 nSREBF1。只有成熟的 nSREBF1 才能进入细胞核，结合在下游基因（如 *FASN*、*SCD*、*ACACA*）的启动子（如 SRE 位点及 E－box）上，进而调节下游基因的转录。结合蛋白 SCAP 与 SREBF1 结合转至高尔基体上，此转运过程受固醇和胰岛素信号通路的调控。胰岛素诱导 SREBP1 和 SREBP2 与 SCAP 结合，抑制 SREBF1 从内质网到高尔基体的转运。SREBF1 作为一种主要的调节因子，通过激活 *ACACA* 和 *FASN* 等基因的表达来调控奶绵羊乳腺泌乳和脂肪酸合成过程。

PPARs 是核激素受体超家族中很重要的成员，能调控脂肪酸代谢、糖代谢、细胞增殖与分化等生理过程。PPARs 家族成员目前主要有 3 种亚型：α、δ、γ。PPARG 编码的蛋白为 γ 亚型，其在反刍动物中已经得到广泛的研究。研究发现，trans-10 和 cis-12CLA 通过影响 SREBF1 的蛋白成熟影响脂肪酸的合成，继而影响乳腺上皮细胞中的脂肪酸含量。

三、乳腺的糖代谢

乳糖是绵羊奶中主要的糖，对泌乳量有绝对影响。绵羊奶中除乳糖以外还有少量的寡糖、糖肽、糖蛋白和核苷酸糖。在奶绵羊中，乳糖合成所需的葡萄糖由体内的丙酸等挥发性脂肪酸合成。乳汁中乳糖含量较为稳定，日粮成分对其影响不大，在乳腺处于极端情况下乳糖含量才会发生改变。

（一）乳腺对葡萄糖的摄取

体内葡萄糖的来源主要包括血液中非糖物质合成的内源性葡萄糖，以及饲料中的淀粉在机体内经过一系列分解合成的外源性葡萄糖。乳腺葡萄糖摄取占全身葡萄糖总量的 $50\%\sim60\%$。

泌乳动物缺乏葡萄糖-6-磷酸酶，乳腺不能从其他前体物质合成葡萄糖。葡萄糖是乳糖的主要前体物质，也是用于生成 ATP 和辅酶因子——酰胺二核苷酸磷酸以及蛋白质、脂质和核苷酸合成的底物。葡萄糖的供应、生理状况、转运载体以及细胞内葡萄糖代谢酶都会影响乳腺对葡萄糖的摄取，其中乳腺上皮细胞基底外侧膜的葡萄糖跨膜转运速率是乳腺葡萄糖摄取的主要障碍。乳腺葡萄糖供应由血液葡萄糖浓度和流向乳腺的血流量决定，血液葡萄糖浓度则由胰岛素和其他内分泌激素决定。

（二）葡萄糖在乳腺中的利用和代谢

在泌乳期，葡萄糖主要用于高尔基体中的乳糖合成和酰胺腺嘌呤二核苷酸磷酸的生成。通过磷酸戊糖途径分流产生的酰胺腺嘌呤二核苷酸磷酸用于乳脂合成，通过糖酵解和三羧酸循环产生能量、蛋白质以及合成氨基酸（图 6-11）。

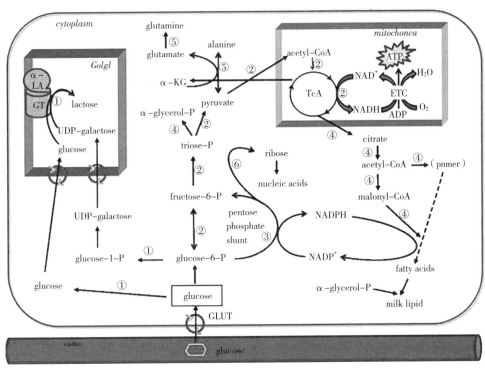

图 6-11　乳腺上皮细胞中葡萄糖利用的主要途径（Zhao 等，2014）

注：cytoplasm，细胞质；Golgi，高尔基；lactose，乳糖；glucose，葡萄糖；UDP-galactose，二磷酸尿苷半乳糖；glucose-1-P，葡萄糖-1-磷酸；glucose-6-P，葡萄糖-1-磷酸；fructose-6-P，果糖-6-磷酸；triose-P，丙糖-磷酸；α-glycerol-P，α甘油-磷酸；pyruvate，丙酮酸；α-KG，α-酮戊二酸；glutamate，谷氨酸；glutamine，谷氨酰胺；NADH，烟酰胺腺嘌呤二核苷酸的还原态，还原型辅酶I；alanine，丙氨酸；pentose phosphate shunt，磷酸戊糖分流；ribose，核糖；NADPH，烟酰胺腺嘌呤二核苷酸；acetyl-CoA，乙酰辅酶 A；malonyl-CoA，丙二酰辅酶 A；fatty acids，脂肪酸；citrate，柠檬酸盐；mitochondria，线粒体。

葡萄糖对刺激乳蛋白合成具有重要作用，乳腺可以增加其营养供应以匹配其合成能力。注射外源性葡萄糖可增加乳蛋白产量，并提高氮的利用效率。通过增加葡萄糖浓度来培养乳腺上皮细胞可提高其对葡萄糖的摄取量，但会降低 GLUT1 mRNA 的表达。奶绵羊哺乳期乳腺葡萄糖摄取量基本保持不变，泌乳高峰期时的血糖浓度比泌乳后期更低。

第三节　影响奶绵羊泌乳生理的主要因素

影响奶绵羊泌乳生理的因素有多种，主要包括遗传因素（品种、品系）、非遗传因素（胎次、饲养管理、疫病等）以及乳腺发育情况等。同时，乳腺发育、泌乳和退化等生理过程也受内分泌系统和神经系统的调控，其中激素和生长因子通过内分泌、旁分泌和自分泌的方式来调节这些过程。本节介绍几种参与奶绵羊乳腺发育的激素和细胞因子，并对它们在乳腺内对泌乳的调控机理进行综述。

一、激素

泌乳初始包括分泌性上皮有限的结构和功能分化，紧接着围产期上皮细胞完全分化，同时开始合成和分泌大量乳汁，在这个过程中激素发挥着重要的作用。乳腺从发育到退化不仅受多个基因的协同调节，还受内分泌的调控，且相关基因和激素在不同阶段发挥着不同作用（图 6-12）。

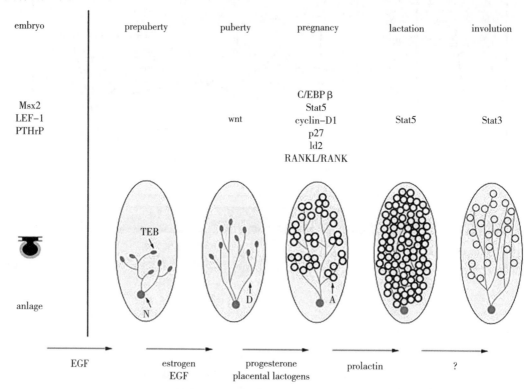

图 6-12 控制乳腺发育的激素和基因（Hennighausen 等，2001）

注：N 代表导管起源的乳头，D 代表乳腺导管，A 代表小叶肺泡结构；控制不同时期乳腺发育的激素显示在箭头下方，与发育过程有关的基因在各个阶段的上方。embryo，胚胎；prepuberty，青春前期；puberty，青春期；pregnancy，妊娠期；lactation，泌乳期；involution，退化期；Msx2，肌节同源框基因 2；LEF-1，淋巴增强因子-1；PTHrP，甲状旁腺激素相关蛋白；anlage，原基；wnt，细胞外因子；C/EBPβ，CAAT 区/增强子结合蛋白β；Stat5，信号转导和转录激活因子 5；cyclin-D1，G1/S-特异性周期蛋白-D1；RANKL/RANK，核因子 κB 受体活化因子配体/核因子 κB 受体活化因子；Stat3，信号转导和转录激活因子 3；EGF，表皮生长因子；estrogen EGF，雌激素表皮生长因子；progesterone placental lactogens，孕激素胎盘催乳素；prolactin，催乳素。

（一）激素参与乳腺发育和泌乳

在反刍动物中，催乳素、生长激素、雌激素等都参与正常乳腺发育。雌激素可诱导产生 EGF 激动剂 [EGF 本身、转化生长因子-α（transforming growth factor-α，TGF-α）和双调蛋白]，EGF 受体存在于快速生长的乳腺导管区及周围基质细胞。奶绵羊乳腺组织在妊娠中期存在较多 EGF 高亲和力结合位点，添加 TGF-α 或 EGF 可刺激奶绵羊乳腺上皮细胞 DNA 合成。而胰岛素可刺激乳腺脂肪酸合成，用含胰岛素营养液培养乳腺上皮细胞可增加脂肪酸的合成速率。通过 RNA-seq 技术检测妊娠晚期到哺乳期奶绵羊乳腺中整体基因的表达情况发现，雌激素和皮质类固醇相关基因在妊娠晚期的表达量更高，甲状腺激素受体、生长激素受体和胰岛素受体底物 1 等在哺乳期的表达量更高，且哺乳期间乳腺对这些激素的敏感性也会增加。

垂体腺苷酸环化酶激活肽从绵羊下丘脑提取物中分离出来，是血管活性肠肽/胰高血糖素/分泌素家族中的一种，具有影响乳腺发育生长的作用；而脑源性神经营养因子（brain-derived neurotrophic factor，BDNF）在初情前期和妊娠期乳腺中的蛋白表达量较高，而在哺乳期和乳腺退化期间的表达量下降。有学者检测了奶绵羊血浆、乳腺组织和乳汁中 PACAP、BDNF 和 VIP 的水平发现，3 周龄和 10 周龄奶绵羊乳腺中 *BDNF* 基因 mRNA 随着年龄增长而显著下降，乳汁中积累的 PACAP 可能由乳腺合成或从血浆中分泌出来，且 BDNF 与 PACAP 受体基因的表达间没有相关性。

综上所述，生殖激素和代谢激素都参与奶绵羊乳腺发育、泌乳和退化过程，不同激素间协调合理的变化共同促进乳腺的正常发育。因此，了解奶绵羊乳腺发育过程中主要激素的生理作用及其泌乳调节机理，对提高泌乳能力的技术研究具有一定参考价值。

（二）几种主要激素在乳腺发育中的作用

1. 雌激素　雌激素的合成和分泌受下丘脑-垂体-性腺轴的调节，进一步通过多种激素协同作用调控泌乳过程。性成熟时，在雌激素和孕酮的作用下，乳腺导管开始发育，雌激素还可间接刺激垂体释放 PRL，增加乳腺中 PRL 受体的数量，进一步促进乳汁的合成（图 6-13）。此外，雌激素具有刺激器官生长发育、血液循环和持水性等作用，作为乳腺发育的关键调节剂，能促进乳腺快速生长发育，从而产生功能性乳腺。

在乳腺组织中，雌激素刺激导管上皮细胞的生长和分化，诱导导管柱状细胞的有丝分裂活动，并刺激结缔组织的生长。在青春期时，雌激素通过旁分泌机制介导与其受体 ERα 结合，促进乳腺导管快速生长，增加扩张到脂肪垫的速率；雌激素还可激活表皮生长因子 EGF 家族受体，以利于导管伸长。但雌激素在调节成年乳腺祖细胞的特定作用还有待进一步研究。

细胞内雌激素受体有 α 和 β 两种形式，分别由 *Esr1* 和 *Esr2* 基因

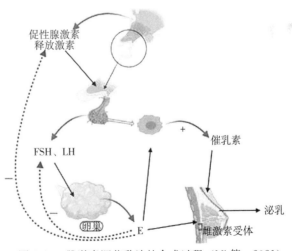

图 6-13　雌激素调节乳汁的合成过程（Ni 等，2021）

编码。奶绵羊乳腺组织可同时表达 ERα 和 ERβ 受体，调节参与细胞功能基因转录，且 ERα 和 ERβ 的 mRNA 在奶绵羊乳腺发育青春前期的表达量较高。在奶绵羊乳腺中，ERα 能够激活多种信号通路如 JAK/STAT，从而引起乳腺发育和哺乳所必需的基因转录。通过长期外源雌激素处理大鼠乳腺组织发现，雌激素与 ERα 受体结合后可进一步激活脂肪

酸合成酶转录启动子 SREBP-1c，从而促进脂肪酸合成酶的生成。

2. 催乳素 催乳素（prolactin，PRL）是一种由垂体前叶泌乳细胞产生的分子质量为 23 ku 多肽激素。催乳素在乳腺内转运到乳汁中主要经过以下过程：首先穿过乳腺上皮细胞基底膜，随后附着在乳腺上皮细胞内的特定催乳素结合蛋白上，并最终依赖胞吐作用通过顶膜进入腺泡腔内。PRL 在机体内的信号传导如图 6-14 所示。

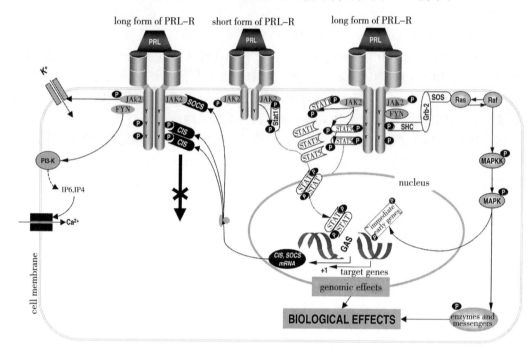

图 6-14　通过激活催乳素受体启动的信号转导途径

　　注：PRL，催乳素；JAK，蛋白酪氨酸激酶；JAK2，蛋白酪氨酸激酶 2；FYN，酪氨酸蛋白激酶；IP6，肌醇六磷酸；IP4，肌醇四磷酸；SOCS，细胞因子信号转导抑制因子；CIS，顺式作用；STAT 1，信号传导及转录激活因子 1；SHC，通过 cDNA 克隆筛选到的编码 SH 结构域的基因的蛋白产物；Grb-2，生长因子受体结合蛋白-2，又叫 Ash 蛋白；SOS，编码鸟苷释放蛋白的基因 sos 的产物；Ras-Raf-MAPK，膜受体酪氨酸蛋白激酶信号传递途径；MAPKK，丝裂原活化蛋白激酶；enzymes and messengers，酶和信使；BIOLOGICAL EFFECTS，生物效应；genomic effects，基因效应；cell membrane，细胞膜；target genes，靶基因；long form of PRL-R，长型催乳素受体；short form of PRL-R，短型催乳素受体；MAPK，丝裂原活化蛋白激酶；STAT，信号传导及转录激活因子；nucleus，细胞核；immediate early genes，即刻早期基因。

　　研究发现，PRL 对基因组 DNA 甲基化有一定的调控作用。在反刍动物中，PRL 刺激可促进乳腺上皮细胞 DNA（胞嘧啶-5-)-甲基转移酶 1（DNMT1）的表达，而其高表达后导致 miR-183 序列 $5'$-CpG 的 DNA 甲基化修饰，进一步抑制 miR-183 的转录表达。在哺乳期和断奶后奶绵羊的子宫、乳腺、卵巢组织中存在长催乳素受体和短催乳素受体。此外，哺乳期子宫和乳腺中 S-PRLR mRNA 的表达水平低于断奶后，且长催乳素受体和短催乳素受体参与泌乳后乳腺重塑过程。

　　另外，当奶绵羊受到限饲时，催乳素浓度会降低，进而影响乳腺重组，降低初乳产量。由此可见，催乳素参与青春期乳腺组织的发育，在分娩后开始参与启动泌乳和维持泌乳过程。

3. 糖皮质激素 乳腺糖皮质激素的浓度随着母体生殖状态的变化而改变，在妊娠期间逐渐增加并保持恒定，直到分娩时达到高峰；在哺乳期间浓度恢复到产前水平，并保持相对较高水平，直到退化时迅速下降。在产前使用糖皮质激素会影响奶绵羊泌乳，导致分娩前乳汁过早分泌并影响产后产奶量和羔羊生长。

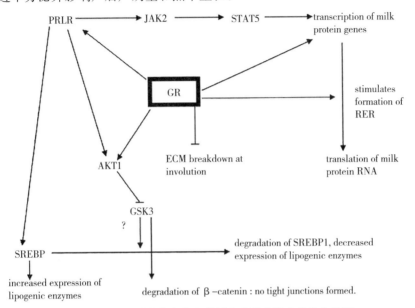

图 6-15 糖皮质激素在分泌激活和乳汁分泌中的潜在作用

注：GR，糖皮质激素受体；PRLR，催乳素受体；JAK2，蛋白酪氨酸激酶 2；STAT5，信号转导及转录激活因子 5；AKT1，蛋白激酶 B；GSK3，糖原合成酶激酶 3；SREBP，胆固醇调节元件结合蛋白；ECM，细胞外基质；RER，粗面内质网；β-catenin，β-连环蛋白；ECM breakdown at involution，退化期细胞外基质分解；increased expression of lipogenic enzymes，脂肪生成酶的表达量增加；degradation of 3-catenin：no tight junctions formed，3-连环蛋白的降解：没有形成紧密的连接；degradation of SREBP1，decreased expression of lipogenic enzymes，SREBP1 的降解，脂肪生成酶的表达量减少；transcription of milk protein genes，乳蛋白基因的转录；stimulates formation of RER，刺激粗面内质网的形成。

糖皮质激素有调节催乳素受体表达、诱导内质网发育和紧密连接、参与调节乳蛋白基因表达的等作用（图 6-15）。例如，糖皮质激素与细胞内糖皮质激素受体（glucocorticoid receptor，GR）结合形成复合物，增强 STAT5 依赖性转录，进而调控 β-酪蛋白。另外，糖皮质激素参与乳脂代谢，在泌乳过程中发挥重要作用。糖皮质激素通过 GR 发挥基因表达调控的机制主要有两种：一种是 GR 作为二聚体与 DNA 上的特定糖皮质激素反应元件结合以调控基因表达；另一种是通过 GR 与其他非受体转录因子结合以调节其活性，维持机体的稳态。

4. 生长激素 由垂体产生的 GH 几乎完全由胰岛素样生长因子-1（insulin-like growth factor-1，IGF-1）介导参与乳腺发育的全局调节。GH 通过诱导肝脏和乳腺基质中 IGF-1 的表达来调节细胞增殖，IGF-1 与卵巢分泌的雌激素共同作用诱导上皮细胞增殖，随后通过雌激素受体以旁分泌的方式刺激 EGF 家族成员双向调节素释放，双向调节素继续结合基质细胞中受体并诱导成纤维细胞生长因子（fibroblast growth factor，FGF）表达，以刺激管腔细胞增殖（图 6-16）。

在反刍动物中，外源性生长激素也会诱导绵羊和山羊泌乳，提高泌乳量及乳脂、乳蛋

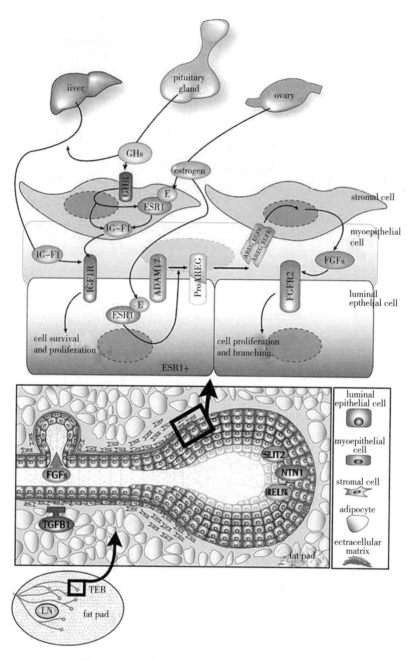

图 6-16　青春期乳腺发育示意图（Hector 等，2012）

注：liver，肝脏；pituitary gland，脑垂体；ovary，卵巢；estrogen，雌激素；stromal cell，基质细胞；GHs，生长激素；GHR，生长激素受体；IGF-1，胰岛素样生长因子-1；ESR，雌激素受体；ESR1，雌激素受体 1；IGF-1R，胰岛素样生长因子 1 受体；ADAM17，解聚素-金属蛋白酶 17；FGFR2，成纤维细胞生长因子 2 型受体；AREG，双调蛋白；SLIT2，神经生长导向因子 2；NTN1，轴突生长诱向因子 1；RELN，人络丝蛋白；TGFB1，转化生长因子 B1；FGFs，成纤维细胞生长因子；ADAM17，解整合素金属蛋白酶 17；TEB，终末端芽；FGFR2，luminal epithelial cell2，管腔上皮细胞 2；myoepithelial cell，基底上皮细胞；adipocyte，脂肪细胞；extracellular matrix，细胞外基质；NTN1，轴突生长诱向因子 1；fat pad，脂肪垫；cell survival and proliferation，细胞存活和增殖；cell proliferation and branching，细胞增殖和分支。

白、乳糖含量。目前已经证实 GH 能够促进激活绵羊乳腺腺泡中 Stat 或 MAP 激酶参与转导途径，且生长激素受体基因 mRNA 在乳腺发育的各个阶段均有表达。母羊早期泌乳量受生长激素的调控；而 GH 可降低绵羊脂肪细胞的生成速度，并阻止胰岛素诱导的脂肪细胞的增加。GH 参与调节乳腺的代谢以及刺激肝脏（或其他器官）产生 IGF，进一步作用于乳腺上皮细胞和 IGF-1R，从而促进泌乳。

5. 瘦素　瘦素主要由脂肪组织分泌，可通过外周组织中的受体调节乳腺组织导管发育、腺泡形成、乳腺退化以及乳蛋白基因的表达。瘦素与雌二醇和脂肪-上皮细胞共同维持着乳腺的正常发育。瘦素可通过 JAK-Stat5 信号通路诱导哺乳期 β-酪蛋白基因的表达，在退化期瘦素通过 JAK-Stat3 信号通路诱导乳腺上皮细胞凋亡和乳腺重塑。

瘦素在妊娠早期绵羊乳腺脂肪细胞和哺乳期乳腺上皮细胞中均有表达。瘦素基因 mRNA 的表达水平在绵羊妊娠初期和结束时较高，在妊娠中期和整个哺乳期相对较低。瘦素蛋白在不同时期乳腺组织中的位置不同，妊娠早期位于脂肪细胞中，分娩前位于分化后的上皮细胞中，分娩后位于肌上皮细胞中（图 6-17）。研究证实，瘦素及其受体参与绵羊乳腺的生长发育及泌乳过程，可通过脂肪-上皮细胞的相互作用在局部调节乳腺的生长和发育。

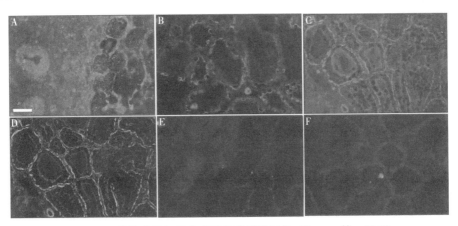

图 6-17　绵羊乳腺组织中瘦素免疫荧光定位（Bonnet 等，2002）

注：A、B、C. 在妊娠第 15、141 天及分娩后 30min，在用抗瘦素抗血清孵育的母羊乳腺组织切片中，瘦素分别位于脂肪细胞、上皮细胞或肌上皮细胞中。D. 分娩后 30min 的母羊乳腺组织切片；E、F. 妊娠第 15、141 天，在用完全吸附瘦素的抗瘦素抗血清孵育的母羊乳腺组织切片中，未观察到任何标记。

此外，瘦素还通过调节外周组织代谢，来提高反刍动物乳腺组织中脂肪的合成和乳蛋白的表达。瘦素基因的表达与妊娠和哺乳有关，与雌二醇外周浓度的增加，以及孕酮、催乳素、胎盘催乳素、生长激素等几种其他激素的变化具有一致性。

二、细胞因子

1. 胰岛素样生长因子-1　IGF 家族的生长因子、受体、结合蛋白参与乳腺发育过程。IGF-1 可与雌激素、胰岛素共同调节乳腺生长和功能（图 6-18）。

GH/IGF-1 轴参与乳腺生长发育，GH 在乳腺发育中的全部作用由 IGF-1 介导，缺乏 IGF-1 会导致乳腺发育停滞。绵羊乳腺中 *IGF-1* 和 *IGF-2* 基因 mRNA 在上皮下小叶内结缔组织细胞中表达，而 IGF-1 受体在乳腺上皮中表达，且 *IGF-1* 和 *IGF-2* 的 mRNA 表达水平随着妊娠时间的延长而增加。

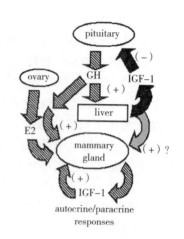

图 6-18　GH/IGF-1 轴在青春期乳腺中的应用
注：pituitary，垂体；IGF-1，胰岛素样生长因子-1；autocrine/paracrine responses，自分泌/旁分泌；mammary gland，乳腺；orary，卵巢；liver，肝脏。

2. 表皮生长因子家族　激素和生长因子之间的相互作用对调节乳腺发育、泌乳至关重要。EGF 是一种含有 53 个氨基酸的多肽，属于一个以大量半胱氨酸残基为特征的蛋白质家族。目前研究已证实，EGF 在哺乳期表达并受类固醇激素的调节。EGF 相关配体 EGF、TGF-α 和双调蛋白及其信号受体 ErbB1、ErbB2（HER-2/neu）、ErbB3 和 ErbB4 作为乳腺上皮细胞增殖的诱导剂已有广泛研究。免疫细胞化学显示，双调蛋白存在于绵羊乳腺上皮和基质细胞中，参与乳腺的正常发育（图 6-19），但未妊娠绵羊体内双调蛋白数量较少。

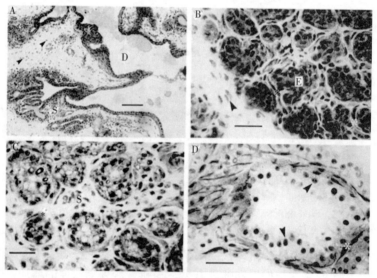

图 6-19　绵羊乳腺冰冻切片中双调蛋白的免疫细胞化学检测（Forsyth 等，1997）
注：A. 未妊娠的经产母羊，在大导管内衬上皮（D）和未成熟小叶（L）、小叶内基质细胞（S）和小叶间基质中的散在细胞中检测到双调蛋白（箭头指示）。B. 妊娠母羊（10 周）；C. 妊娠母羊（17 周），双调蛋白位于小叶肺泡上皮细胞（E）、肌上皮细胞（星号）、小叶内基质细胞（S）的细胞核和细胞质中。D. 哺乳母羊，分泌性上皮细胞（箭头所示）的细胞核和肌上皮细胞（星号）的细胞核和细胞质中出现强染色。

3. 转化生长因子-β 家族　转化生长因子-β（transforming growth factor-β，TGF-β）

家族由多功能多肽组成，在哺乳动物中主要有 3 种 TGF-β 亚型：TGF-β1、TGF-β2 和 TGF-β3。3 种 TGF-β 亚型的表达模式在哺乳动物乳腺发育过程中呈现差异，在哺乳期到退化过程，TGF-β 蛋白和 mRNA 水平显著增加。TGF-β 作为上皮细胞和间充质细胞增殖以及细胞外基质沉积的有效调节因子，可通过跨膜丝氨酸-苏氨酸激酶Ⅰ型和Ⅱ型受体发挥其生物活性。在分支形态发生过程中，TGF-β 通过引起增殖干细胞层消失和导管端芽快速退化而选择性地抑制导管伸长，而腺泡形态的发生不受影响。

TGF-β 作为乳腺生长和其功能发挥的生理调节因子参与调节酪蛋白分泌。在未成熟腺体中，TGF-β 由乳腺上皮细胞和脂肪细胞分泌，并与乳腺导管周围细胞外基质相关，另外还可抑制正常乳腺上皮细胞增殖。在绵羊乳腺组织中，circ-015003 的亲本基因 *TGFBR2* 在黏附连接、TGF-β 信号通路和 MAPK 信号通路中显著富集。

4. 成纤维细胞生长因子家族 FGF 系统包含 22 种配体和各种受体，与激素共同调节产后乳腺发育。在初情期乳腺发育期间表达的细胞因子有 FGF1、FGF2、FGF7 和 FGF4。大多数 *FGF1* 基因在管腔上皮细胞中表达，而 *FGF2* 在乳腺基质或肌上皮细胞中表达。FGF2 和 FGF9 信号通过调节旁分泌信号增强成纤维细胞诱导的乳腺分支形态发生，并且乳腺成纤维细胞中 FGFR1 和 FGFR2 的敲减可减少乳腺分支形态发生。FGF10 是 KGFR 的基质衍生配体，其变化反映基质与上皮细胞比例的变化。FGF3 是一种重要的乳腺发育调节剂，在各种发育的胚胎组织增殖和分化中发挥作用，过度表达时会引起早期乳腺发育紊乱。以上研究表明，FGF 信号在乳腺成纤维细胞中的多效作用，对乳腺基质功能和乳腺形态发生分支形态发生的调节具有一定影响。

第七章

奶绵羊生产管理 ▶▶▶

绵羊奶生产是一个比较复杂的工艺过程，奶绵羊的生理负荷与营养需要远高于其他生产类型的绵羊。因此，奶绵羊的饲养管理也不同于其他绵羊。对于提供商品绵羊奶的羊场来说，不仅需要具备一定的奶绵羊养殖规模，并且要对不同生理和生产阶段的奶绵羊进行分类、分群、科学饲养，设计好羊场的生产工艺和管理流程，配备必要的养殖设施和有经验的管理人员。

第一节　奶绵羊饲养与管理

一、饲养方式

（一）放牧

1. 围栏放牧　这种方式要根据一个围栏内牧草的产量和质量，合理安排羊群数量和放牧时间，以达到草畜平衡，实现草和奶绵羊的可持续生产。既能合理利用草地和保护草地，还可提高产草量。

2. 划区轮牧　又称小区轮牧，即根据奶绵羊的营养需要、牧草产量和质量，利用天然屏障或用围栏将牧地划分成若干小区，羊群按一定的顺序在小区内轮回放牧，逐区采食。同时，保持经常有几个小区休养生息，待牧草长到一定高度后再进行放牧。这种放牧方式的优点是能够合理利用和保护草地，提高载畜量，减少羊群行走消耗的能量，降低寄生虫的感染率。

由于草场营养供应的季节不平衡，因此应对羊群进行合理补饲。补饲方法一般为先精后粗，精饲料补饲次数取决于补饲量。日补饲0.4kg以下时，可在归牧后饲喂1次；日补饲0.5～1kg时，分2次供给；日补饲1kg以上时，分3次供给。补饲精饲料时应逐渐增加，并按奶绵羊的体质强弱和采食速度分群补饲，防止出现采食不均的现象。粗饲料一般日补1次，在牧草萌发时，可在出牧前或归牧后增喂1次。

（二）半放牧半舍饲

1. 舍饲期　奶绵羊的舍饲期一般为冬、春季（11月至第二年5月）。冬季草场进入枯草期，放牧获得的营养较少，加上温度较低，羊群营养消耗量大，入不敷出，因此不宜放牧。4—5月牧草刚刚萌发返青，奶绵羊放牧容易"跑青"，影响健康和泌乳。因此，舍饲成为奶绵羊冬、春季的主要饲养方式。这样既能保证羊正常生长发育的需要，也可避免对草场的过度破坏，减少对生态环境的影响。

2. 放牧期　我国北方地区每年 6—10 月牧草长势比较好，且处于现蕾、初花期至籽实枯草期。这个时期产草量高，且牧草营养丰富，适合放牧。放牧时可选较平坦、凉爽、牧草繁茂的草地，让羊群自由采食。但不能让羊群长时间在湿地上采食，更不能吃露水草，同时避免羊群因暑热而出现扎堆的现象。放牧期尽量晚归牧，归牧后补充一定量的精饲料。另外，为了安全越冬，9—10 月应该抓紧贮草，为冬季准备充足的草料，并修棚补圈，做好羊的防寒保暖工作。

3. 补饲期　11 月至第二年 3 月，北方草场进入枯草期，加上温度较低，因此宜在阳光充足的白天放牧。选择放牧地时可以按照先远后近、先阴后阳、先高后低的原则，让羊群充分采食枯草、落叶等，每天放牧结束以后给羊群适当补饲。老、弱、瘦羊一般留圈饲养。另外，枯草的营养价值比较低，因此给羊群补饲的精饲料要营养丰富，且要分群补充，以保证绵羊生产对各类营养的需求。

（三）舍饲

一方面，为了扩大养殖规模、提高产奶量、满足市场对绵羊乳产品的需求，国内外许多以传统放牧为基础的养殖场（户），开始通过增加基础设施、强化饲养制度，转向舍饲。另一方面，为了遏制草地严重退化、尽快修复生态环境，国内很多传统放牧区制定了较严格的封山禁牧政策，使舍饲成为绵羊的主要养殖方式。

舍饲奶绵羊的日粮一般由优质青干草（如苜蓿、燕麦草等）、精饲料补充料和青贮饲料按照一定的配方，混合加工而成，称为 TMR 日粮。由于奶绵羊各生理与生产阶段对营养的需要不同，故通常划分成不同的羊群，饲喂不同配额的 TMR 日粮，采取不同的管理方法。

二、羊群划分和饲养工艺流程

（一）羊群划分

在奶绵羊场，羊群一般被划分为：羔羊群（0～2 月龄）、青年羊群（3 月龄至初产）和成年羊群（初产至淘汰），成年羊群又分为成年母羊群和成年公羊群，成年母羊群分为泌乳群（包括泌乳初期群、泌乳盛期群、泌乳后期群）和干奶群（妊娠后期至产羔）。因此，羊场一般要建设羔羊舍、青年羊舍、泌乳羊舍、干奶羊舍、产羔母羊舍和公羊舍。

（二）饲养工艺流程及工艺参数

奶绵羊场的饲养工艺流程如图 7-1 所示。

以东佛里生奶绵羊和湖羊杂交后代羊为例，奶绵羊场的工艺参数为：

1. 生长参数　0～2 月龄平均日增重公羔为 270～300g，母羔为 230～260g；3～8 月龄平均日增重公羊为 230～260g，母羔为 200～220g。

2. 繁殖参数

（1）自然繁殖　8—12 月配种，一年一胎，受胎率 90%～95%，产羔率 200%～220%，羔羊成活率 85%～90%，经产母羊年产断奶羔羊 1.68 只。

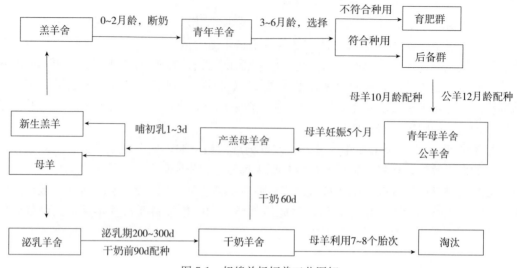

图 7-1　奶绵羊场饲养工艺图解

（2）同期发情　常年繁殖，两年三胎，受胎率 75％～85％，产羔率 200％，羔羊成活率 85％～90％，经产母羊平均年产断奶羔羊 2.10 只以上。

3. 泌乳参数

（1）一年一胎　泌乳期 300d，干奶期 60d，年生产商品奶 400～450kg。

（2）两年三胎　泌乳期 200d，干奶期 40d，年生产商品奶 300～350kg。

三、人员分工与管理

大概分为以下 6 个模块。

（一）信息管理中心

信息管理中心作为羊场的"大脑"，可利用智能化管理系统和自动化挤奶系统，负责羊场信息采集、数据整理分析以及工作计划制订等。

信息管理中心主要负责羊只耳标佩戴和各种信息采集，包括：①母羊配种、妊娠检查、产羔、产奶量等。②羔羊断奶、转群、生长性能、成活率等。③公羊采精量、精液品质、配种情况等。④羊群日常管理，包括防疫、驱虫、消毒、用药、转群、销售等。⑤羊场各种生产资料，包括饲料、药物及其他物品采购与消耗情况。⑥羊产品生产、销售、库存与质量检测等。⑦羊场生产计划、总结报表、各种数据统计与归档等。

（二）饲喂管理中心

根据羊群各个阶段的生理特征和信息管理中心制订工作计划，按照相应的饲养管理流程进行分群饲养管理，落实饲喂量的实施情况。饲喂管理中心应熟悉羊群健康状况和体况，定额定时按顺序饲喂，做到少喂勤添；喂前清扫饲槽，确保饮水管道畅通、饮水卫生；坚持定时匀草，及时清理剩草，提高饲喂质量；定期对羊只称重、分群，根据不同羊群体重及体况制定并执行不同的饲喂方案，及时向上级领导和信息管理中心反馈羊群状态。

（三）繁育中心

1. 繁殖工作 主要做好以下工作：①种公羊鉴定与选择、采精与精液检查。②母羊分群、定位、发情鉴定、配种、妊娠检查、接产、保健等。③羔羊称重、佩戴耳标、哺育、转群等。④繁殖用设备的使用与管理。⑤掌握母羊同期发情、人工授精技术，协助做好冷冻精液制作和胚胎移植工作。

2. 选育工作 主要做好以下工作：①种羊系谱资料整理。②种羊选育工作信息采集、录入、育种值排序和资料整理。③制订羊群年度选配计划。④协助专业技术人员进行羊群分级鉴定、乳房评分、生产性能测定与整理分析。⑤落实羊的选留、出售或淘汰工作。

（四）挤奶中心

主要工作是严格按照挤奶操作程序挤奶和保障挤奶区的卫生。同时，负责奶品质检测、乳腺炎检测、做好羊奶产量统计及出库管理等工作。

（五）饲草料加工中心

主要负责羊场饲草料的采购和保管，同时进行日粮配制、加工及配送。根据栏舍羊的数量，核定饲喂量，按照日粮配方配制不同日粮并运送至羊舍，添加至饲料槽或饲养通道。监测饲草料营养和卫生学指标，保证采购的饲草料营养达标，霉菌毒素、重金属和农药等卫生学指标在允许范围内。

（六）疫病防控中心

主要工作是按照国家相关要求和当地疫病的发生情况，制定科学、有针对性的疫苗免疫程序并严格执行；做好抗体监测和健康巡查工作，及时处理异常羊，必要时对异常羊进行隔离观察及诊疗；负责病羊病料的采集、检测、分析，并制定治疗和预防方案；负责场区羊舍消毒、生物废弃物无害化处理等。

第二节　后备羊饲养管理

人们通常将断奶后选留并处于培育阶段的羊称为后备羊。奶绵羊后备母羊一般在10月龄、后备公羊在12月龄以上及体重达成年体重80％以上时开始参与配种。后备羊是奶绵羊场健康可持续发展的前提，也是羊群更新的基础。其饲养管理水平不仅影响后备羊阶段性的生长发育，而且对其终生体格、生产性能（尤其是产奶量）、所产羊奶品质、养殖效益都有直接或间接的影响。因此，后备羊的饲养管理必须从羔羊抓起。

一、羔羊培育

奶绵羊羔羊培育的主攻目标是提高成活率、促进胃肠道充分发育、塑造乳用体型。

（一）羔羊培育

羔羊培育可分为 4 个时期，即初乳期、常乳期、过渡期和食草料期。

1. 初乳期　羔羊出生后，与母体的联系就是初乳，初乳是羔羊出生后不可代替的营养丰富的全价天然食品，对初生羔羊的培育有许多特殊且重要的作用。

羔羊出生后，应让其尽快地吃到初乳，初乳期一般为 5d，不应间断。

（1）哺乳时间　给哺食羔羊初乳的时间越早越好，当羔羊能站立时就应让其吮食初乳。一定要保证羔羊在出生后 2h 内吃上初乳，一直到第 5 天。

（2）哺乳方法

①随母哺乳。一般情况下羔羊出生后半小时左右就能站立起来，自己寻找乳头，吸食初乳。对体质虚弱或不会吃奶的羔羊，饲养员应教其吃奶。吃奶前先将母羊乳房擦洗干净，再挤出几把初乳，检查是否正常，然后把乳头塞到羔羊嘴内，引诱羔羊吮吸乳汁。若羔羊仍不会吃奶，则可将乳汁挤到饲养员的食指上，将食指塞进羔羊嘴内轻轻刺激口腔，训练羔羊吸奶。若羔羊不会咽奶，可使其头部轻微上仰，捏住鼻子 20～30s，迫使羔羊自己咽奶。另外，要防止羔羊吃偏乳房，特别是初产母羊所产羔羊，应切实防范。开始哺乳时，就让羔羊轮换吃两个乳头。若是单羔，只吃一个乳头时，应在其吃饱后立即将另一侧乳房的奶尽，避免造成偏乳。

②人工哺乳。规模化养殖场提倡人工哺喂，即羔羊出生后与母亲分离，然后将初乳人工挤出、经过巴氏杀菌后人工饲喂给羔羊。

（3）哺乳量　在出生后 24h 内，每只羔羊按每天每千克体重 250mL 分多次饲喂初乳，每次按每千克体重 50mL 饲喂，每天饲喂次数不能少于 5 次。尽量让羔羊早吃、勤吃、多吃，以不腹泻为原则。

2. 常乳期　羔羊产后 6～45d 哺喂常乳，规模化奶绵羊场一般采用人工哺乳。羔羊出生后 6d 就从产房转到羔羊舍，实行人工哺乳。人工哺乳首先要进行教奶，教奶时先让羔羊饥饿半天，一般是下午离开母羊，第二天早晨教奶。此时羔羊饥饿、食欲旺盛，容易教其吮奶。

（1）哺乳方法

①碗饮法。碗饮法是用小碗（直径 15cm、高 6cm）盛上加热到 40～42℃ 洁净的鲜奶让羔羊饮用。开始教奶时一只手抱羔羊另一只手拿碗，让羔羊嘴伸入碗中，使其自饮。一般训练一两次后，羔羊就会自饮。教奶时要耐心，动作轻缓，不能硬拉、硬按，不能强迫羔羊吃奶。羔羊学会吃奶后，将碗放到固定的架子上，根据羔羊的日龄大小，定量分批让其自饮。

②哺乳器法。哺乳器用铁皮或塑料制成，直径约 50cm、高 60cm。上边加盖，下部四周等距离安装 4～8 个吮吸嘴（图 7-2）。吃奶前先将鲜奶加热到 40～42℃，盛于哺乳器内，然后让羔羊自饮。训练数次后，羔羊很快就能学会。目前市场上有羔羊自动哺乳器（图 7-3）等设备，能按预先设定好的奶和水的比例进行均匀混合，根据羔羊需要现配现饮，温度一致，保证新鲜，可模拟自然哺乳。

③奶瓶法。将奶加热到 40～42℃，装入奶瓶，逗引羔羊吮吸。这种方法简单、卫生，可控制哺乳量，特别适用于多病、体弱的羔羊。但费工、费时，适合小规模养殖户采用。

图 7-2 简易哺乳器

图 7-3 自动哺乳器

（2）哺乳要求 为了保证羔羊旺盛的食欲，减少疫病，力争全活全壮，哺乳时应做到"五定一卫一保"，即定羊、定时、定量、定温、定质、卫生和保温。

①定羊。按羔羊的年龄、性别、强弱合理分组，可以保证羔羊吃奶适宜，发育正常。

②定时。按照哺乳期培育方案遵守规定的时间，按顺序先后哺乳。开始时每隔 6h 左右喂 1 次，每天 4 次。随着日龄的增加，可陆续减少喂奶次数，增加饲草料的喂量。

③定量。人工哺乳应严格掌握饲喂量。过少则营养不足，影响生长发育；过多则消化不良，引起腹泻。应根据羔羊的个体大小、运动量多少酌情增减。随着月龄、体重的增加，哺乳量也应增加。一般 40 日龄前每昼夜的哺乳量以体重的 20% 左右为宜；在 40 日龄达最高峰；40 日龄后要训练羔羊多采食精饲料和青干草、青绿饲料，哺乳量也随之减少。

④定温。人工哺乳时，奶温要接近或稍高于母羊体温，以 38～42℃ 为好。奶温过低易引起胃肠疾病，过高会烫伤羔羊的口腔黏膜。

⑤定质。喂羔羊的奶应新鲜、卫生、无污染，加热前要用纱布过滤，做到一次加热一次喂完。

⑥卫生。羔羊的饲喂工具应干净、卫生，每次喂完用开水冲洗，用前再冲洗，每隔 2d 用热碱水消毒 1 次。羔羊吃奶后要用毛巾擦干其嘴巴，以免互相舐食。病羔羊应及时隔离，用具要与健康羔羊的分开，以免互相传染。

⑦保温。人工哺乳期间要注意防潮保温，保持圈舍干燥、温暖，且空气新鲜。为了不使羊舍受潮，地面要铺设垫草，并勤换、勤晒。温度忽高忽低容易引起羔羊感冒，又冷又湿容易引起腹泻，又热又湿、空气污浊容易引起呼吸道疾病。晚上喂完奶后，让羔羊卧在室内干燥、松软的褥草上，不能卧在潮湿的地面上。

3. 过渡期 羔羊一般 45～60 日龄断奶。从吃奶过渡到吃植物性饲料，这一阶段比较难养，容易出现断奶应激死亡现象。主要预防措施是早开食、早锻炼，断奶前逐渐减奶加料，饲喂富含蛋白质、容易消化的混合精饲料及少量乳汁。

（1）教草 羔羊除吃足初乳和哺喂常乳外，还应尽早学会吃草。早期给羔羊补饲优质干草，不仅可以降低饲养费用，使羔羊获得更全面的营养物质，还可以使羔羊的胃肠消化机能得到锻炼，促进其更好地生长发育，提高成活率。

①教草时间。训练羔羊吃草的时间愈早愈好，一般在羔羊 7～10 日龄时供给，30 日龄左右其就可学会采食。

②教草方法。将优质青干草切成 3～5cm 长，放在补饲槽内或悬挂在羔羊能吃到的地

151

方，任其自由采食。

（2）教料　羔羊不仅要学会吃奶、吃草，还要学会吃料，以满足其迅速生长发育的需要。

①时间。教料时间一般应在 10 日龄左右，过早羔羊不愿意吃，过晚则不利于羔羊的生长发育。

②方法。为了尽快教会羔羊吃料，一般将羔羊专用颗粒料放在补饲槽内，让其边闻边吃。羔羊一旦尝到了精饲料的味道，就会主动去吃。

③喂量。精饲料喂量应随日龄的增加而逐渐增加。10～20 日龄时，每只每天喂 10～20g；20～40 日龄时，每只每天增加到 40～50g；40～60 日龄时，增加到 80～100g；60～90 日龄时，增加到 150～200g。饲喂时做到勤添少喂，同时让其自由采食优质青干草。

（3）减奶　羔羊哺乳到 30 日龄后，应逐渐减少奶（人工乳）的喂量，40 日龄由原来的 1.8kg 减少到 1.3kg，50 日龄可减到 0.5kg，60 日龄彻底断奶。

4. 食草料期　这一阶段一般指生后 50～70d，应以食草和羔羊料为主，补给少量的奶或不喂奶。

（二）羔羊断奶

奶绵羊的产奶量从分娩后一直增加，到泌乳期的 24～30d 达到峰值，第 1 个月的产奶量占整个泌乳期总产奶量的 25%。值得注意的是，泌乳的前 45d 母羊发生乳腺炎的概率最大。因此，早期泌乳管理和羔羊适时断奶对产奶量及乳房健康至关重要。关于奶绵羊的断奶方法较多，具体采取哪种方法主要取决于养殖场的经营目的。

1. 断奶要求　奶绵羊羔羊一般在 45～60 日龄、公羔体重达 15kg、母羔体重达 13kg以上时断奶比较合适。

2. 断奶方法

（1）1d 断奶法（DY1）　羔羊出生 24h 内就将其从母羊身边移走，用巴氏消毒法消毒初乳和代乳粉后喂养。在整个泌乳期，每天给母羊进行 2 次机器挤奶，以获取较多的商品奶。优质代乳料是实现羔羊早期断奶的基本保证，不仅可节约饲养成本，且可以促进羔羊胃肠道发育，提高羔羊的生长速率。

（2）30d 断奶法（DY30）　在母羊产后的前 30d 不挤奶，让羔羊自由吃奶，待羔羊 1月龄时断奶，充分保障羔羊的生长发育。这是传统奶绵羊养殖区最常用的方法之一。传统的 30d 断奶法依靠羔羊来维持泌乳早期的产奶量，只有当羔羊对羊奶的需求量最大时，母羊才能达到最大产奶量。这种方法明显不适用于产单羔的母羊，如果单羔吃不完奶，就会造成积奶，母羊有发生乳腺炎的风险。

（3）混合断奶法（MIX）　允许羔羊每天吮奶 8～12h，母子分开过夜，第 2 天早上对母羊进行机器挤奶。羔羊在 30 日龄断奶，之后母羊每天挤奶 2 次。混合断奶法是母羊在泌乳期前 30d 保持最大产奶潜力的断奶方法。这样可以在白天频繁排空乳房（羔羊吮奶），每天早上彻底排空（机器挤奶）。由于混合断奶法可在母羊泌乳期前 30d 生产少量商品奶，也不需要人工饲养羔羊，因此与传统的 DY30 和 DY1 方法相比更具优势。

（4）3 种断奶法的优劣分析　尽管在泌乳期前 30d，不同断奶法对母羊产奶潜力的影响明显不同，但在泌乳期 45d 后这些差异就消失了（图 7-4）。也就是说，采取这 3 种断奶法的母羊从第 7 周开始，就会具有相似的产奶量和泌乳周期。

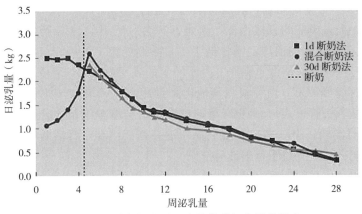

图 7-4　3 种断奶法对日商品化羊奶产量的影响

在 3 种断奶法羊群中，除了产奶量存在显著差异外，在泌乳期的前 30d，乳脂率（图 7-5）和体细胞数（图 7-6）也存在显著差异。混合断奶组绵羊奶中的乳脂率明显低于 1 日龄断奶组，其原因可能是机器挤奶过程中母羊排乳反射功能下降，但也可能是母羊与羔羊在晚上分开时对母羊产生了应激，导致乳脂合成出现问题。

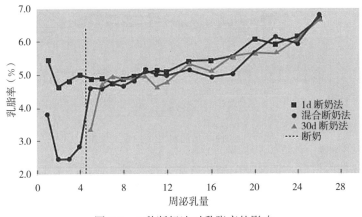

图 7-5　3 种断奶法对乳脂率的影响

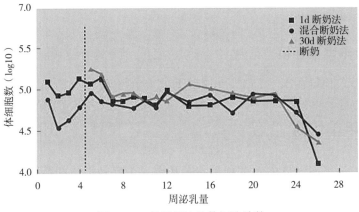

图 7-6　3 种断奶法的体细胞计数

奶中的体细胞数（somatic cell count，SCC）是监测乳用动物乳房健康的重要指标之一。尽管随着 SCC 数量的增加，乳房感染的可能性会增加，但应注意 SCC 并不是乳房感染的直接指标，而是炎症的直接指标。断奶方法会对奶绵羊 SCC 产生显著影响，混合断奶组母羊 SCC 在泌乳期的前 30d 明显低于 1 日龄断奶组。这可能与泌乳期产奶量最高时乳房频繁排空有关。当乳房严重膨胀并处于较大的乳房内压时，乳腺上皮细胞之间的小连接开始打开，这使得 SCC（白细胞和其他类型细胞）进入乳腺。此外，如果乳腺确实受到感染（细菌从乳头管进入），则更频繁地排空乳房会减少细菌在乳房上的定殖机会。在泌乳中期，30 日龄断奶组母羊 SCC 显著高于混合断奶组和 1 日龄断奶组。因此，目前很难断言哪种断奶方法更有益于母羊乳房健康。

混合断奶组和 1 日龄断奶组母羊在整个泌乳过程中的乳蛋白率（图 7-7）相似：在泌乳初期最高，在泌乳中期降低，在泌乳末期增加。

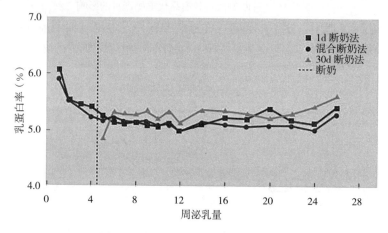

图 7-7　3 种断奶法对乳蛋白率的影响

充分考虑各种因素后，选择一个断奶方法并不容易。使用羔羊 1 日龄断奶法可获得最多的羊奶，因为 25%～30% 的羊奶是在泌乳开始的前 30d 内产生的，但是该方法需要人工饲喂羔羊。混合断奶法是最经济的，但是在哺乳羔羊时，羊奶中的脂肪百分比会降低，从而降低了羊奶的质量和价值。羔羊 30 日龄断奶法经济实惠，但不利于最大程度地提高产奶量，不适于产单羔的母羊。

（三）羔羊饲养环境

羔羊舍温度应保持在 15～25℃，相对湿度保持在 60%～70%。

二、青年羊培育

奶绵羊初情期之前过度生长有利于乳腺基质（主要是脂肪和结缔组织）而非实质发育，但基质过度生长会降低乳房的泌乳能力。因此，在 4～20 周龄时，相对较低的生长速度（高生长速度的 50%）有利于第一次泌乳时乳腺实质的发育和产奶量的提高。但是要在 7～8 月龄时成功配种，青年母羊必须获得足够的生长。产奶和羔羊生产是奶绵羊生产中非常重要的经济组成部分，必须在青年母羊最大产奶量与初次挤奶年龄之间寻找平衡，因此青年母羊的培育十分关键。

（一）饲喂

从断奶到配种前的羊称为青年羊。这一阶段是骨骼和器官充分发育的时期、是培育青年羊的关键。因此，应饲喂优质青干草，保证充足的运动。饲喂优质青干草的奶绵羊一般骨架大，肌肉薄，腹大而深，采食量大，消化能力强，乳用体型明显。但如果营养跟不上，便会形成腿高、腿细、胸窄、胸浅、后躯短的体型，并严重影响体质、采食量和终生泌乳能力。断奶后至 8 月龄的羊，每天在吃足优质青干草的基础上，应补饲混合精饲料 250～300g，其中可消化粗蛋白质的含量不应低于 15%。青年公羊的生长速度比青年母羊快，应多喂一些精饲料。

（二）运动

充足的运动对青年公羊更为重要，不仅有利于其生长发育，而且可以预防形成草腹和恶癖，运动量不足会影响青年公羊的健康发育。半放牧半舍饲是培育青年公羊最理想的饲养方式，在有放牧条件的地区，最好采取放牧＋补饲的养殖方式。羊舍地面应高出运动场地面 60cm。在舍饲条件下应设计运动场，且与羊舍相连，通常设在羊舍南面，其面积为羊舍的 3～5 倍。运动场地面要干燥，呈斜坡形，以方便排水；周围用砖或其他材料砌成花墙或围墙，也可用铁丝围成高 1.3～2.0m 的围栏。青年羊喜欢跳跃和攀登，可在运动场设置高台，高台呈台阶式，下大上小，一般底宽 3.5m、顶宽 0.5m 左右、高 1.5m 左右。运动场要设饲槽、水槽，其长度和数量以羊采食、饮水不拥挤为原则，四周还应栽种槐树、杨树、桐树等阔叶树种。

三、公羔育肥技术

在奶绵羊生产中通常将不作为种用的公羔进行育肥，生产羔羊肉，增加收益。羔羊生长发育快，对植物性蛋白质的利用率比成年羊高 0.5～1 倍，当年所产羔羊可当年上市，羊肉质量好，生产成本低。

（一）育肥方法

羔羊育肥通常分为直线育肥和分段育肥两种。

1. 直线育肥 是指断奶羔羊直接进入育肥场，即羔羊从断奶到育肥结束都饲喂高营养育肥日粮，并给予精心管理，没有明显的阶段性。其优点是：羔羊增重速度快，育肥时间短，饲料利用率高，胴体品质好，6 月龄前即可上市。

2. 分段育肥 是指羔羊断奶过后，先进行放牧饲养或进入舍饲养殖，待到秋末或冬初体格发育达到一定程度后再进行强度育肥。

（二）影响羔羊育肥效果的因素

影响羔羊育肥效果的因素很多，主要有品种、年龄、营养水平、饲料类型和季节等。单从性别看，育肥速度最快的是公羊，其次是羯羊、母羊。去势使羊的生长速度降低，但可使脂肪沉积率增加。另外，羔羊最适生长温度为 20～25℃，最适季节为春、秋季。天气太热或太冷都不利于羔羊育肥。

（三）育肥前的准备

1. 健康检查　通过现场检查，确认无病并经过驱虫、疫苗接种的公羔方可进行育肥。

2. 称重　称重是为了便于比较育肥后与育肥开始时的体重，检验育肥效果和效益。

3. 按月龄和体重组群　不同月龄、体重的羔羊应分别组群，因为羔羊大小不一、强弱不均、采食的一致性差时不利于提高整体育肥效果。在奶绵羊公羔育肥生产中，最好采取分批同期发情处理技术，使适繁母羊能集中发情、配种，集中分批产羔，以便羔羊集中育肥，实现全年分批均衡供应市场。

4. 进行适应性饲养　羔羊组群后，只有经历一个适应性的饲养阶段，才开始育肥。一般经过 1～2 周的训练，待其完全合群并习惯采食育肥饲料后开始正式育肥。

（四）育肥羔羊的饲养管理要点

1. 饲料原料多样化　要求饲料多样化、适口性好、营养物质丰富，以全混合日粮为佳。饲喂全混合日粮的羊，最好早晚供给青干草，任其自由采食。为防止发生尿结石，日粮中应避免钙、磷比例失调，同时在以谷类饲料和棉籽饼为主的日粮中，将钙含量提高到 0.5%，并添加 0.25% 的氯化铵。

2. 饲喂定时定量　饲喂要定时定量，少喂勤添。如果采用传统育肥方法，则精饲料饲喂量应根据羔羊的年龄、体重和粗饲料质量而定，任其自由采食。青干草做到"三先三后一足"，即先草后料、先喂后饮、先拌（料）后喂，饮水要充足。舍饲日粮的供给可利用草架和料槽，要先喂适口性差的饲料，后喂适口性好的饲料，以免浪费。

3. 注意饲料与环境卫生　做到水、草、料、饲喂用具及圈舍干净与卫生，禁止饲喂霉变饲料。

4. 提供良好的饲养环境　要有一定的饲养和活动场地，冬有暖圈，夏有凉棚，圈舍温度最好控制在 20～25℃，保持通风良好、卫生干净、安静无噪声。

5. 保持饲料稳定　育肥期内尽量避免更换饲料。

6. 注意饮水卫生　自由饮用清洁饮水，冬季不饮冰水。

第三节　泌乳母羊饲养管理

泌乳母羊的饲养管理与其他大多数母羊的饲养管理非常相似，但是连续 5～7 个月每天 2 次挤奶任务将大大增加生产者的工作量。奶的分泌是一个连续的过程，科学的饲养管理对于提高奶的产量和质量、降低乳腺炎的发病率、延长奶绵羊利用年限等有重要意义。

一、各阶段泌乳母羊饲喂

（一）第一阶段（泌乳初期）

母羊产后 20d 内为泌乳初期，也称恢复期。母羊产后体质较弱，腹部空虚，食欲和消化机能较差，生殖器官尚未复原，乳腺及血液循环系统功能尚未完全正常，部分母羊乳房、四肢和腹下水肿还未消失。此时应尽快恢复母羊的食欲和体力，减少体重损失，确保泌乳量稳定上升。产后 5～6d 应饲喂易消化饲料，如优质青干草，并给以少量精饲料。6d 后逐渐增加青贮饲料或多汁饲料，14d 后将精饲料增加到正常的饲喂量。增加精饲料对应根据母羊体况、食欲、乳房膨胀程度、消化能力等具体情况而定，防止突然过量增加导致母羊腹泻和胃肠功能紊乱。日粮中粗蛋白质含量以 12%～14% 为宜，粗纤维含量以 16%～18% 为宜，干物质采食量按体重的 3%～4% 供给。

（二）第二阶段（泌乳盛期）

在泌乳盛期，母羊自身的营养需求量很高，日产奶量已达到高峰，但是干物质采食量尚不能满足其营养需求（最高采食量通常发生在泌乳高峰后的几周）。这时母羊处于能量负平衡状态，所产羊奶在一定程度上依赖母羊身体储备的能量。因此，奶绵羊饲养中非常重要的一点是产奶母羊要有适当的体脂储备，储备越少靠动员脂肪所产的奶就越少，整体产奶量就不高。

在这一阶段，无论奶绵羊体况如何，为其提供最大采食量的日粮至关重要。目前奶绵羊泌乳第二阶段的营养需要尚未得到系统研究，这是因为奶绵羊的选择强度远不如奶牛和奶山羊。很多绵羊品种只在产后的前几个月产奶，后期主要是利用营养物质沉积体内脂肪，这一机制在肉用、毛用母羊身上体现得更为明显。虽然饲喂大量谷物饲料可提高育肥效果，但对奶绵羊泌乳会产生负面影响，这可能是由于谷物在瘤胃中发酵产生的挥发性脂肪酸（主要是丙酸）刺激了体脂沉积。更好的饲喂策略应基于牧草采食量的最大化。

值得注意的是，高质量的粗饲料和少量精饲料补充料就可以使产奶量达到一定的水平，但如果饲喂劣质的粗饲料，无论补充多少精饲料都无法达到最高的产奶水平。一般来说，此阶段可通过利用优质牧草、青贮饲料、切碎的干草和精饲料补充料来获得较高的采食量和产奶量。

另外，有学者发现，用牛生长激素（bovine somatotropin，bST）处理曼彻加奶绵羊后显著提高了其产奶量（表 7-1），并能将更多的营养物质用于产奶，而不是用于脂肪沉积。对 bST 处理的反应敏感预示着奶绵羊在产奶遗传改良方面还有很大的空间，可以通过选择进一步改良产奶性状。

表 7-1　缓释 bST 对奶绵羊母羊产奶量及奶成分的影响

项目	bST					
	哺乳期第 3～8 周			哺乳期第 11～23 周*		
	0	80mg（每 14d）	160mg（每 14d）	0	80mg（每 14d）	160mg（每 14d）
产奶量（mL/d）	997	1 198	1 337	618	873	947
6% FCM（mL/d）	1 072	1 301	1 467	770	1 071	1 169
乳脂率（%）	6.7	6.8	6.9	8.6	8.4	8.4
乳脂（g/d）	66	80	92	50	71	77
乳蛋白率（%）	5.2	5.1	4.9	6.0	5.5	5.2
乳蛋白（g/d）	51	59	65	36	47	48

注：* 从 18 周开始，母羊每天只挤奶一次，这显著降低了对照组和处理组之间的产奶量差异。

（三）第三阶段（泌乳末期）

奶绵羊干奶前的一段时间为泌乳末期。由于受气候、饲料的影响，尤其是发情与妊娠的影响，这时产奶量显著下降。饲养上要采取一定的措施使产奶量下降的速度慢一些，如在产奶量上升（泌乳高峰期到来）之前增加精饲料饲喂量，在产奶量下降之后减少精饲料饲喂量，以减缓奶量下降速度。另外，还应注意母羊妊娠前期的营养，在妊娠前期，虽然胎儿增重不多，但母羊的营养必须全面且平衡。

二、挤奶季节选择

奶绵羊养殖场必须根据饲料资源、劳动力、羊奶销售情况、生产目标及发情季节来确定最佳挤奶季节。

（一）全年挤奶

奶绵羊在泌乳时间方面的局限性以及泌乳末期产奶量的快速下降，会给绵羊奶的全年均衡供应带来一定难度。但是随着现代冷冻技术和设备的更新换代，使用冷冻绵羊奶可在一定程度上解决这些问题。

奶绵羊产业相对发达的地区为了实现全年挤奶，将羊群分为 6 个不同的组，组间设置 2 个月的生产间隔，可以实现全年均衡挤奶。这样每天都有大致相同数量的母羊产奶，且处于泌乳各个时期的母羊数量相同，乳脂和乳蛋白含量保持相对恒定，以便生产出质量相同的产品。由于母羊的饲喂方式不同（如放牧或者完全舍饲），干物质摄入量的差异可能会导致羊奶产量和营养物质含量的季节性变化，因此 6 组羊群必须分开，并视为不同的羊群。由于各组会在每年的不同时间产羔，因此应在每组母羔中选留后备母羊。在春季（4 月或 6 月）产羔组应留有更多的母羊，以弥补一年中这个季节较低的繁殖力。

（二）季节性挤奶

季节性挤奶是最常见的生产方式。这种生产方式的产羔期集中在短短几周内，大多数母羊可在同一时间产羔和挤奶。在这种类型的管理体系中，青年母羊的产羔时间通常比经产母羊晚一两个月。根据生产目标，产羔和挤奶可以在冬季或春季进行：冬季以较高的成本获得最大的羊奶产量，春季以最大的青饲料采食量降低成本。生产者在做出选择之前应全面考虑所有因素。

一般来说，与春季产羔相比，1月产羔、2月开始挤奶的奶绵羊更容易维持5～6个月的泌乳期。因为大部分泌乳发生在温度较低的季节，这更有利于提高奶绵羊的采食量和舒适度。但是饲料需求最高的时期（妊娠末期和哺乳初期）在冬季，因此需要在冬季储备充足的饲料。

干物质采食量对羊奶产量的影响极大，高产母羊达到最高产奶量时日粮中需要补充精饲料或优质粗饲料。夏季高温会降低母羊的食欲，减少采食量，从而降低产奶量，生产者要尽量避免将母羊的产奶高峰期安排在夏季。

三、机器挤奶技术

（一）奶的分布

机器挤奶能力通常是通过分步挤奶（先机器挤奶，然后手工辅助挤尽余奶，以及用催产素处理后排出的残留奶）或通过分析在没有按摩或额外刺激乳腺的情况下机器挤奶时获得的乳汁释放曲线来估计的。

奶的分布情况因品种、挤奶程序和机器挤奶参数不同而有所不同。机器挤奶、手工辅助挤尽余奶、残留奶的分配比例分别为60％～75％、10％～20％、10％～15％范围内。在相同挤奶条件下，在泌乳第16周对两组产奶量不同（Manchega，0.6L/d；Lacaune，1.3L/d）的母羊挤奶能力进行比较发现，乳汁分布分别为65：19：16和68：21：11。除残留奶外，各品种奶的分布比例无显著差异（图7-8）。这两个品种用机器挤奶时奶量占总产奶量的86％，但是Manchega在乳房导管系统中残留了更多的奶。每个品种在产奶

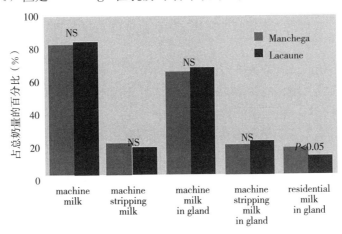

图7-8　同一泌乳阶段不同品种的奶绵羊用机器挤奶时奶的分布

注：Manchega，曼切加奶绵羊；Lacaune，拉考恩奶绵羊；machine milk，机器挤奶量占总产奶量的百分比；machine stripping milk，手工辅助挤奶占总产奶量的百分比；machine milk in gland，机器挤奶占乳腺中总奶量的百分比；machine stripping milk in gland，手工挤奶占乳腺中总奶量的百分比；resident milk in gland，挤奶后乳腺中的剩余奶占乳腺中总奶量的百分比；NS，指差异不显著。

量、乳池大小和乳房形态方面存在差异，这对机器挤奶量都有影响。

（二） 奶的排出量

奶的排出量是研究奶绵羊机器挤奶能力的指标之一，一般与挤奶机的设计以及采用最佳挤奶程序有关。由于泌乳量对乳腺内压力的影响较大，因此泌乳量对所有奶流量参数的影响是可以预测的。此外，上午和下午的奶排出量有所不同，上午挤奶会增加奶流量和挤奶时间，而下午则容易观察到腺泡乳的排出。

良好的泌乳曲线意味着快速、完全地泌乳，具有较高的泌乳率，并在催产素的作用下有效地排出腺泡乳。泌乳模式与乳房结构（乳池大小）、乳头特征（大小和位置）以及母羊神经激素行为有关，其中以具有中等大小、垂直且敏感的、能在低真空下迅速打开括约肌的球形和大乳池乳房为佳。

（三） 机器挤奶技术规范

1. 挤奶要求

（1）对挤奶人员的要求　挤奶人员应持健康证上岗并定期体检，应通过岗前培训，并保持相对固定；上班时要穿着标准工作服、胶鞋及戴工作帽等，保持工作服清洁卫生；挤奶时要爱护羊，不能击打和惊吓它们。

（2）对母羊的要求　母羊必须健康，符合《乳用动物健康标准》的相关规定。分泌异常奶（如含有血液、絮片、水样、体细胞计数超标等）的奶绵羊不能用于挤奶，经激素或抗生素处理过10d以内的奶绵羊不能用于挤奶。

（3）注意事项　如果母羊生活在干净的环境中，则挤奶前无需清洗乳房，但应对SCC较高的母羊进行检测；挤奶时尽量不要刺激母羊，以免使其习惯于按摩；挤奶后对乳房进行药浴，药浴对于减少乳房感染至关重要；有问题（产奶速度慢、乳房结构差、SCC高）的母羊应从挤奶群中剔除；严禁暴力驱赶羊群。

2. 挤奶程序

（1）准备　挤奶前认真检查挤奶设备的运转情况，确保其能正常挤奶；检查各赶羊通道门是否正常开启或关闭；准备足够干燥、清洁的无菌毛巾（纸巾）；在挤奶机料槽内添加充足的精饲料补充料；将药浴液装入药浴杯中。

（2）操作　用40℃左右的温水清洗乳房，并用专用毛巾（或一次性纸巾）擦拭干净，弃掉前几把奶，及时套上挤奶杯组，套杯过程中尽量避免空气进入杯组中。在套杯过程中，注意观察每只母羊的乳房是否正常，如果发现异常（如红肿、有硬块等）应及时挑出，单独挤奶，严禁将这类母羊所产的奶混入正常奶中，并及时报告兽医处理。挤奶过程中观察真空稳定情况和挤奶杯组的奶流情况，适当调整奶杯组的位置。挤奶结束后迅速进行乳头药浴，停留时间为3～5s。

3. 挤奶频率
不同的断奶方法表明，要保持奶绵羊最大的产奶潜力，必须经常彻底地排空乳房，尤其是在产奶高峰期。

美国斯普纳农业研究站研究了挤奶频率对日产奶量、乳脂和乳蛋白含量的影响。两组具有相同初始产奶量的第一天断奶母羊每天挤奶2次或3次，在泌乳前30d总的产奶量增加了15%，但母羊对挤奶频率增加所产生的效果因含东佛里生奶绵羊血液比例的不同而不同。如果每天挤3次奶，含1/4～1/2东佛里生奶绵羊血液的母羊产奶量增加了30%，而含1/4东佛里生奶绵羊血液的母羊产奶量完全没有变化（表7-2）。值得注意的是，每天挤3次奶的母羊乳脂含量明显降低，而乳蛋白含量的变化不显著。

表 7-2 挤奶频率对东佛里生奶绵羊母羊泌乳期前 30d 产奶量的影响

挤奶频率（次）	东佛里生奶绵羊血液所占比例（%）	羊数（只）	前30d产奶总量（L）
2	100	72	82.6 ± 2.8[a]
3	100	53	95.2 ± 2.3[b]
2	25	20	88.3 ± 5.0[a]
3	25	16	89.1 ± 5.1[a]
2	37.5	12	70.4 ± 4.9[a]
3	37.5	9	95.8 ± 6.6[b]
2	50	40	89.3 ± 4.0[a]
3	50	28	100.7 ± 5.1[b]

注：同列上标不同小写字母表示差异显著（$P<0.05$），相同小写字母表示差异不显著（$P>0.05$）。

总之，通过第三次挤奶获得了更多的羊奶，但因母羊品种不同而差异很大，可能是母羊产奶的遗传潜力及其乳房的贮奶能力不同所致。在一定的生产条件下，母羊贮存在乳房中的羊奶越多，则需要挤奶的次数就越少。在很短的时间内无法确定第三次挤奶过程中涉及的劳动力和成本，关于有些母羊对较高挤奶频率的反应更好的现象还有待进一步研究。

4. 挤奶间隔 我们可以把乳房内部想象成两个部门：一个部门负责生产和分泌乳汁（腺泡），另一个部门负责贮存乳汁（乳池）。母羊的两个部门之间存在动态关系，对产奶量的影响极大。通过哺乳或机器排空乳房后，乳房内的压力（内压）会显著降低，乳汁的排出和压力降低使新分泌的乳汁在乳房中自然积聚。当积聚新分泌的奶时，腺泡就开始伸展，最终在腺泡张力的作用下自发收缩，奶流入一个由小导管组成的系统中，然后流经一个由较大导管组成的系统中，最终到达乳池中。由于在乳池中积聚了大量的奶，其内压变得足够大，因此减慢了大小导管中奶的流速。如果不能将奶排入小导管，则腺泡开始膨胀，邻近的分泌细胞由于腺泡内压力的增加开始停止产奶。因此，对于要维持最大产奶潜力的乳用羊来说，必须经常彻底排空乳房，尤其是在产奶高峰期（Berger，2004）。

此外，当腺泡中残留大量奶时，泌乳反馈抑制物浓度会增加。这种激素作用于分泌细胞，当太多奶被生产出来时，其合成减慢。催产素是大脑产生的一种激素，在哺乳或挤奶过程中会影响乳汁从腺泡向乳池释放。没有催产素则挤奶不完全，羊奶中的脂肪含量也较低。在自然界中，哺乳可以刺激催产素的释放。挤奶前挤奶室里的噪声、真空泵的启动声和挤奶时奶杯与乳头的连接也能形成刺激过程。

由于乳用羊贮奶能力强，因此适当的挤奶间隔为16h。从泌乳中期（90d）开始到结束，在48h内（6：00、22：00、次日14：00）仅挤奶3次取代挤奶4次是可行性的。每隔16h挤奶是对正常奶绵羊每天挤奶2次的合理折中，不会对母羊产奶量、乳成分、体细胞数及泌乳期产生任何不良影响，而且较长的挤奶间隔可显著减少在挤奶厅的人工花费和时间。当挤奶（或哺乳）之间的间隔超过 16h，并且达到贮奶容量时，乳汁分泌可能会受到限制。乳汁长时间在乳房内积聚，特别是在干乳期，会导致细胞凋亡或程序性死亡。如果每天仅挤奶一次，尤其是在泌乳初期，则日产奶量和泌乳时间都会减少。

因此，挤奶之间的间隔不应超过 16h。另外，母羊是有习性的动物，对时间很敏感，一旦建立了挤奶程序，就应该每天遵守。

5. 羊奶冷却、贮存、运输

（1）冷却　羊奶应先进入冷热交换器，预冷后再进入奶罐，30min 之内冷却到 4℃ 以下保存。

（2）贮存　冷却后的羊奶在运至加工厂前，应贮存在制冷罐中，温度保持在 4℃ 左右，时间不超过 48h。

（3）运输　用专用的奶罐车将羊奶尽快运到加工厂，出场前羊奶温度应在 5℃ 以下。

6. 清洗、消毒

（1）挤奶设备的清洗、消毒　挤奶前应用清水对挤奶设备进行冲洗，一般 10min。

①预冲洗。挤奶完毕应立即用清洁的 35～40℃ 温水对挤奶设备进行冲洗，直到水变清为止。

②碱洗。预冲洗后立即进行碱洗，要求碱液的 pH 为 11.5，循环清洗 7～10min。开始时温度应为 70～80℃，循环后温度不能低于 40℃。

③酸洗。要求清洗酸液的 pH 为 3.5，循环清洗 7～10min，温度应在 60℃ 左右。

酸洗、碱洗交替使用，两班碱洗，一班酸洗，最后用温水冲洗 5min，清洗完毕后管道内不准留有残水。

（2）奶车、奶罐清洗、消毒　奶车、奶罐每次用后要对其内外进行彻底清洗、消毒，清洗前必须关闭制冷电源。先用温水清洗，水温要求 35～40℃；再用 50℃ 碱水循环清洗、消毒；最后用清水冲洗干净。

（3）奶泵、奶管、节门外部的清洗　每用 1 次用清水冲刷 1 次，每周 2 次定期通刷、清洗。

（4）挤奶台和挤奶大厅的清洗、消毒　每次挤奶结束后用高压水枪冲洗挤奶台和挤奶大厅，将粪尿清理干净，并用消毒液喷洒消毒。

（5）乳房清洗　有学者认为开始挤奶时不清洗乳房是正常的做法，因为清洗和干燥乳房花费的时间会大大增加挤奶的时长。此外，如果成组进行清洗，会刺激母羊，导致催产素提前释放，且不适当的清洗比完全不清洗更容易使羊奶受到外部细菌的污染。因此，一般建议不清洗乳房，而是尽一切可能保持母羊清洁。应该每天为母羊提供充足的新鲜垫料，如果不能保证母羊生活在足够清洁的环境中，则在挤奶前需要进行乳房清洗。

（6）挤奶后药浴　乳头括约肌是乳头末端由平滑肌纤维组成的环状结构，在哺乳或挤奶时，乳头括约肌在吮吸或挤奶刺激的作用下放松和张开，使羊奶从乳头管道流出。在挤奶或哺乳后不久，括约肌就会关闭，羊奶流不出去。然而，括约肌闭合不及时，则环境中的细菌（主要是凝固酶阴性葡萄球菌）可能会通过乳头感染乳房。当羔羊吮吸时，乳房的频繁排空限制了细菌入侵，但使用专用机器挤奶时两次挤奶之间较长的时间间隔将增加细菌感染的机会，增加乳腺炎的发生率。因此，挤奶后立即将乳头末端浸入抗菌剂中，可降低乳头括约肌完全闭合之前的感染风险。

第四节　干奶羊饲养管理

干奶并不是一个自然的过程。如果母羊没有妊娠而且一直挤奶，则泌乳会一直进行，但泌乳量会逐渐降低。如果母羊妊娠，则在妊娠后期随着孕体的增大，泌乳量迅速减少。这个时候停止挤奶，乳腺中分泌乳汁的细胞开始退化，经历细胞程序性死亡的过程，直到下一个泌乳期才会更新。奶绵羊的泌乳期一般为 5～8 个月。当羊群中大多数母羊进入干乳期后，仍有一小部分母羊会继续产奶，由生产者从经济上考虑这些母羊是否还值得挤奶。根据美国斯普纳农业研究站的数据显示，当日产奶量下降至 0.5 kg 时，继续挤奶就没有经济效益了。但是，当存在其他经济原因，如较高的脂肪含量或较少的绵羊奶来源导致羊奶价格上涨时，可能会促使生产者继续挤奶。

一、干奶期

母羊停止产奶称为干奶。母羊经过 5～7 个月的泌乳和 5 个月的妊娠，营养消耗很大，为了使其恢复体质，应停止产奶，停止产奶的这段时间称干奶期。母羊在干奶期应得到充足的蛋白质、矿物质和维生素，以使乳腺组织得到恢复，保证胎儿发育，为下一轮泌乳储备营养。要求妊娠后期的母羊体重比产奶高峰期增加 10%～20%，以保证胎儿正常发育。但注意不要喂得过肥，以免造成难产和发生代谢疾病。

二、干奶方法

1. 自然干奶　母羊产奶量达到峰值后，每月下降 15%～20%。产奶量较低的母羊，在泌乳 4 个月左右配种，妊娠 3 个月后产奶量迅速下降，停止挤奶后自然干奶。

2. 人工干奶　对产奶量高、营养条件好的母羊，应根据生产安排实行人工干奶。人工干奶分为逐渐干奶和快速干奶。

（1）逐渐干奶　逐渐减少挤奶次数，打乱挤奶时间，减少精饲料，控制多汁饲料，限制饮水，加强运动，可使母羊在 1～2 周之内逐渐干奶。当由于产奶量低而决定停止挤奶时，最好每天挤奶 1 次，持续 8～10d；然后每隔 1 天挤奶 1 次，再持续 8～10d。

（2）快速干奶　在预定干奶的当天，认真按摩乳房，将奶挤尽，然后擦干乳房，用 2%的碘液浸泡乳头，经乳头孔注入青霉素或金霉素软膏等药物，用火棉胶封闭乳头孔，并停止挤奶。1 周之内乳房积乳逐渐被吸收，乳房收缩并干奶。生产中一般采用此法进行干奶。

无论采用何种干奶方法，停止挤奶后一定要随时检查乳房。若发现乳房肿胀严重、触摸时有痛感，就要把奶挤出，重新采取干奶措施。如果发生乳腺炎，则必须在治愈后再进行干奶。

三、干奶羊饲喂

干奶期一般分为干奶前期和干奶后期。

1. 干奶前期　此期不宜饲喂过多青贮饲料和多汁饲料，以免引起早产。营养良好的母羊应喂给优质粗饲料和少量精饲料；营养不良的母羊除饲喂优质饲草外，要加喂一定量的混合精饲料。此外，应补充富含钙、磷的矿物质饲料。其间最好进行1次驱虫，并坚持运动。

2. 干奶后期　在干奶后期胎儿发育较快，需要更多的营养；同时，为满足分娩后泌乳的需要，干奶后期应加强母羊的饲养，饲喂营养价值较高的饲料，逐渐增加精饲料喂量，青干草应自由采食，多喂青绿饲料。母羊分娩前1周左右，应适当减少精饲料和多汁饲料的供应。干奶后应加强运动，防止顶撞、拥挤，注意保胎护羔。在产羔之前给母羊剪毛，为其提供一个更加清洁的产羔环境，且使产羔过程更易于监管。

四、干奶期乳腺炎的防治

干乳期向乳房内注射抗生素对防治奶绵羊乳腺炎很有效。大多数研究发现，干乳期给乳房注射抗生素可控制亚临床感染并减少随后分泌的乳汁中的体细胞数，尤其是对泌乳末期产奶量高或体细胞计数高的母羊效果更明显。在奶绵羊干乳期用螺旋霉素和新霉素治疗乳腺炎的痊愈率接近95%，且在干乳期时的感染率只有3.1%。对于干乳期的乳房进行护理必须格外小心和严格注意卫生。

第五节　种公羊饲养管理

奶绵羊种公羊必须经过严格选择，符合种用特征，12月龄以上的可以参与配种。管理好种公羊的目的是使其具有良好的体况、健康的体质、旺盛的性欲和良好的精液品质，以便更好地完成配种任务，发挥其种用价值。

一、日粮组成

种公羊的主要饲料为由优质禾本科牧草和豆科牧草组成的混合青干草，一年四季均衡饲喂。夏季补充半数左右的青绿饲料，冬季补给适量的青贮饲料，日粮营养不足部分用混合精饲料补充。精饲料中应特别注意蛋白质饲料的供应，蛋白质饲料应占20%左右。在配种任务特别繁忙的季节，要注意饲料的质量和适口性。在枯草季节，应加喂一些胡萝卜或大麦芽，以补充维生素的不足。在饲料补饲槽中放置舔砖，任种公羊自由舔食，同时任其自由采食优质青干草。

在培育期间，公羔和青年公羊的增重速度较母羊快，对营养的要求亦较母羊高。因此，应加强饲养管理，为其提供足够的营养。不论哪个年龄段的公羊，都不宜供给体积过大或水分过多的饲料，特别是在幼年时期。

种公羊不宜过肥，否则影响配种能力。不宜用高能量饲料（如玉米、大麦等）培育种公羊，其日粮应由优质青干草和富含蛋白质的精饲料组成。

二、配种期公羊的饲养管理

配种期的公羊处于兴奋状态，不安心采食，所以需要精心管理。饲料要少喂勤添，多次饲喂，并注意饲料质量和适口性，必要时补充一些富含蛋白质的饲料，以补偿公羊配种期营养的大量消耗。公羊在采精前不宜吃得过饱，以免影响采精效果。配种公羊要远离母羊，以免影响采食。在配种期，当年的小公羊要与成年公羊分圈饲养，不然小公羊闻到成年公羊的气味，会互相爬跨，消耗营养，影响生长发育。

公羊在配种季节要合理利用，一般每天配种或采精 2 次，最多不超过 3 次，即上、下午各 1 次，每周休息 1～2d。

三、非配种期公羊的饲养管理

给予非配种期公羊良好的饲养管理可为配种打好基础。有条件的羊场可进行放牧，适当补饲豆类精饲料。公羊配种前的体重应比配种旺季高 10%～20%，如果达不到这个指标，则配种期的任务就很难完成。因此，在配种季节到来前的 1～1.5 个月就要加强饲养，增加精饲料喂量，使其日粮逐渐过渡到高能量、高蛋白质水平；同时，要进行采精训练，检查精液品质。

四、常规管理

公羊在配种季节和非配种季节，都要坚持运动，舍饲公羊每天的运动时间不低于 4h（早、晚各 2h），以保持旺盛的精力。还要经常修蹄，按时刷拭，和蔼待羊，耐心调教，防止恶癖。对小公羊应坚持按摩睾丸，促进其生长发育。

五、羊舍环境

高温高湿对公羊精液品质有不良影响，因此公羊舍应选在通风、向阳、干燥的地方。同时，应远离母羊舍，并处于母羊舍的下风方向。保持舍内安静。有足够的面积，每只成年公羊舍内面积不低于 $2m^2$；运动场面积为 $3～5m^2$，以保证公羊有足够的活动空间。

第六节　饲养管理记录

奶绵羊在生产和育种过程中的各种记录资料是羊群的重要档案，尤其是育种场、核心群等。要及时、全面掌握羊群存在的主要问题，对个体进行鉴定、选种选配和后裔测定及系谱审查，合理安排配种、产羔、挤奶、防疫、羊群更新、饲草料贮存等日常管理，这都必须做好生产育种资料的记录。

随着计算机的发展，部分羊场已经在生产中引入智能化管理软件，同时配套使用自动挤奶机器、自动称重系统等现代设备，对整个生产过程实行全程管理和监控，并将生产中的各种信息和资料随时录入管理系统，经过专门的记录管理和分析模块处理、编辑后，建立相应的数据库，供随时查询和使用。

一、奶量记录

1. 哺乳期　指母羊哺乳羔羊或哺乳与产奶同时进行的时期。如果羔羊仅在初乳期哺乳，则认为哺乳时间为 0。如果有一个初始的哺乳期，则这一时期的泌乳量等于纯哺乳量（在纯哺乳的情况下），或等于哺乳量加挤奶量（在哺乳期间同时进行挤奶）。

2. 挤奶期　指羔羊彻底断奶后到母羊干奶期间的挤奶时间。

3. 泌乳期　指哺乳期与纯挤奶期的总和，也是产羔后到干奶期之间的天数。

4. 泌乳期的总泌乳量　指哺乳期泌乳量加挤奶期泌乳量的总和。只有个体挤奶时的泌乳量才能简单测量并用作为母羊产奶性能估测的依据。如果哺乳期的泌乳量不为 0，则泌乳量只考虑纯哺乳期和纯挤奶期的泌乳量之和。

5. 奶量记录方法　采取全自动挤奶设备全程记录。

二、智能化管理系统的使用

智能化管理系统可实现奶绵羊从出生到出栏的全生命周期监管，将羊的基本信息、生理指标、遗传系谱、优良性状与基因上传到云端数据库。利用计算机对奶绵羊的上述信息进行对比与分析，从而得出最佳的选种选配方案，提高优秀种羊的利用效率，解决因传统养殖方式导致效率低下、信息不畅、疫病防控粗放等因素造成的品种退化、奶品质低、生产成本高、生产记录缺乏等养殖问题。故建议规模化奶绵羊场使用智能化管理系统，通过软件和硬件实现羊电子耳标＋RFID 读写器＋GPRS＋软件连接，构建移动互联网与传感器网的感知网络，实现移动的羊场智能化管理，保证数据采集、羊场动态监管、羊场生产管理、生产物资管理、系谱管理、数据上报等羊场日常管理工作的有序进行；同时，支持后台各种数据报表的导出打印（图 7-9）。

在奶绵羊场，每只羊都佩戴电子耳标，可通过双耳标标记进行永久性识别，并获得奶绵羊的出生日期、初生重、断奶日期、断奶重、配种日期、首次挤奶时间、干奶时间、泌乳量、产羔羊数、断奶羔羊数以及系谱档案等信息。

1. 生产管理模块　依据奶绵羊品种和生产水平设置高效、科学的生产参数，根据设定参数进行配种、妊娠检查、接产、挤奶、饲喂、防疫、出售、淘汰、治疗、等级评分等生产环节的管理。

2. 羊场动态监测模块　实时监控羊场、羊舍、羊栏、羊只的详细情况，便于羊群整理和信息查询。

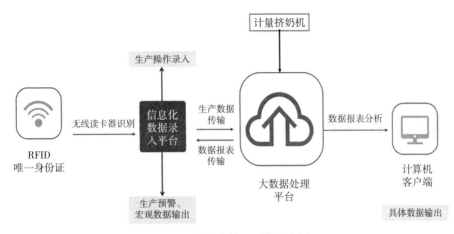

图 7-9 智能化管理系统示意图

3. 提示预警模块 根据养殖品种、生产模式、防疫、治疗项目进行追踪预警，便于合理进行生产安排，确保养殖生产、防疫和治疗紧凑运行，不发生空档期，减少疫病的发生。

4. 报表管理模块 系统根据生产数据进行报表的生成和输出，保证羊场管理人员对生产状况有直观的了解和管理，这类报表有配种报表、妊娠检查报表、生产报表、防疫报表、死亡报表、淘汰报表、治疗报表、出售报表、性能测定报表等。

5. 生产物资管理模块 对兽药、饲料、饲草、工具等物资进行管理时，设置出入库、损耗等功能，形成供销存报表，如出入库报表、损耗报表；同时，设置预警信息，当库存不足时系统能自动提示，方便库存管理人员、采购人员进行管理和工作。

6. 系谱管理模块 系统对羊的系谱进行分析和匹配，利用近交法计算羊之间的血缘关系，防止近亲交配等。

7. 效益分析模块 根据羊场的实际消耗，帮助羊场进行成本分析和核算。

8. 环控管理模块 采用光照、空气温湿度、氧气浓度、氨氮浓度传感器对养殖环境进行实时感知，通过无线信息传输节点将数字信号传输到系统后台，经过服务器处理后形成图形化显示输出，实时监测羊舍环境。

第八章
绵羊奶营养特点与乳制品加工 ▶▶▶

绵羊奶是一种珍贵的小品种乳品资源，日渐受到消费者的青睐和重视，除具有消化性好、缓冲能力强、营养价值高等优点以外，总奶固体（total milk solids，TS）含量高达18％以上，在各种动物奶中很高；另外，其蛋白质、Ca、P、维生素C、B族维生素、叶酸等含量高于很多其他动物奶，生理特性亦较接近人奶。

第一节　绵羊奶营养特点

一、感官特性及理化指标

（一）感官特性

绵羊奶的感官评价结果是反映产品可接受程度和消费者在购买产品时选购意向的重要质量指标。乳制品的化学成分及组织状态十分复杂，其感官质量特性也很复杂，不能完全依靠仪器分析或化学分析的方法来测定。人的感觉器官复杂而灵敏，能够分辨成百上千种的风味、滋味、气味成分，奶中化学成分的变化会引起感官质量特性的变化。因此，感官评价技术已成为乳品工业不可缺少的质量检验和品质控制方法。

1. 色泽　色泽是绵羊奶感官评价的主要指标之一。正常绵羊奶均为不透明的乳白色（图 8-1），色泽比牛奶更白。因为绵羊奶是一种集溶液、胶体、乳浊液等多种液体综合的多相体系，富含多种营养成分。酪蛋白、乳清蛋白、矿物质（钙、镁、钾、钠、锌、磷、硫等）、脂类、多种维生素等构成酪蛋白胶粒和脂肪球微粒，经过对光吸收、不规则反射和折射后，绵羊奶呈现出不透明的奶白色。酪蛋白酸钙一般为白色，而酪蛋白酸钾或酪蛋白酸钠为透明色。牛奶和绵羊奶在色泽上略有不同，由于牛奶中含有呈黄色的核黄素、叶黄素和 β-胡萝卜等成分，因此呈微黄色；而绵羊奶和山羊奶中的所有 β-胡萝卜素几乎全部转化为维生素 A（视黄醇），因此羊奶的白度值更高。在实际生产中，测定维生素 A 含量可作为鉴别牛奶与羊奶的方法。

此外，根据色泽也可以初步判定绵羊奶的质量情况。奶呈红色可能由于掺入了患有乳腺炎的奶绵羊所产的奶，

图 8-1　绵羊奶

或因奶头出血及奶被某种能产生红色素的细菌污染；奶呈青色、黄绿色、灰白色，发暗或有黄色斑点，可能是被细菌严重污染或者掺有其他杂质。通过色泽判定绵羊奶质量快速、方便，在实际工作中尤其是在原料奶的收购中具有重要意义。

2. 风味　风味是评价绵羊奶质量的另一主要指标，在感官评价中占有重要地位。嗅觉是各种气味物质的综合感觉。在生产实践中，乳品加工原料新鲜度的检查、乳品特有的风味物质、乳品的调香等，都有赖于嗅觉评价。

绵羊奶具有奶香独特而浓郁的风味特征，风味主要来自甲硫醚、丙酮、牛磺酸、醛类、酪酸及其他微量挥发性游离脂肪酸。绵羊奶中的风味成分构成与牛奶或山羊奶相似，但数量上有所不同。新鲜绵羊奶中的挥发性脂肪酸、酪酸与甲酸含量较多。羊奶因羊的品种不同而风味有异。绵羊奶本身的膻味明显低于山羊奶。总体而言，绵羊奶口感佳、品质好，适宜大多数人饮用。研究人员针对195名患有牛奶过敏症的英国受试者，进行了关于绵羊奶、山羊奶、大豆、大米、燕麦、椰子、杏仁等牛奶替代品的感官评价调查，结果显示，83%的人更喜欢绵羊奶。

3. 口感（滋味）　口感（滋味）评价绵羊奶与风味评价息息相关，在感官评价中占有重要地位。

新鲜的绵羊奶口味温和，微甜，无异味，口感滑润、细腻。微甜来源于奶中的乳糖及其他寡糖或酮类物质；微酸是因奶中含有少量的柠檬酸、磷酸和游离氨基酸等；氯化物也会使绵羊奶具有微咸的口感；微苦则源于绵羊奶中含有镁盐、钙盐及呈味氨基酸等成分。绵羊奶的上述不同口感区分较为微弱，且相互制约，并受乳糖、脂肪、蛋白质等宏量成分的味道掩蔽。

奶及乳制品中含有丰富的营养物质，是微生物的天然培养基，极易被细菌、酵母菌、霉菌等微生物污染从而产生各种风味缺陷，主要包括酸味、酸败味、霉味、酒味和腐臭味等。影响绵羊奶风味的酶类有脂肪氧化酶、脂肪酶和蛋白酶3种，这些酶的存在除会使奶及其制品出现异味外，可能还会出现金属异味、酸味等不良味道。

（二）理化指标

绵羊奶的理化特性对乳制品加工性能有重要影响，对其物理性质参数进行测定具有多方面的意义，如对加工工艺和加工设备的设计具有重要意义（如热导和黏稠度）；用于间接评定奶中特定成分的含量，如冰点升高说明奶中可能掺水；对密度进行测定可间接估算非脂乳固体含量；用来测定羊奶加工过程中某些生物化学变化，如发酵乳的发酵酸度、凝乳酶产生凝块等情况。理化指标是绵羊奶质量标准和收购验收的重要依据。

1. 比重　比重与密度密切相关，奶的比重是指15℃时奶的重量与15℃时水的重量之比，绵羊奶的比重为1.032～1.040。奶的密度是指奶在20℃时单位体积的质量与4℃时同体积水的质量之比，密度高低由奶中所含各种成分的总量所决定，而奶中各种成分含量虽有一定的波动幅度，但大体上稳定。相对密度随温度的变化而变化，温度降低，绵羊奶相对密度增高；反之，则降低。相对密度与乳固体呈正相关对应关系，绵羊奶中总乳固体含量在18.5%，除在干燥时蒸发的水和少量随水蒸气挥发的物质以外，总乳固体就是奶全部成分的综合表征结果。

2. 冰点 绵羊奶冰点的平均值为$-0.570℃$。作为溶质的乳糖与盐类是决定绵羊奶冰点的主要因素，由于它们含量较为稳定，所以正常新鲜绵羊奶的冰点是物理性质中较稳定的一项指标。掺水量检测的原理和方法与牛奶的检测是一致的，在绵羊奶中掺水可导致冰点升高，因此可根据冰点计算掺水量，但酸败乳的冰点会降低。另外，贮存与杀菌条件对奶的冰点也有影响，所以测定冰点必须用新鲜奶。

研究表明，掺水10%时冰点约上升$0.054℃$。可根据冰点的变动用下列公式推算掺水量：

$$w = \frac{t - t'}{t}(100 - w_s)$$

式中，w为用质量计的加水量（$\%$）；t为正常奶的冰点（$℃$）；t'为被检测奶的冰点（$℃$）；w_s为被检测奶的乳固体含量（$\%$）。

3. 酸度 奶的酸度有多种测定方法及表达形式，最常用的是滴定酸度，我国滴定酸度用吉尔涅尔度（$°T$）或乳酸度（乳酸，$\%$）来表示。滴定酸度可及时说明奶中酸产生的程度，所以生产中广泛采用测定滴定酸度来间接掌握绵羊奶的新鲜度。酸度越高奶所表现的热稳定性就越差，因此测定绵羊奶的酸度对指导生产有重要意义。

乳蛋白分子中含有较多的酸性氨基酸和自由羧基，受到奶中柠檬酸盐、磷酸盐等酸性物质的影响，加之奶中溶解有少量CO_2，所以奶偏酸性。新鲜奶的酸度称为固有酸度或自然酸度，绵羊奶因其游离氨基酸居多而自然酸度偏高，这种酸度与贮存过程中因微生物繁殖所产生的酸无关。挤出的奶随时间延长在微生物的作用下产生有机酸发酵，导致奶酸度逐渐升高。由发酵产酸而升高的这部分酸度称为发酵酸度，自然酸度和发酵酸度之和称为总酸度。一般条件下，乳制品生产中所测定的酸度是总酸度，鲜奶贮运过程中降温不及时、冷链不完备、奶与外界空气接触等均会导致发酵酸度增加。乳制品酸度，是指以标准碱液用滴定法测定的滴定酸度。我国《乳、乳制品及其检验方法》中规定，酸度检验以滴定酸度为标准。正常新鲜绵羊奶的pH为$6.5\sim6.8$，一般酸败奶或初乳的pH在6.5以下，乳腺炎奶或低酸度奶的pH在6.8以上。

绵羊奶、山羊奶和牛奶的理化特性存在明显差异（表8-1）。与牛奶相比，绵羊奶具有相似的比重，更高的黏稠度、滴定酸度、折射率和更低的冰点。绵羊奶的黏稠度较高是由于奶中总固体含量高，这对酸奶凝乳的硬度产生正向显著影响，较高的黏稠度也可归因于奶蛋白中的水结合能力增加。

表 8-1　绵羊奶、山羊奶和牛奶的理化特性

理化特性	绵羊奶	山羊奶	牛奶
比重（相对密度）	1.034 7～1.038 4	1.029～1.039	1.023 1～1.039 8
黏性（Cp）	2.86～3.93	2.12	2.0
表面张力（Dynes/cm）	44.94～48.70	52.0	42.3～52.1
电导率（Ω^{-1} cm^{-1}）	0.003 8	0.004 3～0.013 9	0.004 0～0.005 5
折射率	1.349 2～1.349 7	1.450±0.39	1.451±0.35
冰点（℃）	-0.570	$-0.573\sim-0.540$	$-0.570\sim-0.530$

（续）

理化特性	绵羊奶	山羊奶	牛奶
酸度（乳酸，%）	0.22～0.25	0.14～0.23	0.15～0.18
pH	6.51～6.85	6.50～6.80	6.65～6.71

资料来源：Sheep milk：a pertinent functional food。

4. 总乳固体和非脂乳固体 将奶干燥至恒重时所得到的残余物称为总乳固体，亦称乳总固形物。除绵羊奶外，一般奶中含有 11%～13% 的总固形物。奶中 TS 数量随奶成分的百分含量变化而变化，尤其是乳脂肪，在奶成分中是一个不太稳定的成分，波动较大，对 TS 数值有很大的影响。因此，在实际生产中常不用 TS 而用非脂乳固体（nonfat milk solids，NFTS）作为指标。NFTS 是奶中除脂肪和水分之外的物质的总称。TS 反映奶营养价值的高低，在生产中计算制品的生产率时，需要用 TS 或 NFTS 两个指标。

通常牛奶中含有约 13.80% 的 TS，含 NFTS 8.00%～9.00%、蛋白质 3.10%、脂肪 3.40%～4.50%、乳糖 4.60%、灰分 0.60%～0.80%。而绵羊奶中对应的相关数据为：TS 18.50%、NFTS 12.00%、蛋白质 5.20%、脂肪 5.30%～9.30%、乳糖 3.90%～4.90%、灰分 0.94%（部分数据见表 8-2）。绵羊初乳的基本营养成分也远高于牛初乳（括号内均为牛初乳对应的数据）：脂肪 13.00%（5.10%）、蛋白质 11.80%（7.10%）、乳糖 3.30%（3.60%）、灰分 0.90%（0.90%）、总乳固体 28.90%（15.60%）。不难看出，绵羊奶中富含蛋白质、脂肪和矿物质，营养价值更高；且含有较多的钙、磷和镁。脂质比较显示，绵羊奶中含有较高比例的中链脂肪酸，更容易被人体消化、吸收。

绵羊奶中较高的脂肪和非脂肪固体含量使其成为奶酪和酸奶生产的理想原料。绵羊奶中不饱和脂肪酸、钙、磷、铁和镁的含量均高于牛奶，乳糖含量与牛奶基本相当。但绵羊奶中的乳糖在干物质中的所占比例显著低于牛奶，因此绵羊奶更适合乳糖不耐症人群食用。研究表明，与牛奶相比，绵羊奶中 α_{s1}-酪蛋白组分的比例较低。α_{s1}-酪蛋白会引起部分人群的过敏反应，因此绵羊奶较低的过敏原含量是其显著的营养特色，是牛奶过敏者的理想替代品。

表 8-2 表明，绵羊奶中的 TS、NFTS、脂肪含量均极显著高于山羊奶、牛奶。与其他奶的来源相比，人奶中的乳糖含量最高。绵羊奶中的乳糖含量与山羊奶、牛奶无显著差异；绵羊奶中的总蛋白、酪蛋白含量极显著高于牛奶和人奶。由此可见，绵羊奶与山羊奶、牛奶及人奶的营养成分存在显著差异。

表 8-2　不同奶源成分含量（%）

参数	绵羊奶	山羊奶	水牛奶	牛奶	骆驼奶
蛋白质	4.50～6.60	2.80～3.70	4.38	3.10～3.50	3.26
脂肪	6.99（5.30～9.30）	4.07（3.40～4.50）	7.73	4.09（3.40～4.50）	3.80
乳糖	3.90～4.90	3.90～4.80	4.79	4.60～4.90	4.30
非脂乳固体（NFTS）	12.00	8.90	9.50	9.00	10.36
水	82.00	83.20	83.18	87.80	86.50

（续）

参数	绵羊奶	山羊奶	水牛奶	牛奶	骆驼奶
总乳固体（TS）	18.50 (16.00~22.50)	12.80 (11.20~13.80)	18.00	13.80 (11.80~14.20)	14.00

二、宏量营养素

营养素分为宏量营养素和微量营养素。宏量营养素包括蛋白质、脂肪及糖，在膳食中所占比例大。维生素、矿物质及多种生理活性成分被称为微量营养素，在膳食中所占比例小但更为重要。

就宏量营养素而言，绵羊奶中的蛋白质和脂肪含量显著高于牛奶和山羊奶（表8-2），山羊奶与牛奶的基本接近。与其他动物奶相比，羊奶中的脂肪球更小（平均粒径 $2\mu m$），更易被人体消化吸收。与牛奶相比，羊奶中的酪蛋白含量低，其中 α_{s1}-酪蛋白更低，组成相对更接近人奶，这使得饮用羊奶时不容易致敏，这些优势赋予了羊奶更优的营养价值及更强的市场竞争力。当前市场上大部分羊奶制品来源于奶山羊，在过去绵羊常用作毛用或肉用饲养，现在奶绵羊正在受到多方重视，奶绵羊产业正蓬勃发展。

（一）蛋白质

蛋白质是绵羊奶中的主要含氮物质，含量为 4.50%~6.60%。其中，乳蛋白含量占含氮物质的95%左右。乳蛋白包括乳清蛋白、酪蛋白及少量脂肪球膜蛋白。绵羊奶不但是乳清蛋白最丰富的来源（10~13g/kg），酪蛋白含量也很高（42~52g/kg）。β-乳球蛋白是羊奶中的主要乳清蛋白，羊奶中的 α-乳白蛋白含量也高于牛奶。但是，关于绵羊奶中酪蛋白组分的权威性研究很少，尚没有定论。羊奶中的酪蛋白和乳白蛋白都是全价蛋白质，含有人体需要的8种必需氨基酸，其蛋白质消化率达98%左右。绵羊奶中的蛋白在人体内先在胃酸作用下形成凝乳块，然后被分解为氨基酸，在小肠中被吸收。凝乳块的大小与软硬度直接影响蛋白质的消化吸收率。绵羊奶中易消化的球蛋白含量较高，且分子质量小，凝乳表面张力小，营养价值较高，在人体内形成的凝乳块细而软，因此人体对绵羊乳蛋白的吸收率较高。

关于绵羊奶中主要蛋白质的种类及有关性质见表8-3。

表 8-3　绵羊奶中主要蛋白质的种类和性质

传统分类	现代分类	占脱脂奶中蛋白质的量（%）	等电点	相对分子质量
酪蛋白	α_{s1}-酪蛋白			23 641
	α_{s2}-酪蛋白	50.23	25 230	
	β-酪蛋白	39.95		23 983
	γ-酪蛋白			
	κ-酪蛋白	9.82	4.6	19 023

（续）

传统分类	现代分类	占脱脂奶中蛋白质的量（%）	等电点	相对分子质量
乳白蛋白	α-乳白蛋白 血清白蛋白	8.97~17.0	4.8	14 176
乳球蛋白	β-乳球蛋白	59.24~77.7	5.1~5.3	18 363
	免疫球蛋白 IgG₁ IgG₂ IgG_M IgG_A	0.62~6.54	5.0~5.7	170 000

绵羊乳蛋白中含有 20 种以上的氨基酸，其主要氨基酸组成与含量分析结果见表 8-4。

表 8-4　绵羊乳蛋白中主要氨基酸组成（mg/L）

氨基酸名称	含量	氨基酸名称	含量
天冬氨酸	38.05±5.86	缬氨酸	17.54±6.79
谷氨酸	36.73±0.06	甲硫氨酸	31.05±1.29
丝氨酸	5.87±2.57	苯丙氨酸	7.87±4.50
组氨酸	38.05±8.92	异亮氨酸	4.91±1.21
甘氨酸	6.34±2.24	亮氨酸	16.53±4.06
苏氨酸	23.12±9.47	赖氨酸	34.28±2.33
丙氨酸	4.34±1.12	脯氨酸	29.72±3.97
精氨酸	192.15±19.78	必需氨基酸	122.18±34.18
酪氨酸	9.61±3.99	非必需氨基酸	394.66±108.97
胱氨酸	10.67±3.90	氨基酸总量	516.84±129.13

1. 酪蛋白　将脱脂奶加酸处理，在 20℃下调节其 pH 至 4.6 时沉淀（聚沉）的成分即为酪蛋白，分子质量为 57~375ku，坚硬致密，不容易被人体消化。

（1）酪蛋白的组成　酪蛋白是奶中一大类蛋白质的总称，很容易形成含有几种不同类型的分子聚合物。由于酪蛋白分子上存在大量亲水基团、疏水基团及电离化基团，因此由酪蛋白形成的分子聚合物十分特殊，该分子聚合物由数百乃至数千个单个分子构成，且形成胶体溶液，这种结构使得脱脂奶带有蓝白色的色泽。该混合物即为酪蛋白胶束，胶束大小为 0.4μm 左右，只有通过电子显微镜才可以看得到。

酪蛋白以胶束状态存在于奶中，是以含磷蛋白为主体的几种蛋白质的复合体，可以区分为钙不溶性和钙可溶性两部分。钙不溶性 α-酪蛋白的主要成分称 α_s1-酪蛋白，约占总酪蛋白的 40%，根据遗传变异又可以区分为 A、B、C、D 共 4 种；另外，钙不溶性酪蛋白还包括 β-酪蛋白，而不属于 α_s1-酪蛋白的部分被命名为 α_s2-、α_s3- 等。钙可溶性酪蛋白包括 κ-酪蛋白和 λ-酪蛋白。κ-酪蛋白约占总酪蛋白的 15%，可以分为 A、B 共 2 种变异体。

κ-酪蛋白中的含磷量虽比 α-酪蛋白约少一半，但可以被皱胃酶直接凝固，故在利用皱胃酶凝乳时，酪蛋白有很重要的作用。人奶中的酪蛋白主要是 β-酪蛋白，没有 α-酪蛋白。κ-酪蛋白通常与 α-酪蛋白结合而形成一种 α-κ 酪蛋白复合体。在脱脂奶中加入少量氯化钙时，能促进酪蛋白形成胶粒；形成胶粒后，加入草酸钾使钙沉淀，并用离心分离法除去草酸钙沉淀；然后对酪蛋白胶粒进行透析，以除去残留的草酸钾等，此时即可得到含 β-酪蛋白与 α-κ-酪蛋白复合物的胶体溶液。调节此溶液 pH 至 7，并加氯化钙至 0.25mmol/L，同时调节温度为 37℃，则 α-κ 酪蛋白与 β-酪蛋白迅速沉淀，而 κ-酪蛋白则存在于上清液中，可将其分离。

①α_{s1}-酪蛋白。α_{s1}-酪蛋白是乳蛋白中的主要成分，是一种高度磷酸化蛋白。过敏原 α_{s1}-酪蛋白在羊奶中的含量仅占酪蛋白含量的 5.60%，远低于牛奶，且羊奶中主要的酪蛋白质是 β-酪蛋白，其更易被人体消化吸收。因此，对牛奶过敏者和体质较弱的人来说，羊奶是更为安全的选择。

②α_{s2}-酪蛋白。与其他酪蛋白相比，α_{s2}-酪蛋白包含更多的磷酸化丝氨酸和赖氨酸，并在 36 位和 40 位上都是半胱氨酸。磷酸化程度不同，α_{s2}-酪蛋白具有多种形式，可以通过 PAGE 方法进行鉴定，磷酸化程度变化范围为 10~14。α_{s2}-酪蛋白的这些存在形式被鉴定后，可细化为 α_{s2}-酪蛋白、α_{s3}-酪蛋白、α_{s4}-酪蛋白、α_{s5}-酪蛋白、α_{s6}-酪蛋白（α_{s5}-酪蛋白是 α_{s3}-酪蛋白和 α_{s4}-酪蛋白的二聚体）。在酪蛋白中，α_{s2}-酪蛋白的疏水作用最差。

③β-酪蛋白。β-酪蛋白含有大量的谷氨酰胺和高比例的脯氨酸（35 个残基），没有半胱氨酸，在 N-末端附近形成了主要的磷酸化作用位点。β-酪蛋白磷酸化位点的数量和磷酸化水平比 α-酪蛋白少，这对其结构具有极大的影响。β-酪蛋白是疏水性最强的酪蛋白组分，因为在奶正常 pH 条件下，N 端 21 个残基片断有较高的负电荷，而 β-酪蛋白分子没有净电荷，因此极度疏水。另外，β-酪蛋白分子的两性性质是其在溶液中形成胶束聚合物的主要原因。

④γ-酪蛋白。γ-酪蛋白是 β-酪蛋白的降解产物，有更多的疏水基团，易溶于乙醇溶液中。γ-酪蛋白的数量变化很大，这主要与原料奶的保存温度和时间有关。

⑤κ-酪蛋白。κ-酪蛋白占总酪蛋白的 10%~12%，是一种含有少量磷酸基的磷蛋白，在稳定奶中酪蛋白胶束方面起决定性作用。在酶切之后，降低了酪蛋白胶体的稳定性。对新生儿营养和许多干酪的生产来说，引起这种酪蛋白稳定性转化的酶切作用十分重要。这可以通过有两个明显不同结构域的分子来完成，这些结构域在中性 pH 条件下通过酸性蛋白酶水解一个肽键而分开。N 端域（1~95 位残基）带有净正电荷，疏水性强，与其他酪蛋白相互作用强烈。

（2）酪蛋白胶束结构　在奶中，95% 的酪蛋白以胶束（casein micelle）形式存在。酪蛋白胶束是几种含磷蛋白质交联形成的复合体，包含 4 种蛋白组分：α_{s1}-酪蛋白、α_{s2}-酪蛋白、κ-酪蛋白和 β-酪蛋白；但实际上是 3 种酪蛋白：α_s-酪蛋白、κ-酪蛋白和 β-酪蛋白。每种酪蛋白有 2~8 种遗传性变异体，变异体间的差别仅为几个氨基酸的不同。事实上，这 3 种蛋白质一般有 1 个或 2 个含有羟基的氨基酸与磷酸发生酯化作用，磷酸能与钙、镁或其他盐在分子内或分子间发生键合。研究表明，酪蛋白胶束是由亚酪蛋白胶束混合构成的，不同的酪蛋白胶束含有的 α_s-酪蛋白、β-酪蛋白和 κ-酪蛋白不是均匀一致的。在 20℃、

pH 为 4.6 时酪蛋白发生沉淀。

（3）酪蛋白的交联性质和钙沉淀敏感性的关系 除了溶液中单个酪蛋白之间相互作用之外，许多研究涉及多个混合物之间的相互作用。这些研究显示，在缺乏多价阳离子的条件下，当温度为 25～37℃时，α_{s1}-酪蛋白和 κ-酪蛋白的缔合作用最强，其次是 α_{s1}-酪蛋白和 β-酪蛋白，然后是 α_{s1}-酪蛋白的自缔合作用。然而，这在很大程度上取决于环境条件，尤其是温度。

κ-酪蛋白的二硫化物聚合物通过非共价键结合，形成相对分子质量为 600 000～650 000 的聚合物。这些聚合物在 pH 为中性条件下很稳定。κ-酪蛋白对钙的沉淀有相当强的抵抗作用，在相当于 10 倍的 α_s-酪蛋白和 β-酪蛋白抵抗钙的情况下才发生沉淀。在凝乳酶将 κ-酪蛋白在 Phe105-Met106 肽键解离后，稳定性丧失，生成副 para-κ-酪蛋白（残基为 1～105 个）的疏水部分和亲水部分的糖聚肽。

酪蛋白所有的自身交联与之间的聚合与钙离子有关。各种酪蛋白对钙离子的敏感性依次为 α_{s2}-酪蛋白、α_{s1}-酪蛋白、β-酪蛋白和 κ-酪蛋白。酪蛋白和乳清蛋白形成聚合是在热处理情况下发生的。

2. 乳清蛋白 乳清蛋白也叫乳浆蛋白，是原料奶中去除了在 pH 4.6 等电点处沉淀的酪蛋白之后留下的蛋白，占乳蛋白的 18%～20%。乳清蛋白与酪蛋白不同，其粒子水合能力强、分散度高，在奶中呈典型的高分散溶液状态，甚至在等电点时仍能保持分散状态。可分为热稳定乳清蛋白和热不稳定乳清蛋白两部分。当将乳清煮沸 20min、pH 为 4.6～4.7 时，沉淀的蛋白属于对热不稳定的乳清蛋白，约占乳清蛋白的 81%。只要不使乳清蛋白过热变性，即使在其等电点，乳清蛋白也不会沉淀出来。乳清蛋白主要包含 β-乳球蛋白、α-乳白蛋白、血清白蛋白、免疫球蛋白、乳铁蛋白等。

（1）乳白蛋白 在中性条件下，加入饱和硫酸铵或硫酸镁进行盐析时，乳清仍呈溶解状态而不析出蛋白，称为乳白蛋白。乳白蛋白可分为 3 种，即 α-乳白蛋白、β-乳球蛋白和血清白蛋白，乳白蛋白中最主要的是 α-乳白蛋白。α-乳白蛋白是乳清蛋白中相对分子质量最小的蛋白质，容易被消化吸收。其作为乳糖合成酶系的关键酶，在乳糖的生物合成中起重要作用。

奶中各种蛋白质有互补的作用，营养学观点认为乳蛋白是一种全价蛋白质。乳白蛋白的一部分来自血清，所以有一部分称血清白蛋白。乳中的血清白蛋白不同于 α-乳白蛋白，其性质近似于血液中的血清白蛋白，在患有乳腺炎等奶绵羊所产的异常奶中含量增高。

（2）乳球蛋白 乳清在中性状态下用饱和硫酸铵或硫酸镁盐析时，能析出呈不溶解状态的乳球蛋白。乳球蛋白约占乳清蛋白的 13%，其中 β-乳球蛋白约占全部乳球蛋白的 43.6%。乳球蛋白可分为真球蛋白和假球蛋白两种，它们与奶的免疫性有关，具有抗原作用，所以也称为免疫球蛋白。

另外，当将乳清煮沸 20min、在 pH 为 4.6～4.7 时，仍溶解于奶中的乳清蛋白为热稳定性乳清蛋白。它们主要是小分子蛋白和胨类，约占乳清蛋白的 19%。

3. 脂肪球膜蛋白 绵羊奶脂肪球膜（milk fat globule membrane，MFGM）的生物活性与其他奶源存在一定差异。研究发现，绵羊奶 MFGM 抑制轮状病毒活性的功能显著高于牛奶（IC_{50}: 51.3% 和 32.2%）。脂肪球膜蛋白是 MFGM 上重要的组成部分，占 MFGM

质量的 25%～70%，占总乳蛋白的 1%～4%。已鉴定出 558 种绵羊奶脂肪球膜蛋白，高丰度蛋白有嗜乳脂蛋白、黄嘌呤脱氢酶/氧化酶、乳凝集素、脂滴分化蛋白、肌动蛋白等。绵羊奶中的乳凝集素和黏蛋白 MUC-1 等成分与牛奶、山羊奶存在显著差异。绵羊奶与其他物种奶源脂肪球膜蛋白的组成及生理活性的区别还有待分析比较。脂肪球膜次要蛋白包括与糖基化有关的酶碳酸酐酶、碱性磷酸酶、乳铁蛋白、骨桥蛋白和溶菌酶等，后 3 种主要存在于乳清中，在 MFGM 中的含量很少。

（二）脂质

脂质中有 97%～99% 的成分是乳脂肪，还含有约 1% 的磷脂和少量的甾醇、游离脂肪酸、脂溶性维生素等。乳脂肪是中性脂肪，在绵羊奶中的含量为 5.3%～9.3%，是绵羊奶的主要成分之一。其脂肪是由 1 分子甘油和 3 分子脂肪酸组成的甘油三酯混合物。组成乳脂肪的脂肪酸残基种类和结构不同，可形成许多不同的甘油三酯。构成甘油三酯的 3 个脂肪酸残基可能是饱和的或是不饱和的，而不饱和的还可能是单不饱和、双不饱和或多不饱和的脂肪酸。因此，乳腺中形成的乳脂肪组成非常复杂。乳脂肪不溶于水，而是以脂肪球状态分散于乳浆中。

1. 乳脂肪球及脂肪球膜 脂肪以微小脂肪球状态分散于奶中，呈一种水包油型的乳浊液。脂肪球表面被脂肪球膜包裹着，使脂肪在奶中保持稳定的乳浊液状态，并使各个脂肪球独立地分散于奶中。脂肪球的直径为 $0.1\sim22\mu m$，平均 $3\mu m$，大部分在 $4\mu m$ 以下，$10\mu m$ 以上的很少。绵羊奶中脂肪球直径为 $0.5\sim25\mu m$，平均为 $3.3\mu m$。绵羊奶与牛奶脂肪球大小比较见表 8-5。

表 8-5 绵羊奶与牛奶脂肪球大小比较

直径（μm）	2	2～4	4～6	6～8	8～10
绵羊奶（%）	57.0	34.0	7.0	2.0	—
牛奶（%）	23.3	61.7	3.0	1.9	0.1

2. 脂肪酸组成及含量 脂肪酸根据碳氢链的饱和度可分为三类：饱和脂肪酸（saturated fatty acids，SFA），碳氢链上没有不饱和键；单不饱和脂肪酸（monounsaturated fatty acids，MUFA），碳氢链上有 1 个不饱和键；多不饱和脂肪（polyunsaturated fatty acids，PUFA），碳氢链上有 2 个或 2 个以上的不饱和键。山羊奶和牛奶中均以饱和脂肪酸为主，饱和脂肪酸构成比大约是人奶的 2 倍，单不饱和脂肪酸的构成比与人奶比较接近，而多不饱和脂肪酸的构成比远低于人奶。羊奶中多不饱和脂肪酸的构成比约比牛奶高出 30%，从营养学角度讲质量更好。山羊奶中含 8～12 个 C 的中链脂肪酸占 28%，为牛奶的 2 倍，这也是羊奶呈现特殊风味（膻味）的来源。与长链脂肪酸相比，中链脂肪酸更易被吸收，而且吸收速度快，在体内可以被快速氧化供能。

绵羊奶中的脂肪含量不但高于牛奶和山羊奶，更重要的是其脂类成分的分布差异显著不同。绵羊奶中营养价值高的中链甘油三酯、单不饱和脂肪酸和必需的多不饱和脂肪酸含量更高。绵羊奶中 20% 的脂肪由短链脂肪酸构成，这些脂肪酸的含量越高，脂肪酶的工作效率就越高。因此，与牛奶相比，绵羊奶更易被人体肠道吸收消化。羊奶中的必需脂肪酸——亚油酸，是评价脂肪酸质量优劣的一个重要指标，具有组成磷脂、防止消化道损伤和调节胆固醇代谢等功能。羊奶中的亚油酸质量分数高于牛奶、水牛奶和人奶。此外，绵羊和山羊体内具有代谢价值的短链脂肪酸和中链脂肪酸，即己酸（C6：0）、辛酸（C8：0）、癸酸（C10：0）和月桂酸（C12：0）的水平均显著高于牛奶（表8-6）。这些脂肪酸与羊奶的特征风味密切相关。辛酸和癸酸使绵羊乳制品具有特殊的滋味及气味。绵羊奶中的脂肪以小球状形式存在（平均粒径 $3.3\mu m$），比牛奶中的脂肪颗粒小（平均粒径 $4.5\mu m$）。

表 8-6 不同奶中脂肪酸的组成（%）

脂肪酸	绵羊奶	山羊奶	牛奶	人奶
丁酸（C4：0）	3.47	3.78	3.3	—
己酸（C6：0）	3.29	2.92	1.6	微量
辛酸（C8：0）	3.14	3.4	1.3	微量
癸酸（C10：0）	8.44	8.51	3.0	1.3
合计（C4~C10）	18.34	18.61	9.2	1.3
月桂酸（C12：0）	6.33	4.93	3.1	3.1
豆蔻酸（C14：0）	10.33	10.58	9.5	5.1
棕榈酸（C16：0）	23.65	21.52	26.5	20.2
褐煤酸（C28：0）	9.83	9.41	微量	—
花生酸（C20：0）	1.9	3.69	微量	6
山嵛酸（C22：0）	—	—	微量	
单不饱和脂肪酸				
癸烯酸（C10：1）	0.82	0.4	微量	微量
月桂烯酸（C12：1）	0.1	0.37	微量	微量
肉豆蔻酸（C14：1）	9.03	2.1	1.05	微量
棕榈烯酸（C16：1）	1.95	1.28	2.3	5.7
油酸（C18：1）	15.29	20.07	29.8	46.4
多不饱和脂肪酸（C16：2）	0.13	0.62	微量	微量
亚油酸（C18：2）	2.7	3.09	2.5	13
亚麻酸（C18：3）	1.87	0.97	1.8	1.4
饱和脂肪酸（%）	50.31	56.33	55.15	41.05
不饱和脂肪酸（%）	49.69	40.23	40.76	58.17

若与一般脂肪相比，乳脂肪的脂肪酸组成中，水溶性、挥发性脂肪酸含量特别高，这类乳脂风味良好，易于消化。乳脂肪的组成复杂，在低级脂肪酸中甚至可检出醋酸，也可检测出 C_{20}~C_{26} 的高级饱和脂肪酸。一般天然脂肪中含有的脂肪酸绝大多数是碳原子为偶数的直链脂肪酸，也发现带有侧链的脂肪酸。乳脂肪的不饱和脂肪酸主要是油酸，约占不饱和脂肪酸总量的 70%。

3. 乳脂肪性质

（1）特点　绵羊奶脂肪中短链脂肪酸（$C_4 \sim C_{10}$）含量达 18% 左右，其中水溶性挥发脂肪酸含量高达 8%（如丁酸、己酸、辛酸等），而其他动植物油中的含量不过 1%。因此，绵羊奶脂肪具有特殊的香味和柔软的质体，是制作高档食品的原料，亦可用于高档化妆品原料。乳脂肪易受光氧气、热、铜、铁等作用而氧化，从而出现脂肪氧化味。此外，乳脂肪易在解脂酶及微生物的作用下发生水解，水解结果使酸度升高。绵羊奶中的脂肪含低级脂肪酸较多，尤其是其中的丁酸具有挥发性，即使轻度水解也能产生特殊的刺激性气味，即所谓的脂肪分解味。另外，乳脂肪易吸附周围环境中的其他气味，如饲料味、舍内气体味、柴油味及香脂味等。乳脂肪在 5℃ 以下呈固态，5～11℃ 时呈半固态。

（2）理化常数　乳脂肪的理化常数主要有 4 项，即水溶性挥发脂肪酸值、皂化值、碘价、波伦斯克值。乳脂肪的理化特点是水溶性挥发脂肪酸值高，碘价低，挥发性脂肪酸较其他脂肪多，不饱和脂肪酸少，皂化值比一般脂肪高。

（3）脂解　通过脂肪酶的作用水解脂肪酸引起的风味方面的缺陷，称为脂解或水解异味。它与氧化异味不同，奶和乳制品的风味缺陷主要归因于脂解。脂肪酶是唯一的在脂类和乳清界面上有活性的酶。奶中主要的细菌脂肪酶是热稳定的胞外嗜冷菌脂酶。对超高温奶而言，低含量的热稳定蛋白酶和脂肪酶可能导致产品长期贮存时变质，甚至出现苦味。

（4）自然氧化　绵羊奶在外在因素的影响下开始的脂类氧化，称为自然氧化。影响绵羊奶氧化的重要因素包括：金属蛋白，如奶中的过氧化物酶和黄嘌呤氧化酶；内源性抗坏血酸，它是提高铜氧化的助催化剂；内源的铜成分；内源的抗氧化剂，主要是维生素 E。

4. 磷脂　奶与乳制品中磷脂的含量波动较大。以卵磷脂表示奶中磷脂的含量比较含糊，目前确切表示奶中磷脂成分的数据还不够精确，且纯卵磷脂还不能从乳磷脂中分离出来。奶中磷脂的 60% 都存在于脂肪球中。绵羊奶经分离机分离出稀奶油时，约有 70% 的磷脂被转移到稀奶油中。稀奶油再经过搅拌制造奶油时，大部分磷脂又转移到乳酪中。因此，乳酪是富含磷脂的产品，可作为再制奶、冰淇淋及婴儿奶粉类的乳化剂和营养强化剂。

5. 甾醇　乳中甾醇的含量很低（每 1mL 绵羊奶中含 0.014mg），主要结合在脂肪球膜上。乳脂肪及其他动物性脂肪中甾醇的最主要部分是胆固醇。绵羊奶中大多数胆固醇是以游离形式存在的，只有少量与脂肪酸形成胆固醇酯。甾醇在生理上有重大意义，因为有些甾醇（如麦角甾醇）经紫外线照射后具有维生素 D 特性。只是奶经照射后能引起脂肪氧化，使乳脂劣变，所以没有被广泛应用。

（三）糖

乳糖是绵羊奶中主要的碳水化合物类型，具有改善肠道环境、促进矿物质吸收、促进维生素 D 利用以及维持细胞内外渗透压平衡等多种作用，因此婴幼儿配方奶粉中往往需要调整乳糖含量，使之与人奶中的乳糖比例（7%～7.5%）更加接近。山羊奶和牛奶中的乳糖含量分别为 4.58% 和 4.65%，均低于人奶。绵羊奶作为近年来我国新兴的乳品资源，其乳糖含量为 4%～6%（不同品种奶绵羊所产的奶其营养物质含量差异较大）。

1. 乳糖结构和性质　乳糖是一种由 1 个分子 D-半乳糖和 1 个分子 D-葡萄糖组成的双

糖。在婴幼儿生长发育过程中，乳糖不仅可以提供能量，还参与大脑的发育进程。乳糖是一种还原糖，有 α-乳糖及 β-乳糖两种，在水中的溶解度随温度而异。α-乳糖在热作用下溶解于水中时逐渐变成 β-乳糖。

（1）α-乳糖水合物　α-乳糖通常含有 1 分子结晶水，是在 93.5℃ 以下的水溶液中结晶而成的，市售乳糖一般为 α-乳糖水合物。

（2）α-乳糖无水物　在真空中缓慢加热到 100℃ 或在 120～125℃ 迅速加热，均可使 α-乳糖水合物失去结晶水而成为 α-乳糖无水物，其在干燥状态下稳定。但在有水分子存在时，易吸水而成为 α-乳糖水合物。

（3）β-乳糖　β-乳糖是以无水物形式存在的，是在 93.5℃ 以上的水溶液中结晶而成的。β-乳糖比 α-乳糖易溶于水，且较甜。

2. 乳糖溶解度　乳糖的溶解度比蔗糖小，而且 α-型与 β-型的溶解度也不同。将乳糖投入水中，即刻有部分溶解，达到饱和状态。最初溶解度较低，受水温的影响较小。将饱和乳糖溶解液振荡或搅拌，α-乳糖可转变为 β-乳糖，再加入乳糖仍可溶解，而最后达到的饱和点就是乳糖的最终溶解度，此为 α-乳糖与 β-乳糖平衡时的溶解度。将饱和乳糖溶液于饱和温度以下冷却时，将成为过饱和溶液，此时如果缓慢冷却，则结晶不会析出，从而形成过饱和状态，此即为过饱和溶解度。

甜炼乳中的乳糖大部分呈结晶状态，结晶度大小直接影响炼乳的口感，而结晶度大小可以根据乳糖的溶解度与温度的关系加以控制。被酸水解后乳糖比蔗糖及葡萄糖更稳定，一般在乳糖中加入 2% 的硫酸溶液 7 mL，或每克乳糖加 10% 硫酸溶液 100mL 后加热 0.5～1.0h，或在室温下加浓盐酸才能完全水解而生成 1 分子的葡萄糖和 1 分子的半乳糖。乳糖酶亦可将乳糖分解，生成单糖，再经各种微生物等的作用分解成各种酸和其他成分，这种作用在乳品工业上有很大意义。

除乳糖外，由 3～10 个单糖组成的低聚糖是人奶中仅次于乳糖的碳水化合物，羊奶和牛奶中的低聚糖含量相对人奶而言均较低。但羊奶中低聚糖的种类较多，含量也明显高于牛奶。例如，羊奶中唾液酸寡糖的含量（230mg/L）约是牛奶（60mg/L）的 4 倍，对于婴幼儿大脑和神经系统的发育具有重要作用，并可增强新生儿对细菌和外毒素感染的抵抗力。

3. 乳糖发酵　乳糖是绵羊奶中细菌生长所需要的主要碳源。一般微生物都能发酵乳糖，通过将乳糖水解成 1 分子半乳糖和 1 分子葡萄糖，进而继续发酵生成乳酸（$CH_3CHOHCO_2H$），但部分乳糖可能不被代谢。一些同型的发酵乳酸菌产物只有乳酸：

$$葡萄糖 + 2ADP + 2H_3PO_4 \rightarrow 2 乳酸 + 2ATP + 2H_2O$$

其他异型发酵的细菌，除产生乳酸外也可产生乙酸、乙醇和 CO_2。乳酸是许多种乳制品的组成成分。

三、微量营养元素

（一）维生素

绵羊奶不仅中含有大多数已知的维生素，而且还是某些维生素的丰富来源。例如，核黄素（维生素 B_2）的人体日需求量完全可以通过每天喝两杯绵羊奶而得到有效补充。绵羊奶作为一种新型奶源，不仅宏量营养素丰富，而且可补充人体每天需求的多种维生素。绵羊奶中的各种维生素及其含量见表 8-7。

表 8-7　每 100g 绵羊奶中各种维生素含量比较

维生素	含量	范围
维生素 A（IU）	50.00	—
维生素 B_1（μg）	48.00	28.00～70.00
维生素 B_2（mg）	0.23	0.16～0.30
维生素 B_3（mg）	0.35	—
维生素 B_5（mg）	0.45	0.40～0.50
维生素 B_6（mg）	0.06	—
维生素 B_{12}（μg）	0.51	0.30～0.71
维生素 H（μg）	9.00	—
烟酸（mg）	0.42	—
维生素 C（mg）	4.25	3.00～6.00
叶酸（μg）	5.60	—
维生素 D（μg）	0.18	—
维生素 E（μg）	120.0	—

1. 水溶性维生素

（1）维生素 B_1　维生素 B_1（硫胺素）在活体内易被磷酸结合，奶中的维生素 B_1 则以游离状态及磷酸化合状态存在，帮助人们将食物转化为能量，对心脏、大脑的正常代谢和神经系统功能的维护有重要作用。奶中的维生素 B_1 不仅可从饲料中获得，也可由瘤胃中的细菌合成。绵羊奶中维生素 B_1 的含量约 $48\mu g/100g$，在乳酸发酵完成后维生素 B_1 的含量约增加 30%，主要由细菌合成。

（2）维生素 B_2　奶中的维生素 B_2（核黄素）能使乳清呈现一种美丽的黄绿色。绵羊奶中维生素 B_2 的含量约 $0.23mg/100g$。

（3）维生素 B_6　维生素 B_6 过去被认为主要是抗皮肤炎的因子。目前认为，其与人类某种浮肿、贫血、荨麻疹、冻疮等有密切关系。对乳酸菌、酵母等微生物的繁殖有促进作用。维生素 B_6 的热稳定性好，加热到 120℃ 亦无变化，因此在巴氏杀菌处理、制造炼乳或奶粉时能够全部保存。绵羊奶中维生素 B_6 的含量约 $0.06mg/100g$。

（4）烟酸　烟酸在绵羊奶中的含量约 $0.42mg/100g$。在奶的过滤、冷却、贮存、巴氏杀菌等过程中稳定性都很好，因此羊奶经过处理以后，并不影响烟酸的含量。但在羊奶凝结及干酪凝块加工过程中，烟酸含量有所减少。在制造干酪过程中烟酸的含量比原料奶中减少 4/5，这是由于在干酪中烟酸被微生物利用。在制造加糖炼乳时，烟酸损失 10%～15%。

（5）维生素 B_{12}　维生素 B_{12}（钴胺素）能治疗恶性贫血，易受强碱及强酸破坏。热稳定性非常好，加热至 120℃ 仍无影响。绵羊奶中维生素 B_{12} 的含量为 $0.51\mu g/100g$。

（6）维生素 C 维生素 C（抗坏血酸）是所有维生素中最不稳定的一种，加热、煮沸、氧化、干燥等都能被破坏。绵羊奶中维生素 C 的含量约 4.25mg/100g。

（7）叶酸 叶酸可促进乳酸菌的繁殖，在绵羊奶中的含量约 5.6μg/100g。

2. 脂溶性维生素

（1）维生素 A 维生素 A 在人及动物的肝脏中形成，其含量取决于饲料中胡萝卜素的含量，饲料中的胡萝卜素一部分可转入奶中。胡萝卜素在绵羊、山羊、印度水牛体内的分解比在黄牛体内更彻底，因此奶中的胡萝卜素含量比黄牛奶中的含量少得多。由于绵羊奶、山羊奶中的胡萝卜素几乎全部被转化成维生素 A，因此维生素 A 的含量超过牛奶中的含量，这也是羊奶比牛奶在色泽上更白的原因之一。

维生素 A 易受紫外线的破坏，对热的稳定性很高，如炼乳在 114～118℃下灭菌时维生素 A 的含量几乎没有变化，灭菌奶在 37℃下保持 10d 维生素 A 含量仅减少 12%，奶在真空锅内加糖浓缩时维生素 A 含量减低 17%，在奶粉加工时喷雾干燥工序中维生素 A 含量会减少 10%～20%。

（2）维生素 D 维生素 D 通常以维生素 D 原的状态存在于食物中，维生素 D 原包括：麦角固醇，经紫外线照射可得到维生素 D_2；7-脱氢胆固醇，经紫外线照射可得到维生素 D_3；脱氢麦角固醇，经紫外线照射可得到维生素 D_4。在奶中起主要作用的为维生素 D_3。但是被过于强烈照射后，维生素 D 不仅失去效力，而且会产生有毒物质，所以必须避免被光线强烈照射。

奶中维生素 D 的含量与饲料、品种、管理（日光照射）及泌乳期等直接有关。奶中维生素 D 的含量波动很大，绵羊奶中维生素 D 的含量约 0.18μg/100g。

（3）维生素 E 奶中维生素 E 与饲料有关，奶绵羊采食青饲料多，其奶中维生素 E 的含量高。绵羊奶中维生素 E 含量约 120.0μg/100g。维生素 E 是各种维生素在奶中比较稳定的一种，煮沸、贮存等都不被破坏。但在碱性条件和光线照射下不稳定。维生素 E 的活性损失与脂肪变苦有关，在稀奶油及奶油中常出现这种情况。乳脂肪变苦时能形成有机过氧化物，此物质能破坏维生素 E。

（二）矿物质

近年来，人们日渐关注奶中矿物质的营养作用。奶中有 20 种被认为是人类营养所必需的矿物质（Na、K、Cl、Ca、Mg、P、Fe、Cu、Zn、Mn、Se、I、Cr、Co、Mo、F、As、Ni、Si 和 B）。测定这些矿物质成分，通常须先将奶蒸发干燥，然后灼烧成灰分，以灰分的量来表示无机物的量。绵羊奶中的矿物质并没有像牛奶中的那样得到广泛研究。绵羊奶中大约有 0.9% 的总矿物质或者灰分，而牛奶中为 0.7%。绵羊奶中各种矿物质含量见表 8-8。

表 8-8 绵羊奶中各种矿物质含量比较

矿物质	含量	范围
Ca（g/L）	1.98	1.80～2.39

（续）

矿物质	含量	范围
Mg（g/L）	0.18	0.10～0.22
Na（g/L）	0.50	0.27～0.81
K（g/L）	1.20	0.96～1.96
P（g/L）	1.30	1.17～1.70
Fe（mg/L）	0.76	0.34～1.40
Cu（mg/L）	0.07	0.04～0.14
Zn（mg/L）	7.50	4.70～12.00
Cl（g/L）	1.50	0.04～0.14
Si（g/L）	0.29	—
Mn（μg/L）	7.00	—
I（mg/L）	0.02	—
Se（μg/L）	1.00	—

绵羊奶中 Ca、P、Mg、Zn、Fe 和 Cu 含量要比牛奶中的高，但 K 和 Na 含量比牛奶中的低。绵羊奶中的矿物质含量不稳定，易受到多种因素的影响，如泌乳阶段、营养状况、季节变化和遗传因素等。

绵羊奶中的 Na、K 和 Cl 在乳清中几乎完全可溶。绵羊奶中的 Ca、Mg 和 P 与酪蛋白胶束会以不同形式结合，因此这些矿物质会部分保留在奶酪制作过程中的凝乳团中。奶中 Ca、P 等盐类的构成及其状态对奶的物理、化学性质有很大影响，盐类失衡很容易引起奶的状态发生改变，奶经过热处理后的稳定性是衡量工艺科学性的关键，经常会发生絮凝和沉淀现象，这是乳制品加工重点要关注的问题，因此乳制品加工中盐类的平衡至关重要。乳制品在贮存过程中产生异常气味与其中的铜、铁元素有关。

（三）活性功能因子

1. 免疫球蛋白　免疫球蛋白是一类具有抗体活性或化学结构与抗体相似的球蛋白，绵羊奶中主要以 IgG 为主。

2. 乳铁蛋白　乳铁蛋白（lactoferrin，Lf）和转铁蛋白（结合 2 分子铁）、卵转铁蛋白一样，是 3 种结合铁元素的非血红素蛋白质之一。绵羊奶中含有较丰富的 Lf，平均含量受体细胞、血清白蛋白、泌乳期、产奶量的影响。乳铁蛋白具有非常强的铁结合能力，因此其主要是作为铁的载体或作为组织代谢中铁吸收的促进剂，或者作为铁代谢的调节剂。一方面，Lf 可通过催化自由基的形成参与吞噬细胞的杀灭作用；另一方面，Lf 能够消灭自由基，以避免潜在的过氧化物损伤。这两种功能可能同时存在，也可能发生于不同的环境或不同类型的细胞中。

3. 生物活性肽

（1）血管紧张素转换酶抑制肽　血管紧张素转换酶（angiotensin-converting enzyme，ACE）是一种功能性多肽，它位于不同的组织中，在调节人体血压方面扮演着重要的角色。越来越多的学者开始聚焦于天然来源的 ACE 抑制肽的研究，从食品中发现的降血压肽比传统药物更安全，可以用作预防药物。

乳蛋白是 ACE 抑制肽的主要来源。最近几年，绵羊乳蛋白已成为 ACE 抑制肽的另一个重要来源。通过体外模拟胃肠道消化水解绵羊奶，现已鉴定得到生物活性肽；通过体外模拟胃肠道环境消化牛奶、骆驼奶、山羊奶和绵羊奶制备 ACE 抑制肽的结果表明，绵羊奶水解物的降血压效果明显高于其他 3 种奶；通过使用不同的蛋白酶水解从绵羊奶和山羊奶中分离的 β-乳球蛋白，可得到高抑制率的 ACE 活性肽。对由绵羊奶酪蛋白制备 ACE 抑制肽及其分子抑制机制的研究发现，在绵羊奶酪蛋白中共鉴定出 411 条肽段，源自 α_{s1}-酪蛋白、α_{s2}-酪蛋白、β-酪蛋白和 κ-酪蛋白分别为 84 条、116 条、137 条和 74 条；已经验证具有 ACE 抑制活性的肽段有 18 条，分子质量在 1~1.5ku 的肽段比例为 33.82%，在 0.5~1ku 的肽段比例为 24.57%，在 1.5~2ku 的肽段比例为 20.44%，在 2~3 ku 的肽段比例为 18.9%。

（2）抗菌肽 来源于乳铁蛋白的肽是乳蛋白中的抗菌肽。研究表明，抗菌肽的酶解释放物要比前体乳铁蛋白具有更强的活性。这些肽对广泛的革兰阳性菌和革兰阴性菌有着强烈的抗菌活性。用胃蛋白酶水解山羊奶和绵羊奶中的乳铁蛋白会产生抗菌的水解产物。此外，绵羊奶 α-乳白蛋白和 β-乳球蛋白的消化水解物也以一种剂量依赖的方式，抑制大肠埃希氏菌 HB101、枯草芽孢杆菌和金黄色葡萄球菌的生长，但起作用的肽还没有被确定。

用胃蛋白酶、胰蛋白酶和胰凝乳蛋白酶酶解绵羊奶 β-酪蛋白，得到的水解物对大肠埃希氏菌 JM103 产生了生物发光抑制，但是哪些肽是起作用的活性肽尚不明确。从绵羊奶 α_{s2}-酪蛋白的胃蛋白酶水解产物中得到的 4 种抗菌肽是已得到确定，这些肽对应 α_{s2}-酪蛋白片段 f165~170、f165~181、f184~208 和 f203~208。这些肽对革兰阴性菌表现出了很强的活性，其中，片段 f165~181 对所有测试的细菌都表现出了最大的活性。对应绵羊奶 α_{s2}-酪蛋白 f203~208 的肽及序列 PYVRYL 是多功能肽中的一个好例子，这是因为它不仅显示了抗菌活性，而且具有很强的抗高血压及抗氧化活性。

（3）抗氧化肽 抗氧化肽可以清除体内自由基、螯合金属离子或抑制脂质过氧化，是目前研究较多的一类生物活性肽。绵羊奶中抗氧化肽的相关研究至今较为鲜见，随着分子生物学和分子生物技术的快速发展，人们已经能鉴别具有抗氧化活性物质的分子质量、结构和氨基酸序列。当前被应用到保健品或化妆品行业的抗氧化活性物质只是一些肌肽、谷胱甘肽等内源性生物活性肽，或一些蛋白的酶解产物、发酵产物等。用各种不同酶解特性的酶类可水解多种乳蛋白，产生不同水解程度的酶解物，包含一系列具有抗氧化活性的生物多肽。

第二节　绵羊奶加工制品

一、液态奶

液态奶是重要的加工乳制品之一，在乳制品市场占有非常大的比例。在我国的加工乳制品中液态奶所占份额最大。在欧美国家，奶酪加工比例很高，而液态奶产品占全部乳制品的 20%～50%。

液态奶产品种类繁多，分类方式也不尽相同。最为常见的液态奶按照热处理强度不同可分为两大类：消毒奶和灭菌奶。消毒主要是指通过热处理降低绵羊奶中由致病微生物引起的可能危害人体健康的细菌为目的的生产工艺过程。消毒奶产品中并非无菌，可能会残留部分非致病性的乳酸菌、酵母菌和霉菌等，它以产品的最小物理、化学和感官变化为原则。而灭菌则是指通过足够的热处理，使产品中几乎所有的微生物和耐热酶类失去活性，可达到"商业无菌"。这种热处理方式通常根据工艺需要经过 100℃ 以上的温度处理，产品包装在密闭容器中。

通过加工工艺或者添加不同营养强化成分可以改变绵羊奶中的营养配比，得到不同营养组成的液态奶产品。按产品营养可分为以下几类：普通绵羊奶、高脂/高蛋白绵羊奶、强化营养素绵羊奶、复原奶等。普通绵羊奶是以合格生绵羊奶为原料，不加任何添加剂，经标准化、均质、杀菌加工成的且各项指标均符合国家标准巴氏消毒奶或灭菌奶规定的绵羊奶。高脂和/或高蛋白绵羊奶是通过浓缩或添加稀奶油、浓缩乳蛋白等成分以提高产品中脂肪和/或蛋白的含量，使得产品营养物质更丰富、口感更香浓的产品。强化营养素绵羊奶是在新鲜绵羊奶中依据国家标准添加各种维生素、微量元素和/或其他营养配料，以增加绵羊奶营养成分为目的的产品。复原奶是指以全脂绵羊奶粉、浓缩奶、脱脂奶粉和无水奶油等为原料，经混合溶解后制成与绵羊奶成分相同的饮用奶。以下对几种主要液态奶的工艺进行介绍。

（一）巴氏杀菌奶的生产

1. 生产工艺 巴氏杀菌奶是指利用健康的牛或羊所产的新鲜奶，经巴氏杀菌制成的液态产品。这种产品是最为常见的也是历史悠久的乳制品，至今在欧美液态奶市场中仍占主导地位，在我国大中城市中所占比例亦很高。巴氏杀菌奶的加工流程大致可分为：原料奶的验收、净乳、冷却和标准化、均质、杀菌、灌装等工序。当然由于各国法规不同，巴氏杀菌的工艺也不尽相同。例如，脂肪的标准化可采用前标准化、后标准化或直接标准化等方式；均质可采用全部均质或部分均质。最简单的全脂巴氏杀菌奶生产线应配备巴氏杀菌机、缓冲罐和包装机等主要设备，而复杂的生产线可同时生产全脂奶、脱脂奶、部分脱脂奶和含脂率不同的稀奶油。图 8-2 为典型的巴氏杀菌奶生产线。

净化后的原料奶经平衡槽进入到生产线，被泵入到板式换热器预热，然后再到分离机，在这里可分成脱脂奶和稀奶油。不管进入分离机的原料奶含脂率和流速是否变化，从分离机流出来的稀奶油的含脂率都能调整到要求的标准并保持。用于生产搅打稀奶油的含脂率通常设定在 35%～40%，但也可设为其他标准，如用于生产奶油或其他类型的稀奶油时。一旦设定，稀奶油的含脂率通过控制系统就会保持恒定，此系统包括流量传感器、密度传感器、调节阀和标准化控制系统。

2. 原料奶验收和贮存 绵羊奶被从农场或收奶站送至乳品厂进行加工前需验收和贮存。各种容器都可用来贮奶，既有简单的塑料容器，也有现代化不锈钢带制冷系统的贮奶罐。早期乳品厂规模不大，收奶范围较小。由于距离短且每天收奶，所以简单制冷就能使

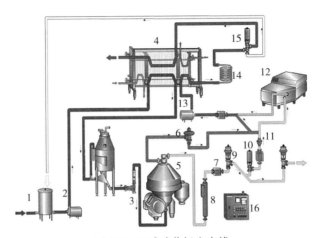

图 8-2　巴氏杀菌奶生产线

1. 平衡槽　2. 进料泵　3. 流量控制器　4. 板式换热器　5. 分离机　6. 稳压阀
7. 流量传感器　8. 密度传感器　9. 调节阀　10. 截止阀　11. 检查阀　12. 均质机
13. 增压泵　14. 保温管　15. 转向阀　16. 控制盘

绵羊奶中的微生物得到控制。现在逐渐向规模化、现代化大型乳品厂转型，这不但要求羊奶的产量增加，而且对原料奶的质量要求也更高。

（1）绵羊奶冷却　挤奶后绵羊奶应在 2h 之内冷却至 2～4℃ 以下，并且一直保持这一温度直至送到乳品厂，运输过程中奶温波动不能超过 ±2℃。如果在这一期间某一冷却环节中断，如运输过程中奶温升高，绵羊奶中的微生物就开始繁殖，随着微生物的生长繁殖，会出现各种代谢产物和酶类，导致奶质变劣。虽然以后冷却可阻止这一进程，但绵羊奶的质量已经受到损害，细菌总数增加，同时各种代谢产物及酶类将影响终产品的质量，致使产品稳定性下降。

（2）奶绵羊养殖场贮奶间设计　保证绵羊奶质量的第一步必须在养殖场进行，挤奶条件要尽可能符合卫生要求，挤奶系统应避免空气进入，冷却设备材质要符合食品级要求。为达到卫生要求，养殖场应有用于低温贮存的制冷系统。冷藏奶罐应为双层夹层保温结构，材质要求一般为外层 304 不锈钢、内层 316 不锈钢，容量为 250～10 000L，并装有一个搅拌器和冷却设备。对于产量较大的养殖场，常常安装单独的在线板式冷却器，鲜奶在进入大罐前首先进行瞬时冷却，可避免刚挤出的热奶与罐中已经冷却的奶相混合。贮奶间要有一定的设施用具，用于管道系统和冷藏奶罐的清洗及消毒。

（3）鲜奶储运　原料奶用奶桶或保温奶罐车运送至乳品厂，保温奶罐车要与在养殖场中的大型冷却奶罐配套使用。无论哪种运送方法要求都是一样的，即绵羊奶必须保持良好的冷却状态并且没有空气进入，运输过程中震动越轻越好。

（4）奶罐车要求　用奶罐车收集绵羊奶时奶罐车必须一直开到贮奶间。奶罐车上的输奶软管与养殖场中的绵羊奶冷却罐的出口阀相连。通常奶罐车上装有一个流量计和一台泵，以便自动记录奶量。另外，奶量可根据所记录的不同液位来计算。一定容积的奶罐、一定的液位代表一定体积的奶。多数情况下奶罐车上装有空气分离器。冷藏奶罐一经抽空，奶泵应立即停止工作，以避免空气混入绵羊奶中。奶罐车的奶槽分成若干个间隔，以防在运输期间晃动，每个间隔依次充满，充满后立即送往乳品厂。

（5）绵羊奶质量检验　患病绵羊所产的奶、含有抗生素的奶或含有杂质的奶均不能被接收，即使绵羊奶中含有微量的抗生素，也不适合生产以细菌为发酵剂的产品，如酸奶和干酪。通常在养殖场仅对绵羊奶的质量作一般性评价，而到达乳品厂后通过若干检验对其成分和卫生质量进行测定。绵羊奶验收的常规检验有：滋味和气味、清洁度、杂质度、卫生状况、体细胞数、细菌数、蛋白质含量、脂肪含量以及冰点等。

（6）绵羊奶接收　绵羊奶检验合格后方可接收。收奶时首先测进奶的量，计量后的绵羊奶进入物料平衡系统，乳品厂利用物料平衡系统计量换算进奶量。进奶的量可按体积或重量计算。

（7）收奶后冷却　通常情况下，在运输途中奶温可能会略高于 4℃。因此，绵羊奶加工前须先在贮奶罐暂存，通常经过板式交换器冷却到 4℃以下。

（8）原奶贮存　未经处理的原奶、全脂奶贮存在大型立式贮奶罐中，容积为 25 000～150 000 L。较小的贮奶罐通常安装于室内，较大的则安装在室外。露天大罐是双层结构，在内壁与外壁之间有保温层，内壁由抛光的不锈钢制成，外壁由钢板焊接而成。为防止奶在罐中升温，贮奶容器要有良好的绝热层或冷却夹套，并配有搅拌器、视孔、人孔及温度计、波位计、自动清洗装置等。搅拌的目的是使奶能自下而上循环流动，防止脂肪上浮，达到均匀的要求。所需贮奶罐的个数应由每天处理的奶量和罐体大小决定，贮存要点是罐要装满，因为半罐易升温，而奶温波动会影响质量，奶温上升时以在 24 h 内不超过 1℃为宜。

3. 原料奶标准化　原料奶中的脂肪和非脂乳固体含量随着奶绵羊品种、地区、季节和饲养管理等因素不同而有差别。标准化的目的是保证绵羊奶中含有规定的脂肪及蛋白质含量，通常通过添加稀奶油、脱脂奶或者奶粉实现。脂肪是重要的经济因素，所以在一般的大中型乳品厂，原料奶或者稀奶油的标准化都非常精确。

4. 均质　均质的目的是对奶中的脂肪球进行机械处理，使它们分散成较小的脂肪球，从而均匀地分散在奶中，形成稳定的乳浊液。均质处理可以使奶中脂肪球的直径平均缩小到原来的 1/10，均质后奶中的脂肪球数量会增加 1 万多倍。这些小颗粒上浮速度很慢，因此，经均质处理的产品很稳定。均质能影响绵羊奶的化学和物理结构，使其产生许多优点，如脂肪分布均匀、没有乳脂层、色泽更白、增加食欲、降低氧化敏感性。均质使脂肪球变小，有利于消化吸收。均质后的消毒绵羊奶口感浓郁，这已成为液态奶生产的标配，亦是生产工艺过程中的关键控制点。绵羊奶的温度会影响均质效果，一般温度越高均质效果越好，均质温度一般为 50～65℃。此温度条件下，乳脂肪呈熔融状态，脂肪球膜被软化，有利于提高均质效果。另外，压力也是影响均质效果的重要因素，均质压力一般控制在 18～22 MPa。

5. 巴氏杀菌　绵羊奶中含有各种丰富的营养物质，是微生物的良好培养基，加之绵羊奶收购间隔时间延长，尽管有现代化的制冷技术，但其中的微生物仍不可避免地繁殖并产生酶类，而微生物代谢产生的副产物有时是有毒的；此外，微生物还会引起绵羊奶中的某些成分分解，产生酸性物质，引起 pH 下降等不良反应。因而，必须进行巴氏杀菌处理。为了保证能杀死所有的致病微生物，绵羊奶加热必须达到某一温度，并在此温度下持续一定时间，然后冷却。巴氏杀菌奶的主要热处理工艺分类见表8-9。

表8-9　巴氏杀菌奶的主要热处理工艺分类

工艺名称	温度（℃）	时间（s）	方式
初次杀菌	63～65	15～30	连续管式
低温长时杀菌	62.8～65.6	1 800	间歇式
高温短时杀菌	72～75	15～20	连续式（管式或片式）
超巴氏杀菌	125～138	2～4	连续式（管式或片式）

6. 冷却　奶经杀菌后不能马上灌装，因为此时虽然绝大多数细菌都已被杀灭，但在后续的各种操作中还可能再被污染。因而为了抑制绵羊奶中细菌的繁殖，需及时、快速进行冷却。冷却多采用片式热交换器，使奶通过冷却区段后温度降至4℃以下。如用保温缸间接杀菌或者管式杀菌器，需用冷水或其他方法将奶温冷却至2～4℃。冷却后的绵羊奶应尽快分装，成品暂存在5℃以下的冷库中。

7. 灌装　灌装的目的是便于保存、分送和销售。包装材料应具有以下特性：①能保证产品质量和营养价值；②能保证产品卫生及清洁，对内容物无任何污染；③避光密封，有一定的抗压强度，便于运输、携带和开启；④减少腐败；⑤有一定的装饰作用。巴氏杀菌奶的包装材料主要有玻璃瓶、聚乙烯塑料瓶、塑料袋等。在巴氏杀菌奶的包装过程中，要注意避免二次污染，包括包装环境、包装材料及包装设备污染，同时避免灌装时产品升温。

（二）灭菌奶的生产

灭菌奶主要包括瓶装灭菌奶（二次灭菌乳）和超高温灭菌奶。灭菌奶的生产工艺一般包括：原料奶→标准化→均质→超高温灭菌→无菌贮罐暂存→无菌灌装→贴吸管→装箱→成品。

1. 原料奶　用于超高温处理的原料奶对质量要求较高，必须满足新鲜、酸度低、正常的盐类平衡及正常的乳清蛋白含量等条件。用绵羊奶生产灭菌奶的要求更高，尤其是奶中蛋白在较强的热处理中不能失去稳定性。在乳品厂，通常采用酒精试验快速测定原料奶的质量。具体做法是将样品和等体积的乙醇溶液混合，在一定的醇浓度下，若蛋白质变性则会在试管壁出现絮凝。乙醇浓度越高而相应奶没有发生絮凝，说明奶的稳定性越好。一般来讲，如果原料奶在有高酒精含量存在时仍能保持稳定，则可以避免在生产和货架期间出现问题。

2. 灭菌条件选择　灭菌奶灭菌通常有两种方式：①灌装后灭菌（即二次灭菌），即产品和包装（罐）一起被加热到约116℃，保持20min。这种方法在乳品加工中不常用。②超高温处理，即产品被加热到135～150℃，保持4～15s，随后进行无菌包装，产品包装需具有防水、阻光和抗氧化的作用。绵羊奶通常采用超高温瞬时灭菌工艺（135～142℃、2～4s）处理。研究表明，在温度低于135℃时，杀菌效应与褐变效应之比变化不大；但当温度超过135℃，杀菌效应比褐变效应的增长快得多；在140℃杀菌效应比褐变效应速率增长到2 000倍；在150℃更是增加到5 000多倍。而同样的杀菌效果，提高杀菌温度可以大大减少杀菌时间。

3. 超高温瞬时灭菌工艺 超高温瞬时灭菌分为直接蒸汽加热法和间接加热法。直接蒸汽加热法的大致流程是：原料奶（4℃）→预热到 70～80℃→饱和蒸汽瞬间与乳液接触达到 135～140℃，有 10%～15% 的蒸汽注入奶被稀释→保温 1～4s→闪蒸，去除前面由饱和蒸汽带来的水分，同时去除奶中挥发性成分→冷却到 70～80℃→均质→冷却至 20℃。间接加热法采用全自动管式超高温杀菌系统完成，升温与降温方式与直接法类似，不同之处是奶和热蒸汽介质不接触，出料温度为 20～25℃。

4. 无菌贮罐 灭菌奶可以达到商业无菌状态，在无菌条件下被连续地从管道内送往包装机。为了平衡，灭菌机和包装机之间装有一个无菌贮罐，起到缓冲作用。无菌奶进入贮罐后不允许被细菌污染。因此，进出贮罐的管道、阀门及罐体内与奶接触的任何部位，必须一直处于无菌状态。罐内空气必须是经过滤后的纯净无菌空气。如果灭菌机和无菌包装机的生产能力选择恰当亦可不使用无菌贮罐，因为灭菌机的生产能力有一定的伸缩性，这种匹配往往需要生产过程始终保持正常运行，且可调节少量灭菌奶从包装机返回灭菌机，否则会因出现过多回流奶而造成成品颜色变深，甚至出现淡褐色奶。通常用糠氨酸（furosine）生成量评判奶的受热程度及回流奶量的多少。无菌贮罐容积根据需求一般在 3.5～20m³。

5. 无菌罐装 超高温灭菌奶之所以可以在室温下存放 3～8 个月之久，不仅取决于灭菌强度，还有一个非常重要的因素是采用无菌灌装系统。该系统可将灭菌奶密封在一个足以保证产品货架期质量基本稳定的密闭容积内，多采用纸与铝箔结合的多层复合材料。要达到灭菌奶在包装过程中不再被细菌污染，则奶流经的管路、包装材料及周围空气都必须灭菌，包装车间必须做净化处理，达到优质生产规范 GMP 标准洁净区的要求。原料奶管路同灭菌设备相连，有来路及回路，在灭菌设备进行灭菌时一同进行灭菌。包装材料为平展纸卷，先经过过氧化氢（H_2O_2）溶液槽，达到化学灭菌的目的。当包装纸形成纸桶，再由一种由电气元件产生的辐射热辐射，即可达到加热灭菌的目的。同时这一过程可将过氧化氢转化成向上排出的水蒸气和氧气，使包装材料完全干燥。消毒空气系统采用无菌压缩空气，从注料管周围进入纸卷，然后由纸卷内周向上排出，同时受电气元件加热，带走水蒸气和氧气。砖形纸包装是现今最为流行的无菌包装形式。

二、发酵乳

联合国粮农组织和世界卫生组织将发酵乳定义为：乳和乳制品在特征菌的作用下发酵而成的酸性凝乳状制品；而对酸奶的定义是，原料奶经过杀菌或浓缩后，在保加利亚乳酸杆菌、嗜热链球菌等活性菌的作用下，经乳酸发酵而制成的凝固状产品，成品中必须含有大量相应的活性微生物，在货架期内能继续存活且具有活性。绵羊发酵乳是以绵羊奶为基质，经乳酸菌发酵制成的一种半固体乳制品。按加工工艺可将酸羊奶分为凝固型酸羊奶和搅拌型酸羊奶；按照代谢底物不同，又可将酸羊奶分为乳酸发酵酸羊奶、酵母-乳酸发酵酸羊奶、霉菌-乳酸发酵酸羊奶。酸羊奶是经活性乳酸菌发酵制成的发酵乳制品，除含有羊奶原有的营养物质外，还含有多种对人体有益的营养物质。羊奶在发酵过程中，乳糖被

β-半乳糖苷酶水解为半乳糖和葡萄糖，葡萄糖又被转化为乳酸，可被人体吸收利用，同时乳糖含量降低避免了乳糖不耐症的发生。酸奶 pH 下降还可抑制杂菌生长。在发酵过程中，乳酸菌产生的蛋白水解酶可将酪蛋白水解成小分子肽和氨基酸，不但可提高人体的吸收利用率，还可作为酸羊奶风味物质形成的前体物质。乳脂肪在乳酸菌的作用下分解成游离脂肪酸和甘油等物质，可促进消化吸收，并赋予酸羊奶特殊的香味。酸羊奶中还含有大量活性乳酸菌，具有维持肠道菌群平衡、促进人体健康的功能。通过乳酸菌发酵（如酸奶）和由乳酸菌、酵母菌共同发酵（如开菲尔，Kefir）制成的乳制品称发酵乳（图 8-3）。发酵乳制品是一个综合名称，包括酸奶、欧默、开菲尔、发酵奶酪乳、斯堪的纳维亚酸奶、酸奶油、奶酒（以马奶为主）等。发酵乳的名称是由于奶中添加了发酵剂，使部分乳糖转化成乳酸而来的。在发酵过程中还形成 CO_2、醋酸、丁二酮、乙醛和其他物质，从而使产品具有独特的滋味和香味。

图 8-3 由绵羊奶制成的发酵乳

（一）酸奶和风味酸奶

酸奶是世界上最流行、最普及、最具盛名的发酵乳制品。绵羊酸奶中含有大量的益生菌和 13 种非必需微量元素，可提高人体肠黏膜屏障的稳定性，防止牙釉质中的矿物质流失。同时，还拥有令人愉悦的特殊的冰淇淋风味，因此受到人们的欢迎。

目前，世界各个地区酸奶的黏稠度、风味和香味各不相同。有的国家或地区生产的酸奶是高黏性液态状，而有的生产出的酸奶是一比较软的胶体状，还有以冷冻形式作为甜点或饮料的酸奶。酸奶的风味和香味不同于其他酸性产品，挥发性芳香物质中包括少量醋酸和乙醛。典型的酸奶可分成以下几种：凝固型，灌装后在包装容器中发酵和冷却（图 8-4A）；搅拌型，在罐中发酵后再包装，包装前冷却（图 8-4B）；饮用型，类似搅拌型，但包装前凝块被"分解"成液体（图 8-4C）；冷冻型，在罐里培养，像冰淇淋（图 8-4D）；浓缩型，在罐里培养，包装前浓缩和冷却（图 8-4E）。

虽然人们的消费趋向于饮用天然酸奶，但带有风味和香味添加剂的酸奶仍然很流行。常用的酸奶添加物是糖浆状、加工过的或是成酱状的水果或浆果，添加量约 15%。其中，含糖量为 50% 的果料在包装以前或在包装时与酸奶混合，也可以在包装前先加入包装容器的底部再加入酸奶，或者与酸奶分别灌装成孪生杯。有时在酸奶中也添加香草、蜂蜜、

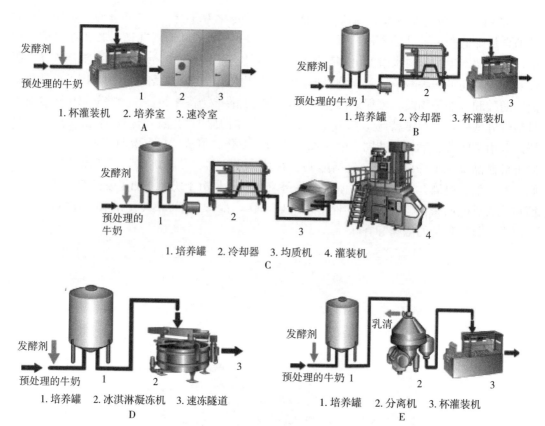

图 8-4 各种酸奶加工工艺图示

A. 凝固型酸奶 B. 搅拌型酸奶 C. 饮用酸奶 D. 冷冻酸奶 E. 浓缩酸奶

咖啡等原料，色素和糖经常与香料一起添加，在酸奶生产中常用的糖类有蔗糖、葡萄糖或阿斯巴甜（一种无糖的节食甜味剂）等。当需要时，酸奶中还可以添加稳定剂，以改变酸奶的黏稠度。

1. 影响酸奶质量的因素 为了生产出风味、香味、黏稠度、外观、无乳清析出和长货架期的高质量酸奶产品，在生产过程中必须仔细控制各种可能的影响因素，包括绵羊奶选择、标准化、添加剂选择、脱气、均质、热处理、发酵剂选择、发酵剂制备等。

（1）绵羊奶选择 用于酸奶生产的绵羊奶必须具有最高卫生质量，细菌含量低，无阻碍酸奶发酵的物质，不得含有抗生素、噬菌体、CIP 清洗剂残留物或杀菌剂。因此，乳品厂用以制作酸奶的原料奶要经过选择，并对原料奶进行严格的检验。

（2）标准化 酸奶的含脂率范围在 0～10%，而 0.5%～3.5% 含脂率是最常见的。根据 FAO 和 WHO 的要求，将酸奶分成以下几种：酸奶，最小含脂率 3%；部分脱脂酸奶，最大含脂率<3%，最小含脂率>0.5%；脱脂酸奶，最大含脂率 0.5%。另外，最小非脂乳固体含量为 8.2%。总干物质的增加，尤其是蛋白质和乳清蛋白比例的增加，可使酸奶凝固得更结实，乳清也不容易析出。对干物质标准化最常用的方法是：蒸发（蒸发掉占奶体积 10%～20% 的水分）；添加脱脂奶粉，通常为 3% 以上；生产特种酸奶（如希腊酸奶）时可添加炼乳及脱脂奶超滤剩余物。

（3）添加剂选择 糖或甜味剂和稳定剂可作为酸奶生产中的添加剂。双糖蔗糖或单糖葡萄糖能单独添加或与果料一起添加到酸奶里。对那些糖尿病患者或者节食者来说，应使用甜味剂，因为甜味剂使用量很小，甜度大，又不产生过多热量（注意甜味剂不能作为甜炼乳的添加剂）。果料中通常含有 50% 的糖或相应的甜味剂，所以通过添加 12%～18% 的果料通常能提供所需要的甜味。在接种或发酵期以前，不能添加太多的糖（超过 10%），否则会因过高的渗透压而对发酵产生不良影响，这在生产中是一个常见的问题。亲水性胶体能结合奶，增加酸奶的稠度，防止乳清析出。稳定剂的类型和添加比例必须由每个生产厂家通过试验和经验来决定，如果稳定剂使用错误或过量，则会导致产品成为坚硬胶状的胶体。正常情况下，用好的原料奶生产天然酸奶不需要添加稳定剂，因为它会自然形成具有高黏稠度的、结实的、稳定的胶体。绵羊奶具有较高的乳总固体，在这方面具有明显优势。在果料酸奶中可加稳定剂，而巴氏杀菌酸奶中则必须添加稳定剂。酸奶中最常用的稳定剂有果胶、明胶、淀粉、琼脂等，用量为 0.1%～0.5%。

（4）脱气 用于发酵乳制品的绵羊奶中空气含量越少越好。但如果为增加非脂乳固形物含量而添加奶粉时，混入一些空气是不可避免的，所以添加奶粉后应该进行脱气工艺处理。当通过蒸发来增加非脂乳固形物的含量时，脱气就是此项工艺的一部分。脱气的优点有：改善均质机的工作条件，减少热处理期间产生沉淀物的危险性，提高酸奶的黏稠度和稳定性，去除挥发性的异味（脱臭）。

（5）均质 对以制作发酵乳制品的绵羊奶进行均质的目的是防止奶油上浮，并保证乳脂肪均匀分布。即使脂肪含量低，均质也能改善酸奶的稳定性和黏稠度，酸奶成品会更加爽滑细腻。均质和随后的热处理（90～95℃、5min）对发酵乳的黏稠度有很好的效果。黏稠度可以用一种简单的黏度计来测量（SMR 黏度计）。不管原料奶是否进行过普通的热处理，由绵羊奶制成的发酵乳的黏稠度与均质压力成正比。为了使产品获得最佳物理状态，绵羊奶的均质压力和温度应为 20～25MPa 和 65～75℃。低脂发酵乳也经常采用均质工艺。

（6）热处理 绵羊奶在接种发酵剂以前需要进行巴氏杀菌热处理，这是为了改善作为细菌培养基的原料奶的性能，保证成品酸奶的凝块结实，防止成品乳清析出。实践证明，90～95℃、5min 的热处理效果最好。因为这样的条件会促使大部分乳清蛋白变性，乳清蛋白变性比例在 70%～80%，尤其是 β-乳球蛋白会与 κ-酪蛋白相互作用，使酸奶成为一个稳定的凝固体。

（7）发酵剂选择 许多专业生产发酵剂的供应商会根据用户需求，生产高质量的酸奶发酵剂，满足特殊风味和黏稠度的需要，保证成品在黏稠度、乙醛含量、pH 等方面具有不同的品质特征，符合产品的特殊要求。

（8）发酵剂制备 发酵剂制备是乳品企业中最困难也是最主要的工艺之一。因为现代化乳品厂加工量很大，发酵剂制作失败会导致重大的经济损失。因此，必须慎重选择发酵剂，逐级扩大培养的生产工艺及设备（图 8-5）。发酵剂制备要求的卫生条件极高，要把可能污染的酵母菌、霉菌、噬菌体等因素降低到最低限度。母发酵剂的保存与传代至关重要，应该在有正压和配备空气过滤器的单独房间中操作，操作过程中尽量避免外人进入。设备清洗系统也必须仔细设计，以防清洗剂和消毒剂的残留物与发酵剂接触而污染发酵剂。中间发酵剂和生产发酵剂可以在离生产近一点的地方或在制备母发酵剂的房间里制备，发酵剂的每一次转接都要在无菌条件下操作。

中间发酵剂和生产发酵剂的制备工艺与母发酵剂的制备工艺基本相同。主要包括以下步骤：培养基的热处理→冷却至接种温度→接种→培养→冷却→贮存。制备发酵剂最常用的培养基是脱脂奶，但也可用特级脱脂奶粉配制的再制脱脂奶（干物质含量为 9%～12%）替代。用具有恒定成分的、无抗生素的再制脱脂奶作培养基比用普通脱脂奶更可靠，原因是发酵剂风味方面的反常现象更容易表现出来。有些乳品厂也使用精选的高质量鲜奶作培养基。

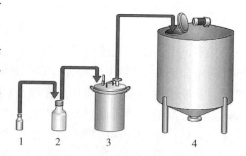

图 8-5　发酵剂的逐级扩培制备
1. 商品菌种　2. 母发酵剂
3. 中间发酵剂　4. 生产发酵剂

发酵剂制备的第一个阶段是培养基的热处理，即把培养基加热到 90～95℃，并在此温度下保持 30～45min。热处理能改善培养基的一些特性，如破坏噬菌体、消除抑菌物质、使蛋白质发生分解、排除溶解氧、杀死原有的微生物。加热后，培养基应冷却至接种温度。接种温度根据使用的发酵剂类型而定，常见的接种温度范围：嗜温型发酵剂为20～30℃，嗜热型发酵剂为 42～45℃。经过热处理的培养基，冷却至所需温度后，再加入定量的发酵剂。要求接种时确保发酵剂的质量稳定，接种量、培养温度和培养时间在所有阶段（包括母发酵剂、中间发酵剂和生产发酵剂）都必须保持不变。与温度一样，接种量不同也能影响产生乳酸和芳香物质的不同细菌的相对比例。因此，接种量的变化也经常引起产品的变化。当接种结束、发酵剂与培养基混合后，细菌就开始增殖，培养开始。培养时间由发酵剂所用细菌类型、接种量等决定，一般为 3～20h。最重要的是必须严格控制温度，不允许污染源与发酵剂接触。在培养中，细菌增殖速度很快，同时发酵乳糖成乳酸。如果该发酵剂中含有产香菌，则在培养期间会产生芳香物质。当发酵达到预定的酸度时开始冷却，以阻止细菌生长，保证发酵剂具有较高活力。发酵剂要在 6h 之内使用时，冷却至 10～20℃即可。如果贮存时间超过 6h，建议冷却至 5℃左右。为了在贮存时保持发酵剂的活力，世界各国都已经进行了大量的研究工作，以便找出处理发酵剂的最好办法。最可行的一种方法是冷冻，温度越低则保存时间越长，用液氮冷冻到－160℃来保存发酵剂的效果很好。

2. 凝固型酸奶　凝固型酸奶和下面要讲述的搅拌型酸奶从原料奶的预处理到冷却至发酵温度，工艺是一样的（图 8-6，对应的彩图见二维码）。预处理的原料奶冷却到培养温度，接种，再彻底搅拌均匀，生产发酵剂也可提前加入，然后加热至接种培养温度42～43℃。灌装后，产品装入箱中，运到发酵室中进行发酵，发酵结束后冷却。灌装后的包装容器放入敞口的周转箱中，互相之间留有空隙，使培养室热气和冷却室冷气能到达每一个容器。箱子堆放在托盘上送进培养室。在准确控制温度的基础上，能够保证酸奶质量均匀一致。当酸奶发酵至最适 pH（典型的为 4.5）时开始冷却，正常情况下降温到 18～20℃。此过程的关键是立刻阻止细菌的进一步生长，也就是说在 30min 内温度应降至 35℃左右，接着在 30～40min 内把温度降至 18～20℃，即采用二步降温方式。最后在冷库中把产品温度降至 5℃，产品贮存至发送。冷藏温度一般在 2~7℃，冷藏过程的 24h 内风味物质继续产生，多种风味物质相互平衡形成酸奶的特征风味。此阶段发酵剂还会产生更多黏性多糖，赋予产品更细腻的口感，通常把这个阶段称为后成熟期。一般 2~7℃ 下酸奶的贮存期为 7~14d。

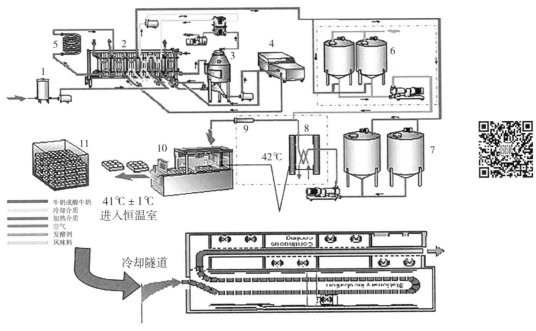

图 8-6　凝固型酸奶工艺流程
1. 平衡罐　2. 片式热交换器　3. 真空浓缩罐　4. 均质机　5. 保温管　6. 生产发酵剂罐
7. 发酵罐　8. 片式冷却器　9. 混合器　10. 包装机　11. 发酵室

3. 搅拌型酸奶　预处理的原料奶先冷却到培养温度，然后连续地与所需体积的生产发酵剂一并泵入发酵罐，实现在线接种。待发酵罐满后开动搅拌数分钟，以保证发酵剂均匀分散。发酵罐是夹层隔热设计，以保证在整个培养期间的恒温。为了能对罐内发酵进程实现在线检测，可在罐上安装 pH 计，以实时读取数据。典型的搅拌型酸奶生产的发酵时间为：牛奶 2.5~3h，羊奶 4~5h，42~43℃。使用普通型生产发酵剂（接种量 2.5%~3%）培养时间短，说明增殖速度快，最好的酸奶菌种继代时间在 20~30min。为了获得最佳产品，当 pH 达到理想值时，必须终止细菌发酵，产品的温度应在 30min 内从 42~43℃ 冷却至 15~22℃。将浓缩、冷冻或冻干菌种直接加入酸奶培养罐时，培养条件为43℃、4~6h（考虑到其迟滞期较长）。要注意冻干菌粉须提前至少 40min 从冰箱取出，以缩短菌种的适应周期。在培养的最后阶段，已达到所需酸度时（pH 4.2~4.5），酸奶必须迅速降温至 15~22℃，这样可以暂时阻止酸度进一步增加。同时为确保成品具有理想的黏稠度，对凝块的机械破乳处理必须柔和，宜采用缓慢搅拌方式，转速控制在 25~30r/min。冷却采用板式热交换器进行，这样可以保证产品不受强烈的机械扰动。为确保产品质量均匀一致，泵和冷却器的容量应恰好能在 20~30min 内排空发酵罐。如果使用其他类型的发酵剂并对发酵时间有影响，那么冷却时间也应相应变化。冷却的酸奶在进入包装机以前一般先打入到缓冲罐中。冷却到 15～22℃ 以后，酸奶即刻进入包装环节。果料和香料可在酸奶从缓冲罐到包装机的输送过程中在线加入，以保证能均匀添加。通过一台可变速的计量泵连续地把果料打到酸奶中，经过混合装置混合，保证果料与酸奶彻底混合。

（二）乳酸菌饮料

绵羊奶乳酸菌饮料是市场上一种全新的产品，有助于丰富羊奶制品种类，满足消费者的多样化需求。目前，市场上主流乳饮料是以牛奶为基料制备的，技术相对较为成熟。而羊奶在营养特性上与牛奶有较大的差异，致使羊奶发酵饮料在加工工艺等方面不能完全借鉴牛奶发酵饮料加工的技术条件。

乳酸菌饮料是一种发酵型的酸性含乳饮料，通常以原料奶或奶粉、植物蛋白粉、果蔬菜汁或糖类为原料，经杀菌、冷却、接种乳酸菌发酵剂在适当温度下培养发酵，经稀释、调配、均质、杀菌而成。乳酸菌饮料因其加工处理方法不同，一般分为酸奶型和果蔬型两大类，同时又分为活菌型乳酸菌饮料（未经后杀菌）和非活菌型乳酸菌饮料（经后杀菌）。发酵型乳酸菌饮料是将酸奶破碎，配入白糖、香料、稳定剂等通过均质制成的均匀一致的液态饮料。果蔬型乳酸菌饮料是在发酵乳中加入适量的浓缩果汁（如柑橘、草莓、苹果、椰汁、芒果汁等）或蔬菜汁浆（如西红柿浆、胡萝卜汁、玉米浆、南瓜汁等）共同发酵后，再加糖、稳定剂或香料等调配、均质后制作而成。

乳酸菌饮料的加工方式有多种，目前生产厂家普遍采用的方法是：先将原料奶进行乳酸菌发酵制成酸奶，再根据配方加入糖、稳定剂、水等其他原辅料，经混合、标准化后直接灌装或经热处理后灌装。

1. 发酵前原料奶成分的调整 理想工艺是发酵前将调配料中的非脂乳固体含量调整到 15%～18%，这可通过添加脱脂奶粉或蒸发去掉原料奶中的部分水分达到，也可通过超滤或添加酪蛋白粉、乳清粉等方式来实现。

2. 冷却、破乳和配料 发酵过程结束后要进行冷却和破碎凝乳，破碎凝乳可以采用一边破乳、一边混入已杀菌的稳定剂、糖液等混合料的方式进行。一般乳酸菌饮料配方中包括酸奶、糖、果汁、稳定剂、酸味剂、香精和色素等，厂家可根据自己的配方进行配料。在长货架期乳酸菌饮料中最常用的稳定剂是果胶，或果胶与其他稳定剂的混合物。果胶对酪蛋白的胶束颗粒具有最佳的稳定性，因为果胶是一种聚半乳糖醛酸大分子结构，其分子链在 pH 为中性和酸性时带负电荷。由于同性电荷互相排斥，因此可避免酪蛋白颗粒间互相聚合成大颗粒而产生沉淀。考虑到果胶分子在使用过程中的降解趋势以及它在 pH 为 4 时稳定性最佳的特点，杀菌前一般将乳酸菌饮料的 pH 调整为 3.8～4.2。

3. 均质 均质使混合料液滴微细化，提高料液黏稠度，抑制粒子的沉淀，并增强稳定剂的稳定效果。乳酸菌饮料较适宜的均质压力为 20～25MPa，温度为 55℃。

4. 杀菌 发酵调配后的杀菌目的是延长产品保存期。经合理杀菌、无菌灌装后的饮料，其保存期可达 3～6 个月。由于乳酸菌饮料属于高酸食品，故采用高温短时巴氏杀菌即可达到商业无菌的要求，也可采用更高的杀菌条件如 95～108℃、30s 或 110℃、4s。生产厂家可根据自己的实际情况，对以上杀菌程序作相应的调整。对塑料瓶包装的非无菌灌装产品，一般在灌装后采用 95～98℃、20～30min 的杀菌条件，然后进行冷却。

5. 果蔬预处理　在制作果蔬乳酸菌饮料时，首先要对果蔬原料进行加热处理，以起到灭酶的作用。通常在沸水中处理 6～8min 即可灭酶，果粒较大时可适当延长灭酶时间。经灭酶后打浆或取汁，再与杀菌后的原料奶混合。

（三）开菲尔

开菲尔（Kefir）是最古老的发酵乳制品之一，起源于高加索地区，原料来源为山羊奶、绵羊奶或牛奶。在俄罗斯的消费量最大，每人每年消费量约 5L。开菲尔制品是黏稠、均匀、表面有光泽的发酵产品，口味酸甜，略带一点酵母味。产品 pH 常为 4.3～4.4。用于生产开菲尔的特殊发酵剂是开菲尔粒。该粒由蛋白质、多糖和几种类型的微生物群组成，包括酵母及产酸、产香的乳酸菌等，在整个菌落群中酵母占 5%～10%。开菲尔粒呈淡黄色，大小如小菜花，直径 15～20mm，形状不规则，不溶于水和大部分溶剂，浸泡在奶中会膨胀并变成白色。开菲尔饮品中的乳酸、乙醇和 CO_2 含量可由生产时的培养温度来控制。

开菲尔的生产工艺与大多数发酵乳制品有相似之处，包括原料奶选择、脂肪标准化（较少采用）、均质、巴氏杀菌和冷却至培养温度、用发酵剂接种、分二阶段培养（这是开菲尔的特性，与发酵剂的特性一样）、冷却等工艺过程。

1. 原料奶选择　和其他发酵乳制品一样，原料奶的质量十分重要，不能含有抗生素和其他杀菌剂。生产开菲尔的原料奶可以是山羊奶、绵羊奶或牛奶。

2. 脂肪标准化　开菲尔中的脂肪含量为 0.5%～6%。一般是保持原料奶中原有的脂肪含量，也可将原料奶中的脂肪含量调制到 2.5%～3.5%。

3. 均质　标准化后，原料奶在 65～70℃、17.5～20MPa 条件下进行均质。

4. 热处理　热处理的方法与酸奶和大多数发酵乳一样，为 90～95℃、5min。

5. 接种　热处理后，原料奶被冷却至接种温度，通常为 23℃，添加 2%～3%生产发酵剂。

6. 培养　正常情况下分两个培养阶段：酸化和后熟。

酸化阶段：大约培养 12h，将 pH 降到 4.5。然后搅拌凝块，在罐里预冷。当温度达到 14～16℃时冷却停止，此过程保持低速持续搅拌。

成熟阶段：在随后的 12～14h 开始产生典型的轻微"酵母"味，当 pH 约为 4.4 时进行最后的冷却。

7. 冷却　产品在板式热交换器中迅速冷却至 4～6℃，以防止 pH 进一步下降。一定要注意柔和处理冷却和包装产品。在泵、管道和包装机中的机械搅动必须限制到最小程度，避免强烈的剪切力破坏产品的组织状态。因空气会增加产品分层的危险性，所以应避免空气进入。

三、干酪

干酪（cheese），又称为乳酪、奶酪、芝士等，被誉为"乳业皇冠上的珍珠"。干酪是指在奶中（也可以用脱脂奶或稀奶油等）加入适量乳酸菌发酵剂和凝乳酶，使乳蛋白（主要是酪蛋白）凝固，排出乳清，将凝块压成所需形状而制成的产品。制成后未经发酵成熟的产品称为新鲜干酪；经长时间发酵成熟而制成的产品称为成熟干酪。国际上将这两种干酪统称为天然干酪（natural cheese）。全世界的干酪种类繁多，受奶源、土壤、牧场、气候、人文等因素影响，每个国家都有其独一无二的干酪品种。最著名的干酪有 Brie、Camembert（法国）；Mozzarella、Ricotta（意大利）；Gouda、Edam（荷兰）；Cheddar、Stilton（英国）；Feta（希腊）等。国际上通常把干酪划分为三大类：天然干酪、融化干酪（processed cheese）和干酪食品（cheese food）。国际乳品联合会（1972）曾提出以水含量为标准，将干酪分为硬质（荷兰干酪、瑞上干酪）、半硬质（砖状干酪、法国羊奶干酪）、软质（农家干酪、稀奶油干酪、比利时干酪）三大类。相比而言，大多数绵羊奶中的固体、脂肪、蛋白质、乳糖和矿物质含量都高于牛奶，因此，绵羊奶的奶酪产率（干酪：原料奶＝1：6）通常比牛奶要高（1：10）。因为固体含量更高，所以绵羊奶是制作奶酪的最理想原料。希腊作为欧洲食用奶酪最多的国家之一，大多数奶酪都用羊奶制成，每个地区都有自主研发的奶酪品种，如 Feta、Gravirea、Kasseri、Manouri 等。羊奶干酪是欧美等发达国家不可缺少的一类食品，法国的羊奶干酪已经成为国家的代名词。而中国以羊奶为原料的乳制品在整个乳品行业生产中占有量较小。

（一）干酪组成

1. 水分　干酪中的水分含量与干酪的形状及组织状态关系密切，直接影响干酪的发酵速度。水分多时，发酵时间短，成品易形成有刺激性的风味；水分少时，则发酵时间长，成品产生脂类风味多。因此，在加工干酪时，控制水分含量很重要。在加工过程中，由于受加热条件、非脂乳固体含量、凝乳状态等因素的影响，成品中的含水量也不一致。通常，软质干酪中为 40％～60％，半硬质干酪中为 38％～45％，硬质干酪中为 25％～36％，特硬质干酪中为 25％～30％。

2. 脂肪　原料奶中的脂肪含量与干酪的得率、组织状态、质量有关。干酪中的脂肪含量一般占干酪总固形物的 45％以上。在干酪成熟过程中，脂肪分解生成物是干酪风味形成的重要成分。脂肪可使干酪保持其特有的组织状态，呈现独特的口感、风味。

3. 酪蛋白　酪蛋白是干酪的重要成分之一。原料奶中的酪蛋白被酸或凝乳酶作用而凝固，形成干酪的组织，并与乳脂肪球相互包拢。干酪成熟过程中，在相关微生物的作用下酪蛋白分解，产生水溶性的含氮化合物，如肽、氨基酸等，形成干酪的风味物质。

4. 白蛋白和球蛋白　此类乳蛋白不被酸或凝乳酶凝固，但在酪蛋白形成凝块时其中的一部分被机械地包含在凝块中。用高温加热处理原料奶后会在干酪中含有较多的白蛋白和球蛋白，给酪蛋白的凝固带来不良影响，容易形成软质凝块。

5. 乳糖　原料奶中的乳糖大部分转移到乳清中。残存在干酪凝块中的部分乳糖可促进乳酸发酵，产生乳酸，抑制杂菌繁殖，提高发酵剂的活力，促进干酪成熟。

6. 无机物　绵羊奶中无机物含量最多的是钙和磷，这在干酪成熟过程中与蛋白质的可融化现象有关。钙可以促进凝乳酶的凝乳作用。

（二）干酪营养价值

干酪中含有丰富的营养成分，主要为蛋白质和脂肪，相等于将原料奶中的蛋白质和脂肪浓缩 10 倍（图 8-7）。干酪在成熟过程中会发生一系列变化，使得营养更为丰富。蛋白质水解是干酪成熟过程中的一个基本过程，这一过程由乳内源性酶、凝固剂以及与发酵剂和非发酵剂细菌相关的多种酶共同参与，将酪蛋白基质水解成小的可溶性肽和游离氨基酸，干酪的感官和质地就由这些蛋白水解物形成。干酪蛋白在发酵成熟过程中，经过凝乳酶、发酵剂、微生物的共同作用，逐步被分解形成易吸收的小

图 8-7 绵羊奶干酪

分子胨、大分子肽、小分子肽、游离氨基酸以及其他有机或无机小分子物质。这些水解物有些具有特殊的生物活性，如降血压、抗菌等。有学者在成熟 8 个月的 Manchego 绵羊奶酪中，鉴定出几种 ACE 抑制肽，在 Pecorino Romano 绵羊奶酪中分离获得了抗菌肽。肽的形成伴随着奶酪的成熟过程，因此生物活性肽被认为是干酪食品的营养功能因子来源。

此外，干酪中所含的钙、磷等无机成分，能满足人体的营养需要，具有重要的生理作用。干酪中的维生素类主要是维生素 A，其次是胡萝卜素、B 族维生素和烟酸等。干酪中的蛋白质经过成熟发酵后，由于凝乳酶和发酵剂微生物产生的蛋白分解酶的作用而生成胨、肽、氨基酸等可溶性物质，极易被人体消化吸收，相关研究认为干酪中蛋白质的消化率为 96%～98%。

功能性干酪产品是未来的发展方向之一，如钙强化型、低脂肪型、低盐型等新型干酪制品；添加了膳食纤维、N-乙酰基葡萄糖胺、磷脂酰丝氨酸、低聚糖、酪蛋白磷酸肽等功能成分的干酪制品；促进肠道内优良菌群生长繁殖，增强对钙、磷等矿物质的吸收，并具有降低血液内胆固醇及防癌抗癌等效果的产品。这些功能性成分赋予了高营养价值的干酪制品新的魅力。

（三）天然干酪生产

绵羊奶硬质或半硬质干酪生产的基本工艺如下：

原料奶→标准化→杀菌→冷却→添加发酵剂→调整酸度→加氯化钙→加色素→加凝乳酶→凝块切割→搅拌→加温→排出乳清→成型压榨→盐渍→成熟→上色挂蜡。

1. 原料奶预处理 生产干酪的原料奶必须经感官检查、pH 检测，必要时进行抗生素检验，凡含有抗生素的原料奶都不能制作干酪。原料奶必须在检查合格后，才能进行预处理。

（1）净乳 某些形成芽孢的细菌，在进行巴氏杀菌时不能完全被杀灭，对干酪的加工和成熟会造成很大危害。如丁酸梭状芽孢杆菌在干酪成熟过程中产生大量气体，破坏干酪的组织状态，且产生不良风味。用离心除菌机进行净乳处理，不仅可除去奶中的大量杂

质，而且可以将奶中90％的细菌除去，尤其是对相对密度较大的芽孢菌更为有效，对耐热芽孢菌的清除率可达98％以上。

（2）标准化　为了保证每批干酪的质量均一、组成一致、成品符合标准、缩小偏差，在加工之前要对原料奶进行标准化处理。首先，要准确测定原料奶的乳脂率和酪蛋白含量，调整原料奶中脂肪和非脂乳固体之间的比例，使其比值符合产品要求。生产干酪时对原料奶的标准化除了对脂肪标准化外，还要对酪蛋白以及酪蛋白/脂肪比例（C/F）进行标准化，一般要求 C/F=0.7。

（3）原料奶杀菌　杀菌的目的是杀灭原料奶中的致病菌和有害菌，使奶中原有酶类钝化失活，从而保证干酪质量稳定、安全卫生。由于加热杀菌能使部分白蛋白凝固，留存于干酪中，因此可以增加干酪的产量。杀菌温度的高低直接影响干酪质量，如果温度过高、时间过长，则受热变性的蛋白质增多，破坏了奶中盐类离子的平衡，进而影响皱胃酶的凝乳效果，导致凝块松软，收缩作用变弱，易形成水分含量过高的干酪。因此，在实际生产中多采用63℃、30min 的保温杀菌或71～75℃、15s 的高温短时杀菌。

2. 添加发酵剂和预酸化　原料奶经过杀菌后，直接打入干酪槽中。干酪槽为水平卧式长椭圆形的不锈钢槽，且有保温（加热或冷却）夹层及搅拌器（手工操作时用干酪铲和干酪耙）。将干酪槽中的净化乳冷却到30～32℃，然后按操作要求加入发酵剂。最常用的发酵菌种是由几种具有协调效应的菌株混合而成的发酵剂，其中无论是嗜温菌或嗜热菌，其相互间都存在共生关系。这些发酵剂不仅产生乳酸，而且可生成香味物质和二氧化碳。二氧化碳则是孔眼干酪和小气孔型干酪的空穴形成之源。

3. 加入添加剂与调整酸度　为了使成品干酪凝块硬度适宜、色泽一致，防止产气菌污染，保证产品质量一致，要加入相应的添加剂和调整酸度。

（1）添加氯化钙　如果生产干酪的绵羊奶本身质量差，则凝块会很软。这会引起细小颗粒（酪蛋白）及脂肪的严重损失，并且在干酪加工过程中凝块收缩能力很差。为了改善凝固性能，提高干酪质量，可在100kg 原料奶中添加5～20g 氯化钙，以调节盐类平衡，促进凝块形成。

（2）添加色素　干酪的颜色取决于原料奶中脂肪的色泽，会随季节而发生变化。为了使产品的色泽一致，需在原料奶中加入胡萝卜素等天然色素物质。现多使用含有胭脂树橙的碳酸钠抽提液，通常每1 000kg 原料奶中加入30～60g。为防止和抑制产气菌，可同时加入适量的硝酸盐。

（3）添加 CO_2　在奶中充入更多 CO_2 是提高制作干酪的原料奶质量的一种方法。CO_2 天然存在于奶中，但在加工中因热作用而大部分逸失。人工加入 CO_2 可降低奶的 pH，原始 pH 通常可降低0.1～0.3个单位。这一操作的优点在于促使凝乳时间缩短，即使在使用少量凝乳酶的情况下，也能取得同样的凝乳时间。

（4）添加发酵剂　经30～60min 发酵后，以乳酸计算的发酵酸度为0.18％～0.22％，但该发酵酸度很难控制。为使干酪成品质量一致，也可用1mol/L 的盐酸人工调整酸度，一般调整酸度至0.21％左右，具体酸度值要根据干酪的品种而定。

4. 添加凝乳酶　在干酪生产中，添加凝乳酶形成凝乳是一个重要的工艺环节。通常按凝乳酶效价和原料奶的量计算凝乳酶的添加量。做法是用1％的食盐水将凝乳酶配成

2％溶液，并在 28～32℃下保温 30min，然后加到奶中，充分搅拌均匀后加盖，注意不能直接添加到奶中。活力为 1∶10 000～1∶15 000 的液体凝乳酶在每 100kg 奶中的添加量为 30mL。加入凝乳酶后要小心慢速搅拌，时间控制在 2～3min。在随后的 8～10min 内使奶静止下来非常重要，以保证酶与底物有一个充分接触的过程，这样可以避免影响凝乳效果和酪蛋白损失。生产中一般添加凝乳酶后，在 32℃条件下静置 30min 左右即可使奶凝固良好，达到凝乳要求。

5. 凝块切割 当奶凝固后，在 Ca^{2+} 作用下凝块达到适当硬度时进行切割。硬度判定方法是：用刀在凝乳表面切深 2cm、长 5cm 的切口，用食指从切口的一端插入凝块中约 3cm，当手指向上挑起时，如果切面整齐平滑，则手指上无小片凝块残留，且渗出的乳清液透明时表明凝块硬度正常，即可开始切割。切割时需用干酪刀，干酪刀分为水平式和垂直式两种，钢丝刃间距一般为 0.79～1.27cm。先沿着干酪槽长轴用水平式刀平行切割，再用垂直式刀沿长轴垂直切割后沿短轴垂直切割，使其成为 0.7～1.0cm 的小立方体。切割时应注意动作要轻、稳，保持匀速，防止将凝块切得过碎和不均匀，颗粒不一。否则会影响乳清的排出效果，进而影响干酪的质量。

6. 凝块搅拌及加湿 凝块切割后（此时测定乳清液酸度），开始用干酪耙或干酪搅拌器轻轻搅拌。刚刚切割后的凝块颗粒对机械处理非常敏感，因此，搅拌必须很缓和并且必须匀速运动，以确保颗粒能悬浮于乳清中。凝块沉淀在干酪底部会形成黏团，这会使搅拌机械受力加大。黏团会影响干酪的组织且导致酪蛋白损失。经过 15min 后，搅拌速度可稍微加快。与此同时，在干酪槽的夹层中加入热水，使温度逐渐升高。升温速度应严格控制，初始时每 5min 升高 1℃，当温度升至 35℃时每隔 3min 升高 1℃。当温度达到 38～42℃时，停止加热并维持此温度不变。在整个升温过程中应不停地搅拌，以促进凝块收缩和乳清渗出，防止凝块沉淀和相互粘连。另外，升温速度不宜过快，否则干酪凝块收缩过快，表面形成硬膜，影响乳清渗出，使成品中的水分含量过高。在升温过程中应不断测定乳清酸度，以便控制升温和搅拌的速度。

7. 排出乳清 在搅拌升温的后期，乳清液酸度达 0.17％～0.18％时，凝块收缩至原来的一半（豆粒大小）。经验的做法是：用手捏干酪粒感觉有适度弹性或用手握一把干酪粒，用力压出水分后放开，如果干酪粒富有弹性，搓开仍能重新分散时即表明奶酪粒形成良好，可进行乳清排出操作。乳清由干酪槽底部通过金属网排出。此时应将干酪粒堆积在干酪槽的两侧，以促进乳清进一步排出。此操作应按干酪品种不同而采取不同的方法。排出的乳清中含脂肪约 0.3％、蛋白质约 0.9％。若脂肪含量在 0.4％以上，证明操作不理想，应将乳清回收，作为副产物进行综合加工利用。将乳清液进行脱盐处理，经浓缩喷雾干燥可制成脱盐乳清粉。

8. 堆积 排出乳清后，将干酪粒堆积在干酪槽的一端或专用的堆积槽中，上面用带孔木板或不锈钢板挤压 5～10min，压出乳清使其成块，这一过程即为堆积。有的干酪品种，在此过程中还要保温。调整排出乳清的酸度，进一步使乳酸菌达到一定的活力，以保证成熟过程对乳酸菌的需要。

9. 压榨成型 将堆积后的干酪块切成方砖形或小立方体，装入成型器中进行压榨定型。干酪成型器依干酪品种不同，其形状和大小也不同。成型器周围设有许多小孔，由此渗出乳清。在内衬网的成型器内装满干酪块后，放入压榨机进行定型。压榨压力与时间依干酪品种不同各异。先进行预压榨，一般压力为 0.2～0.3MPa，时间为 20～30min。预压榨后取下进行调整，视情况可以再进行一次预压榨或直接正式压榨。将干酪反转后装入成型器内以 0.4～0.5MPa 压力在 15～20℃ 条件下再压榨 12～24h，压榨结束后从成型器中取出的干酪称为生干酪。

10. 加盐　加盐的目的在于改进干酪的风味、组织和外观，排出内部乳清或水分，增加干酪硬度，限制乳酸菌的活力，调节乳酸的生成和干酪的成熟，防止和抑制杂菌繁殖。盐加于凝块中而导致排出更多的水分，这是借助于渗透压的作用和盐对蛋白质的作用。渗透压可在凝块表面形成吸附作用，导致水分被吸出。加盐的方法包括干盐法和湿盐法。

（1）干盐法　在定型压榨前，将所需的食盐撒布在干酪粒中，或者将食盐涂布于生干酪表面。加干盐可通过手工或机械进行，将干盐从料斗或类似容器中定量，尽可能地手工均匀撒在已彻底排放乳清的凝块上。为了充分分散，凝块需进行 5～10min 搅拌。

（2）湿盐法　将压榨后的生干酪浸于盐水池中浸盐，第 1～2 天盐水浓度为 17%～18%，以后保持 20%～23% 的浓度。为防止干酪内部产生气体，盐水温度应控制在 8℃ 左右，浸盐时间控制在 4～6d。

11. 成熟　将生干酪置于一定温度（10～12℃）和湿度（相对湿度 85%～90%）条件下，经一定时间（3～6 个月），在乳酸菌等有益微生物和凝乳酶的作用下，使干酪发生一系列的物理和生物化学变化的过程，称为干酪成熟。成熟的主要目的是改善干酪的组织状态和营养价值，增加干酪的特有风味。干酪的成熟时间应按成熟度进行确定，一般为 3～6 个月或以上。干酪成熟通常在成熟库内进行。成熟时低温比高温的效果好，一般为 5～15℃。相对湿度，一般细菌成熟型的硬质和半硬质干酪为 85%～90%，而软质干酪及霉菌成熟干酪为 95%。当相对湿度一定时，硬质干酪在 7℃ 条件下需 8 个月以上才能成熟，在 10℃ 时需 6 个月以上，而在 15℃ 时只需 4 个月左右，而软质干酪或霉菌成熟干酪需20～30d。

四、其他加工制品

（一）奶粉

绵羊奶粉是指以新鲜绵羊奶为原料，或以新鲜绵羊奶为主要原料，添加一定数量的植物或动物蛋白质、脂肪、维生素、矿物质等配料，通过冷冻或浓缩喷雾干燥方法除去奶中几乎全部的水分，干燥而成的粉末。奶粉是一种营养价值高、贮存期长、方便运输的产品，能一直保持奶中的营养成分，主要是由于奶粉中水分含量很低，发生了所谓的"生理干燥现象"。这种现象使微生物细胞和周围环境的渗透压之差增大，达到延长产品保质期的目的。有人认为，如果产品的水分含量低于 30%，那么产品中的微生物就不能繁殖，而且还会死亡。但如果有芽孢菌存在，当奶粉吸潮后芽孢菌可能会重新繁殖。奶中除去了几乎全部的水分，水分含量小于 5%，这样就大大减轻了重量、减小了体积，方便贮存和运输。另外，奶粉的冲调性也好。

目前我国生产的奶粉主要有全脂奶粉、全脂加糖奶粉、婴幼儿配方奶粉及各种调制奶粉等，其中全脂奶粉产量占50％以上，其他奶粉，尤其是婴幼儿配方奶粉的产量正在逐步上升。不同奶粉的生产工艺虽然不一样，但大同小异，下面以全脂奶粉为例，说明其生产工艺。

1. 原料奶验收　鲜奶验收后如不能立即加工，需贮存一段时间，必须净化后经板式冷却器冷却到4～6℃，再打入贮奶罐进行贮存。在贮存期间要定期搅拌和检查温度及酸度。要注意生产奶粉的绵羊奶，在送到奶粉加工厂之前，不允许进行强烈的、超长时间的热处理。否则，会导致乳清蛋白凝聚，影响奶粉的溶解性、滋味、气味。

2. 标准化　乳脂肪的标准化一般在离心净乳的同时进行。如果净乳机没有分离奶油的功能，则要单独设置离心分离机。当原料奶中的含脂率高时，可调整净乳机或离心分离机分离出一部分稀奶油；如果原料奶中的含脂率低时，则要加入稀奶油，使成品中含有25％～30％的脂肪。一般工厂将成品中的脂肪控制在26％左右。

3. 杀菌　细菌是引起原料奶变质的主要原因，也是影响奶粉质量与保质期的重要因素。杀菌可消除或抑制细菌的繁殖及解脂酶和过氧化物酶的活性。大规模生产奶粉的加工厂，为了便于加工，经均质后的原料奶用片式热交换器进行巴氏杀菌后，冷却到4～6℃，返回冷藏罐中贮存，根据加工需求随时取用。

4. 均质　生产全脂奶粉时，一般不经过均质，但如果进行标准化添加了稀奶油或脱脂奶，则应该进行均质。均质的目的在于破碎脂肪球，使其以小粒径状分散在奶中，形成均匀的乳浊液。即使未经过标准化，经过均质的全脂奶粉质量也优于未经均质的奶粉，因此推荐将均质工艺作为奶粉加工的标配工艺。由经过均质的原料奶制成的奶粉，冲调后复原性更好。均质前，将原料奶预热到60～65℃，均质压力为15～20MPa，均质效果更佳。

5. 加糖　在生产加糖或某些配方奶粉时，需要向奶中加糖，方法有：①在使用净乳工序之前加糖；②将杀菌过滤的糖浆加入浓缩奶中；③干法添加，包装前利用干粉混合机加蔗糖细粉于奶粉中；④预处理前加一部分糖，包装前再加一部分。

6. 真空浓缩　奶粉生产常采用减压（真空）浓缩，浓缩程度直接影响奶粉质量，特别是溶解度。生产奶粉时，一般需将原料奶浓缩至原体积的1/4，乳总固体达到45％左右。浓缩可采用单效、双效、三效等不同的浓缩系统，浓缩后的奶温一般为47～50℃，这时浓缩奶的浓度达到45％左右，相对密度为1.089～1.100。若生产大颗粒甜奶粉，则浓缩奶的浓度至少要提高到55％～60％。

7. 干燥　干燥的目的是除去液态奶中的水分，使产品变成固态，使奶粉中的水分含量降至2.5％～5.0％。在这样低的含水量条件下没有细菌能够繁殖，可延长奶的货架期；同时，大大降低体积，减少产品的贮存和运输费用。冷冻干燥已被用于含热敏性功能因子的优质奶粉生产。在干燥过程中，奶中的水分在真空中蒸发，干燥温度较低，这一方法在保证奶粉质量方面具有很大优势，蛋白质不会受到损害。如果在比较高的温度下进行干燥，则奶粉质量或多或少都会受到影响。冷冻干燥并没有得到广泛应用，部分原因是其能耗太高。工业化干燥方法是对产品进行加热，在喷雾塔中水分以蒸汽形式被快速蒸发出去，残留物即为奶粉。乳品工业基本使用两种方法干燥，即冷冻干燥（采用滚筒）和加热干燥（采用喷雾）。由于滚筒干燥生产的奶粉溶解度低，冲调性差，因此现已很少采用。

8. 出粉、冷却、包装　喷雾干燥结束后，应立即将奶粉送至干燥室外并及时冷却，避免奶粉受热时间过长。特别是全脂奶粉，受热时间过长会引起奶粉中游离脂肪增加，在保存中易引起脂肪氧化变质，影响奶粉质量，奶粉的色泽、滋味、气味、溶解度同样会受到影响。所以，在喷雾干燥以后，出粉和冷却也是重要的环节，这些环节往往被一些工厂所忽视。

（1）出粉与冷却　干燥的奶粉落入干燥室的底部，温度为 60℃ 左右，应尽快出粉。冷却方式一般有气流出粉、冷却，流化床出粉、冷却。

（2）筛粉与晾粉　一般采用机械振动筛，筛网大小为 40～60 目。目的是使奶粉均匀、松散，便于冷却。晾粉可使奶粉的温度降低，同时提高奶粉表观密度 15%，有利于包装。无论使用大型粉仓还是小粉箱暂存，在贮存时都要严防受潮。包装前的奶粉存放场所必须保持干燥和清洁，包装间的净化处理对保证产品质量至关重要。

（3）包装　各国奶粉包装的形式和尺寸有较大差别，包装材料有马口铁罐、塑料袋、塑料复合纸带、塑料铝箔复合袋等，规格多为 500g、454g、250g、150g。大包装容器有马口铁盒或软桶 1.5kg 装，也有塑料袋套牛皮纸袋 25kg 装。依不同客户的特殊需要，可以改变包装物重量。包装方式直接影响奶粉的贮存期，如塑料袋包装的贮存期规定为 3 个月，铝箔复合袋包装的贮存期规定为 12 个月，用真空包装技术和充氮包装技术处理的可保存奶粉 3～5 年。

（二）干酪素

干酪素又称酪蛋白、酪朊、乳酪素、奶酪素等。干酪素及其制品具有较高的营养价值，能够促进人体对钙、铁等矿物质的吸收；酪蛋白中含有人体必需的 8 种氨基酸，能够为人的生长发育提供必需的氨基酸。酪蛋白是一种全价蛋白质，是多功能的食品添加剂，广泛应用于各类食品、保健食品营养蛋白添加剂、增稠剂、食品稳定剂、乳化剂及各类饮料中。

干酪素生产是以脱脂绵羊奶为原料，在皱胃酶或酸的作用下生成酪蛋白凝聚物，经洗涤、脱水、粉碎、干燥生产的物料。酪蛋白是干酪素的主要成分，酪蛋白是绵羊奶中的主要含氮化合物，约含 5.5%，是以酪蛋白酸钙磷酸钙复合物的形式，以胶体状态分散于奶中。干酪素的感官状态是白色或微黄色、无臭味的粉状或颗粒状物料，在水中几乎不溶，25℃ 的水仅可溶解 0.2%～2.0%，不溶于酒精、乙醚及其他有机溶剂，易溶于碱性溶液、碳酸盐水溶液和 10% 四硼酸钠溶液。干酪素是非吸湿性物质，相对密度为 1.25～1.31。按制取方法不同，干酪素生产分为酸法和酶法两种。在工业制造的干酪素大部分是酸法生产，其工艺要点如下。

1. 原料奶要求　原料奶多采用经离心分离的脱脂绵羊奶，脱脂绵羊奶的含脂率直接影响产品质量，优质干酪素要求含脂率在 0.03% 以下。在制造干酪素时，脱脂绵羊奶必须洁净、无机械杂质，滴定酸度不超过 23°T。

2. 生产工艺　脱脂奶→加热→加酸点制→酪蛋白沉淀物→洗涤→脱水→粉碎→干燥→过筛→包装→成品。

3. 技术要点　在稀释缸内加入需要量的 30～38℃ 温水。将浓盐酸过滤后导入稀释缸并搅拌均匀。按要求浓度配比，酸化点制合格原料奶时浓盐酸和水的体积比为 1∶6，点制中和变质原料奶时浓盐酸与水的体积比为 1：2。

将脱脂绵羊奶加温至 40～44℃，不断搅拌下徐徐加入稀盐酸溶液，使酪蛋白形成柔软的颗粒。加酸至乳清透明，所需时间不少于 3～5min。然后停止加酸，停止搅拌0.5min。之后开启搅拌器，第二次加酸应在 10～15min 内完成。加酸时不可过急，要边加边检查颗粒硬化情况，准确地判定加酸终点。

加酸到终点时，乳清液清澈透明，干酪素颗粒均匀一致（大小为 4～6 mm）、致密结实、富有弹性、呈松散状态。乳清的最终滴定酸度为 56～68°T。停止加酸后，继续搅拌0.5min。停止搅拌并静置沉淀 5min，再放出乳清，剩余产物即为干酪素。

（三）乳清粉

乳清是生产干酪或干酪素的副产品，乳清总固体占原料奶总干物质的一半，乳清蛋白占总乳蛋白的 20％。绵羊奶中维生素和矿物质也都存在于乳清中。从生产硬质干酪、半硬质干酪、软干酪和凝乳酶干酪素获得的副产品乳清称为甜乳清，其 pH 为 5.9～6.6；盐酸法沉淀制造干酪素而得到的乳清 pH 为 4.3～4.6，为酸乳清。乳清粉根据生产工艺可分为普通乳清粉和脱盐乳清粉，脱盐乳清粉可用于调制乳粉配料。乳清液采用不同工艺处理可得到多种食品配料成分，详见图 8-8。

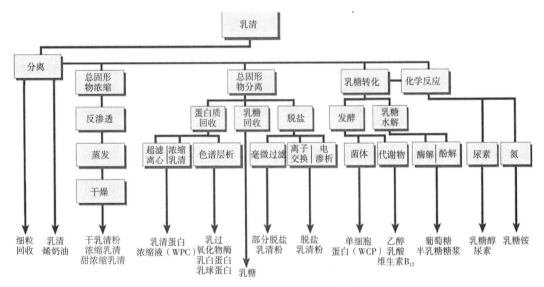

图 8-8 乳清工业化加工品细分产品

1. 普通乳清粉及生产

（1）乳清预处理 首先要除去生产干酪或干酪素排出的新鲜乳清中的酪蛋白微粒，然后分离除去脂肪和乳清中的残渣。如不能及时进行浓缩加工，则要迅速冷却至 10℃ 以下，以抑制微生物的生长。

（2）杀菌 浓缩前先进行杀菌处理，杀菌条件为 85℃、15 s。

（3）浓缩 将乳清浓缩至干物质为 30％ 左右的浓度，排出的浓缩液再与新鲜乳清混合成 10％～15％ 浓度的中间乳清，再经另一套蒸发器浓缩至最终所需浓度。乳清浓缩也可利用反渗透设备进行浓缩。

（4）乳糖预结晶　乳清浓缩至干物质浓度的 60％左右后放入贮罐中。为制得无结块乳清粉，浓缩之后要使浓缩乳清通过冷却结晶方式获得最多、最细的乳糖结晶，并使乳糖以硬乳糖结晶状态析出。如果立即喷雾干燥，则乳清粉中的乳糖含量高，生产的乳清粉有很强的吸湿性。首先将从蒸发器排出的温度约 40℃的浓乳清迅速冷却至 28～30℃，然后将此浓缩液冷至 16～20℃，泵入结晶缸进行乳糖预结晶。在结晶缸中，温度 20℃左右下保温 3～4h，搅拌速度控制在 10r/min 左右。当浓缩乳清中含有 85％的乳糖结晶时停止结晶。

（5）喷雾干燥　乳清粉的喷雾干燥工艺基本上与奶粉相同，但采用浓缩乳清中乳糖预结晶的工艺后，要求选用离心雾化喷雾器。

2. 脱盐乳清粉及生产

（1）脱盐乳清粉　脱盐乳清粉的生产工艺基本与普通乳清粉相同，所不同的是脱盐乳清粉生产所用的原料乳清经脱盐处理，改变了乳清中的离子平衡，降低了渗透压。用脱盐处理后的乳清液生产的脱盐乳清粉味道良好，蛋白质质量、组织、稳定性、营养价值等都很好，可用于生产婴儿食品或母乳化奶粉，更适合婴儿的生理要求与生长需要。

（2）乳清脱盐　乳清脱盐多用离子交换树脂法和离子交换膜电渗析法除去过多的阴、阳离子。

3. 浓缩乳清蛋白粉及生产　浓缩乳清蛋白粉是由乳清超滤后进行干燥得到的粉末，干粉中的蛋白质含量为 35％～85％。可依其蛋白质含量，即蛋白质占总固形物的百分比大小来区分等级。要得到蛋白质含量为 35％的制品，总干物质浓度约为 9％的液态乳清需浓缩 6 倍。

例：100kg 乳清液浓缩度接近 6（5.88）倍时，产出约 17kg 浓缩液和 83kg 滤清液。

要得到蛋白质含量为 85％浓缩乳清蛋白粉，液体乳清应首先经过 20～30 倍的直接超滤，使其干物质含量约为 25％，这也是最经济的处理。对浓缩液进行再次过滤可以除去乳糖和矿物质，能提高总干物质中蛋白质的浓度。在过滤进行过程中需向物料中加水，其目的是使一些分子质量小的乳糖、矿物质等能透过滤膜的物质而被除去。约 95％乳清作为滤液收集起来，即可以得到蛋白质含量为 80％～85％（占干物质量）的干燥浓缩乳清蛋白粉产品。

第九章
奶绵羊主要疫病防控 ▶▶▶

第一节　主要传染病

一、布鲁氏菌病

布鲁氏菌病是由布鲁氏菌引起的一种人兽共患慢性传染病，主要侵害生殖系统。羊感染后，以母羊发生流产和公羊发生睾丸炎为特征。该病分布广泛，不仅感染各种家畜，且易传染给人。

（一）病原

布鲁氏菌是革兰氏阴性需氧杆菌，分类上属于布鲁氏菌属，非抗酸性，无芽孢、无荚膜、无鞭毛，呈球杆状。组织涂片或渗出液中常集结成团，且可见于细胞内，培养物中多单个排列。布鲁氏菌在皮肤里能生存45～60d，在土壤中存活40d，在奶中存活数周，对热的抵抗力弱，能很快被一般的消毒药杀死。

（二）流行特点

本病常呈地方性流行，发病无季节性，但以春、夏季发病率较高。新疫区常表现大量母羊流产，老疫区流产比例较小，病菌存在于流产胎儿、胎衣、羊水、流产羊阴道分泌物及公羊精液中。母羊较公羊的易感性强，性成熟后对本病极为易感。消化道是主要感染途径，也可经配种感染。羊群一旦感染此病，首先表现为妊娠母羊流产，开始仅为少数，以后逐渐增多，严重时可达半数以上，多数病羊流产1次。

（三）诊断要点

由于发生流产的病因很多，而该病的流行特点、临床症状和病理变化均无明显的特征，同时隐性感染较多。因此，确诊要依靠实验室诊断。

1. 临床症状　多数病例为隐性感染，无明显症状。妊娠母羊发生流产是该病的主要症状，多发生在妊娠后的3～4个月。流产后多伴有胎衣不下或子宫内膜炎，且屡配不孕。不论流产早晚，都容易从胎盘及胎儿中分离到布鲁氏菌，但患病母羊一生中很少出现第二次流产。有时患病羊发生关节炎和滑液囊炎而致跛行，少数病羊发生角膜炎和支气管炎。

2. 病理变化　剖检常见胎衣部分或全部呈黄色胶样浸润，其中部分覆有纤维蛋白和脓液，胎衣增厚，并有出血点。流产胎儿主要为败血症病变，浆膜与黏膜有出血点和出血斑，皮下和肌肉间发生浆液性浸润，脾脏和淋巴结肿大，肝脏出现坏死灶。公羊发生该病时，可发生化脓性坏死性睾丸炎和副睾炎，睾丸肿大，后期睾丸萎缩，失去配种能力，关节肿胀。

（四）防治措施

1. 预防

（1）自繁自养，严格检疫　培育健康羊群，未感染羊群必须引进羊或补充羊群时，引进羊应隔离饲养 2 个月，同时进行布鲁氏菌病检测，全群两次检测阴性者方可与原有羊群接触。阴性的羊群，应每年定期检疫 1～2 次，一旦发现，立即淘汰。

（2）加强生物安全控制，提高兽医卫生状况　包括产房卫生消毒，流产胎儿、胎衣深埋，奶消毒，羊粪发酵和病羊皮毛消毒等。一旦出现流产，应尽快做出诊断，并采取相应措施，包括隔离流产羊、消毒环境及处理流产胎儿和胎衣等。

（3）免疫接种　联合国粮农组织推荐 4 种较好的疫苗，即流产布鲁氏菌 19 号菌种弱毒疫苗（19 号）、马耳他布鲁氏菌 Rev. 1 号菌种弱毒疫苗（Rev. 1 号）、流产布鲁氏菌 45/20 号菌种灭活佐剂疫苗（45/20 号）、强毒马耳他布鲁氏菌 53H38 号菌种灭活佐剂疫苗（H38 号），我国现使用的有以下 3 种弱毒疫苗：

①19 号疫苗。有液体疫苗和冻干疫苗，免疫量为 300 亿～400 亿个菌。用液体免疫时，每只羊皮下注射 2.5mL。用冻干疫苗免疫时，先按每瓶计算含活菌数，用生理盐水溶解和稀释成每毫升含 120 亿～160 亿个菌，然后按使用剂量注射。绵羊在每年配种前 1～2 个月注射疫苗一次，免疫期为 9～12 个月。妊娠期间严禁注射。冻干疫苗在 0～8℃条件下保存，有效期 1 年。

②冻干布鲁氏菌猪 2 号弱毒疫苗。

注射免疫：免疫接种奶绵羊时，用灭菌生理盐水将疫苗稀释成每毫升含 50 亿个菌，肌内注射 1mL。

饮水免疫：大群羊饮水免疫的前一天必须断绝饮水，以保证饮水时每只羊均能摄入足够量的菌。按每只羊饮服 200 亿个菌计算，分 2 天饮服。试验表明，每只羊饮服 25 亿～1 000 亿个菌均安全有效。冻干布鲁氏菌猪 2 号疫苗的免疫期绵羊为 1.5 年，保护率达 80%，免疫在配种前 1～2 个月进行。3 月龄以下羔羊不能进行免疫。

③冻干布鲁氏菌羊 5 号弱毒疫苗。用于奶绵羊时免疫期为 1.5 年，于配种前 1～2 个月进行免疫，妊娠母羊禁用。

注射免疫：用生理盐水将疫苗稀释成每毫升含 50 亿个菌，羊股内侧皮下注射 1mL。

气雾免疫：圈舍内气雾免疫，用生理盐水将疫苗稀释成每毫升含 100 亿个菌，装入喷雾器进行喷雾。羊群的使用量为每立方米空间 50 亿个菌。将羊赶入室内，关闭门窗进行喷雾，使喷头与羊等高，均匀喷射，喷完后让羊只在室内停留 20～30min。

对人布鲁氏菌病的预防，首先要注意职业性感染，工作人员必须严格遵守防护制度。必要时可用疫苗（如 Ba-19 苗）进行皮肤划痕接种，但接种前应进行变态反应试验，只有阴性反应者才能接种。

2. 治疗　该病发生时一般不予治疗。但对价格昂贵的种羊，可在隔离条件下，用 0.1％高锰酸钾溶液冲洗阴道和子宫，必要时用磺胺类药物和抗生素治疗。

二、羊传染性胸膜肺炎

羊传染性胸膜肺炎又称羊支原体性肺炎，俗称"烂肺病"，是由多种支原体引起的绵羊和山羊的一种高度接触性传染病。该病在临床上以高热、咳嗽、肺脏及胸膜浆液性和纤维素性炎症为特征，病羊的死亡率很高，对养羊业的危害很大。此外，某些种类的支原体还可引起羊的无乳症、结膜角膜炎、关节炎、乳腺炎、腹膜炎、脓肿甚至败血症。

（一）病原

羊传染性胸膜肺炎的病原包括丝状支原体山羊亚种、丝状支原体丝状亚种、山羊支原体山羊肺炎亚种和绵羊肺炎支原体。该类支原体均为细小、多形性微生物，平均大小为 $0.3 \sim 0.5 \mu m$，革兰氏染色阴性，用吉姆萨或美蓝染色着色较好。对理化因素的抵抗力很弱，对红霉素高度敏感，四环素和氯霉素也有较强的抑菌作用。此外，引起羊传染性胸膜肺炎的病原还有溶血性巴氏杆菌、多杀性巴氏杆菌和无乳支原体等。

（二）流行特点

丝状支原体山羊亚种能自然感染山羊和绵羊，其中以 3 岁以下羊最易感染；绵羊肺炎支原体能自然感染绵羊和山羊。羊传染性胸膜肺炎的主要传染源是病羊和带菌羊，感染羊的肺脏和胸腔渗出液中含有大量的病原。耐过羊的肺脏中病原能够在相当长的时间内保持活力，并能使易感羊感染，因此是最危险的传染源。在自然状态下，该病主要通过飞沫传染，其接触传染性很强，能迅速波及全群。本病常呈地方性流行。阴雨连绵、寒冷潮湿、饲养密度大、卫生条件差、通风不良等因素均有利于该病的传播。在冬季和早春枯草季节，本病的发病率和病死率较高。

（三）诊断要点

1. 临床症状　本病潜伏期短的为 $5 \sim 6d$，长的为 $3 \sim 4$ 周，平均 $18 \sim 20d$。根据病程和临床症状，分为最急性、急性和慢性三型。

（1）最急性型　病羊体温高达 $41 \sim 42 ℃$，精神极度委顿，食欲废绝，呼吸急促而痛苦地咩叫。数小时后出现肺炎症状，呼吸困难，咳嗽，并流浆液带血鼻液。肺部叩诊呈浊音或实音，听诊肺部呈捻发音。不久渗出液充满肺脏并进入胸腔，黏膜高度充血、发绀。病羊卧地不起，呻吟，呼吸极度困难，最后窒息死亡。病程一般为 $4 \sim 5d$，有的仅有 $12 \sim 24h$。

（2）急性型　临床上最常见。病初羊体温升高，两眼无光，懒于采食，被毛粗乱，发抖。继而出现短而湿的咳嗽，伴有浆液性鼻漏。有的病例在鼻端、嘴唇、口腔内有带泡沫的液体，伴有吞咽动作，眼睑浮肿、流泪。按压胸壁呈现疼痛反应，听诊有胸膜摩擦音和水泡音。多在一侧出现胸膜肺炎变化，叩诊呈实音。病羊痛苦地咳嗽。鼻液为黏液性或脓性，呈铁锈色，黏附于鼻孔和上唇，结成棕色痂垢。妊娠母羊大多发生流产。后期病羊卧地，呼吸极度困难，发出微弱的哀鸣声，最后窒息死亡。濒死期体温下降至常温以下，病程 7～15d，有的可达 1 个月。

（3）慢性型　多见于夏季。病羊全身症状轻微，体温在 40℃ 左右，偶有咳嗽和腹泻，鼻涕时有时无，身体衰弱，被毛粗乱、无光，若出现并发症则迅速死亡。

2. 病理变化　病变主要在胸腔，常见一侧肺脏发生严重的浸润和明显的实质性病变，病变区突出于肺脏表面，质硬而失去弹性，呈灰色、灰黄色或灰红色，切面呈大理石样，肺小叶间质增宽、界线明显。支气管扩张，血管有血栓形成。肺胸膜和心包覆盖一层很厚的纤维素膜，易撕落，胸膜表面粗糙不平。胸腔和心包内积有大量淡黄色液体（500～2 000mL），暴露于空气后形成纤维蛋白凝块。肺胸膜结缔组织增生与胸膜粘连。纵隔淋巴结肿大，切面多汁并常布满出血点。

（四）防治措施

1. 预防　坚持自繁自养，勿从疫区引进羊。加强饲养管理，增强羊的体质。对从外地新引进的羊严格隔离，检疫无病后方可入群。疫区内羊分群隔离，对假定健康羊，用山羊传染性胸膜肺炎和绵羊肺炎支原体氢氧化铝二联苗接种，半岁以下羊皮下或肌内注射 3mL，半岁以上羊注射 5mL。

对被病菌污染的环境、用具等，进行消毒处理。

我国目前有用丝状支原体山羊亚种制备的氢氧化铝疫苗和绵羊肺炎支原体灭活疫苗。因此，可根据当地对病原的分离和鉴定结果，选择使用针对当地毒株的疫苗。

2. 治疗　对感染传染性胸膜肺炎的病羊应及时诊治，可选用下列治疗方案：

①静脉注射新胂凡纳明，即"914"预防本病的效果良好，剂量是 5 月龄以下羔羊 0.1～0.15g、5 月龄以上的羊 0.2～0.25g。用灭菌生理盐水或 5％ 葡萄糖盐水稀释为 5％ 溶液，1 次静脉注射（注射前半小时先注射强心剂），必要时间隔 3～4d 再注射 1 次。

②肌内注射土霉素，每千克体重 10mg，每天 1 次，7d 为一个疗程；磺胺嘧啶钠配成 4％ 水溶液，皮下注射，每天 1 次；还可试用多西环素分 2～3 次口服。

③5％ 葡萄糖氯化钠注射液 500～1 000mL、甲氧苄氨嘧啶注射液 1～2mL、安钠咖注射液 1～2mL，静脉滴注，每天 2 次；肌内注射维生素 B_1 溶液 30～50mL，每天 2 次，连用 4～5d。

三、羊衣原体病

羊衣原体病是由鹦鹉热衣原体引起的绵羊、山羊的一种传染病，临床上以发热、流产、死产和产出弱羔为特征。该病在流行期，也可见部分羊表现多发性关节炎、结膜炎等。

（一）病原

鹦鹉热衣原体在分类上属于衣原体科、衣原体属，呈球形或卵圆形，革兰氏染色阴性。衣原体只能在活的细胞内繁殖，繁殖过程因不同发育周期有始体和原体之分。始体为繁殖型，无传染性；原体具有传染性，感染羊主要由原体引起。衣原体生活周期中各期形态不同，染色反应也各异。经吉姆萨染色法染色，形态较小而具有传染性的原体被染成紫色，形态较大的繁殖型始体被染成蓝色。受感染的细胞内可见各种形态的包含体，由原体组成，这对疫病诊断有特异性。衣原体在一般培养基上不能繁殖，常在鸡胚和组织培养中增殖。实验动物以小鼠和豚鼠对其具有易感性。鹦鹉热衣原体的抵抗力不强，对热敏感，感染鸡胚卵黄囊中的衣原体在-20℃可保存数年。0.1％甲醛溶液、0.5％石炭酸、70％酒精、3％氢氧化钠溶液均能将其灭活。衣原体对青霉素、四环素、红霉素等抗生素敏感，而对链霉素有抵抗力。沙眼衣原体对磺胺类药物敏感，而鹦鹉热衣原体对其则有抵抗力。

（二）流行特点

鹦鹉热衣原体可感染多种动物，多为隐性经过，家畜中以牛、羊较为易感，许多野生动物和禽类是本菌的自然储主。患病动物和带菌动物为主要传染源，可通过粪便、尿液、乳汁、泪液、鼻分泌物以及流产的胎儿、胎衣、羊水排出病原，污染水源、饲料及环境。羊衣原体病主要经呼吸道、消化道及损伤的皮肤、黏膜感染；也可通过交配或用患病公羊的精液人工授精发生感染，蜱、螨等吸血昆虫叮咬也可能传播。羊衣原体性流产多呈地方性流行。密集饲养、缺乏营养、长途运输或迁徙、受寄生虫侵袭等应激因素可促进本病的发生、流行。

（三）诊断要点

1. 临床症状 鹦鹉热衣原体感染的绵羊、山羊有以下不同的临床症状：

（1）流产型 潜伏期50～90d。流产通常发生于妊娠的中后期，一般观察不到征兆，临床症状主要为流产、死产或娩出生命力不强的弱羔。流产后往往胎衣滞留，流产羊阴道排出分泌物可达数日。流产羊胎盘子叶增厚、出血并混有淡黄色渗出物。有些病羊可因继发感染细菌性子宫内膜炎而死亡。首次发生流产的羊群，流产率可达20％～30％，以后则流产率下降。发生过流产的母羊一般不再发生流产。公羊感染后有睾丸炎、附睾炎等。

（2）关节炎型 鹦鹉热衣原体侵害羔羊时，可引起多发性关节炎。感染羔羊于病初体温高达41～42℃。食欲减退，掉群，不适，肢关节（尤其腕关节、跗关节）肿胀、疼痛，一肢或四肢跛行。肌肉僵硬，或弓背而立，或长期卧地，体重减轻，生长发育受阻，有些羔羊同时发生结膜炎。发病率高，病程可持续2～4周。

（3）结膜炎型 主要发生于绵羊，特别是育肥羔羊和哺乳羔羊。病羔一只眼或双眼均可患病，眼结膜充血、水肿，大量流泪。病后2～3d，角膜发生不同程度的混浊，出现血管翳、糜烂、溃疡或穿孔，数天后在瞬膜、眼结膜上形成直径为1～10mm的淋巴滤泡（滤泡性结膜炎）。有些病羊可伴发关节炎，出现跛行。结膜炎型羊衣原体病的发病率高，但一般不引起死亡。病程6～10d，角膜溃疡者病程可达数周。公羊感染后出现睾丸炎、附睾炎等。本病发生时，临床上应注意与布鲁氏菌病、弯杆菌病和沙门氏菌病等进行鉴别诊断，须根据病原检查和血清学试验相鉴别。

2. 病理变化

（1）流产型 流产母羊胎膜水肿、增厚，子叶呈黑红色或土黄色。流产胎儿水肿，皮肤、皮下组织、胸腺及淋巴结等处有点状出血；肝脏充血、肿胀，表面可能有针尖大小的灰白色病灶。组织病理学检查时，胎儿肝脏、肺脏、肾脏、心肌和骨骼肌血管周围有网状内皮细胞增生。

（2）关节炎型　关节囊扩张，发生纤维素性滑膜炎。关节囊内集聚炎性渗出物，滑膜附有疏松的纤维素性絮片。患病数周的关节滑膜层由于绒毛样增生而变得粗糙。

（3）结膜炎型　结膜充血、水肿。角膜发生水肿、糜烂和溃疡。瞬膜、眼结膜上可见大小不等的淋巴样滤泡，组织病理学检查可发现滤泡内淋巴细胞增生。

（四）防治措施

1. 预防

（1）加强饲养卫生管理，消除各种诱发因素，防止寄生虫侵袭，增强羊群体质。

（2）在羊衣原体病流行的地区，用羊流产衣原体灭活疫苗对母羊和种公羊进行免疫接种，可有效控制本病的流行。

（3）发生本病时，流产母羊及其所产弱羔应及时隔离。流产胎盘、产出的死羔应作无害化处理。被污染的羊舍、场地等环境用2%氢氧化钠溶液、2%来苏儿溶液等进行彻底消毒。

2. 治疗　虽然衣原体对有些药物敏感，但使用前要在药敏试验的基础上选择效果较好的抗菌药物品种。

①肌内注射青霉素，每次80万～160万IU，每天2次，连用3d。结膜炎患羊可用土霉素软膏点眼治疗。肌内注射四环素，每天350mg，连用2d，可预防羊流产。

②土霉素可抑制衣原体早育阶段的蛋白质合成，按每千克体重12mg、连服3～5d可预防羊流产。每千克体重10～20mg，每天2次，连用3d；或每天200～300mg，连用3d，可预防羔羊多发性关节炎。

③多西环素（或金霉素）可抑制衣原体发育阶段的蛋白质合成，每天口服80mg，连用3d，可预防羊流产。

④红霉素可抑制肽链的合成与延长，从而抑制蛋白质的合成，每千克体重口服2～5mg，每天2次，连用3d。

⑤泰乐霉素可抑制肽链的合成与延长，从而抑制蛋白质的合成，每千克体重口服20mg，连续用药3周预防羊流产。

四、羔羊梭菌性痢疾

羔羊梭菌性痢疾，简称"羔羊痢疾"，是由B型产气荚膜梭菌在羔羊小肠（特别是回肠）内大量繁殖，产生毒素而引起的一种急性毒血病症。临床诊断以羔羊剧烈腹泻、剖检以小肠发生溃疡为特征。

（一）病原

羔羊痢疾是由B型产气荚膜梭菌引起的。

（二）流行特点

该病呈季节性流行，主要侵害出生后 2～8d 的羔羊，尤以 3d 内的新生羔羊最易发病。一般产羔初期患病少，产羔盛期传染快，发病率明显增加。本病传染源是病羔，其粪便内含有的大量病原可污染羊舍和周围环境，或经消化道、脐带和外伤等途径而感染健康羔羊。本病发生时的诱因很重要，特别是在弱羔受到寒冷或饥饱不均等时常会发病。

（三）诊断要点

1. 临床症状　羔羊感染后首先表现为食欲减退、精神萎靡，常卧地不起，排黄色稀粪，后期排血样紫黑色稀粪。也有的羔羊发病很快，未见明显症状即突然死亡。潜伏期数小时到一天。病羔萎靡呆立，低头弓背，腹部下凹，后期粪内带血，肛门失禁。持续性腹泻，体温偏低，经 1～2d 死亡。个别病例出现神经症状，流涎，牙关紧闭，角弓反张，四肢抽搐，以死亡告终。

2. 病理变化　黏膜苍白，口腔及鼻腔发绀。胃肠道卡他性炎症，黏膜上有出血点，皱胃内容物呈白色或乳白色稀糊状及凝乳块。肠黏膜上有大量黏液，肠壁肥厚、充血、出血，肠淋巴滤泡明显。肝脏充血、水肿，质地变软，有萎缩现象。心包内积有黄色液体，心内膜有点状及条纹状出血。

（四）防治措施

1. 预防

（1）加强饲养管理　加强妊娠母羊的饲养。适时抓膘保膘，使胎羔发育良好，以增强抵抗力。注意产羔期的卫生消毒和护理，在产羔前彻底清扫和消毒羊舍、产栏，接羔时特别注意消毒。对新生羔羊加强保温，保证其吃足初乳。

（2）免疫预防　妊娠母羊分娩前 1 个月皮下注射 2mL 羔羊痢疾灭活疫苗或羊厌气性五联灭活疫苗，间隔 10d 后再注射 3mL。母羊能通过初乳把抗体传递给羔羊，使羔羊获得保护力。

（3）药物预防　羔羊出生后 12h 内，口服抗生素类药物对本病有较好的预防作用。如口服土霉素 0.2g，每天 1 次，连用 3～5d。

（4）消毒　一旦发现病羔，应立即对其隔离治疗，并严格消毒环境。如果发病羔羊很少，可考虑将其宰杀，以免扩大传播。

（5）调整配种季节　避开在最冷的时期产羔。也可以采用间歇配种方式，即在受配母羊达到 60% 左右时，将公羊隔离 10～15d。这样可以在产羔间歇期内，为后期产羔做好清洁卫生和消毒工作，补充药品器械；同时，加强放牧管理，延长放牧时间，使前期所产羔羊迅速成长，让饲养员能够集中精力，投入第二次接羔育幼工作中。

2. 治疗　可选用土霉素 0.2～0.3g，加等量胃蛋白酶，用水调灌服，每天 2 次；也可用磺胺脒 0.5g，鞣酸蛋白、次硝酸钠、碳酸氢钠各 0.2g，用水调灌服，每天 3 次。病初用青霉素、链霉素各 20 万 IU 注射。必要时采用对症疗法，强心补液，收敛止痛。有条件的可用高免血清治疗。

五、羊快疫

羊快疫是主要发生于绵羊的一种急性传染病，发病突然，病程极短，其特征为皱胃呈出血性、炎性损害。

（一）病原

引起羊快疫的病原是腐败梭菌，为革兰氏阳性厌氧大杆菌，在分类上属于梭菌属。本菌在体内外均能产生芽孢，不形成荚膜，可产生多种外毒素。用病羊血液或脏器涂片，可见单个或者 2～5 个菌体相连的粗大杆菌，有时呈无关节的长丝状，其中一些可能被断为数段。

（二）流行特点

绵羊对该病最易感，6～18 月龄羊多发。腐败梭菌常以芽孢形式污染土壤、牧草、饲料和饮水，成为传染源。芽孢经口进入并存在于消化道中，但不引起奶绵羊发病。但当受到不良因素的影响，秋冬和初春气候骤变、阴雨连续，羊感冒或采食不当，机体受到刺激，抵抗力下降时，腐败梭菌则大量繁殖，并产生外毒素，使消化道黏膜特别是皱胃黏膜发生坏死和炎症；同时，随血液进入体内，刺激中枢神经系统，引起急性休克，使病羊急速死亡。

（三）诊断要点

1. 临床症状

（1）最急性型　病羊突然停止采食和反刍，磨牙、腹痛、呻吟，四肢分开，呼吸困难，从口、鼻流出带泡沫液体。痉挛倒地，四肢呈游泳状运动，在出现症状2～6h后死亡。

（2）急性型　病羊不出现症状，突然死亡。稍慢的病例可见卧地，不愿走动，运动失调，腹部膨胀，有疝痛症状，有的病例体温可升高至 41.5℃ 左右，病羊最后极度衰竭、昏迷，在数小时内死亡，罕有痊愈者。

（3）慢性型　初期病羊精神沉郁，食欲减退，行走摇摆不稳，离群喜卧，排粪困难；卧地不起，腹部膨胀，呼吸迫促，眼结膜充血，呻吟，流涎。心跳过速，在濒死时呼吸困难，体温上升到 40℃ 以上，不久即死亡。

2. 病理变化　病羊皱胃有出血性炎症，在胃底部及幽门附近有大小不一的出血斑块，表面坏死；胸腔、腹腔、心脏有大量积液；黏膜下组织常水肿；心内外膜有点状出血；肠道、肺浆膜下可见出血；胆囊肿胀。病死羊若未及时剖检则迅速腐败。

3. 实验室诊断　通过病料采集、染色镜检、分离培养和动物接种试验等方法可进行病原学检查。

（四）防治措施

1. 预防

（1）合理的饲养管理对防止本病的发生有重要意义。在舍饲情况下，要加强羊的运动，多加喂粗饲料（干草等）。当由舍饲转为放牧时，应特别注意合理的饲养。不可在清晨赶出放牧，避免到污染地区和沼泽区域放牧，尽量不要在低洼潮湿的地区放牧，禁饮死水塘中的污水。为防止受寒感冒，应避免羊采食冰冻饲料。

（2）在本病常发区，每年定期注射羊厌气性二联（羊快疫、羊黑疫）、三联（羊快疫、羊猝狙、肠毒血症）或五联（羊快疫、羊肠毒血症、羊猝狙、羊黑疫、羔羊痢疾）灭活疫苗，可收到较好效果。二联灭活疫苗肌内注射 3mL，三联灭活疫苗肌内注射 6 月龄以下羊5～8mL、6 月龄以上羊 8～10mL，五联灭活疫苗尾根皮下注射 5mL，免疫期半年至 1 年。

2. 治疗

（1）隔离病羊 病程短的羊往往来不及治疗。病程长的羊可用青霉素肌内注射，每次160 万～240 万 IU，每天 2 次；内服磺胺嘧啶钠，每次 5～6g，每天 2 次，连用 3～4 天；10%～20%石灰乳灌服，每只每次 50～100mL，连用 1～2 次；10%安钠咖 5mL 加 5%葡萄糖溶液 500～1 000mL 静脉注射。给发病羊群全部灌服 0.5%高锰酸钾 250mL 或 2%硫酸铜 80～l00mL，或 10%生石灰水溶液 100mL，同时用疫苗进行紧急接种。

（2）及时处理羊尸体 应把病死羊的尸体（绝不可剥皮吃肉）、粪便和被污染的泥土一齐深埋，以断绝污染土壤和水源的机会。

（3）消毒羊舍 打扫、清洁羊圈棚以后，用热的 3%～4%氢氧化钠溶液浇 2 遍，中间相隔 1h，也可以用 20%漂白粉或 1%复合酚或 0.1%二氯异氰尿酸钠溶液消毒。

（4）更换被污染的牧场和饮水区。

六、羊肠毒血症

羊肠毒血症，又称"软肾病""过食症"，是由 D 型产气荚膜梭菌在羊肠道内繁殖产生毒素而引起的一种急性、高度致死性传染病。患病羊死后肾脏如软泥样，故称"软肾病"。

（一）病原

该病病原为 D 型产气荚膜梭菌，在分类上属于梭菌属，为革兰氏阳性厌氧粗大杆菌，在动物体内可形成荚膜，可产生 α、β、ε、ι 等多种肠毒素。

（二）流行特点

发病以绵羊感染为多，山羊较少。通常以 2～12 月龄、膘情好的羊为主，2 岁以上羊患此病的较少。该病可经消化道发生内源性感染，多发生于春末和秋季，多雨季节、气候骤变、地势低洼、羊采食过量或偷吃过多的精饲料时均可诱发本病。牧区以春、夏之交抢青时和秋季牧草结籽后的一段时间发病为多，农区则多见于收割抢茬季节或羊食入大量富含蛋白质饲料时。本病多呈散发性流行。

（三）诊断要点

1. 临床症状 本病多为急性发作，羊突然痉挛倒地，数分钟后即死亡。病情缓慢者表现兴奋不安或沉郁，空嚼、咬牙、异食、腹痛、肚胀、离群呆立、步履蹒跚、侧身卧地或表现神经症状（如头向后倾、转圈、盲目行走等），随后倒地，昏迷。濒死期常发生腹泻，排出黄褐色水样稀粪，全身颤抖，从口、鼻流沫，常于昏迷中死亡。

2. 病理变化　皱胃内常见未消化的饲料；肠道（尤其小肠）黏膜充血、出血，严重者整个肠壁呈血红色或有溃疡；肾脏软化如泥样；体腔积液；心脏扩张，心内外膜有出血点；全身淋巴结肿大，切面为黑褐色。

3. 实验室诊断　进行病原学检查和毒素检查。

（四）防治措施

1. 预防

（1）加强饲养管理，主要应避免羊采食过多的嫩草及精饲料，精、粗饲料要合理搭配，经常补给食盐，适当运动，天气突变时做好防风保暖工作。

（2）疫区每年春、秋两次注射羊肠毒血症疫苗（或三联疫苗），不论年龄大小，每只每次皮下或肌内注射 5mL。对疫群中尚未发病的羊只，可用三联苗进行紧急预防注射。发生疫病时应注意对尸体进行无害化处理，严格消毒羊舍及周围场所。

（3）病程稍慢的羊可用免疫血清（D 型产气荚膜梭菌抗毒素），或抗生素和磺胺类药物，结合强心、镇静、补糖、补液等对症治疗。

2. 治疗　该病发生时由于病程短促，病羊往往来不及治疗或在药效起作用之前即已死亡，目前尚无良好办法。而急性病例可采用以下疗法：

①刚发病时用青霉素 80 万～160 万 IU、链霉素 50 万～100 万 IU 肌内注射，8～12h 再进行 1 次。

②病程在 6h 以上的，用磺胺咪 8～12g、硅炭银 10～20g 内服，每天 2 次。根据病情随时进行对症治疗，有脱水现象时应及时输液（葡萄糖盐水或生理盐水），心衰时可用含有 10％安钠咖（10mL）的 5％葡萄糖溶液（500～1 000mL）静脉滴注，有疝痛症状的可肌内注射安乃近。

③已妊娠 2 个月以上的母羊，用黄体酮 20～30mg 皮下注射，每天 1 次，连用 2～3 次，可防止流产。

④也可用樟脑磺酸钠溶液 2～4mL、维生素 C 溶液 2～4mL，复合维生素 B 溶液 2～4mL，每 12h 1 次进行辅助治疗。

⑤试用免疫血清。当羊群中出现较多病例时，对未发病羊只内服 10％～20％石灰乳 500～1000mL 进行预防。

七、羊猝狙

羊猝狙是由 C 型产气荚膜梭菌（又称魏氏梭菌）引起的羊的一种传染病，1～2 岁绵羊多发，以急性死亡、形成腹膜炎和溃疡性肠炎为特征。

（一）病原

依据毒素中和试验可将 C 型产气荚膜梭菌分为 A、B、C、D、E 共 5 个毒素型，该菌在分类上属于梭菌属。本菌革兰氏染色阳性，在动物体内可形成荚膜，芽孢位于中央，可

产生 α、β、ε、ι 等多种外毒素。

（二） 流行特点

该病常发生于成年羊，以 1～2 岁绵羊发病较多，特别是当饲料丰富时易感染。本病多发生于冬季，常呈地方性流行。被 C 型产气荚膜梭菌污染的牧草、饲料和饮水都是传染源。病菌随羊采食和饮水经口进入消化道，在肠道中生长繁殖并产生毒素，致使羊形成毒血症而死亡。不同年龄、品种、性别的羊均可感染。

（三） 诊断要点

1. 临床症状 感染羊病程很短，一般为 3～6h，往往不见早期症状而死亡；有时可见突然无神，剧烈痉挛，侧身卧地，咬牙，眼球突出，惊厥而死，以腹膜炎、溃疡性肠炎和急性死亡为特征。

2. 病理变化 剖检可见十二指肠和空肠黏膜严重充血、糜烂，个别肠段可见大小不等的溃疡灶。体腔内多有积液，暴露于空气中易形成纤维素絮块。浆膜上有小的点状出血。死后 8h 骨骼肌间积聚血样液体，肌肉出血。

3. 实验室诊断 进行细菌学检查和毒素检验。

（四） 防治措施

可参照羊快疫的防治措施。

八、羊巴氏杆菌病

羊巴氏杆菌病是由多杀性巴氏杆菌引起的羊的一种以败血症和肺炎为特征的重要传染病，经消化道和呼吸道传播，病羊和带菌羊是此病的传染源。本病呈地方性流行，在冷热交替、天气骤变、营养不良和环境污浊等条件下易发。

（一） 病原

多杀性巴氏杆菌是两端钝圆、中央微凸的短杆菌，革兰氏阴性。病羊组织涂片或血液涂片用瑞氏染色，可见菌体两端浓染，呈两极着色。该菌的抵抗力不强，对干燥、热和阳光敏感，可被一般的消毒药杀死。

（二） 流行特点

本病多见于羔羊。病羊和健康带菌羊是传染源。病原随分泌物和排泄物排出体外，经呼吸道、消化道及损伤的皮肤而感染。带菌羊在受寒、长途运输、饲养管理不当抵抗力下降时，可发生自体内源性感染。

（三） 诊断要点

1. 临床症状 按病程长短分为最急性型、急性型和慢性型 3 种。

（1）最急性型　多见于哺乳羔羊，突然发病，出现寒战、虚弱、呼吸困难等症状，于数分钟至数小时内死亡。

（2）急性型　精神沉郁，体温升高到 41～42℃，咳嗽，鼻孔常出血，有时混于黏性分泌物中。初期便秘，后期腹泻，有时粪便全部为血水样。病羊常在严重腹泻后虚脱而死，病程 2～5d。

（3）慢性型　病程可达 3 周。病羊消瘦，不饮不食，流黏脓性鼻液，咳嗽，呼吸困难，有时颈部和胸下部发生水肿，有角膜炎，腹泻。临死前极度衰弱，体温下降。

2. 病理变化　皮下有液体浸润和小的点状出血，胸腔内有黄色渗出物。肺有淤血、小点状出血和肝变，偶见黄豆至胡桃大的化脓灶。胃肠道出血性炎症。其他脏器呈水肿和淤血，有小的点状出血。病程较长者尸体消瘦，皮下胶样浸润，常见纤维素性胸膜炎，肝脏有坏死灶。

3. 试验诊断　进行细菌分离鉴定和动物试验。

（四）防治措施

1. 预防　做好日常综合性预防工作，通常以本地区（场、群）分离的菌株制成甲醛灭活疫苗，但免疫期较短，菌株间交叉免疫性差，适用范围小。必要时用高免血清或疫苗做紧急免疫接种。发生本病后，羊舍用 5％漂白粉或 10％石灰乳彻底消毒。

2. 治疗　对发现病羊和可疑病羊立即隔离治疗。巴氏杆菌对青霉素、链霉素、磺胺类药物均敏感。每千克体重用青霉素 1 万 IU，链霉素 1 万 IU，卡那霉素5～15mg，磺胺嘧啶首次量 0.14～0.2g，维持量 0.07～0.1g，肌内注射。用同源或异源动物抗血清（单价或多价）治疗，病羊可获得 2 周左右的被动免疫，随后接种疫苗可产生主动免疫力。

九、羊沙门氏菌病

羊沙门氏菌病是由鼠伤寒沙门氏菌、羊流产沙门氏菌、都柏林沙门氏菌引起的羊的一种传染病，表现为妊娠母羊流产和羔羊副伤寒，以妊娠母羊流产和羔羊腹泻为主要特征。

（一）病原

引起妊娠母羊流产的病原主要是羊流产沙门氏菌，引起羔羊副伤寒的病原以都柏林沙门氏菌和鼠伤寒沙门氏菌为主。沙门氏菌是肠杆菌科的一个属，是一群革兰氏阴性、较小的杆菌，一般无荚膜。除鸡白痢沙门氏菌、鸡伤寒沙门氏菌外，都具有周鞭毛，能运动，多数有菌毛。

（二）流行特点

沙门氏菌对外界的抵抗力较强，在水、土壤和粪便中能存活几个月。但不耐热，也能被一般的消毒药杀死。本病一年四季均可发生，各种年龄的羊均可感染，主要以消化道感染为主，交配和其他途径也能感染。

（三）诊断要点

1. 临床症状　潜伏期长短不一，依奶绵羊年龄及应激因子和病原侵入途径等而不同。

（1）妊娠母羊流产型副伤寒　流产多见于妊娠的最后 2 个月，表现为流产或产死胎，流产率达 80%，部分发病母羊可在流产后或无流产的情况下死亡。病羊在流产前体温升高到 40～41℃，厌食，精神沉郁，部分病羊有腹泻症状，阴道有分泌物流出。病羊产下的活羔羊衰弱，不吃奶，并有腹泻，一般于 1～7d 内死亡。

（2）腹泻型羔羊副伤寒　多见于 15～20 日龄的羔羊，病初精神沉郁，体温升高到 40～41℃，低头弓背，食欲减退或拒食。身体虚弱、憔悴，趴地不起，经 1～5d 死亡，病死率约 25%。大多数病羔羊出现腹痛、腹泻，排出大量灰黄色的糊状粪便，迅速出现脱水症状，眼球下陷，体力减弱；有的病羔羊出现呼吸促迫、流出黏液性鼻液、咳嗽等症状。

2. 病理变化　腹泻型羊皱胃和肠道空虚，黏膜充血，内容物稀薄。肠系膜淋巴结肿大、充血，脾脏充血，肾脏皮质部与心内外膜有小的出血点。流产型羊出现死产或所产羔羊几天内死亡，呈现败血症病变。组织水肿、充血，肝脏、脾脏肿大，有灰色坏死灶。胎盘水肿，出血。母羊有急性子宫炎，子宫肿胀，内有坏死组织、渗出物和滞留的胎盘。

3. 实验室诊断　进行细菌分离鉴定和血清分型鉴定。

（四）防治措施

1. 预防

（1）加强饲养管理，羔羊出生后应及早吃初乳，注意羔羊保暖；发现病羊及时隔离并立即治疗；彻底消毒被污染的圈栏；对发病羊群进行药物预防。

（2）土霉素或新霉素，羔羊每天每千克体重 30～50mg，分 3 次内服；成年羊按每次每千克体重 10～30mg 肌内或静脉注射，每天 2 次。

（3）用由鼠伤寒沙门氏菌和都柏林沙门氏菌制成的灭活疫苗，每次皮下注射 2mL，间隔 2 周再接种 1 次，一般于注射后 14d 产生免疫力。

2. 治疗　对病羊进行隔离治疗或淘汰处理。对该病有治疗作用的药物很多，但必须配合护理及对症治疗。首选药为链霉素，其次是青霉素。

（1）链霉素，羔羊按每天每千克体重 30～50mg，分 3 次口服。成年羊按每次每千克体重 10～30mg 肌内或静脉注射，每天 2 次。青霉素，80 万～160 万 IU 肌内注射，每天 2 次，连用 2～3d。

（2）盐酸环丙沙星，成年羊按每天每千克体重 6mg，分 2 次内服。

（3）20%磺胺嘧啶钠 5～10mL，肌内注射，每天 2 次。或磺胺嘧啶 5～6g、碳酸氢钠 1～2g，内服，每天 2 次，连用 3～4 天。以上用量小羊减半。

（4）对症使用肠道收敛剂，如鞣酸蛋白 2～3g、药用炭 5g，口服；葡萄糖生理盐水 50～100mL，静脉注射，补充体液。

十、羔羊大肠埃希氏菌病

羔羊大肠埃希氏菌病也称新生羔羊腹泻，俗称羔羊白痢，是由一些血清型不同的大肠埃希氏菌引起的疫病，死亡率很高，主要通过消化道感染。在羔羊接触病羊、不卫生的环境、吮吸不干净的乳头时均可感染，少部分通过子宫内感染或经脐带和损伤的皮肤感染。

（一）病原

大肠埃希氏菌是革兰氏阴性、中等大小的杆菌，分类上属肠杆菌科、埃希菌属。无芽孢，具有周鞭毛，对糖的发酵能力强。对外界不利因素的抵抗力不强，60℃、15min 下即可死亡，可被一般常用消毒剂杀死。

（二）流行特点

本病发生于出生后 6 周龄以内的羔羊，有些地方 3～8 月龄的羊也有发生，呈地方性流行，也有散发。该病的发生与气候不良、营养不足、场地潮湿污秽等有关，放牧季节很少发生，冬春舍饲期间常发。

（三）诊断要点

1. 临床症状　潜伏期 1～2d，分为以下两种类型：败血型和肠炎型（腹泻型）。

（1）败血型　主要见于 2～6 周龄的羔羊，体温升高至 41～42℃，精神沉郁，迅速虚脱，轻度腹泻。有的有神经症状，运动失调，磨牙，有视力障碍；有的出现关节炎、胸膜炎；有的在濒死期从肛门流出稀粪。呈急性经过，多在 4～12h 死亡，死亡率可达 80％以上。

（2）肠炎型（腹泻型）　多发于 2～8 日龄的羔羊，主要症状是腹泻。病初羔羊体温升高至 40～41℃。粪便稀薄，呈半液体状，带有气泡，恶臭，起初呈黄色，继而变为淡白色，含有乳凝块，严重时混有血液，粪便污染后躯及腿部。腹痛、背弓、虚弱、严重脱水、衰竭、卧地不起，有时出现痉挛。如治疗不及时，则病羔可在 24～36h 死亡，死亡率为15％～17％。

2. 病理变化　死于败血型时，胸腹腔和心包有大量积液，内有纤维素；关节肿大，内含混浊液体或脓性絮片；脑膜充血，有很多小的出血点。死于腹泻型时，有急性胃肠炎变化，胃内乳凝块发酵，肠黏膜充血、水肿和出血，肠内混有血液和气泡，肠系膜淋巴结肿胀，切面多汁或充血。

3. 实验室检查　采取内脏组织、血液或肠内容物进行大肠埃希氏菌的分离鉴定。

（四）防治措施

1. 预防

（1）加强妊娠母羊的饲养管理，做好抓膘、保膘工作，保证所产羔羊健壮、抗病力强，保证饲料中蛋白质、维生素、矿物质的含量。

（2）让妊娠母羊定期运动，以利于胎儿发育，提高初乳的生物学价值。

（3）做好临产母羊的准备工作，严格遵守临产母羊及新生羔羊的卫生制度。对产房用3%～5%来苏儿水喷洒消毒。加强新生羔羊的饲养管理，搞好新生羔羊的环境卫生。哺乳前用0.1%高锰酸钾水擦拭母羊乳房、乳头和腹下部，让羔羊吃到足够的初乳，同时做好羔羊的保暖工作。

（4）缺奶羔羊一次不要饲喂过量。对病羔进行及时隔离，对其接触过的房舍、地面、墙壁、排水沟等用3%～5%来苏儿水进行消毒。

（5）预防败血型羔羊大肠埃希氏菌病，我国内有两种疫苗，一种是羊大肠埃希氏菌甲醛灭活疫苗，系用那波里大肠埃希氏菌（O_{78}：K_{80}）制成，3月龄以上羊皮下注射2mL，3月龄以下羔羊皮下注射0.5～1mL，免疫期6个月。另一种是用驯化的O_{78}：K_{80}弱毒株制成的疫苗，其免疫原性良好。室外大群气雾免疫，每只羊6亿个活菌；室内大群气雾免疫，每只羊14万个活菌。

2. 治疗 大肠埃希氏菌对新霉素、复方甲砜霉素、磺胺脒、庆大霉素、恩诺沙星、环丙沙星等药物敏感，但必须配合护理和使用其他对症疗法。

（1）新霉素，按每千克体重10～15mg内服，每天2次，连用3d。

（2）磺胺脒，第一次1g，以后每隔6h用0.5g内服。

（3）庆大霉素，按每千克体重2～4mg肌内注射。

（4）恩诺沙星或环丙沙星，按每千克体重2.5mg肌内注射。

（5）对心脏衰弱的病羊，用25%安钠咖0.5～1mL皮下注射；对脱水严重的病羊，按5%葡萄糖盐水20～100mL静脉注射；对有兴奋症状的病羊，用水合氯醛0.1～0.2g加水灌服。

也可用嗜乳酸菌和噬菌体、二价菌体（大肠埃希氏菌及副伤寒噬菌体），具有良好的治疗效果。病情好转时可用微生态制剂，如促菌生、调痢生、乳康生等，加速胃肠功能的恢复，但不能与抗生素同用。

十一、小反刍兽疫

小反刍兽疫又称羊瘟，是由小反刍兽疫病毒引起的绵羊和山羊的一种急性接触性传染病，临床上以高热、眼鼻有大量分泌物、上消化道溃疡和腹泻为主要特征。

（一）病原

小反刍兽疫病毒属于副黏病毒科、麻疹病毒属成员。本病毒无血凝性，不凝集猴、牛、绵羊、山羊、马、猪、犬、豚鼠和鸡等动物的红细胞，但抗体可以抑制麻疹病毒凝集猴红细胞。本病毒可在绵羊胎肾细胞、山羊胎肾细胞、犊牛肾细胞、人羊膜细胞、猴肾原代及传代细胞上生长繁殖，还可在绒猴细胞、非洲绿猴肾细胞等传代细胞株（系）上繁殖并产生细胞病变，与牛瘟病毒有相似的抗原性和密切的亲缘关系。本病毒仅有1个血清型，分4个群，其中的3个群源于非洲，1个群源于亚洲。本病毒对温度敏感，在pH为5.85～9.5时稳定，在pH为4.0以下或11.0以上时迅速失活。对酒精、乙醚、甘油及一些去垢剂敏感，乙醚 4℃、12h 可将其灭活。大多数的化学灭活剂，如酚类、2% 氢氧化钠溶液等作用 24h 可以杀死小反刍兽疫病毒。

（二）流行特点

自然宿主为山羊和绵羊，传染源主要为患病羊和隐性感染羊，处于亚临床型的病羊尤为危险。病羊的分泌物和排泄物中均含有病毒。病毒主要通过呼吸道飞沫传播，也可经精液和胚胎传播，亦可通过哺乳传染给幼羔。本病发生无年龄、季节性，多呈流行性或地方流行性。

（三）诊断要点

1. 临床症状　本病潜伏期 4～6d，最长达 21d。临床症状表现为发病急，高热 41℃ 以上，并可持续 3～5d。病羊精神沉郁，食欲减退，鼻镜干燥。口鼻腔分泌物逐步变成脓性黏液，若患病羊尚存活，则这种症状可持续 14d。发热开始的 4d 内，齿龈充血，进一步发展到口腔黏膜弥漫性溃疡和大量流涎，病变处可能坏死。发病后期，病羊咳嗽，胸部有啰音，腹式呼吸，常排血样粪便。本病在流行地区的发病率可达 100%，严重暴发时死亡率为 100%，中等暴发的致死率不超过 50%。

2. 病理变化　有结膜炎、坏死性口炎等肉眼病变，在鼻甲、喉、气管等处有出血斑，严重时病变可蔓延到硬腭及咽喉部。皱胃常出现病变，表现为有规则轮廓的糜烂，创面红色、出血，而瘤胃、网胃、瓣胃较少出现病变。肠糜烂或出血，盲肠和结肠结合处呈特征性线状出血或斑马样条纹。淋巴结肿大，脾脏有坏死性病变。

3. 实验室检查　进行病毒分离鉴定、酶联免疫吸附试验、间接荧光抗体试验，也可用反转录-聚合酶链式反应进行诊断。

（四）防治措施

1. 预防　在无本病的国家或地区发现该病时，应严密封锁，扑杀患羊，对其他羊进行隔离、消毒。对本病的防控主要靠疫苗免疫，目前常见的弱毒疫苗为 Ni-geria 75/1 弱毒疫苗和 Sungri/96 弱毒疫苗。该疫苗无任何副作用，能交叉保护各群毒株的攻击感染，但热稳定性差。

2. 治疗　目前对本病尚无有效的治疗方法，发病初期使用抗生素和磺胺类药物可对症治疗和预防继发感染。

十二、绵羊痘

绵羊痘是由山羊痘病毒属的绵羊痘病毒引起的一种急性、热性传染病。临床上以高热、皮肤和黏膜发生特异的痘疹为特征，病理过程主要表现为丘疹、水疱、脓疱，最后形成结痂。

（一）病原

绵羊痘病毒为痘病毒科、山羊痘病毒属成员，该属成员均有共同抗原成分。本病毒可在鸡胚绒毛尿囊膜上，绵羊、山羊睾丸细胞上生长，同时产生明显的细胞病变。也可在兔肾细胞、猪肾细胞、犊牛皮肤细胞以及其他细胞上生长。对外界的抵抗力较强，不能被干燥环境杀死，能存活 1～1.5 年，在干燥痂皮中能存活 3 个月，在 2～4℃淋巴液中能存活 2 年。3％石炭酸溶液、0.5％甲醛溶液、2.5％硫酸、2.5％盐酸或 2％氢氧化钠溶液，几分钟可将其杀死，氯仿和乙醚对该病毒也有效。

（二）流行特点

绵羊对本病易感，山羊次之。病羊以及病愈后带毒羊是本病的传染源，病毒主要存在于病羊皮肤黏膜的痘疹中。当口腔黏膜发生痘疹时，病毒可随唾液排出，污染饲料、饮水、用具等。耐过羊被毛中的病毒，毒力可达 8 周之久。绵羊经呼吸道传染较常见，而由消化道、皮肤传染者较少见。水平传播时，风可携带被本病毒污染的尘埃进行传播。本病一年四季都可发生，但以春季最为多见。幼龄羊比成年羊易感。多为散发或呈地方性流行。

（三）诊断要点

1. 临床症状 本病潜伏期一般为 6～8d，按临床症状可分为典型、顿挫型及恶性型 3 种。

（1）典型 初期病羊体温升高，呼吸、脉搏加快，结膜潮红、肿胀，鼻腔有浆液、黏液或脓性分泌物流出。此种症状称为前驱期，持续 1～2d 后即进入发痘期。痘疹多发于无毛区或被毛稀少的部位，在眼周围、唇、鼻、四肢、乳房和尾内侧先发生红斑，次日在红斑中央出现丘疹，逐渐变为水疱，此时体温略微下降。水疱形成 2～3d 后变为脓疱，这时病羊体温再次上升，一般持续 2～3d。若在发痘过程中没有其他病原菌侵入，则脓疱破溃后逐渐干燥，形成痂皮，痂皮脱落后有新的组织生长，进而逐渐愈合。良性经过时 2～3 周痊愈。

（2）顿挫型 病羊通常体温不高，痘疹过程多在丘疹期后不再发生，并很快消失。

（3）恶性型 病羊出现全身症状，有的病例多数脓疱相互融合而形成融合痘，或脓疱内出血后变成出血痘，或伴发皮肤坏死、坏疽，此型死亡率达 20％～50％。如果在患痘病的同时继发肺炎、胃肠炎等时，病羊多因败血症或脓毒败血症而死亡。

2. 病理变化 特征性病变是在咽喉、气管、肺和皱胃等部位出现痘疹，嘴唇、食管、胃肠等黏膜上出现大小不同的扁平的灰白色痘疹，其中有些表面破溃形成糜烂和溃疡，特别是唇黏膜与胃黏膜表面更明显。但气管黏膜及其他实质器官，如心脏、肾脏等黏膜或包膜下则形成灰白色扁平或半球形的结节。肺脏的病变与腺瘤很相似，多发生在肺脏表面，切面质地均匀、坚硬，在病灶周围有时可见充血和水肿等。

3. 实验室诊断 进行病原学检查和血清学试验可确诊。

（四）防治措施

1. 预防

（1）加强饲养管理 首先给羊群提供适宜的生存环境，保持圈舍干燥、卫生，定期进行严格消毒，尽量减少饲养环境中的病原微生物。一旦发病，迅速将病羊隔离，给予易消化饲料。病羊舍要注意保暖，地面要铺垫草。

（2）加强疫苗管理　疫苗保管必须按说明书中的温度保存，不得随意乱放。运输途中必须防止被日光暴晒，采用降温设备。使用时按说明书及瓶签上的各项规定执行。每年定期注射鸡胚化羊痘弱毒疫苗。羊群中一旦发现羊痘，应立即隔离或淘汰病羊，对未发病羊紧急接种疫苗。羊痘流行地区应严格限制运出羊只及各种畜产品，只有当最后一只病羊痊愈2个月后，才能解除封锁。

（3）定期驱虫　做好体外寄生虫的驱虫工作，切断这一传播途径。

（4）免疫防治　每年对羊注射接种一次羊痘疫苗。

2. 治疗　本病发生时一般无治疗意义，如果是价值较大的种羊，早期应用免疫血清、痊愈羊血清或免疫羊全血肌内注射。特别要注意防止继发感染，同时做好定期驱虫和杀菌工作。

十三、口蹄疫

口蹄疫是偶蹄动物的急性传染病，以口腔黏膜、蹄部和乳房部皮肤发生水疱、溃烂为特征。本病有时还可以传染给人，属人兽共患传染病。本病广泛流行于世界各地，传染性极强，引起的经济损失巨大。

（一）病原

口蹄疫病毒属于微核糖核酸病毒科、口蹄疫病毒属。目前有 A、O、C、SAT1、SAT2、SAT3（即南非1、2、3型）以及 Asia（亚洲型）共7个血清主型。各主型之间的抗原性不同，彼此不能相互免疫。该病毒具有较大的变异性，在保存或流行中常发生抗原漂移，有时流行初期与末期毒型不一致，在流行地区常有新的亚型出现，目前发现有70个以上的亚型。

口蹄疫病毒存在于水疱液、水疱皮及淋巴结中，在病毒血症期间，血液及各组织中均含有病毒，病羊的分泌物和排泄物中均含病毒。康复羊症状消失后，短时期内即失去带毒性，但也有的在康复后的几个月内唾液中仍带毒。病毒在羊的扁桃体、咽部和软腭部表面可存活1~5个月。

病毒对外界环境的抵抗力很强。在自然条件下，组织和被污染的饲料、饲草、皮毛及土壤等中的病毒可保持传染性达数周至数月之久，尤其是在低温和有蛋白质保护的条件下（如冻肉等）更能长期存活。水疱皮内的病毒在−70~−30℃条件下，可存活12年之久；在50%甘油生理盐水中，5℃能存活1年以上。病毒对化学消毒剂的抵抗力较强（1∶1 000升汞、3%来苏儿水6h不能将其杀死），可在1%石炭酸中存活5个月，在70%酒精中存活2~3d。但病毒对热和酸碱敏感，70℃ 30min 或 100℃ 3min 即可被灭活；短时间内可被1%~2%氢氧化钠溶液、30%热草木灰水、1%~2%甲醛溶液灭活。在 pH 为5.5时1min可灭活90%病毒，pH 为 3.0 时可瞬间失活病毒。所以，可以利用肉品后熟产生乳酸使 pH 下降至5.3~5.7，使其中的病毒灭活；但骨髓和淋巴结不易产酸，其中的病毒可长期存活。

（二）流行特点

主要传染源为患病家畜，其次为带毒的野生动物（如黄羊），主要通过消化道和呼吸道传染，也可经眼结膜、鼻黏膜、乳头及皮肤伤口传染。人或健康羊接触了病畜的唾液、水疱液及乳汁，都可能受到传染而发病。犬、猫、鼠、吸血昆虫及人的衣服、鞋等，也能传播本病。在新疫区呈流行性，发病率可达100％，而在老疫区发病率较低。本病发生常呈一定的季节性，冬、春季发病较多。

（三）诊断要点

1. 临床症状　本病潜伏期为1～7d，平均2～4d。病毒进入血液时，奶绵羊体温升至40～41℃，精神不振，食量减少。继而在口腔黏膜及趾间、乳头皮肤上出现大小不一的水疱，水疱逐渐汇合成大水疱，或连成一片，并很快破溃，边缘出现整齐的红色烂斑。病羊大量流涎，四肢因发生水疱并溃烂而交叉负重，运动时跛行，严重者起立困难，如感染后化脓则病情加重；蹄冠和蹄间出现水疱和烂斑，口腔少见病变。病情突然恶化时表现出血性胃肠炎、心肌炎和肺炎症状，病情急促，死亡率可达20％～50％。

2. 病理变化　病死羊除蹄部和乳房部等处出现水疱、烂斑外，严重病例咽喉、气管、支气管和前胃黏膜有时也有烂斑和溃疡形成。前胃和肠道黏膜可见出血性炎症。心包膜有散在性出血点。心肌松软，似煮熟状，切面呈灰白色或淡黄色的斑点（虎斑心）或条纹。

3. 实验室诊断　进行病毒分离鉴定和血清学试验鉴定血清型。

（四）防治措施

1. 预防

（1）无疫情地区严禁从有病国家或地区引进羊及其产品、饲料、生物制品等。来自无病地区的羊及其产品应进行检疫，检出阳性羊时全群羊应销毁处理，运载工具、废料等污染器物就地消毒。

（2）无疫情地区一旦发生疫情，应采取果断措施，对患病羊和同群羊全部扑杀销毁，对被污染的环境严格、彻底消毒。

（3）口蹄疫流行区坚持免疫接种，用与当地流行毒株同型的口蹄疫弱毒疫苗或灭活疫苗接种羊。

（4）当羊群发生口蹄疫时应立即上报疫情，确定诊断，划定疫点、疫区和受威胁区，实施隔离封锁措施，对疫区和受威胁区未发病羊进行紧急免疫接种。

2. 治疗　患该病时一般不能治疗，患病羊及同群羊需全部扑杀销毁，但应经有关部门同意。

十四、羊口疮

羊口疮，又称羊传染性脓疱、羊传染性脓疱性皮炎，是由口疮病毒引起的急性接触性传染病。其特征为口腔黏膜、唇部、腿部、乳房部的皮肤形成丘疹、脓疱、溃疡，结成疣状厚痂。

（一） 病原

羊口疮病毒在分类上属痘病毒科、副痘病毒属。病毒粒子呈砖形或椭圆形的线团样，一般排列较为规则。核酸类型为双股 DNA。对外界环境的抵抗力强，干燥痂皮内的病毒在夏季日光下经 1～2 个月才开始丧失传染性，落于地面时可以越冬。病料在低温冷冻条件下保存，毒力可保持数年之久。本病毒对高温较为敏感，60℃、30min 即可被灭活。常用消毒药为 2％氢氧化钠溶液、10％石灰乳、20％热草木灰溶液。

（二） 流行特点

本病发生时无明显的季节性，当饲养环境、海拔、经纬度改变和长途运输产生应激反应时会诱发。感染羊无性别和品种差异，以 3～6 月龄羔羊发病最多，传染很快，常群发。成年羊常年散发。人和猫也可感染本病，其他动物不易感染。该病主要传染源是病羊，可通过损伤的皮肤和黏膜传染。病毒主要存在于病变部的渗出液和痂块中，健康羊与病羊直接接触后受到感染，也可经污染的羊舍、草场、草料、饮水和用具等受到感染。该病在羊群中可连续危害多年，但发病率在羊群中逐年降低，死亡率为 10％～20％，耐过羊可获得坚强的免疫力。

（三） 诊断要点

该病潜伏期为 36～48h，病程为 3 周左右。临床上分为唇型、蹄型和外阴型，也见混合型感染病例。

1. 唇型　此型最为常见，病初羊精神沉郁，不愿采食，体温无明显升高，上下唇或鼻镜出现散在的小红斑，逐渐变为丘疹和小结节，继而成为水疱、脓疱，破溃后结成黄色或棕色疣状硬痂。如为良性经过，经 1～2 周痂皮干燥、脱落，病羊康复。严重病例患部继续发生丘疹、水疱、脓疱，并互相融合，波及整个口唇周围及眼睑和耳廓等部位，形成大面积痂垢；痂垢不断增厚，痂垢下伴有肉芽组织增生，整个嘴唇肿大外翻，呈桑葚状隆起，影响采食，病羊日趋衰弱而死亡。个别病例常伴有化脓菌和坏死杆菌等继发感染，引起深部组织化脓和坏死，致使病情恶化。有些病例危害到口腔黏膜，发生水疱、脓疱和糜烂，导致采食、咀嚼和吞咽困难，严重者继发肺炎而死亡。

2. 蹄型　于蹄叉、蹄冠或系部皮肤上形成水疱、脓疱，破裂后形成被脓液覆盖的溃疡。如继发感染则发生化脓性坏死，常波及基部、蹄骨，甚至肌腱和关节。病羊跛行，长期卧地，最后衰竭而死。

3. 外阴型　表现为从阴道流出黏性和脓性分泌物，在肿胀的阴唇及附近皮肤发生溃疡，乳房和乳头皮肤上发生脓疱、烂斑和痂垢；公羊表现为阴鞘肿胀，出现脓疱和溃疡。

（四） 防治措施

1. 预防

（1）严格检疫　禁止从疫区引进羊、饲料及畜产品。新购入的羊要进行全面检查，严格隔离后方可混群饲养。

（2）加强饲养管理 在本病流行的春、秋季保持皮肤黏膜不发生损伤，特别是羔羊在长牙阶段，口腔黏膜娇嫩，易引起外伤。应尽量清除饲料或垫草中的芒刺和异物，避免在有刺植物的草地放牧。适时加喂适量食盐，禁止羊啃土、啃墙，防止发生外伤。

（3）免疫接种 每年春、秋季使用羊口疮病毒弱毒疫苗进行免疫接种。羊痘、羊口疮病毒之间有部分交叉免疫反应，在疫苗市场供应不充足的情况下，建议加强羊痘疫苗的免疫，以降低羊口疮的发病率。

2. 治疗

（1）对于外阴型和唇型病羊，首先使用 0.1%～0.2% 高锰酸钾溶液清洗创面，再涂抹碘甘油、2% 龙胆紫、抗生素软膏或明矾粉末。

（2）对于蹄型病羊，可将蹄浸泡在 5% 甲醛溶液中 1min，冲洗干净后用 1% 苦味酸或 10% 硫酸锌酒精或明矾粉末涂抹患部。患病严重者，如出现脓疱、溃烂及被细菌感染时，可肌内注射青霉素钠、甲硝唑注射液。按每千克体重 50mg 与等渗葡萄糖生理盐水 250mL，混合后静脉滴注，连续治疗 3d。

（3）乳房可用 3% 硼酸水清洗，然后涂以青霉素软膏。

（4）为防止继发感染，可用青霉素钾或钠盐，按每千克体重 5mg 每天 1 次肌内注射，3d 为 1 个疗程，2～3 个疗程即可痊愈。

（5）中药可用冰硼散（冰片 15g、硼砂 150g、芒硝 18g，研末）外敷，每天 2 次，2～4d 后溃疡面处可长出新的肉芽组织。

第二节 主要寄生虫病

一、羊球虫病

羊球虫病是由艾美耳属的多种球虫寄生于绵羊或山羊的肠道上皮细胞内所致。发病时可引起急性或慢性肠炎，病羊消瘦、贫血和发育不良，严重时可死亡。本病对羔羊的危害较大。

（一）病原

寄生于绵羊或山羊的球虫种类较多，文献记载的有 14 种，以阿撒他艾美耳球虫的致病力最强，艾美耳球虫和小艾美耳球虫有中等致病力，浮氏艾美耳球虫有一定的致病力。球虫卵囊呈近圆形、卵圆形或椭圆形，其孢子化卵囊内含有 4 个孢子囊，每个孢子囊内有 2 个子孢子。

（二）生活史

羊因吞食了球虫的孢子化卵囊而受感染，子孢子侵入肠上皮细胞，首先进行无性的裂体增殖，继而进行有性的配子生殖并形成卵囊；卵囊随粪便排出到外界，在适宜的温度、湿度条件下，经 2～3d 完成孢子生殖过程，形成具有感染性的孢子化卵囊。羊球虫的发育因种类不同，其潜伏期、寄生部位、裂体生殖代数等也有所差异。

（三）流行特点

各种品种的绵羊、山羊均有易感性，羔羊极易感染，时有死亡。成年羊多是带虫者，也有因球虫病引起死亡的报道。本病多发于春、夏、秋三季，在温暖、潮湿的环境易流行。冬季气温低时，不利于球虫卵囊的发育，因此本病的发病率较低。

（四）诊断要点

1. 临床症状 发病依感染的球虫种类、感染强度、羊的年龄、机体抵抗力及饲养管理条件不同而表现急性或慢性型。急性型多见于 1 岁以下的羊，病羊食欲减退或废绝，精神不振，腹泻，粪便中常带血，有恶臭味，体温有时升至 40～41℃，迅速消瘦，贫血，并可因极度衰竭而死亡。慢性型表现长期腹泻，渐进性贫血，消瘦，发育迟缓。

2. 病理变化 仅小肠有明显病变，肠黏膜普遍充血并呈斑点状、带状，肠黏膜和浆膜面有数量不等的粟粒大至豌豆大小的淡白色或黄色球虫结节，常成簇分布。肠系膜淋巴结炎性肿大。小肠绒毛上皮固有膜及腺窝等被严重破坏，肠黏膜上皮细胞透明、变性。

（五）防治措施

1. 预防 注意做好羊舍、饲料和饮水的卫生工作，防止被病原污染。加强饲养管理，提高羊的抗病能力，在发病地区及时进行药物预防。

2. 治疗 可选用氨丙啉、磺胺二甲嘧啶、盐霉素、莫能菌素，按照说明书上的使用剂量治疗。

二、脑多头蚴病

脑多头蚴病（脑包虫病）是由多头多头绦虫的幼虫——脑多头蚴寄生在绵羊、山羊的脑、脊髓内，引起脑炎、脑膜炎及一系列神经症状，甚至死亡的严重寄生虫病。脑多头蚴还可危害黄牛、牦牛、猪、马甚至人，成虫寄生于犬、狼、狐、豺等食肉兽的小肠。该病散布于全国各地，多见于犬活动频繁的地区。

（一）病原

1. 脑多头蚴 又称脑包虫，呈囊泡状，囊体可由豌豆大至鸡蛋大，囊内充满透明的液体，在囊的内壁有 100～250 个原头蚴，原头蚴直径 2～3mm。

2. 多头多头绦虫 虫体长 40～100cm，由 200～500 个节片组成。头节有 4 个吸盘，顶突上有 22～32 个小钩，分两圈排列。成熟节片呈方形或长大于宽，节片内有睾丸 200个左右；卵巢分两叶，大小几乎相等。孕卵节片内子宫每侧的分支数为 18～26 个。卵为圆形，直径 29～37μm。

（二）生活史

成虫多头多头绦虫寄生于犬、狼、狐、豺等食肉兽的小肠内，发育成熟后其孕节片脱落，随粪便排出体外，释放出大量虫卵，污染草场、饲料或饮水。当这些虫卵被中间宿主羊、牛等吞食后在其消化道中孵出六钩蚴，随即钻入肠黏膜血管内，随血流到达脑和脊髓，经 2～3 个月发育为脑多头蚴。若六钩蚴被血流带到身体的其他部位则不能继续发育，并迅速死亡。脑多头蚴在羔羊脑内发育较快，一般在感染 2 周时发育至粟粒大小，6 周后囊体直径可达 2～3cm，经 8～13 周发育到 3.5cm，并具有发育成熟的原头蚴。囊体经 7～8 个月后停止发育，其直径可达 5cm 左右。

终末宿主犬、狼、狐等食肉兽吞食了含有脑多头蚴的动物脑、脊髓后，脑多头蚴在消化液的作用下，囊壁溶解，原头蚴附着在小肠壁上开始发育，经 41～73d 发育为成虫，成虫在犬的小肠中可生存数年之久。

（三）流行特点

脑多头蚴的分布极其广泛，全国各地均有报道，在西北、东北等牧区多呈地方性流行。2 岁前的羊多发。脑多头蚴的主要感染源是牧羊犬，狼、豺等在本病的流行病学上不起很大作用。虫卵对外界因素的抵抗力很强，在自然界中可长时间保持生命力，但在高温下很快死亡。用全价饲料饲养的羔羊，对脑多头蚴的抵抗力增强。

（四）诊断要点

1. 临床症状　病羊的症状取决于寄生部位和病原大小，有典型的神经症状和视力障碍，全过程可分为前期与后期两个阶段。

（1）前期（急性期）　感染初期六钩蚴移行到脑组织，引起脑部的炎性反应。羊（尤其羔羊）体温升高，脉搏、呼吸加快，甚至有的强烈兴奋，做回旋、前冲或后退运动，有些羔羊可在 5～7d 因急性脑炎死亡。

（2）后期（慢性期）　病羊耐过急性期后即转入慢性期，在一定时间内不表现临床症状。随着脑多头蚴的发育，病羊逐渐出现明显症状。由于虫体寄生在大脑半球表面的概率最大，其典型症状为"转圈运动"。因此，通常又将脑多头蚴病称为"回旋病"。其转圈运动的方向与寄生部位是一致的，即头偏向病侧，并且向病侧做转圈运动。脑多头蚴包囊越小、转圈越大，包囊越大、转圈越小。囊体大时，可发现局部头骨变薄、变软和皮肤隆起的现象。另外，被虫体压迫的大脑对侧视神经乳突常有充血与萎缩，造成视力障碍以至失明。病羊精神沉郁，对声音的刺激反应弱，常出现强迫性运动（驱赶时才走）。严重时食欲废绝，卧地不起，最终死亡。

2. 病理变化　急性死亡的羊有脑膜炎和脑炎病变，还可见到六钩蚴在脑膜中移行时留下的弯曲伤痕。慢性期病例则可在脑或脊髓的不同部位发现 1 个或数个大小不等的囊状多头蚴；在病变或虫体相接的颅骨处，骨质松软、变薄，甚至穿孔，致使皮肤向表面隆起；病灶周围脑组织发炎，有时可见萎缩变性或钙化的脑多头蚴。

该病发生时病羊因表现出一系列特异的神经症状，容易确诊。但应注意与莫尼茨绦虫病、羊鼻蝇蛆病及其他脑部疾患所出现的神经症状相区别，这些病发生时一般不会出现头骨变薄、变软和皮肤隆起的现象。

（五）防治措施

1. 预防　①防止犬等吃到带有脑多头蚴的羊脑和脊髓；②病羊的脑和脊髓应烧毁或深埋；③对牧羊犬应进行定期驱虫，对其排出的粪便作深埋、烧毁处理或利用堆积发酵等方法杀死其中的虫卵，避免虫卵污染环境；④注意消灭野犬、狼、狐、豺等终末宿主，以防病原进一步散布。

2. 治疗　①施行外科手术可摘除头部前方大脑表面寄生的虫体，但在脑深部和后部寄生的虫体则难以摘除。②近年来用吡喹酮（病羊按每天每千克体重 50mg，连用 5d；或按每天每千克体重 70mg，连用 3d）和阿苯达唑进行治疗，获得了较好的效果。

三、羊消化道线虫病

寄生于羊消化道的线虫种类有很多，各种消化道线虫在羊体内往往混合感染，对羊群造成不同程度的危害，如胃肠炎、消化机能障碍、消瘦、贫血等，是每年春乏季节造成羊死亡的重要原因之一。各种消化道线虫引起疾病的情况大致相似，其中捻转血矛线虫、仰口线虫、食道口线虫、毛尾线虫等危害严重。该病在全国各地均有不同程度的发生和流行，尤其是在西北、东北的广大牧区更为普遍，常给养羊业带来严重的损失。

（一）病原

1. 捻转血矛线虫　寄生于皱胃，偶见于小肠，在皱胃中属于大型线虫，虫体因吸血而呈淡红色。颈乳突显著，呈锥形，伸向后侧方。头端尖细，口囊小，内有一背矛状小齿。雄虫长 15～19mm，交合伞有由细长的肋支持着的长的侧叶和偏于左侧的一个由倒 Y 形背肋支持着的小背叶。交合刺较短而粗，末端有小钩。雌虫长 27～30mm，因白色的生殖器官和红色的消化器官相互缠绕，形成红白相间如麻花状的外观，故称捻转血矛线虫，亦称捻转胃虫。阴门位于虫体后半部，有一显著的瓣状阴门盖。虫卵大小为（75～95）$\mu m \times$（40～50）μm，无色，壳薄，新鲜虫卵内含有 13～32 个卵黄细胞。

2. 仰口线虫　寄生于小肠。虫体乳白色或淡红色，较为粗大，头端向背面弯曲，故有钩虫之称。口囊底部的背侧生有一个大背齿，背沟由此穿出；底部腹侧 1 对小的亚腹侧齿。雄虫长 12.5～17.0mm，交合伞发达。外背肋不对称，右外背肋比左外背肋长，由背肋的基部伸出，左外背肋由背肋的中部伸出。有 1 对交合刺，等长。雌虫长 15.5～21.0mm，尾端钝圆，阴门位于体后部，尾端尖细。虫卵大小为（79～97）$\mu m \times$（47～50）μm，两端钝圆，两侧平直，卵黄细胞大而数量少，内含暗色颗粒。

3. 食道口线虫　又称结节虫，寄生于大肠。虫体较大，呈乳白色。头端尖细，口囊不发达，呈小而浅的圆筒形，其外周为一显著的口缘，口缘上有叶冠。某些种类线虫其前部的表皮膨大形成头泡，有或无侧翼膜。雄虫长 12～16mm，交合伞发达，有 2 对等长的交合刺。雌虫长 15～22mm，阴门位于肛门附近前方，排卵器发达，呈肾形。虫卵较大，

为 $(73\sim90)$ μm× $(34\sim45)$ μm。

4. 毛尾线虫 寄生于盲肠。成虫长 $20\sim80$mm，呈乳白色。前端细长，毛发状，包埋在盲肠肠黏膜内；后部粗短，游离于肠腔中。虫体粗细过渡突然，形状呈鞭子样，故俗称鞭虫。雄虫尾部卷曲，交合刺 1 根，具鞘；雌虫尾直，后端钝圆，阴门位于粗细交界处。虫卵呈腰鼓形，黄褐色，两端具塞，处单细胞期。

（二）生活史

羊的各种消化道线虫均系土源性发育，即在其发育过程中不需要中间宿主，羊因吞食了被虫卵污染的饲草、饲料及饮水而感染。

上述各种线虫的虫卵随粪便排出体外，在外界适宜的条件下，大部分种类线虫的虫卵首先孵化出第一期幼虫，经过两次蜕化后发育成具有感染能力的第三期幼虫。毛尾线虫的感染性幼虫是在虫卵内发育而成的，并不孵化出来，在外界仅以感染性虫卵的形式存在。羊在吃草或饮水时如食入线虫的感染性幼虫或感染性虫卵即遭受感染。仰口线虫的感染性幼虫除能经口感染外，还能直接钻入皮肤感染，感染后进入血液循环，随血流到达肺脏，再由肺毛细血管进入肺泡，在此进行第三次蜕化发育为第四期幼虫，然后幼虫上行到支气管、气管、咽，返回小肠。病原进入羊体内后通常在各自的特定寄生部位再经两次蜕化，发育成为第五期幼虫，并逐渐发育为成虫。食道口线虫的感染性幼虫需钻入大结肠和小结肠的固有层深处形成包囊（结节），在包囊内发育成第四期幼虫后从结节内返回肠腔，再蜕化发育为成虫。

（三）流行特点

牛、羊粪和土是幼虫的隐蔽场所。感染性幼虫有背地性和向光性反应，在温度、湿度和光照适宜时，从牛、羊粪或土壤中爬到草上，环境不利时又回到土壤中隐蔽起来。幼虫受到土壤的庇护，得以延长其生活时间，故牧草受幼虫污染时土壤为其来源。

我国许多地区，尤其是西北地区，羊消化道线虫有明显的春季高潮，主要原因有两点：一是当年春季感染，许多种类如捻转血矛线虫等的感染性幼虫可以越冬，一旦羊由舍饲转到牧场就会被大量感染。二是胃肠黏膜内受阻型幼虫是春季高潮的主要原因，每年夏、秋季，羊的营养好、抵抗力强，体内消化道线虫的幼虫发育受阻。冬末春初，天气寒冷，如果草料不足导致羊缺乏营养，则抵抗力明显下降，就给幼虫发育创造了有利的条件，胃、小肠黏膜内的幼虫慢慢活跃起来，因此在春季消化道线虫成虫数量达到高峰。也就是说，冬季幼虫高潮是春季高潮的来源，可以引起羊大批死亡。

仰口线虫病分布于全国各地，在比较潮湿的草场上放牧的羊群中流行更严重。虫卵和幼虫在外界环境中的发育与温度、湿度有密切关系。最适宜潮湿的环境和 $14\sim31$℃的温度，温度低于 8℃时幼虫不能发育，$35\sim38$℃时仅能发育成一期幼虫。感染性幼虫在夏季牧场上可以存活 $2\sim3$ 个月，在春、秋季生活时间较长，严寒的冬季气候对幼虫有杀灭作用。羊可以对仰口线虫产生一定的免疫力，产生免疫后，粪便中的虫卵数减少，即使放牧于严重污染的牧场，虫卵数亦不增高。

食道口线虫虫卵在相对湿度 48%～50%、平均温度 11～12℃时，可生存 60d 以上，在低于9℃时不能发育。第一、二期幼虫对干燥敏感，极易死亡。第三期幼虫有鞘，抵抗力较强，在适宜条件下可存活几个月，但冰冻可使之死亡。温度在35℃以上时，所有的幼虫均迅速死亡。感染性幼虫适宜于潮湿的环境，尤其是在有露水或小雨时，幼虫便爬到青草上。因此，羊的感染主要发生在春、秋季，且主要侵害羔羊。

（四）诊断要点

1. 临床症状　消化系统紊乱，胃肠道发炎，腹泻，粪便带血，消瘦，眼结膜苍白，贫血。严重病例下颌间隙水肿，羔羊发育受阻。少数病例体温升高，呼吸、脉搏加快，心音减弱，有时出现神经症状（如后驱无力或麻痹），精神沉郁，食欲不振，最终因身体极度衰竭而死亡。

2. 病理变化　剖检可见消化道各部位有数量不等的相应线虫寄生。内脏显著苍白，胸、腹腔内有淡黄色渗出液，大网膜、肠系膜胶样浸润，肝脏、脾脏出现不同程度的萎缩、变性，皱胃黏膜水肿，有时可见被虫咬的痕迹和针尖大到粟粒大的小结节，小肠和盲肠黏膜有卡他性炎症，大肠可见黄色小点状结节或化脓性结节以及肠壁上遗留的一些瘢痕性斑点。当大肠上的虫卵结节向腹膜面破溃时，可引发腹膜炎和泛发性粘连；当向肠腔内破溃时，可引起溃疡性和化脓性肠炎。

3. 实验室检查　通常对症状可疑的羊应进行粪便虫卵检查。镜检时，各种线虫虫卵一般不易区分，因为各线虫病的防治方法基本相同，一般情况下也无必要对线虫虫卵的种类加以鉴别。粪检时，当羊每克粪便中含1 000个虫卵时即应驱虫，羔羊每克粪便含2 000～6 000个虫卵被认为是重度感染。死后剖检，可通过对虫体的鉴别以进一步确定病原种类。

（五）防治措施

1. 预防　①要根据该病在当地的流行病学情况制定切实可行的措施。加强饲养管理，提高营养水平，尤其在冬、春季应合理补充精饲料和矿物质，提高羊自身的抵抗力；注意饲料、饮水的清洁卫生，羊应饮用干净的流动水或井水；避免羊吃露水草，放牧羊群尽可能避开潮湿地带，尽量避开幼虫活跃的时间。②应进行计划性驱虫。传统方法是在春、秋各进行一次。但针对北方牧区冬季幼虫高潮，在每年春节前后驱虫一次，可以有效地防止春季高潮（成虫高潮）的到来，避免春乏时羊大批死亡，减少经济损失。同时，对计划性或治疗性驱虫后的粪便集中管理，采用生物热发酵的方法杀死其中的病原（虫卵和幼虫），以免污染环境。③在该病的流行季节，通过粪便检查，监测羊群被寄生虫感染的情况。④有条件的地方，可以实行划区轮牧或不同种畜间轮牧等，以减少羊感染的机会。⑤进行免疫预防，利用X线或紫外线等，将幼虫致弱后给羊接种在国外已获成功。

2. 治疗　可选用下列药物：

（1）阿苯达唑　每千克体重10～20mg，一次口服。

（2）左旋咪唑　每千克体重6～10mg，混饲或皮下、肌内注射。休药期不得少于3d。

（3）伊维菌素（害获灭）或阿维菌素　每千克体重0.2mg，一次口服或皮下注射。

（4）甲苯咪唑　每千克体重10～15mg，一次口服。

（5）硫化二苯胺 每千克体重 600mg，用面汤做成悬浮液，灌服。

（6）磺胺苯咪唑 每千克体重 5mg，灌服。

（7）芬苯咪唑 每千克体重 6～8mg，灌服。

（8）丙氧苯咪唑 每千克体重 5～15mg，灌服。

四、螨病

螨病，又叫疥虫病、疥疮等，是由疥螨和痒螨寄生于羊体表而引起的慢性寄生性皮肤病，具有高度传染性，可在短期内引起羊群的严重感染，危害十分严重。

（一）病原

1. 疥螨 疥螨寄生于皮肤角质层下。成虫虫体小，长仅有 0.2～0.5mm，肉眼不易看见。呈圆形，浅黄色，背面隆起，腹面扁平，体表生有大量小刺。虫体分假头和躯体两部分，前端口器呈蹄铁形。体背面有细横纹、锥突、圆锥形鳞片和刚毛；虫体腹面前部和后部各有 2 对粗而短的足，后 2 对足不突出于体后缘之外。每对足上均有角质化的支条，第 1 对足的后支条在虫体中央并成 1 条长杆，第 3、4 对足上的后支条在雄虫是互相连接的。雌虫第 1、2 对足及雄虫第 1、2、4 对足的末端具有与不分节柄连接的钟形吸盘，无吸盘足的末端则生有长刚毛。卵呈椭圆形，大小为 $105\mu m \times 100\mu m$。

2. 痒螨 寄生于皮肤表面。虫体呈长圆形，比疥螨大，长 0.5～0.9mm，肉眼可见。口器长，呈圆锥形。螯肢细长，须肢亦细长。4 对足细长，前 2 对更为发达。雌虫第 1、2、4 对足和雄虫前 3 对足有细长的柄及吸盘，柄分 3 节。雌虫第 3 对足上有 2 根长的刚毛，雄虫第 4 对足短且无吸盘和刚毛，尾端有 2 个尾突，在尾突前方腹面有 2 个性吸盘。

（二）生活史

疥螨与痒螨的全部发育过程都在宿主体上度过，包括虫卵、幼虫、若虫和成虫 4 个阶段的发育。其中雄螨有 1 个若虫期，雌螨有 2 个若虫期。疥螨发育是在羊的表皮内不断挖凿隧道，并在隧道中繁殖和发育，完成一个发育周期需 8～22d，平均为 15d。痒螨在皮肤表面进行繁殖和发育，完成一个发育周期需 10～21d。

（三）流行特点

螨的传播方式为接触感染，既健康羊可与患病羊直接接触感染，也可因被螨及其虫卵污染的羊舍、用具及活动场所等间接接触感染。此外，亦可由工作人员的衣服、手及诊断治疗器械传播。

螨对外界环境有一定的抵抗力。疥螨在 18～20℃和空气湿度为 65％时经 2～3d 死亡，而在 7～8℃时则经 15～18d 才死亡，卵离开宿主 10～30d 仍可保持发育能力。痒螨对外界不利因素的抵抗力超过疥螨，如 6～8℃和 85％～100％空气湿度条件下，在羊舍内能存活 2 个月，在牧场上能活 25d，在−12～−2℃经 4d 死亡，在−25℃经 6h 死亡。

螨病主要发生于秋末、冬季和初春。此时日光照射不足，羊被毛增厚、绒毛增加、皮肤温度增高，很适合螨的繁殖。尤其是当羊舍潮湿、阴暗、拥挤及卫生条件差时，极容易造成螨病的严重流行。夏季羊的绒毛大量脱落，皮肤表面常受阳光照射，经常保持干燥状态。这些条件均不利于螨的繁殖，大部分虫体死亡，仅有少数螨潜伏在耳壳、系凹、蹄踵、腹股沟部以及被毛深处。这种带虫的羊没有明显的症状，但到了秋、冬季螨又重新活跃起来，不但引起疾病，而且使带虫的羊成为最危险的感染来源。

幼龄羊易患螨病，发病也较严重，成年羊有一定的抵抗力。体质瘦弱、抵抗力差的羊易遭受感染，体质健壮、抵抗力强的羊则不易被感染。但体质健壮的成年羊"带螨现象"往往成为螨病的感染源，因此应该引起高度的重视。

（四）诊断要点

螨病一般始发于皮肤柔软且毛短的部位，如嘴唇、口角、鼻面、眼圈及耳根部，以后皮肤炎症逐渐向周围蔓延；痒螨病则起始于被毛稠密和温度、湿度比较恒定的皮肤部位，如绵羊多发生于背部、臀部及尾根部，以后才向体侧蔓延。

1. 临床症状 该病初发时，因虫体小刺、刚毛和分泌的毒素刺激神经末梢，引起剧痒，可见病羊在圈墙、栏柱等处不断摩擦；在阴雨天气、夜间、通风不好的羊舍以及随着病情的加重，痒觉表现更为剧烈。病羊因终日啃咬和摩擦患部、烦躁不安，影响正常的采食和休息，日渐消瘦，最终因极度衰竭而死。

2. 病理变化 患部皮肤出现丘疹、结节、水疱，甚至脓疱，以后形成痂皮和龟裂。绵羊患疥螨病时，病变主要局限于头部，病变皮肤有如干涸的石灰，故有"石灰头"之称。绵羊感染痒螨后，患部有大片被毛脱落。

（五）防治措施

1. 预防 每年定期对羊群进行药浴，可取得预防与治疗的双重效果。加强检疫工作，对新购入的羊应隔离检查后再混群。经常保持圈舍卫生、干燥和通风良好，定期对圈舍、用具进行清洁和消毒。及时治疗病羊，可疑病羊应隔离饲养。治疗期间应注意对人员、圈舍、用具同时进行消毒，以免病原散布，不断出现重复感染。

2. 治疗 常用双甲醚按每千克体重500mg涂擦、喷淋或药浴，或溴氰菊酯按每千克体重500mg喷淋或药浴，或巴胺磷按每千克体重200mg药浴，或辛硫磷按每千克体重500mg药浴，或嗪农（螨净）按每千克体重250mg喷淋或药浴，或伊维菌素或阿维菌素按每千克体重0.2mg皮下注射等。

第三节 主要普通病

一、乳腺炎

乳腺炎可分为乳腺实质炎与间质炎两大类，此外根据发病原因及病的发展程度又可分成若干种。奶绵羊患乳腺炎以后，往往使奶质变坏、不能饮用。有时由于患部血液循环阻而引起组织坏死，甚至引起羊死亡。

（一）病因

主要如下：①受到细菌感染，乳房清洁工作不到位而引起感染。引起奶绵羊乳腺炎的病原一般为链球菌、葡萄球菌、化脓杆菌、大肠埃希氏菌、类巴氏杆菌、假结核杆菌等，可使乳房生成脓疡，损坏乳腺功能。②挤奶技术不熟练或者挤奶方法不正确。③奶绵羊分娩后挤奶不充分，乳汁积存过多。④乳房受到外伤引起，如扩大乳孔时手术过程不细心。⑤寒冷时受贼风的刺激。⑥因感冒、结核、口蹄疫、子宫炎等疾病继发引起。

（二）症状

病初乳汁颜色无大的变化。严重时，由于高度发炎及浸润，乳房肿胀、发热，变为红色或紫红色。用手触摸时羊感到痛苦，因此挤奶困难，即使勉强挤奶量也大为减少。乳汁中常混有脓液或血液，故呈黄色或红色。患出血性乳腺炎时，乳汁呈淡红色或血色，内含小片絮状物，乳房剧烈肿胀，异常疼痛。如果发生坏疽，手摸感到冰凉。由于行走时后肢摩擦乳房而感到疼痛，因此病羊跛行或不能行走。病羊食欲不振，头部下垂，精神萎靡，体温增高。检查乳汁，可以发现葡萄球菌、化脓杆菌、链球菌及大肠埃希氏菌等，但各种细菌不一定同时存在。如为混合感染，则病情更为严重。

乳腺炎在奶绵羊群中的发生程度并不亚于奶牛，虽然病羊的死亡率不高，但在乳房内形成脓肿时容易导致乳房功能丧失，留养时很不划算。

（三）防治

1. 预防　一般来说，产奶量越高的奶绵羊，患乳腺炎的概率越大。预防办法是：

（1）避免乳房中乳汁潴留　绵羊所产的奶，如果羔羊吃不完就会存留在乳房内，因此应经常挤奶或让其他羔羊吃奶，或者减少精饲料的喂料。要根据奶量高低决定每天挤奶次数及挤奶间隔时间。每次挤奶应力求干净，一般每天应挤奶 2 次，高产羊可挤 3～4 次，产奶量特别高的羊甚至可以增加到 5～6 次。

（2）保持清洁　①经常洗刷羊体（尤其是乳房部），以除去疏松的被毛及污染物。②每次挤奶前必须洗手，并用被开水或漂白粉溶液浸过的布块清洗乳房，然后再用净布擦干。③保持羊棚清洁，定时清除粪便及不干净的垫草，供给洁净、干燥的垫草。④避免把产奶羊及哺乳羊放于寒冷环境中，尤其是雪雨天气时更要特别注意。⑤哺育羔羊的奶绵羊最好多放牧，不但可以预防乳腺炎，而且可以避免发生其他疾病。⑥在挤患病母羊的奶时，应另用一个容器，将其所产的奶弃掉，以防引起传染，同时经常清洗及消毒装奶容器。

2. 治疗　及时隔离病羊并对其进行治疗，方法分为局部及全身两种。

（1）局部治疗　①进行冷敷，并用抗生素消炎。初期红、肿、热、痛剧烈的，每天冷敷 2 次，每次 15～20min。冷敷以后用 0.25%～0.5% 普鲁卡因 10mL，加青霉素 20 万IU，分 3～4 个点直接注入乳腺组织内。②进行乳房冲洗灌注，先挤尽坏奶，将消毒生理盐水 50～100mL 注入乳池，轻轻按摩后挤出，连续冲洗 2～3 次。最后用生理盐水 40～60mL 溶解青霉素 20 万 IU，注入乳池内，每天 2～3 次。③患出血性乳腺炎时禁止按摩，轻轻挤出血奶，用 0.25%～0.5%普鲁卡因 10mL 溶解青霉素 20 万 IU，注入乳房内。如果乳池内积有血凝块，可通过乳头管注入 1%的盐水 50mL，以溶解血凝块。④有乳房坏疽时最好进行切除。⑤有慢性炎症时用 40～45℃热水进行热敷，或用红外线灯照射，每天 2 次，每次 15～20min，然后涂以 10%樟脑软膏。

（2）全身治疗　①为了暂时停止泌乳机能，可行减食法，少喂多汁饲料，如青贮料、根菜类及青刈饲料，限制饮水。主要喂给优质干草，如苜蓿、三叶草及其他豆科牧草。因采取减食疗法，故在病羊食欲减退时不要设法促进食欲。②体温升高时，可灌服磺胺类药物，每千克体重 0.07g，每隔 4～6h 进行 1 次，第 1 次用量加倍。或者静脉注射磺胺噻唑钠或磺胺嘧啶钠 20～30mL，每天 1 次；也可以肌内注射青霉素，每次20 万～40 万 IU，每天 2～3 次。③用硫酸钠 100～120g，促进毒物排出和体温下降。④如果乳腺炎长时期治疗无效，而怀疑为特种细菌感染时，可对乳汁样品进行细菌检查。在确定病原以后，选用适宜的磺胺类药物或抗生素进行治疗。⑤凡由感冒、结核病、口蹄疫、子宫炎等病引起的乳腺炎，必须同时治疗原发病。

二、坏疽性乳腺炎

本病多发生于分娩后数日内，乳房组织形成大面积坏疽，最终导致败血症而引起严重的全身症状，是一种死亡率很高的疾病。

（一）病原

主要由大肠埃希氏菌属细菌感染引起，有时也可由金黄色葡萄球菌、化脓杆菌、芽孢杆菌属、放线菌、李氏杆菌、羊布鲁氏菌等感染引起。细菌侵入乳房的途径有 3 条，即乳源径路、血源径路、淋巴源径路。一般认为细菌经乳头管侵入乳房是最主要的途径，有时也会因患肠炎、腹膜炎、创伤性网胃炎和产褥热等疾病，使细菌随血液循环被运送到乳房内经繁殖而发病。当乳房或乳头皮肤发生创伤、擦伤及其他外伤时，细菌会经损伤部位的淋巴液进入淋巴管，沿淋巴管侵入皮下组织，最后侵害乳腺组织。被毛较少、血液供给量较多的高产羊乳房、严重下垂的乳房或产后浮肿很严重的乳房都极易患本病。

（二）症状

特急性病例表现为突然食欲不振或废绝，体温上升到 41℃以上，弓腰努责，起立困难，呼吸急促，脉搏数增加，全身被毛逆立，肌肉震颤，反刍停止，腹泻和脱水，乳房全部肿胀，往往从腹下部肿胀至后肢；在乳房皮肤上形成紫红色或苍白色的圆形变色部分，病变部位有凉感，其他部位出现发红和热感。被厌氧菌感染时，乳房皮下有气肿，挤奶时可挤出气体；有的乳房皮肤破溃排脓，引起组织坏死脱落；奶量迅速减少，病初乳汁呈水样，以后呈血样或脓样，有的有强烈的腐败臭味。

（三）诊断

依据病因分析、乳房检查、乳汁实验室细菌学检查结果，可作出初步诊断。

（四）防治

1. 预防　仅治疗时不能扑灭本病，必须采取以下综合措施：①严格遵守羊群饲养管理和防疫制度，分娩后对羊舍要彻底清扫，并用 20% 新鲜石灰乳进行消毒。在春、夏季应尽可能地变更放牧地，并定期用 20% 石灰乳消毒羊舍羊栏。②经常检查哺乳羊群，发现病羊迅速隔离、及时治疗。将病愈的母羊集中起来饲养，将失去母羊的羔羊隔离出来单独喂养。③购羊时应检查乳房，如发现有 1/4 乳房凹凸不平，则意味着是其病原的携带者，应坚决剔除此类母羊。④注射疫苗能减少发病率和缩短病程，但并未得到广泛应用。

2. 治疗

（1）全身治疗　抗生素（青霉素、链霉素）及磺胺噻唑都有良好疗效。青霉素 40IU、链霉素 1g、磺胺噻唑每千克体重 0.03～0.04g，每隔 6～8h 使用 1 次，连用 3～4d。对急性坏疽性病例应立即隔离，以大剂量抗生素治疗挽救母羊生命，即使 1/4 乳房坏疽脱落，保留 1 个乳头仍可养育 1 只羔羊。亚急性病例，对广谱抗生素治疗有较好反应。慢性病例，无治疗价值，应及时淘汰。

（2）局部治疗　可用抗生素或磺胺黄药物进行乳池内注射。对于病程较长的病例，温敷乳房，涂搽樟脑软膏或鱼石脂软膏，增加挤奶次数。

（3）切除治疗　若发展到后期，可考虑施行乳房切除术。

三、阴道脱出

阴道脱出是阴道部分或全部外翻脱出于阴户，阴道壁黏膜暴露在外，引起阴道黏膜充血、发炎，甚至形成溃疡或坏死的疾病。

（一）病因

当饲养管理不善时，年老体弱羊的阴道周围组织和韧带变得弛缓，妊娠后期腹压增大常引起此病。此外，分娩或胎衣不下、努责过度、助产拉出胎儿时损伤产道等也能导致本病发生。

（二）症状

当阴道完全脱出时如拳头大小，子宫颈仍闭锁；部分脱出时仅见阴道入口部脱出，大小如桃子。外翻的阴道黏膜发红甚至青紫，表面分泌炎性物质，局部水肿；因摩擦可损伤黏膜，形成溃疡，局部出血或结痂。病羊喜欢卧地，脱出的阴道常被泥土、垫草、粪便污染，有时还可因感染细菌后化脓或坏死。严重者全身症状明显，体温高达 40℃ 以上。

（三）诊断

本病根据临床症状很容易诊断。

（四）防治

1. 预防　①注意妊娠母羊的饲养管理。舍饲羊应适当增加运动，提高全身组织的紧张性。②尽量少给病羊饲喂秸秆等粗饲料，给予多汁易消化的青绿饲料。及时防治便秘、腹泻、瘤胃臌胀等疾病，可减少本病的发生。

2. 治疗　病羊采取前低后高姿势保定，局部清洗消毒后用消毒过的纱布捧住脱出的阴道，由脱出基部向骨盆腔内缓慢地推入，至快送完时用拳头顶进阴道，然后用阴门固定器压迫阴道，固定牢靠。阴门做圆枕双内翻缝合，在阴门两侧软组织深部注射 70％医用酒精 20mL，刺激局部发炎肿胀压迫阴门，防止其再次脱出。若以上措施收效不佳，病羊继续努责，缝合的圆枕撕裂后阴道再次脱出，则进行剖宫产手术，步骤如下：

术部常规消毒，用 0.25％普鲁卡因青霉素局部麻醉。自皮肤至腹膜分层切开，托引子宫孕角大弯于术创部，用大纱布隔离。沿大弯切开子宫取出胎儿及胎衣，子宫内投放青霉素后缝合，并用 0.9％温盐水清洗后送入腹腔；向腹腔投放青霉素，缝合伤口并结系绷带。术后全身连用青霉素 3d，补充钙、磷及维生素 D。体温、脉搏、呼吸三项指标正常时混群。

四、子宫内膜炎

子宫内膜炎是指子宫黏膜发生化脓性炎症的一种生殖器官疾病。

（一）病因

本病是由于分娩、助产、子宫脱出、阴道脱出、胎衣不下、腹膜炎、胎儿死于腹中等导致细菌感染而引起的。

（二）症状

该病临床上常见急性和慢性两种。按其病理过程、发炎性质分为卡他性子宫内膜炎、出血性子宫内膜炎和化脓性子宫内膜炎。急性初期，病羊食欲减退，精神欠佳，体温升高，因有疼痛反应而磨牙、呻吟。可继发前胃弛缓，弓背努责，时时做排尿姿势，从阴户内流出污红色内容物。慢性病情较急性轻微，病程长，子宫分泌物少，如不及时治疗可发展为子宫坏死，继而全身恶化，发生败血症或脓毒败血症，有时继发腹膜炎、肺炎、膀胱炎和乳腺炎等。

（三）诊断

根据病史和临床症状可以做出诊断。

（四）防治

1. 预防　①加强饲养管理，严格隔离病羊，不允许流产羊与其他分娩的羊同群饲养。②防止发生流产、难产、胎衣不下及子宫脱出等疾病，预防和扑灭引起流产的传染性疾病，③加强产羔季节接产、助产过程的卫生消毒，防止子宫受到感染，及时治疗子宫脱出、胎衣不下及阴道炎等疾病。

2. 治疗

（1）清洗子宫　用 0.1％高锰酸钾溶液或 0.1％～0.2％雷夫奴尔溶液 300mL，灌入子宫腔内，然后用虹吸法吸出流入子宫内的消毒溶液，每天 1 次，可连做 3～4d。

（2）抑菌消炎　冲洗子宫后向内注入碘甘油 3mL，或投放土霉素胶囊 0.5g；用青霉素 80 万 IU、链霉素 50 万 IU，肌内注射，每天早晚各 1 次。

（3）治疗自体中毒　可用 10％葡萄糖液 100mL、林格氏液 100mL、5％碳酸氢钠溶液 30～50mL，混合后静脉注射，同时肌内注射维生素 C 200mg。

五、胎衣不下

胎儿出生以后，母绵羊排出胎衣的正常时间为 3.5h（2～6h），分娩时间超过 14h 而胎衣仍不排出，即称为胎衣不下。

（一）病因

1. 产后子宫收缩不足　①子宫因多胎、胎水过多、胎儿过大以及持续排出胎儿而伸张过度。②饲料质量不好，尤其是当饲料中缺乏维生素、钙盐及其他矿物质时容易发生子宫弛缓。③妊娠期母羊（尤其在妊娠后期）缺乏运动或运动不足，往往会引起子宫弛缓，胎衣排出很缓慢。④分娩时母羊肥胖，可使子宫复旧不全，发生胎衣不下。⑤流产和其他能够降低子宫肌肉和全身张力的因素都能使子宫收缩不足。

2. 胎儿胎盘和母体胎盘发生黏合　患布鲁氏菌病的母羊常因此而发生胎衣不下，其原因有以下两种情况。①妊娠期子宫内膜发炎，子宫黏膜肿胀，使绒毛固定在凹穴内，即使子宫有足够的收缩力，也不容易让绒毛从凹穴内脱出来。②当胎膜发炎时，与子宫黏膜紧密粘连，即使子宫收缩也不容易脱离。

（二）症状

胎衣可能全部不下，也可能部分不下，未脱出的胎衣经常垂吊在阴门之外。病羊背部弓起，时常努责，有时由于努责剧烈可能引起子宫脱出。如果胎衣能在 14h 以内全部排出，则羊多半不会发生并发病。但若超过 1d，则胎衣会发生腐败，尤其是在气候炎热时腐败速度更快。从胎衣开始腐败起，即因腐败产物引起中毒而使羊精神不振、食欲减少、体温升高、呼吸加快、奶量降低或泌乳停止，并从阴道中排出恶臭的分泌物。由于胎衣压迫阴道黏膜，因此可能使其发生坏死。此病往往并发败血病、破伤风或气肿疽，或者造成子宫或阴道的慢性炎症。如果羊不死，一般在 5～10d 内全部胎衣发生腐烂后脱落。

（三）防治

1. 预防　母羊妊娠期间应饲喂含钙及维生素丰富的饲料，并加强运动；产后饮服益母草煎剂或灌服羊水，可促进胎衣排出；妊娠期肌内注射亚硒酸钠维生素注射液，对预防胎衣不下有一定作用。

2. 治疗

（1）药物疗法　母羊分娩后 24h 内胎衣不下，可肌内注射马来酸麦角新碱、催产素、雌激素等进行处理。另外，可向子宫内灌入 5％～10％氯化钠盐水 500～1 000mL，使子叶脱水，母子胎盘分离。

（2）手术剥离法 ①先用消毒液洗净母羊外阴部和胎衣，再用鞣酸酒精溶液冲洗和消毒术者手臂，并涂以消毒软膏，以免将病原带入子宫。如果手上有小伤口或擦伤，必须预先涂搽碘酊，贴上胶布。②术者一只手握住胎衣，另一只手送入橡皮管，将温热的高锰酸钾溶液（1∶10 000）注入子宫。③将手伸入子宫，将绒毛膜从母体子叶上剥离下来。剥离时由近及远，先用中指和拇指捏挤子叶蒂，然后设法剥离盖在子叶上的胎膜。为便于剥离，事先可用手指捏挤子叶。剥离时应当小心，因为子叶损伤可以引起大出血，容易引起严重的全身症状。

（3）皮下注射催产素 羊的阴门和阴道较小，只有手小的人才能进行胎衣剥离。如果将手勉强伸入子宫，不但不易进行剥离操作，反而有损伤产道的危险。故当手难以伸入时，可皮下注射催产素 2～3IU（注射 1～3 次，间隔 8～12h）。配合使用温热的生理盐水冲洗子宫，收效更好。为了排出子宫中的液体，可以将羊的前肢提起。

（4）及时治疗败血症 胎衣长久停留往往会引发严重的产后败血症，其症状是病羊体温升高，食欲消失，反刍停止，脉搏细而快，呼吸快而浅，体温冰冷（尤其是耳朵、乳房和角根处）。喜卧，对周围环境十分淡漠。从阴门流出污褐色的恶臭液体。遇到这种情况时，应及早进行治疗。①肌内注射抗生素。青霉素 40 万 IU，每 6～8h 进行 1 次；链霉素 1g，每 12h 进行 1 次。②静脉注射四环素。将 50 万 IU 四环素加入 100mL 的 5％葡萄糖注射液中，每天 2 次。③用 1％冷的食盐水冲洗子宫，排出盐水后向子宫注入青霉素 40 万 IU 及链霉素 1g，每天 1 次，直至痊愈。④静脉注射 10％～25％葡萄糖注射液 300mL、40％乌洛托品 100mL，每天 1～2 次，直至痊愈。⑤结合临床症状，及时进行对症治疗，如给予健胃剂、缓泻剂、强心剂等。

六、流产

流产是指母羊妊娠中断或胎儿不足月排出子宫外而死亡。

（一）病因

流产的原因极为复杂。传染性流产者，多见于布鲁氏菌病、弯杆菌病、沙门氏菌病等。非传染性流产者，可见于子宫畸形、胎盘坏死、胎膜炎和羊水增多症等；内科病，如肺炎、肾炎、有毒植物中毒、食盐中毒、农药中毒；营养代谢障碍病，如无机盐缺乏、微量元素不足或过剩，维生素 A、维生素 E 不足等；外科病，如外伤、蜂窝织炎、败血症；另外，饲喂冰冻、霉败的饲料，长途运输，过于拥挤，水草供应不均衡等，都可导致流产。

（二）症状

突然发生流产者，一般无特殊症状。发病缓慢者，精神不佳，食欲减退，腹痛，努责，咩叫，从阴户流出羊水，待胎儿排出后稍为安静。若在同一群中病因相同，则陆续出现流产，直至受害母羊流产完毕，方能稳定下来。由外伤致病的，羊发生隐性流产，即胎儿不排出体外，自行溶解，溶解物或排出子宫外或形成胎骨留在子宫内。胎儿常因胎膜出血、剥离，于数小时或数天才排出。

（三）诊断

根据临床症状和流产胎儿可以做出诊断。

（四）防治

1. 预防　①加强饲养管理，控制由管理不当，如拥挤、缺水、突然改变饲料、采食毒草及霜草、饮冰冷的水、受冷等因素诱发的流产。②按免疫计划对妊娠母羊进行免疫接种，控制传染病的发生，减少妊娠母羊流产和胎儿死亡。③用驱虫药，如虫克星、阿福丁、伊力佳、阿力佳等，在春、秋定期驱虫，驱虫后对羊的粪便进行生物发酵处理。④对疑似病羊的分泌物、排泄物及被污染的土壤、场地、圈舍、用具、饲养人员的衣物等进行彻底消毒处理。

2. 治疗　①首先应确定属于何种流产以及妊娠能否继续进行，在此基础上确定治疗原则。②如果妊娠母羊出现腹痛、起卧不安、呼吸和脉搏加快等临床症状，即可能发生流产，处理原则为安胎。可以使用抑制子宫收缩的药物，如肌内注射黄体酮 $10\sim30mg$，每天或隔天1次，连用数次；并配合使用镇静剂，如溴剂。③对于发生早产或小产的妊娠母羊，不需要进行特殊处理，但应注意对早产羔羊进行保温和人工哺乳，并对母羊加强护理。④对于延期流产，首先可使用前列腺素制剂，继之或同时应用雌激素如乙烯雌酚 $2\sim3mg$，溶解黄体并促使子宫颈口扩张。同时，向产道内灌入润滑剂，以便促使子宫内容物排出。母羊出现全身症状时应对症治疗。

七、难产

难产是指分娩时胎儿产出困难，不能将胎儿顺利地由产道产出。

（一）病因

难产通常是由于阵缩无力、胎位不正、子宫颈狭窄及骨盆狭窄等引起的。

（二）症状

母羊已到分娩日期，并且已有分娩预兆，如乳房肿大、软产道肿大、松软，骨盆韧带松软，子宫开始阵缩，子宫颈开张，母羊卧地努责，但不见胎儿产出。

（三）助产和预防

1. 助产　为了保证安全，对难产的母羊必须进行全面检查，并及时进行人工助产，对种羊可考虑剖宫产手术。

（1）助产时间　当母羊阵缩时间超过5h时仍未见羊膜绒毛膜在阴门或阴门内破裂（绵羊需15min至2.5h，双胎间隔15min），且母羊停止阵缩或阵缩无力时，需迅速进行人工助产，不可拖延时间，以防羔羊死亡。

（2）助产准备　术前了解母羊分娩的时间，是初产还是经产；看胎膜是否破裂，有无羊水流出，并检查全身状况。

（3）保定母羊　一般应使母羊侧卧，并使其保持安静，前躯低、后躯稍高，以便于矫正胎位。

（4）消毒　对术者手臂、助产用具进行消毒，对阴户外周用1∶5 000新洁尔灭溶液进行清洗。

（5）产道检查　检查产道有无水肿、损伤、感染，以及产道表面干燥和湿润的状态。

（6）胎位、胎儿检查　确定胎位是否正常，检查胎儿是否存活。当胎儿正产时，手伸入产道可摸到胎儿的嘴巴、两前肢、两前肢中间挟着的头部；当胎儿倒生时，手伸入产道可摸到胎儿的尾巴、臀部、后肢及脐动脉。以手指压迫胎儿，如其有反应则表示尚且存活。

（7）助产方法　常见难产部位有头颈侧弯、头颈下弯、前肢腕关节屈曲、肩关节屈曲、肘关节屈曲、胎儿下位、胎儿横向和胎儿过大等，可按不同的异常产位进行矫正，然后将胎儿拉出产道。对产多胎的母羊，应注意怀胎数目，在助产中认真检查，直至将全部胎儿助产拉出，方可让母羊归群。

（8）剖宫产　在子宫颈扩张不全或子宫颈闭锁，胎儿不能产出；或骨骼变形，致使骨盆腔狭窄，胎儿不能正常通过产道的情况下，可进行剖宫产术，紧急救出胎儿，保护母羊和胎儿的安全。

（9）阵缩及努责微弱的处理　可皮下注射垂体后叶素、麦角碱注射液1～2mL。必须注意，麦角碱制剂只在子宫颈完全开张，胎势、胎位及胎向正常时方可使用，否则易引起子宫破裂。

（10）羊怀双羔时，会遇到双羔同时各将一肢伸出产道形成交叉的情况。由此形成的难产，应分清情况，辨明关系。可用手触摸腕关节确定前肢，触摸跗关节确定后肢。确定难产羔羊的体位后，将一只羔羊的肢体推回腹腔，先整顺此只羔羊的肢体，将其拉出产道，随后再将剩余一只羔羊的肢体整顺拉出。切忌将两只不同的羔羊肢体误认为同一只羔羊的肢体，施行助产。

2. 预防

（1）防止母羊过早交配　母羊的初情期一般为5～6月龄，但此时母羊身体尚未发育成熟，配种会影响其生长发育，并容易导致分娩时发生难产。所以适时配种非常重要，首次配种时间一般以母羊已达体成熟为宜。

（2）坚持正确的体型选配原则　在难产病例中，约有50%与胎儿过大有关，其中绝大部分是与用过大体型的种公羊配种有关。因此，应坚持正确的体型选配原则。即大配大、大配中、中配小，绝不可以大配小。以大配小往往导致胎儿过大而增加难产的发生率，比过早配种的后果更为严重。

（3）做好妊娠期母羊的饲养管理　妊娠期母羊过度肥胖或营养不良都可导致产力不足而诱发难产。运动对妊娠母羊十分必要，母羊难产与妊娠期缺乏运动有很大关系。妊娠期母羊运动不足不仅可诱发胎儿胎位不正，还可导致产力不足，这两点都是难产的直接诱因。对于母羊来说，一般以每天 2h 的适当运动时间为宜。

八、绵羊妊娠毒血症

绵羊妊娠毒血症又名双羔病。本病与生产瘫痪相似，是由代谢不良引起的，多发生于怀双羔或三羔的母羊。5～6 岁的绵羊比较多见，通常发生于妊娠的最后一个月之内，不管肥瘦如何都可能发生。

（一）病因

发病原因还不十分清楚，在下列各种情况下容易引发本病。

1. 营养不足　营养不足的妊娠母羊患病占多数。营养丰富的妊娠母羊也可以患病，但一般在症状出现以前体重有减轻现象，其减轻的原因还不明了。①大多数怀羔多的妊娠母羊喂的精饲料太少，或者在胎儿继续发育时不能按比例增加营养。②冬草贮存不足，妊娠母羊因饥饿而身体消瘦。③妊娠母羊因患其他疾病而食欲受到影响。

2. 营养过度　由于喂给精饲料过多，特别是在缺乏粗饲料的情况下而喂给含蛋白质和脂肪过多的精饲料时，更容易发病。

3. 天气不好　可能与舍饲饲养时妊娠母羊的运动不足有关系。

4. 管理方式　经常发生于小群奶绵羊，草原上放牧的大群奶绵羊不发病。

关于该病发生机制的研究尚不充分，比较公认的理论是：因为日粮中碳水化合物含量低，造成碳水化合物代谢紊乱，病羊具有不同程度的低血糖和高血酮（酮血病）。

（二）症状

血糖降低，表现脑抑制状态，病羊出现很像乳热病的症状。病初羊离群孤立，放牧或运动时常落于群后。以后精神委顿，磨牙，头颈颤动，小便频繁，呼吸加快，气息中带有甜臭的酮味。出现神经症状，反应特别迟钝或易于兴奋。不愿走动，强迫行动时步态蹒跚，无一定方向。食欲消失，饮水减少，迅速消瘦，以至卧地不起。经数小时到 2d，病羊虚脱，静卧，胸部靠地，头向前伸直或后视胁腹部，甚至倒卧，再经数小时到 1d 昏迷而死。如不治疗，则大部分母羊均归死亡。所产羔羊均极衰弱，很难发育良好，且大多数于早期死亡。

（三）剖检

尸体非常消瘦，剖检没有显著变化。病死母羊子宫内常有数个胎儿，肾脏灰白而软。主要变化为肝脏、肾脏及肾上腺脂肪变性。心脏扩张。肝脏高度肿大，边缘钝、质脆，由于脂肪浸润，因此常变厚而呈土黄色或柠檬黄色，切面稍外翻。胆囊肿大，充积胆汁，胆汁为黄绿色水样。肾脏肿大，包膜极易剥离，切面外翻，皮质部为棕土黄色，布满小红点（为扩张之肾小体）；髓质部为棕红色，有放射状红色条纹。肾上腺肿大，皮质部质脆，呈土黄色，髓质部为紫红色。右心室高度扩张，冠状沟有孤立的出血点及出血斑，心肌为棕黄色、质略脆。肺脏膨胀，两侧肺尖高度充气，膈叶淤血水肿、色暗红，气管及支气管空虚。大脑半球脑沟中的软脑膜有清亮液体，丘脑脑白质有散在的出血点。消化器官多无变化。

（四）防治

1. 预防 主要从饲养管理着手，合理地配合日粮，防止突然改变日粮成分。以下方法可供参考。①母羊刚配种后，饲养条件不必太好。在妊娠的前2～3个月内，不要让其体重增加太多，2～3个月以后可逐渐增加营养。直到产羔以前，都应保持良好的饲养条件。②如果没有青贮料和放牧地，应尽量喂给一些豆科干草。③在妊娠后期，应喂给精饲料。喂量根据体况而定，从产前2个月开始，每天喂100～150g，以后逐渐增加饲喂量，临分娩之前达到每天0.5～1kg。肥胖的母羊应减少饲喂量。④在妊娠期内不要突然改变饲养习惯。饲养必须有规律，尤其在妊娠后期，当天气突然变化时更要注意。⑤保证妊娠母羊运动，每天应进行放牧或运动2h左右，至少应强迫其行走250m左右。⑥当羊群中出现发病情况时，给妊娠母羊补喂多汁饲料、小米汤、糖浆及多纤维的粗草，并供给足量的饮水，必要时可加喂少量葡萄糖。

2. 治疗

（1）首先给予饲养性治疗 停喂富含蛋白质及脂肪的精饲料，增加碳水化合物饲料的供应。

（2）加强运动 对于肥胖的母羊，在病初期做驱赶运动。

（3）大量供糖 饮水中加入蔗糖、葡萄糖或糖浆，每天重复饮用，连给4～5d，可使妊娠母羊逐渐恢复健康，水中加糖的浓度可按20%～30%计算。为了见效快，可以静脉注射20%～50%葡萄糖溶液，每天2次，每次80～100mL。只要肝脏、肾脏没有发生严重的结构变化，用高糖疗法都是有效的。

（4）防止酸中毒 可以给予碳酸氢钠，口服、灌肠或静脉注射。

（5）服用甘油 根据体重不同，每次用20～30mL，直到痊愈为止。一般服用1～2次就可获得显著效果。

（6）注射可的松或促皮质激素 醋酸可的松或氢化可的松10～20mg，前者肌内注射，后者静脉注射（用前混入25倍的5%葡萄糖或生理盐水中）。也可肌内注射促皮质激素40IU。

（7）人工流产 妊娠末期的病例分娩以后往往可以自然恢复健康，故人工流产同样有效。方法是用开膣器打开阴道，在子宫颈口或阴道前部放置纱布块。也有人主张施行剖宫产术。

九、生产瘫痪

生产瘫痪又称乳热病或低钙血症，是急性而严重的神经疾病。其特征为病羊昏迷、知觉丧失、全身麻痹和四肢瘫痪，失去知觉。尤其是某些2～4胎高产奶绵羊，几乎每次分娩以后都重复发病。此病主要见于成年母羊，发生于产前或产后数日内，偶尔见于妊娠的其他时期。病的性质与奶牛的乳热病非常类似。

（一）病因

舍饲、产奶量高以及妊娠末期营养良好的母羊，可成为本病的发病诱因。另外，血糖和血钙降低也可引起本病。据测定，病羊血液中的糖分及含钙量均降低，但原因还不十分明了。可能是因为大量钙质随初乳排出或者因为初乳中含钙量太高之故。

低血钙的含意仅指羊血中含钙量低，并不意味着母羊体内缺钙，因为骨骼中含钙很丰富。它只是说明由于复杂的调控机制失常，导致血钙暂时性下降。产羔母羊每天要产奶2～3kg，而奶中的钙含量高，使血钙量发生转移性损失，导致血钙暂时性下降到正常水平的一半左右，一般从 2.48mmol/L 下降到 0.94mmol/L。

（二）症状

最初症状通常出现于分娩之后，少数病例见于妊娠末期和分娩中。由于钙的作用是维持肌肉的紧张性，故在低钙血情况下病羊表现为衰弱无力。病初抑郁，食欲减少，反刍停止，后肢软弱，步态不稳，甚至摇摆。有的绵羊弯背低头，蹒跚走动。由于发生战栗和不能安静休息，故呼吸常加快。这些初期症状维持时间通常很短，管理人员往往注意不到。此后羊站立不稳，在试图走动时跌倒，有的起立很困难，有的不能起立，头向前直伸，废食，停止排粪和排尿。皮肤对针刺的反应很弱。

少数病羊知觉完全丧失，发生极明显的麻痹症状。舌头从半开的口中垂出，咽喉麻痹。针刺皮肤无反应。脉搏先慢而弱，以后变快，勉强可以摸到。呼吸深而慢。病后期常用嘴呼吸，唾液随着呼气吹出，或从鼻孔流出食物。病羊常呈侧卧姿势，四肢伸直，头弯于胸部，体温逐渐下降，有时降至 36℃。皮肤、耳朵和角根冰冷，处于将死状态。

有些病羊往往在没有明显症状下死亡。例如，有的绵羊在晚上表现健康，而次日清晨却已死亡。

（三）防治

1. 预防

（1）在整个妊娠期间喂给富含矿物质的饲料。单纯饲喂富含钙质的混合精饲料似乎没有预防效果，同时补充维生素 D 则效果较好。

（2）母羊产前应保持适当运动，但不可运动过度，因为过度疲劳反而容易引起发病。

（3）对于习惯性发病的羊，于分娩之后及早应用下列药物进行预防注射：5％氯化钙40～60mL、25％葡萄糖 80～100mL、10％安钠咖 5mL 混合，一次静脉注射。

（4）母羊分娩前、后 1 周内，每天给予蔗糖 15～20g。

2. 治疗

（1）静脉或肌内注射 10％葡萄糖酸钙 50～100mL，或者用 5％氯化钙 60～80mL、10％葡萄糖 120～140mL、10％安钠咖 5mL 混合，一次静脉注射。

（2）采用乳房送风法，疗效很好。可以利用乳房送风器送风，没有乳房送风器时可以用自行车打气管代替。

送风步骤如下：①使羊稍呈仰卧姿势，挤出少量乳汁。②用酒精棉球擦净乳头，尤其是乳头孔。然后将消毒过的导管插入乳头中，通过导管打入空气，直到乳房中充满空气为止。用手指叩击乳房皮肤时有鼓音时为充满空气的标志，在两个乳头中都要注入空气。③为避免送入的空气外逸，在取出导管时应用手指捏紧乳头，并用纱布绷带轻轻地扎住每一个乳头的基部，25～30min 后将绷带取掉。④将空气注入乳房各叶以后，小心按摩乳房数分钟。然后使羊四肢蜷曲伏卧，并用草束摩擦其臀部、腰部和胸部，最后盖上麻袋或布块保温。⑤注入空气以后，可根据情况考虑注射 50％葡萄糖溶液 100mL。⑥如果注入空气后 6h 情况并没有得到改善，应重复进行乳房送风。

十、胃肠炎

胃肠炎是由于胃肠壁的血液循环与营养吸收受到严重阻碍，引起胃肠黏膜及其深层组织发生炎症的一种疾病。不仅胃肠壁发生淤血、出血以及化脓和坏死现象，而且呈现自体中毒或毒血症，并伴有出血性或坏死性炎症。临床上以食欲减退或废绝、体温升高、腹泻、脱水、腹痛和不同程度的自体中毒为特征。

（一）病因

该病多因前胃疾病引起。饲养管理不当，如采食大量冰凉、发霉的饲草料等；饲料中混入刺激性的药物及化肥等（如过磷酸钙、硝胺化肥）；治疗便秘和前胃积食时蓖麻油和盐类泻剂的使用量过大等；圈舍潮湿、卫生不良，驱虫投药不当，以及羊春乏、营养不良、抵抗力降低等均可致病。

（二）症状

初期病羊多表现急性消化不良的症状，其后逐渐或迅速转为胃肠炎症状。食欲减退或废绝，口腔干燥、发臭，舌面覆有黄厚苔，常伴有腹痛。肠音增强，以后减弱或消失，不断排稀薄粪便或水样粪便，气味腥臭或恶臭，粪中混有血液、脓液及坏死的组织碎片。由于下泻而引起脱水，脱水严重时尿少色浓，眼球下陷，皮肤弹性降低，腹围紧缩，迅速消瘦。虚脱时病羊不能站立而卧地。随着病情的发展，病羊体温升高，脉搏细弱、无力，四肢冷凉，昏睡。严重时引起循环和微循环障碍，病羊因抽搐而死。慢性胃肠炎病程较长、病势缓慢，主要症状与急性相同，可引起恶病质。

（三）防治

1. 预防 加强饲养管理，防止羊采食发霉变质和含有刺激性、腐蚀性化学物质的饲料以及有毒植物。科学搭配饲料或给予富含营养的全价饲料，供给清洁的饮水，保证羊舍干净，及时治疗继发胃肠炎的原发病。

2. 治疗 治疗原则是消炎杀菌，保护胃肠黏膜，解除酸中毒，维护心脏机能，预防脱水及增强机体抵抗力。

（1）消炎杀菌 口服磺胺脒 4～8g 或 0.1％高锰酸钾溶液 100mL；或肌内注射庆大霉素或小诺霉素 40mg，或环丙沙星 100mg，或青霉素 40 万～80 万 IU、链霉素 500mg，连用 5d。

（2）清理胃肠 肠音弱，粪干、色暗或排粪迟缓，有大量黏液，气味腥臭者可采取缓泻促进胃肠内容物排出，减轻自体中毒。常用液体石蜡油或植物油 100～200mL，或硫酸钠（或人工盐）30～40g、鱼石脂 2g、酒精 10mL、常水适量，一次内服。在用泻剂时要注意防止剧泻。当粪稀如水、频泻不止、腥臭气不大、不带黏液时，应止泻，以药用炭 10～25g，加适量水 1 次内服；或用鞣酸蛋白 2～5g，小苏打 5～8g，加水适量内服。

（3）防止脱水　增加血容量，维护心脏机能。脱水严重的宜输液，可用 5% 葡萄糖 150～300mL、10% 樟脑磺酸钠 4mL、维生素 C 100mg 混合，静脉注射，每天 1～2 次。

（4）防止酸中毒　可静脉注射 1%～3% 碳酸氢钠溶液 50mL，或口服碳酸氢钠 3～5g。

十一、瘤胃臌气

瘤胃臌气（气胀）是由于羊采食了大量易发酵的饲料，迅速产生大量气体而引起的瘤胃臌胀病，多发生于春末、夏初放牧的羊群。

（一）病因

羊采食了大量易发酵的饲料，如幼嫩的紫花苜蓿等而致病。此外，饲喂霜冻饲料、酒糟或霉败变质的饲料也易发病。冬、春季给妊娠母羊补饲精饲料，群羊抢食，有的羊抢食过量而发病。还可继发于瘤胃积食，在羊患肠毒血症、肠扭转时，也可出现急性瘤胃臌气。

（二）症状

临床常见急性和慢性两种。急性初期，病羊表现不安，回头顾腹，弓背伸腰，腹部凸起，有时左肷向外突出高于髋节或中背线。反刍和嗳气停止。触诊腹部紧张性增加，叩诊呈鼓音，听诊瘤胃蠕动音减弱。黏膜发绀，心率加快。慢性瘤胃臌气常见于消化不良或继发于其他疾病时。

（三）防治

1. 预防

（1）在春季由舍饲转为放牧时，应先到干枯的草场放牧，以增强羊的胃肠适应性，然后再转移到青嫩的草场放牧，或限制采食时间，避免过多采食多汁青草。

（2）雨后或早起露水未干前不宜放牧，或限制放牧时间。

（3）饲喂多汁易发酵的饲料时，应定时、定量，喂后不可立即饮水。

2. 治疗　治疗原则是排气减压、防止酵解、理气消胀、强心补液及促进瘤胃内容物排出、恢复前胃机能。

（1）排出胃内气体时将羊头部向上，口角衔以短木棍，有规律地按压左肷部，每次 10～20min，以促进胃内气体排出。重症病例，应插入胃管排气，或用套管针从左肷窝部进行瘤胃穿刺放气。放气时应缓慢进行，以免速度过快羊发生脑贫血而昏迷。在放气中要紧压腹壁使腹壁紧贴瘤胃壁，边放气边下压，以防胃液漏入腹腔引起腹膜炎。

（2）对泡沫性臌气的病例，穿刺不易排出气体，可口服消沫药二甲基硅油 0.5～1g，现用时配成 2%～3% 酒精溶液或 2%～5% 煤油溶液，用胃管投服，灌服前需灌入少量温水，以减轻局部刺激。也可用松节油 3～10mL，加 3～4 倍植物油后一次内服。

（3）制止发酵。为防止瘤胃内再次产生气体，可在放气后从胃管或套管内注入止酵剂，用 95％酒精 100～200mL，或白酒 100～200mL，或氧化镁 20～50g，或来苏儿水 3～8mL，或 36％甲醛溶液 2～6mL，或鱼石脂 3～8g 加水 100～300mL。

（4）促进瘤胃内容物排出和恢复前胃机能，如用硫酸钠 30～40g、鱼石脂 2g、陈皮酊 30mL，加温水 500mL，成年羊一次灌服。

（5）为了增强心脏机能、改善血液循环，可应用咖啡因或樟脑等强心剂。

（6）因慢性瘤胃臌气是其他疾病的继发症，所以应积极诊治原发病。

十二、瘤胃积食

瘤胃积食即急性瘤胃扩张，亦称瘤胃阻塞，是羊最易发生的疾病，尤以舍饲情况下多见。老龄母羊较易发病。

（一）病因

采食大量饲草、枯老硬草，或吃了不熟悉的草料；长期舍饲、饮水不足、缺乏运动及忽然变换饲料；过量采食谷物饲料，导致机体酸中毒（参看瘤胃酸中毒）等，亦可视为病因。

（二）症状

一般是瘤胃充满而坚实，但症状表现程度根据病因与胃内容物分解毒物被吸收的多少而有不同。病羊精神委顿，食欲不振，严重时食欲废绝，四肢紧靠腹部，背部弓起，眼无神。间有腹痛症状，如用后蹄踢腹部、头向左后弯、卧下又起立等。病羊大多卧于右边，发出呻吟声。左腹胁部膨胀，瘤胃收缩力降低，触诊时或软或硬，有时如面团，用指压即出现一凹陷，因有痛感，所以羊常躲闪。便秘。体温正常，脉搏及呼吸次数因胀气程度而异。大多数羊反刍停止，步履蹒跚。亦可能发生轻度腹泻或顽固性便秘。

（三）防治

1. 预防　因本病主要是由饲养管理不当引起，所以预防主要应从饲养管理着手。避免给予大量不易消化的饲料，限量供应精饲料。

冬季由放牧转为舍饲时，应给予充足的饮水，最好是温水，尤其是饱食以后不要给大量冷水。

2. 治疗　治疗原则是消导下泻，止酵防腐，解除酸中毒，健胃，补充液体等。

（1）消导下泻，可用鱼石脂 1～3g、陈皮酊 20mL、石蜡油 100mL、人工盐 50g 或硫酸镁 50g，芳香醋 10mL，加水 500mL，一次灌服。

（2）解除酸中毒，可用 5％碳酸氢钠 100mL 静脉注射，或用 11.2％乳酸钠 30mL 静脉注射。为防止酸中毒继续恶化，可用 2％石灰乳洗胃。当有心脏衰弱时，可用 10％安钠咖 5mL 或 10％樟脑磺酸钠 4mL，静脉或肌内注射。

（3）呼吸系统和血液循环系统衰竭时，可用尼可刹米 2mL，肌内注射；必要时可用 10%葡萄糖注射液 200mL、10%氯化钠注射液 50mL，静脉注射。

（4）对种羊，若药物治疗无效，宜迅速切开瘤胃抢救。

十三、瘤胃酸中毒

瘤胃酸中毒系瘤胃积食的一种特殊类型，又称急性碳水化合物过食、谷物过食、乳酸酸中毒、消化性酸中毒、酸性消化不良以及过食豆谷综合征等，是因过食富含碳水化合物的谷物饲料，于瘤胃内发酵产生大量乳酸引起的急性乳酸中毒病。临床上以精神沉郁、瘤胃膨胀、脱水等为特征。

（一）病因

饲养人员为了提高产奶量而给奶绵羊饲喂过量的精饲料，或泌乳期精饲料喂量增速过快，羊不适应而发病。精饲料和谷物保管不当而被羊大量偷吃，霉败的玉米、豆类、小麦等不能被人食用时常给羊大量饲喂也能引起发病。育肥羊场开始以大量谷物日粮饲喂育肥羊，缺乏一个适应期，则常暴发本病。饲喂过量的青贮饲料也可发病。

（二）症状

羊一般在大量摄食谷物饲料后 4～8h 发病，发展速度很快。病羊精神沉郁，食欲和反刍废绝。触诊瘤胃胀软，体温正常或升高，心跳加快，眼球下陷，血液黏稠，尿量减少，腹泻或排粪很少，有的出现蹄叶炎而跛行。随着病情的发展，病羊极度痛苦、呻吟、卧地昏迷而死亡。急性病例常于 4～6h 内死亡。轻型病例可耐过，如病程延长亦多死亡。瘤胃内容物为粥状，呈酸性，恶臭。瘤胃黏膜脱落，出血区域变黑，皱胃黏膜出血。心肌扩张柔软。肝脏轻度淤血，质地稍脆，病程长者有坏死灶。

（三）防治

1. 预防 避免羊过食谷物饲料，增加精饲料的喂量时要缓慢进行，一般应给予 7～10d 的适应期。已过食谷物后可在食后 4～6h 内灌服土霉素 0.3～0.4g 或青霉素 50 万 IU，以抑制产酸菌，有一定的预防效果。

饲喂富含淀粉的谷物饲料，每天每头羊的饲喂量以不超过 1kg 为宜，并应分两次喂给。据试验，每天喂给玉米粉的量达 1.5kg 时，其发病率几乎达 100%。因此，控制喂量可防止本病的发生。此外，泌乳早期补加精饲料要逐渐增加，使之有一个适应过程。当阴雨天、农忙季节、粗饲料不足时要注意严格控制精饲料喂量。

2. 治疗 本病的治疗原则是：排出胃内容物，中和酸度，补充液体并结合其他对症疗法。若治疗及时、措施得力，则常可收到显著疗效。可用下述方法进行治疗。

（1）当瘤胃内容物很多且导致无法排出时，可采用瘤胃切开术。将内容物用石灰水（生石灰 500g，加水 5 000mL，充分搅拌，取上清液加 1～2 倍清水稀释后备用）冲洗、排出。术后用 5%葡萄糖生理盐水 1 000mL、5%碳酸氢钠 200mL、10%安钠咖 5mL，混合，一次静脉注射。补液量应根据脱水程度而定，必要时一天可数次补液。

（2）瘤胃冲洗疗法，比瘤胃切开术方便且疗效好，临床上常用。其方法是：用开口器开张口腔，再将胃管（内径1cm）经口腔插入胃内，排出瘤胃内容物，并用稀释后的石灰水1 000～2 000mL反复冲洗，直至胃液近中性为止，最后灌入稀释后的石灰水500～1 000mL，同时全身输注5‰碳酸氢钠溶液。

（3）为了控制和消除炎症，可注射抗生素，如青霉素、链霉素、四环素或庆大霉素等。对脱水严重、卧地不起者，排出胃内容物和用石灰水冲洗后，可根据病情变化随时采用对症疗法。

（4）对轻型病例，如病羊仍相当机敏、能行走、无共济失调、有饮欲、脱水轻微、瘤胃pH在5.5以上时，可投服氢氧化镁100g或稀释的石灰水1 000～2 000mL，适当补液。经过如此处理，病羊一般24h后开始吃食。

十四、鼻卡他（感冒）

鼻卡他就是平常所说的伤风或感冒，是呼吸道上部及附近各窦的炎症。此病发生时并无严重后果，但如粗心大意，不及时治疗可能引起喉头、气管和肺脏的严重并发症。

（一）病因

由于受凉，尤其是在天气湿冷和气候发生急剧变化时奶绵羊最易患病。奶绵羊在剪毛或药浴后，常因受凉而在短时间内发病。烟、灰尘（饲料、饲槽等）、热空气、霉菌、狐尾草及大麦芒等，均可刺激而引起鼻卡他。当患有鼻蝇蛆病时，常表现出鼻卡他的症状。此病也发生于长距离运输之后。

（二）临床症状

最明显的临床症状是鼻有分泌物，初为清液，以后变为黄色的黏稠鼻涕。病羊精神不振，食欲减退；常打喷嚏、擦鼻、摇头，发鼻呼吸音，体温稍有升高。羔羊常磨牙，大羊有鼾声。鼻黏膜潮红、肿胀，呼吸困难，常有咳嗽。大多数病羊都会并发结膜炎。疾病通常为急性，病程7～10d。如果变为慢性，则病程可大为延长。

（三）防治

1. 预防　最好的方法是防止羊受到冷湿空气的侵袭，其他参照病因进行预防。

2. 治疗

（1）隔离病羊，多给清水和青绿饲料，认真护理，可以避免继发喉炎及肺炎。

（2）解热。可用阿司匹林或氨基比林2～3g，一次内服；亦可肌内注射30%安乃近注射液或安痛定注射液2～3mL。在应用解热药后症状仍未减轻时，可配合应用抗生素或磺胺类药物，以防止继发感染。

（3）给鼻腔应用收敛消炎剂。先用1%～2%明矾水冲洗鼻腔，然后滴入滴鼻净或下列滴鼻液（1%麻黄素10mL、青霉素20万IU、0.25%普鲁卡因40mL）。

十五、异食癖

异食癖在长期舍饲的羊场较常见，也见于过度放牧地区和在干旱季节饲养的羊群。其症状是羊喜欢舔食墙土，吞食骨块、土块、瓦砾、木片、粪便、破布、煤渣等。现在对羊群健康影响最大的是啃骨症和食塑料薄膜症，下面主要以此二症为代表对异食癖加以介绍。

（一）病因

1. 饲料不足或营养缺乏或不平衡　不论是维生素、矿物质元素、蛋白质缺乏还是各种营养素不平衡，都会引起消化功能和代谢紊乱，致使味觉异常而发生异食癖。

过去人们认为羊啃骨症是一种磷缺乏症，但经过反复试验证明，羊体内不会缺磷。因为羊骨所占体重的百分比没有牛那么大，而在采食方面比牛的选择性强，以体重相比，羊比牛吃得多。因此，啃骨症乃是普遍营养不良的一种表现，尤其要考虑蛋白质和矿物质的不足或缺乏。

2. 其他慢性病所致　羊患慢性消化不良、软骨症时，也会表现异食行为。

（二）症状

1. 啃骨症　患啃骨症的羊食欲极差，身体消瘦，眼球下陷，被毛粗糙，精神不振。放牧时常有意寻找骨块或木片等异物吞食，被发现而夺取异物时羊会逃跑，不愿舍弃异物。时间长久，产奶量大为下降，病羊极度贫血，终至死亡。

2. 食塑料薄膜症　临床症状与食入塑料的量有密切关系。当食入量少时，无明显症状；如果食入量大，塑料薄膜容易在瘤胃中相互缠结，形成大的团块，发生阻塞。病羊离群孤处，低头弓腰，反复腹泻或连续腹泻，有时回顾腹部。随着病程的进一步发展，病羊食欲废绝，反刍停止，可视黏膜苍白，心跳增速，呼吸加快，显著消瘦衰竭，可达2～3个月。

（三）剖检

内脏呈白色或稍带浅红色，血液稀薄，前胃及皱胃可见到骨块或木片存在。瘤胃中有大小不等的塑料薄膜团块，详细检查可能找到发生阻塞的部位。

（四）防治

（1）改善饲养管理条件，给羊供给多样化的饲料，尤其要重视蛋白质和矿物质的供给量。加强放牧，在短期内即可以使其恢复正常。

（2）对于因吞食塑料薄膜引起的消化不良，可多次给予健胃药物，促使瘤胃蠕动，可能通过反刍让塑料返到口腔嚼碎；或应用盐类泻剂，促进排出塑料及长期滞留在胃肠道内腐败的有害物质。

如治疗无效，在羊机体状态允许的情况下，可以施行瘤胃切开术，取出积留的塑料团块。

第十章
奶绵羊养殖场规划设计与装备 ▶▶▶

　　我国奶畜养殖基本采用集约化饲养模式。不管是奶牛还是奶山羊，舍饲养殖、机器挤奶以及封闭管道挤奶成为我国养殖奶畜的必然要求。相比奶山羊，奶绵羊性情温驯，更适合规模化舍饲，发展规模化舍饲奶绵羊更符合我国国情。这就要求必须做好奶绵羊养殖场的规划和设计，并给予配套装备，使羊场在运营过程中符合奶绵羊对生产规范、环境条件、福利待遇以及生物安全等方面的要求。

第一节　奶绵羊养殖场选址和规划布局

　　理想的奶绵羊场场址应该能够在一定程度上满足下列要求：保证场区有较好的小气候，有利于场区及舍内环境控制；便于严格执行各项卫生防疫制度和措施；与奶绵羊场所采用的生产工艺流程相适应，便于合理组织生产；有利于提高设备的利用率和工作人员的劳动生产率。

一、选址的基本要求

　　选择场址是奶绵羊场场址建设的开始，理想的奶绵羊场场址需要具备以下几个条件。

（一）地势

　　1. 高燥　至少高出当地历史洪水线以上，地下水位应在 2m 以下，以避免洪水的威胁和减少因土壤毛细管水上升造成的地面潮湿。低洼、潮湿的场地不利于奶绵羊的体热调节，反而有利于病原微生物和寄生虫的生存，威胁奶绵羊的肢蹄健康，并严重影响建筑物的使用寿命。选址时应注意远离体内外寄生虫和蚊虻聚集的沼泽地。

　　2. 避风向阳　应避风向阳，以保持场区小气候温热状况能够相对稳定，减少冬春风雪的侵袭，特别是避开西北方向的山口和长形谷地。

　　3. 避免形成局部空气涡流　空气涡流会造成场区空气循环停滞，使场区空气污浊、潮湿、阴冷或闷热。在南方，如果将羊场建造在山区、谷地或山坳里，则粪污产生的污浊空气有时会长时间停留和笼罩在场区，造成空气污染。

　　4. 地面平坦而稍有坡度　地面尽可能平坦，但要稍有坡度，以便排水顺畅，防止积水和泥泞。地面坡度以 1%～3% 较为理想，最大不超过 25%。坡度过大，建筑施工不方便，也会因雨水常年冲刷而使场区地面坎坷不平。

（二）地形

地形应开阔整齐，较理想的是正方形和长方形，注意避免狭长形和多边角形。便于羊场建筑物与设施布局和组织生产，方便卫生防疫，提高土地利用率，节省建设投资。

场区面积要根据奶绵羊的饲养规模、生产工艺、土地价格等因素确定。此外，还应考虑为以后的发展留出余地。

场地应充分利用自然地形地物，如利用原有的林带树木、山岭、河川、沟谷等作为羊场场界的天然屏障。要尽可能把羊场设在较开阔地形的中央，以有利于环境防护和减少对周围环境的污染。

（三）水源

在生产过程中，奶绵羊饮水、饲料调制、羊舍和挤奶设备清洗、羊体洗刷、绿化植物灌溉等，都需要使用大量的水。因此，建立一座奶绵羊场必须有一个可靠的水源。奶绵羊场的水源应符合下列要求：

1. 水量充足　奶绵羊生产中对水的需求量非常大，因此，应保证水量充足，能够充分满足奶生产需要，并考虑防火和未来发展的需要。

2. 水质良好　水质要良好，不经处理即能符合饮用标准的水源最为理想。此外，在选择时要调查当地是否因水质不良出现过某些地方性疾病等情况。

3. 取用方便　地下水属封闭性水源，受污染的机会较少，故较洁净。深层地下水几乎不存在有机物污染的可能，水量、水质都比较稳定，因此是很好的水源，应作为奶绵羊场水源的首选。但地下水往往受化学成分的影响而含有某些矿物质成分，硬度一般较地面水大，有时会含某些矿物性毒物，引起地方性疾病。因此，当选用地下水时，应事先做水质检验。

4. 处理技术简便易行　由于地表水水质及水量受自然条件的影响较大，易受生活污水及工业废水的污染，以此为水源常常会引起疾病流行或慢性中毒。因此，如条件允许，应尽可能避免使用地表水。如果必须使用，则应尽量选用水量大的、流动的地面水作为水源，且供饮用和挤奶设备冲洗用的地表水应进行人工净化和消毒处理。

（四）土质

场地的土壤情况对奶绵羊的影响很大。土壤透气透水性、吸湿性、毛细管特征、抗压性以及土壤中的化学成分等，都可直接、间接影响场区的空气、水质和土壤的净化作用，最终影响奶绵羊的健康和生产状态。土壤中的化学成分可通过水和其他途径进入羊体，土壤中的某些元素缺乏或过多则会使奶绵羊发生某些微量元素缺乏或中毒。

适合用作奶绵羊场的土壤，应该具有透气透水性强、毛细管作用弱、吸湿性和导热性小、质地均匀、抗压性强的特点。

土壤分沙土、黏土和沙壤土三大类。从家畜环境卫生学角度来看，奶绵羊场的场地以沙壤土最为理想，沙土次之，黏土最不合适。沙壤土土质松软，透气、透水性良好，持水性小，毛细管作用弱，易于保持适当的干燥环境；自净力强，可防止病原菌、寄生虫虫卵、蚊蝇等的生存和繁殖；导热性小、热容量大，土温比较稳定，故对奶绵羊健康、卫生防疫、绿化种植等都比较适宜；抗压性较好，膨胀性小，也适于做羊舍建筑地基。在此种土地上建设羊场，雨水、尿液不易积聚，雨后没有硬结，有利于羊舍及运动场的清洁、干燥与卫生，有利于防止蹄病及其他疾病的发生。

（五）周边环境

一方面，奶绵羊场场址选择必须遵循社会公共卫生标准，使奶绵羊场不致成为周围环境的污染源。因此，绵羊场应处于村庄等居民区的下风向，距离在500m以上，远离公共水源。

另一方面，奶绵羊场场址也要符合兽医卫生和环境卫生的要求，有利于防疫，避免周围环境中有毒有害气体、水、噪声等对绵羊场可能构成的不利影响。因此，不能建设在居民点污水排出口、化工厂、制革厂等容易造成环境污染企业的下风处或附近，更不能建在畜禽养殖场（特别是牛场、鹿场等）、屠宰场、畜产品加工厂附近。距主要交通干道（公路、铁路）500m以上，以保证防疫安全。

选择场址时，还应考虑交通、供电和通信条件，以保证人员往来、原材料运进、产品运出、电力供应、通信畅通。在考虑这些因素时必须与建设投资相联系。

二、选址时应考虑的重点

（一）自然通风问题

通风是奶绵羊散放饲养中选址最重要的要求之一。尤其是在夏季，如果选址不当，炎热、潮湿的天气会严重影响奶绵羊的舒适和生产。另外，在选择场址时，应同时考虑绵羊场内各建筑物的规划布局，将选址与规划布局进行综合考虑。因为绵羊场的地理位置与场内建筑物的布局两种因素共同形成场区内的小气候，场址的某些不完善可通过适当的布局加以解决。应因地制宜、灵活处理，在保证奶绵羊场基本生产工艺的前提下，以尽可能最大限度地利用自然通风。

有时候羊舍所需自然风会被附近的一些障碍物所阻挡，如挤奶厅、地面青贮窖等，要尽可能避免这种情况。羊舍应该建造在没有围墙、无任何障碍物的地方，其地势应为整个场区的高点。这样既有利于自然通风，也有利于排水，保持羊舍和运动场的干燥。

但应该注意，羊舍始终敞开的一侧应避免直对冬季的凛冽寒风。因此，羊舍通常朝南或东的方向敞开。有时邻近的建筑物会使风产生偏转而进入羊舍，这样风就能旋转进入边墙敞开着的羊舍，从而形成贼风。防风墙和坚固的舍内隔离物有助于解决这些问题。

（二）环境问题

奶绵羊场在生产中会产生大量的污染源，包括粪便和污水，以及室外运动场和青贮窖产生的杂物、臭味、噪声等。这些污染源如处理不当，会对整个羊场及周边环境造成不良影响。

　　奶绵羊场运行中的另一个问题是排水。绵羊场需要排出的水有两种：一种是生产过程中产生的污水，此类水须经过适当的处理后才能排放；另一种是雨（雪）水，不需要处理，可直接排放。另外，还应当充分考虑粪污的收集、贮存、处理和运出系统是否方便，排水是否畅通。解决排污与排水问题的关键是奶绵羊场场址与周边环境之间的相对高程和场区内各建筑物之间的相对高程。因此，在选址和规划设计过程中必须对整个地形状况进行实际测量，对高程进行详细的核实。

（三）运输问题

　　选择奶绵羊场场址和考虑奶绵羊场建设布局时还应注意的一个问题是运输，包括绵羊场与外界的运输和场内运输两个方面。绵羊场与外界的运输主要是饲草、饲料的运进和产品（主要为绵羊奶）的运出，这主要与羊场的选址有关。场内运输主要是饲草、饲料由加工地点或仓库向羊舍的分配，此外还有羊群周转及泌乳羊每天来往于羊舍与挤奶厅之间的行走，这主要与场内的布局有关。泌乳羊每天来往于散放羊舍与挤奶厅之间的行走道路非常重要，关系到奶绵羊行走时的能量消耗和肢蹄健康，其原则是尽量缩短距离和方便奶绵羊行走。

（四）建设成本问题

　　奶绵羊场选址在一定程度上会影响羊场建设和运行成本。这主要涉及土地使用、场外场内运输道路、供电给排水以及排污方案、周边青粗饲料资源、工程土方量、各建（构）筑物的基础深度等一系列问题。这些问题在选择场址时就应给予一定的考虑，并做出大致预算。此外，还应考虑工程施工的难易程度及今后的发展，空间应留有余地。

（五）法律法规与政策方面的相关问题

　　奶绵羊场的建设涉及土地使用、卫生安全、环境保护、建筑设计、行业和地方发展规划等诸多法律法规与政策方面的问题。

　　在选址之前，应仔细查阅、研究所有可能与奶绵羊场建设有关的国家、行业、地方性法律法规等文件，以避免所选场址与之相悖；另外，还应与地方相关行政主管部门等取得联系，获取指导性意见，避免多走弯路。

三、羊场组成与典型布局

（一）羊场组成

散放饲养工艺奶绵羊场由以下建（构）筑物及设施组成：

1. 生产设施　包括泌乳羊舍、育成羊舍、断奶羔羊舍、哺乳羔羊舍、综合羊舍、运动场、挤奶厅、兽医室、配种室、挤奶走廊等。

2. 辅助生产设施　包括精饲料库、干草棚、青贮窖、饲料加工间、库房、机修间、锅炉房、水井与泵房、配电房（包括备用发电机房）、地磅房与仓库等。

3. 管理办公设施 包括门卫室、消毒更衣室、办公室、会议室、工作人员休息室、厕所、场区道路、围墙与大门等。

4. 粪污处理设施 包括粪污堆放场地、污水沉淀氧化塘等。

（二）羊场功能分区

场区按功能划分为既相对独立又有紧密联系的 4 个区，即管理办公区、辅助生产区、奶绵羊生产区和粪污处理区。各区内分别建设相应的各种设施，各区之间用围墙和绿化隔离带明确分开并建立相互联系的各种通道。

1. 管理办公区 管理办公区布置于场区的最前端，并设主干道与场外公路相连接，以便与外界联系。管理办公区应设相应的通道，与辅助生产区和生产区相连，以便于工作人员通行。为减少建设投资，该区建设规模不宜过大，够用就行。

2. 辅助生产区 辅助生产区可布置于管理办公区之后、奶绵羊生产区之前，也可布置于奶绵羊生产区的侧面。辅助生产区必须与奶绵羊生产区相连，因为这两个区在奶绵羊场日常运行期间发生的联系最多，其中最主要的是日粮运输。这样布局有利于缩短运输距离，降低生产成本。但此两个区之间最好能设围墙相互隔开，这样既有利于防疫，也可降低饲料加工等日常操作所产生的噪声对奶绵羊的不利影响，同时能防止奶绵羊误入辅助生产区。

辅助生产区必须有与外界相连的道路，以方便各种饲料原料的运进。

由于辅助生产区内的设施较多，因此必须重视区内各种设施的合理布局，如干草棚的防火问题、水井的防污染问题等。

辅助生产区与奶绵羊生产区之间必须设置良好的道路，设计隔墙门时应注意保证饲料运输车辆和设备能顺利通行。

青贮窖、干草库、精饲料库、精饲料加工间最好邻近建设，这样更方便制作 TMR 日粮。

日粮供应系统最好与泌乳羊舍靠近。因为泌乳羊在奶绵羊场中占比最高、采食量最大，这样布局可缩短日常管理中日粮运输的距离，降低饲养成本。

3. 奶绵羊生产区 奶绵羊生产区是羊场的主体，布置于辅助生产区的后面，其前面与辅助生产区相邻，后面与粪污处理区相接，相互间由围墙隔开，在入口处设车辆消毒池和人员消毒更衣室。奶绵羊生产区内中间设净道，用于饲料的运进；两边设污道，用于粪便的运出。各舍之间设便道，用于饲料的运进、粪便的运出及羊的调动。在泌乳羊舍与挤奶厅之间设挤奶走廊，用于泌乳羊在羊舍与挤奶厅之间来往。

奶绵羊生产区内各类设施的建设布局应与奶绵羊生产工艺流程相适应。一般综合羊舍与羔羊舍、干奶羊舍和泌乳羊舍相邻，羔羊舍与育成羊舍相邻，挤奶厅建在各泌乳羊舍中间，配种室和兽医室与挤奶厅和产房靠近。这样布局可方便各类羊转群及生产管理。生产区布局多为两列式，多呈 H 形，羊舍长轴一般为东西走向。

4. 粪污处理区 粪污处理区的主要功能是将场区的废弃物（羊的排泄物及生产、生活废水等）进行无害化处理和短期贮存。可建设有机肥加工厂或沼气发酵生产装置，以羊粪为原料生产特种有机复合肥或沼气。这样既保护了环境，又可创造经济效益。粪污处理区一般建在场区的最后面，以围墙与生产区隔开，并向厂区外单独开门，以便于经无害化处理的羊粪、废水和其他相关产品的直接运出。

（三）功能区的平面布局

奶绵羊场总体布局指 4 个功能区的平面布置。各功能区的平面布置应考虑奶绵羊场采用的生产工艺、各功能区的主要作用和各功能区之间的相互关系、所选场址的地形地势、当地的气候和周边环境等因素，以保证奶绵羊场有一个清洁、干净的生产环境，保证生产程序流畅，有利于提高奶绵羊的生产性能和原料奶的质量。

由于决定羊场选址的许多因素具有不确定性，因此只能根据各功能区的相互关系介绍几种可能的布局方案。至于其他因素对布局的影响只能介绍一些基本原则，读者可在实际工作中根据这些原则灵活运用。

1. 方案一　如图 10-1 所示，管理办公区、辅助生产区、奶绵羊生产区、粪污处理区按顺序从前到后依次排列。此种布局方案适合在羊场场址狭长的情况下使用。优点之一是管理办公区与奶绵羊生产区之间有一个辅助生产区作为过渡，更有利于防疫。因为管理办公区是外界人员来往比较频繁的区域，奶绵羊生产区与此靠近会增加防疫的困难。优点之二是管理办公区不易受到奶绵羊生产区的影响，如奶绵羊的叫声、粪

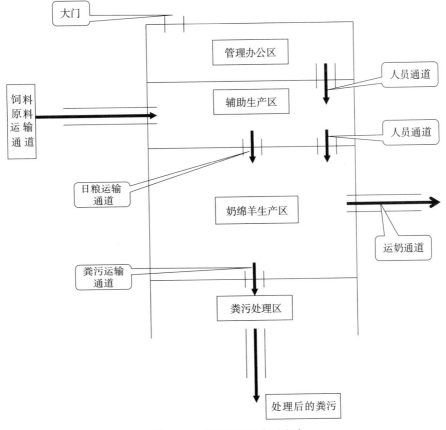

图 10-1　功能区平面布局方案

污的气味、蚊蝇的干扰等。另外，辅助生产区两侧开放，均可修建道路，方便饲料的运进。但此种布局也存在一定的缺点，如奶绵羊生产区的两侧均暴露于外界环境之下，加工好的日粮向奶绵羊生产区运输的路程较长，土地使用率可能偏低，整个建设费用可能稍高。

2. 方案二　如图 10-2 所示。在图 10-1 布局方案的基础上，将辅助生产区和粪污处理区分别布置于奶绵羊生产区的两个侧面。这种布局的优点是在辅助生产区加工后的日粮更容易向奶绵羊生产区运输。另外，奶绵羊生产区暴露于外界环境的部分更小一些，土地使用率更高，建场费用可能稍低。

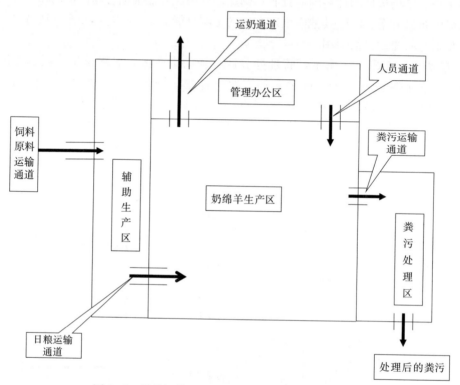

图 10-2　散放饲养工艺奶绵羊场功能区平面布局方案

在上述两种基本布局方案的基础上，可衍生出多种变化，在规划设计时应根据场址的实际情况而灵活运用。

（四）场区平面布局应注意的问题

（1）奶绵羊场周围设 2m 高围墙与外界隔离，围墙外设防疫林带及排水沟，形成独立的小区。

（2）管理办公区、辅助生产区、奶绵羊生产区、粪污处理区必须相互分开，中间设围墙和隔离林带。

（3）各功能区之间应设不同的门，以便人员和运输车辆的相互往来。用于人员通行和用于车辆通行的门应分别单独设置，此外还应考虑满足防疫的需要。

（4）生产区大门口设消毒池，人员入口设消毒池、洗手盆和紫外线消毒更衣室。

（5）为确保安全生产，建筑物布局设计必须按国家有关防火规范的要求合理布置，特别要注意各建筑物之间的防火距离和消防通道的设置。

（6）管理办公区和辅助生产区应在夏季主风向的上风头，粪污处理区应在夏季主风向的下风头。粪污清除和气流应沿新生羔羊、围产期奶绵羊、断奶羔羊、育成羊、泌乳羊、干乳羊方向移动。

（7）场区地势应中间高四周低，或沿夏季主风向单向倾斜，以便排水和防疫。

第二节　奶绵羊羊舍设计

一、设计与内部布局

散放饲养羊舍是能够满足泌乳羊对休息、采食、运动和饮水需要的场所，也可以用于饲养干奶羊和育成羊。散放饲养羊舍的主要作用与功能是使奶绵羊在采食和休息时免受风吹、日晒和雨淋，并要求一年四季都能为奶绵羊提供最适宜的通风，自由躺卧区能为奶绵羊提供清洁、干燥、舒适的休息场所，奶绵羊可以在任何时候都不受限制地随意起卧和活动。

自由躺卧区一般沿饲喂通道的两侧并行排列，一般采用漏粪地板模式、半漏粪地板模式、发酵床模式、平面养殖模式中的一种或者两种组合模式。躺卧区不仅能保证奶绵羊在散放饲养羊舍系统内安全、方便地活动，同时也是粪污处理系统的组成部分。

（一）漏粪地板模式

对漏缝地板的要求是耐腐蚀、不变形、表面平整、不光滑、导热性小、坚固耐用、漏粪效果好、易冲洗消毒。地板缝隙宽度必须适合各种月龄奶绵羊行走、站立时不卡羊蹄。漏粪地板主要有水泥混凝土板块，木条、工程塑料地板以及铸铁、复合地板等。优点是便于清理羊粪；缺点是一次性投资成本高，羊的舒适度差，易造成二次污染。适宜在南方高热潮湿、垫料缺乏的地区使用。

（二）发酵床模式

发酵床模式是在羊活动区域的地面铺上垫料，形成发酵羊床。一般有以下几种方式：一种是采用麦草、稻草、稻壳、木屑作为躺卧垫料。优点是提高了奶绵羊的福利，降低了劳动强度，通常每天每只羊需要垫料300～500g，每年只需清理粪便3～4次；缺点是垫料使用的成本太高。另一种是将发酵腐熟后的羊粪作为垫料铺设。优点是提高了奶绵羊的福利，降低了劳动强度和垫料投资成本，每年只需清理粪便3～4次；缺点是铺设时粉尘大。

（三）平面养殖模式

这种方式是在冬季采用垫料，其余季节采用干清粪模式。一般用砖或者混凝土作为硬化地面，在冬季铺设垫料，其他季节每天清扫。优点是减少垫料投资；缺点是羊的舒适度差，劳动强度大。

散放饲养时羊舍建设还要满足以下要求：方便经常疏松垫料层和适当补充新鲜、干燥的躺卧垫料；为奶绵羊自由活动、采食、饮水、休息和往复于挤奶厅提供足够的便利；自由躺卧区、采食区和饮水点必须相互匹配，保证奶绵羊各种行为有足够的空间和适当的行走距离；清粪和加垫料方便，并有利于良好的通风。

二、羊舍饲养单元

（一）组成

奶绵羊场羊舍内一般设置采食区、饮水区、自由躺卧区以及各种通道，这些单元组合在一起构成了散放饲养羊舍的基本饲养单元，每一单元可饲养一个生产羊群（图10-3）。

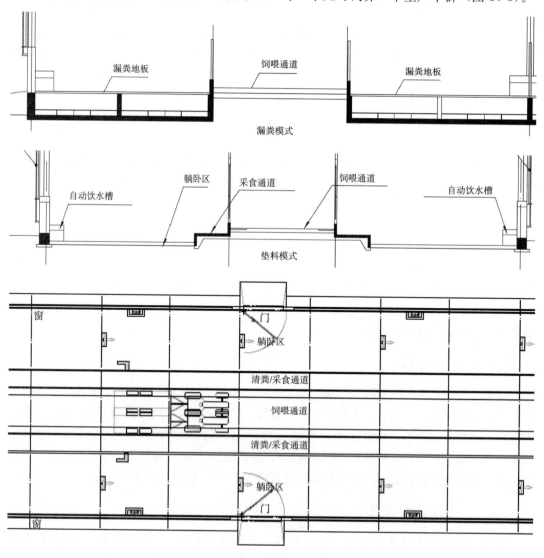

图 10-3　羊舍饲养单元

1. 采食区 一个设计完善的散放饲养羊舍应保证奶绵羊便捷地采食到饲料，饮到清洁、新鲜的水。饲料通常沿采食区位于稍高于采食区的饲喂通道平面上，奶绵羊与饲料之间被采食颈夹隔开，颈夹可由简单的立柱和夹片组成（图10-4）。固定间隔可避免羊采食时争抢，必要时可用自锁式颈夹来控制奶绵羊。

2. 饮水区 奶绵羊每天需要大量的饮水来维持其生理功能、调节体温以及泌乳。对饮水装置的要求是易于清洗，能够以适当的流量源源不断地供给清洁、新鲜的饮水，在饮水装置设计和维护中要充分考虑冬季因寒冷导致结冰时的影响因素。

一只泌乳羊的日饮水量为6～10kg，其他羊饮水量约为体重的5%。将供水管道深埋可达到使奶绵羊饮水达到夏凉冬暖的效果，并可防冻。在寒冷地区，冬季可使用自动加热装置对饮水器进行加热。

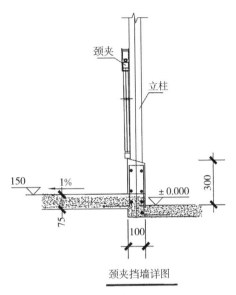

图10-4 采食颈夹结构图（1∶25mm）
（注：上图所标注的尺寸适于成年奶绵羊，
混凝土强度等级C25）

饲养数量超过30只的羊应至少配置2个饮水区，饮水装置周围应该留有足够的空间，以保证羊在饮水过程中不会阻挡连接通道。每只奶绵羊饮水时所占用的空间大小和采食时所占用的食位空间大小相同。饮水区通常设置在通道或者靠墙处，如果将饮水装置设置于饲槽上会减少羊的采食空间，并很容易弄脏，通常设在饲槽对面的墙上。

3. 躺卧区床面 采用发酵垫料躺卧的床面不做任何硬化处理，未经硬化处理的躺卧表面应去除石子等物体，防止此类物体嵌入羊蹄。在设计和管理躺卧区时应注意防止出现泥泞污浊的情况，以免污染奶绵羊体表。

4. 人员、奶绵羊的流动与机械作业 在自由躺卧饲养系统中，人员和奶绵羊应能方便自如地流动。往返于羊舍与挤奶厅之间的奶绵羊应不干扰同羊舍内其他饲养单元和其他羊舍的奶绵羊。在任何情况下，如果需要，布料与清粪设备应可同时运转。系统合理的布局应允许几种生产活动同时进行（如清粪或者铺设垫料和挤奶），且相互间不发生干扰。

5. 挤奶走廊 一名工作人员应该能够轻松自如地控制一个单元的羊群在羊场系统内流动，且不发生引起奶绵羊过度兴奋和失控等情况。从挤奶厅到羊舍之间、各不同羊舍之间以及羊舍到其他一些设施之间，凡羊需要去的地方走廊的设置均以简单为宜，应最大限度地减少转弯和改变方向的次数。可用门和栏杆引导奶绵羊通行。栏杆应结实、表面光滑，以减少工作人员和奶绵羊在通行时可能出现不畅或受伤害。位置合适、可靠、易操作的门和插锁可帮助引导羊群。人员通道可允许工作人员在奶绵羊走廊内外自由出入而无须开关通道上的门。

奶绵羊走廊宽度改变或走廊上其他区域变窄会导致羊群拥堵和混乱。饲养数量在150只以下的羊群，走廊宽度应为2～2.5m；大于150只的羊群，走廊宽度应为3～3.5m。所有奶绵羊走廊都应该是硬地表面、排水良好，且具防滑性能。

（二）布局

一个完整的羊舍系统有着各种各样的饲养单元布局形式。可以将各饲养单元首尾相连地布置在一条直线上，沿公共饲喂通道两侧相对平行排列；也可将各饲养单元前后布置，朝向一致（图 10-5）。带有平面饲槽的饲喂通道最具灵活性，由移动布料车或全混合日粮混合车进行布料。由于机械传输机和固定饲槽饲喂系统缺乏调整饲喂地点的灵活性以及成本问题，目前在牧场的使用并不是特别普遍。

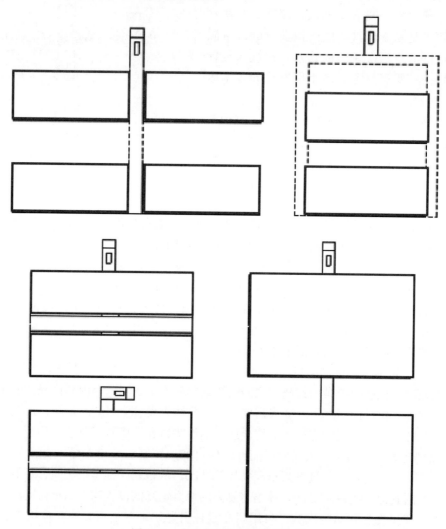

图 10-5 几种典型的饲养单元布局

在选择布局方案时，要充分考虑奶绵羊在羊舍和挤奶厅之间的往复流动、车辆布料与清理粪污方便与否。羊舍敞开面应保证一年四季均有良好的通风。地形、地势等也是在设计布局方案时需要考虑的重要因素。

由于饲养单元布局形式和羊场建设地点的气候各有不同，因此屋顶的建造需采用不同的方案。单一的饲养单元可使用单坡屋顶或"人"字形屋顶，并行排列在中央饲喂通道两侧的两列饲养单元可共同使用一个"人"字形屋顶；饲喂通道可以设置在羊舍之外，也可设置在羊舍之内。

三、材料选择

散放饲养羊舍可以是由简单的木制立柱、椽、檐、檩，甚至薄板梁组成的木结构；也可以是由钢柱和钢梁组成的钢结构；或者是坚固的钢框架屋顶支撑系统。国外大多数散放饲养羊舍采用木结构、金属屋顶和塑料卷帘侧墙的建筑方式。与地面接触的木头如立柱，应做防腐处理。用于处理羊舍建筑材料的化学品必须符合国家或部门有关标准的规定，符合环保要求，对奶绵羊的健康不构成任何潜在的威胁。柱和梁可以是坚固的整体，也可由一些小块拼装而成。制作屋顶面的金属薄板应有防腐特性，暴露于极具腐蚀性环境的羊舍内屋面最好采用铝制材料。

跨度小于 15m 的羊舍既可以采用单坡屋顶，也可采用"人"字形屋顶。跨度大于 18m 的羊舍必须采用"人"字形屋顶，以尽可能地降低整个建筑的高度。应采用深檩条或金属檩条，否则由于低坡度屋顶对气流的阻碍，在屋面易产生冷凝，导致整个羊舍快速老化。羊舍建造要尽量避免成为鸟类的栖息和筑巢之地。无论建筑结构方式如何，羊舍都必须满足奶绵羊身体和生理上的需要，并为工作人员工作和机械设备的正常运转提供方便。

四、照明系统

白天，散放饲养羊舍可以通过敞开的屋脊和侧墙从外部接收到大量的阳光照射，侧墙的单卷帘即使在关闭的情况下也可以为舍内提供采光。当夜幕降临或白天隔热卷帘关闭时，舍内需要人工照明。当进入羊舍的外部光线不能满足需要时，可考虑使有 3 个照度水平的舍内人工照明系统。

1. 低水平照度照明系统　所谓低水平照度是指所有时间均要求具备的最低照度，每平方米亮度要求 3～5cd，该照度能保证奶绵羊和工人安全地在羊舍内的任何位置行走。当自然光降低到低水平照度以下时，光电控制器将自动打开最低照度的灯。

2. 工作照度系统　该系统的光源设置于羊舍的某些必需部位，要求每平方米亮度为 7～20cd。当工人在羊舍内观察奶绵羊发情情况、驱赶奶绵羊走动或投料、维护躺卧区及清理粪污时，采用手动方式开启此照明系统。

3. 自然光照延长照明系统　研究显示，每天为奶绵羊提供 16～18h、每平方米亮度为 10～30cd 的光照，可使产奶量提高 5%～16%。因此，可用人工照明补充自然光照的不足来增加奶绵羊的产奶量。但在上述照明基础上继续增加光照而产奶量不再增加。所以，这种补充照明系统应采用时间继电器进行控制。在奶绵羊养殖中这种照明方式的使用并不普遍，因而如果考虑使用该照明系统，应想办法获得有关安装和维护的最新资讯。

照明灯具的选择主要依据其发光效率、使用寿命和价格，适用于室内停车库和室外停车场的灯具也非常适用于羊舍。常用高亮度放电灯具，高压钠灯是效率最高的灯具，但显色性较差。因此，在羊舍的某些特殊区域，如检查和治疗区，应采用高亮度的无影白炽灯。

五、电路布线

散放饲养羊舍的所有电路配线均应符合国家和行业有关标准。散放饲养羊舍属于潮湿建筑，应按潮湿建筑所要求的材料和方法进行配线。潮湿性建筑物内部湿度高，并存在具有腐蚀性的尘土和气体，这些物质会迅速腐蚀普通的电气设备。因此，对于潮湿性建筑内所使用的电器设备、线路等的原材料和安装方式均有特殊的要求，如抗腐蚀、防尘、防水等，最常用的材料是塑料。应选用具有防尘罩和带防尘、防水垫圈的灯具。

布线采用明敷设的方式，其敷设位置应避免被机械和奶绵羊所损坏。隐蔽敷设的线路容易受到啮齿动物的啃咬而损坏。开关、插座应该设置在安全、方便的位置。

奶绵羊的行为和生产性能可能会受到游离电压的影响。游离电压的电压值很低，小于10V，可以通过同时接触羊体上的两个点来测得。作为整个游离电压预防措施的一部分，常常在奶绵羊通道和其他混凝土区域作等电位联结，以形成等电位面。等电位面也应该和奶绵羊场的电系统适当连接。游离电压的预防措施还包括奶绵羊从受等电位面保护区到非保护区之间的适当过渡。

六、通风与保温隔热系统设计

通风的作用是为舍内补充新鲜空气，排出舍内的有毒有害气体、异味、水分、尘埃及微生物及清除奶绵羊产生的额外热量。通风具有两个方面的意义：其一为奶绵羊和工作人员提供良好的生活和工作环境，保证奶绵羊和工作人员的健康；其二为防止绵羊舍建构筑物（件）及其他设施设备腐蚀与老化，延长使用寿命。

奶绵羊自身不断地产生热量和湿气。当奶绵羊被限制在散放饲养羊舍中或遮阳棚下时，为了不断地对舍内温暖、潮湿的空气与外面凉爽、干燥的空气进行交换，必须依靠通风系统。不论舍外的气温和天气如何，这种空气交换要一直进行。即使是在寒冷、刮风和降雪的夜晚，为了保证奶绵羊的身体健康和降低舍内的湿度，也必须补充新鲜空气。在散放饲养羊舍的设计、建造和运行过程中，应当考虑全年都有良好的通风。

影响羊舍内空气清新的因素主要为羊舍的空间大小和空气进出羊舍的速度。

（一）通风形式

通风分自然通风和机械通风两种形式。

1. 自然通风 动力为风压或热压。自然通风实际上就是风压通风和热压通风同时进行，但风压的作用大于热压。要提高羊舍的自然通风效果，就要使二者的作用相加，同时还要注意羊舍跨度不宜过大、门窗及卷帘起闭自如、关闭严密，羊舍朝向、进排气口位置和舍内设施布置等要设计合理。

2. 机械通风 也叫强制通风，是依靠风机强制进行舍内外空气交换的通风方式，克服了自然通风受外界风速变化、舍内外温差等因素的限制，可依据不同气候、不同要求设计理想的通风量和舍内气流速度，尤其是对大型密闭式羊舍，可为其创造良好的环境。机械通风按舍内气压的变化可分为正压通风、负压通风、联合通风3种方式。

与机械通风相比，采用自然通风的羊舍设备投资小、运行成本低，但对羊舍内环境的控制能力差，对羊舍建筑的通风设计要求较高，一般用于对环境条件要求不高的开放式羊舍。

在大多数散放饲养羊舍中，一般采用自然通风系统。风扇并不常用，除非在特别炎热的天气下，为了增强奶绵羊上部的空气流动，才采用风扇。选择通风方式的决定因素是怎样做才对奶绵羊最为有利。散放饲养羊舍的主要用途是使奶绵羊及自由躺卧区和饲喂区免受寒风、雨、雪等的损害。由于散放饲养羊舍中没有暴露在外面的挤奶管线和输水管线，奶绵羊也不在舍中清洗和挤奶，因此，舍内温度不需要一直保持在冰点以上。

如果由于工作人员的原因，为保持舍内较高的温度而限制通风，则舍内的相对湿度就会达到高危状态。这种较高的湿度对奶绵羊的健康有害并会加速建筑物的老化。

散放饲养羊舍的通风系统可按舍内温度控制程度和所用绝热材料的多少进行分类。大多数散放饲养羊舍，在设计和建造时绝热层很薄，甚至不设绝热层。在冬季较长且气温很低的地区，建造羊舍时应适当设置绝热层。采用这种处理办法，即使在极端寒冷的气候下也能使舍内温度保持在适当的水平。保温隔热型羊舍的建造成本较高。

（二）非保温隔热或轻度保温隔热奶绵羊舍的通风

非保温隔热或轻度保温隔热的奶绵羊舍有时也称作"冷舍"，其特点是舍内温度随外界气温的变化而变化。这种奶绵羊舍仅在天凉或天冷时起避风、避雨和避雪的作用，在炎热季节起遮阳的作用。对屋面做低水平的隔热处理可减少辐射热，这对降低夏季奶绵羊热应激有积极的作用。

如果在寒冷的季节把羊舍关得太严，就会发生结露现象，对奶绵羊的健康不利。为了防止发生上述情况，必须使羊舍内外的温差保持在5～6℃的范围内。采用减少通风的办法来维持舍内较高的温度时，暖湿空气会在天花板、壁板等冷建筑构件上凝结。

1. 不同季节、不同气候条件下通风口的开启宽度 见图10-6。

（1）全年 采用连续开启羊舍屋脊通风口通风。通风口的开启宽度与建筑物的宽度之比为1∶60。例如，一栋30m跨度的羊舍，通风口的开启宽度应为500mm。

（2）非常寒冷的冬季 采用连续开启羊舍前后两边墙上部的通风口通风，开启宽度为屋脊通风口开启宽度的一半。例如，一栋30m跨度的羊舍，通风口的开启宽度为500mm，则两边墙上部通风口的总开启净宽为250mm。两边墙上部通风口开启的宽度之和与屋脊通风口的开启宽度相等。

（3）暖冬、春季和秋季 开启羊舍所有边墙和端墙上奶绵羊身高（约1m）以上部位的连续可调通风口进行通风。

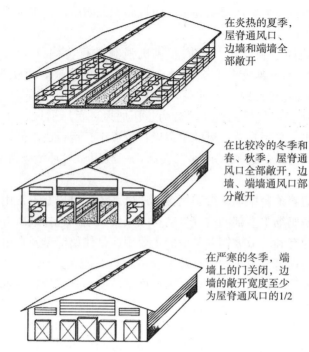

在炎热的夏季，屋脊通风口、边墙和端墙全部敞开

在比较冷的冬季和春、秋季，屋脊通风口全部敞开，边墙、端墙通风口部分敞开

在严寒的冬季，端墙上的门关闭，边墙的敞开宽度至少为屋脊通风口的1/2

图 10-6　不同季节、不同气候条件下通风口的开启宽度

（4）夏季　开启羊舍边墙和端墙上奶绵羊身高以下部位的附加通风口进行通风。当舍外温度高于27℃时，应将通风口最大限度地迎风开启，以将对奶绵羊的热应激降到最小。在夏季，羊舍的基本功能是遮阳和避雨，因此可将羊舍边墙和端墙上的通风口全部打开。

羊舍的边墙和山墙可以采用卷帘，也可以采用可拆卸的或铰接的面板、滑动门或铰接窗等。无论采用何种方式，都应综合考虑造价、使用方便程度和寿命及所能达到的最大开启能力等因素。经常调节的通风口应当能够方便、集中操作。季节性开启的通风口可用钉条固定，也可选用虽然不太方便但性价比高的其他方法进行固定。

2. 建筑结构　为了使奶绵羊达到最佳生产性能，对于非保温隔热或轻度保温隔热、自然通风型的散放饲养羊舍，应考虑如下有关建筑方面的建议。

（1）采用 1/3～1/2 的屋顶坡度，屋顶坡度过小会导致舍内沿屋面下的空气流动缓慢，使暖湿空气滞留在舍内冷屋面的下部。坡度过大不仅会增加建造成本，而且还会导致舍内屋面下气流过强。在寒冷的天气，这种高强度气流会使不新鲜的空气在羊体高度范围内扩散。

（2）采用连续敞开式屋脊，用外涂三层油漆、全渗透聚氨酯保护层或防水板对外露结构部分和屋脊开口处的屋架进行保护。檩条采用热镀锌。屋架每三到四年重刷一次油漆或保护层。对敞开屋脊下的屋架部分应考虑使用经压力防腐处理的材料。使用双层热镀锌的屋架板材。带有垂直主立柱的屋架不宜采用敞开式的屋脊。在屋架上方安装短片防水板可以防止雨水直接滴落到屋架部件上。千万不要用金属皮包裹屋架，这样会阻滞潮气释放而有碍干燥。

（3）避免使用屋脊顶盖，如果敞开式屋脊的尺寸恰到好处，当羊舍装满羊时，只有很少量的雨雪能够进入。虽然设计完美的屋脊顶盖能防止大部分的雨雪进入，但屋脊顶盖的造价很高。如果屋脊顶盖设计或安装不合适，将会阻碍气体流动，可能导致进入羊舍的雨雪增加（图10-7）。任何开启式屋脊的最重要功能是让气体毫无限制地由此从舍内流向舍外。

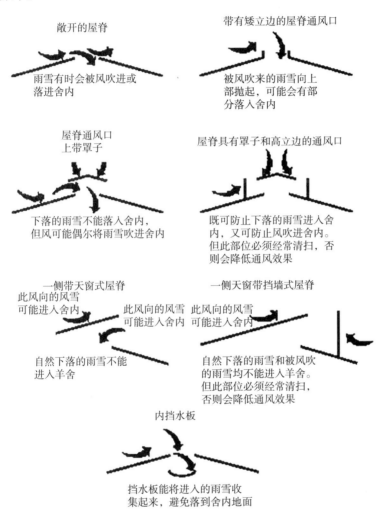

敞开的屋脊

雨雪有时会被风吹进或落进舍内

带有矮立边的屋脊通风口

被风吹来的雨雪向上部抛起，可能会有部分落入舍内

屋脊通风口上带罩子

下落的雨雪不能落入舍内，但风可能偶尔将雨雪吹进舍内

屋脊具有罩子和高立边的通风口

既可防止下落的雨雪进入舍内，又可防止风吹进舍内。但此部位必须经常清扫，否则会降低通风效果

一侧带天窗式屋脊
此风向的风雪可能进入舍内

自然下落的雨雪不能进入羊舍

一侧天窗带挡墙式屋脊
此风向的风雪可能进入舍内

自然下落的雨雪和被风吹的雨雪均不能进入羊舍。但此部位必须经常清扫，否则会降低通风效果

内挡水板

挡水板能将进入的雨雪收集起来，避免落到舍内地面

图 10-7　不同形式开启式屋脊的特性

（4）采用适当的边墙高度，高 3 600～4 200mm 较为适宜。在夏季，将边墙全部拆除是为了借助自然风来降低羊舍的温度。离地面越高，风速越大。如果羊舍在迎风方向上被建筑物、生长的农作物或其他障碍物遮挡，就要增加边墙的高度。但通常情况下，当边墙高度达到 4 800mm 以上后，再继续增加高度对空气质量的改善作用已不再明显增加。边墙高度和屋架底部拉索还必须能使有关的机械设备通行。

（5）使用防鸟保护装置，鸟类不仅会弄脏建筑部件、饲料和奶绵羊，而且也会通过啄食等损坏保温隔热层。用塑料鸟网可将鸟挡在羊舍构架之外。如果将防鸟屏障架设在敞开式屋脊的上方，则要增加 20％的开启宽度才能抵消由此对气流产生的阻力。

（6）边墙通风口在冬季的开启宽度应随气温的变化可调，在炎热的夏季，可完全敞开与羊身体等高的边墙应能完全拆卸。在寒冷的冬季，在边墙奶绵羊身高以上部位使用易调节的卷帘或成排的通风门对通风进行调节。

（7）端墙通风在多变的冬季气候条件下可调，而在炎热的夏季则可完全敞开，在端墙上使用卷帘门或卷帘有利于在炎热的夏季进行更大的通风。

（8）舍内屋顶板的绝热性应尽可能低。在炎热、晴朗的天气条件下，绝热性较低的舍内屋顶板有助于降低屋顶内表面的温度可使用防水、塑料质的保温材料，也可用 16～19mm 厚的木板上铺油毡作屋面的材料。

（9）屋顶或屋檐至少要悬出 900mm。当边墙敞开时，悬出的屋顶或屋檐能够使雨雪和日照所引起的问题降到最小。另外，悬出的屋檐还能对卷帘起保护作用，使滑落的积雪远离羊舍。

3. 可自动控温的保温隔热式奶绵羊舍的通风　与无保温隔热层的羊舍相比，在墙壁和天花板或屋顶上适当加装保温隔热层的散放饲养羊舍可以将舍内温度控制得高一些。在特别寒冷的条件下，这类羊舍通常能将舍内温度保持在高于舍外温度 16～22℃的范围内，且能使舍内的空气环境始终处于对奶绵羊健康有利的情况下。当舍外温度降到低于−18℃时，舍内温度将低于冰点。用关闭通风口的方法将舍内温度维持在冰点以上，将会使舍内的环境恶化，对奶绵羊的健康有害。如果在舍内温度升高后不打开侧墙卷帘，将会使舍内环境质量下降，空气潮湿且发臭。

为使奶绵羊感到舒适，通风口的开启程度应能随温度的变化而自动调节。将自动控制器的温度设定在超过舍内温度 4.5℃时，卷帘能够打开至少 1 200mm 的位置。为确保能始终进行最低限度的连续气体交换，决不能将边墙的通风口完全关闭。可以通过控制边墙通风口的开启程度进行通风，也可以通过边墙通风口和屋顶风帽的联合作用来实现通风，或者通过边墙通风口和屋脊通风口的共同作用来实现通风。

如果使用保温隔热性很差的单层卷帘，在非常寒冷的情况下卷帘内侧就会结露和结霜。保温隔热卷帘能够保持稍大一些的舍内外温度差。由于保温隔热卷帘是多层的，几乎不透光，因此当卷帘接近完全关闭时羊舍内会比较暗。应注意，啮齿动物和一些有害鸟类常会将卷帘开启所形成的折叠空间作为筑巢的场所。

七、饲喂系统设计

（一）干草棚的设计

确定干草棚建设规模的主要依据是羊场饲养量，根据各类羊群的存栏数和日干草采食量确定全场的日消耗量和月、年消耗量。就我国目前的情况看，干草每年只能采购一次，因而干草棚的容积必须达到能够贮存全年消耗量的水平，有时甚至更高，因为干草市场存在年度供应的不均衡性。

干草棚四周可无墙，周围可用帘子进行保护，也可以不采用任何保护措施。为了节约占地和建设成本，干草棚可建得高一些，以减小建筑面积。干草棚设计与建造需要重点考虑的是防火，其次是防水和防潮。要求不能距办公区和道路及围墙太近，距离配电房要远一些，草棚上方和附近不能有供电线路通过。留足防火空间与通道，有充足的消防用水源，建设可靠的消防配套设施。

（二）饲料加工间及精饲料库的设计

饲料加工间的主要功能是将精饲料原料进行必要的粉碎，然后按配方进行混合。精饲料加工间应建在精饲料库附近，最好与之相连。由于精饲料加工（特别是粉碎）会产生粉尘和噪声，因此在规划建设位置时应尽量远离羊场管理办公区和奶绵羊生产区。

饲料加工间的建设方案主要根据所选的饲料加工设备来定，与饲料加工间建筑要求的有关资料可从饲料加工机械供应商处获得。在设计饲料加工间时应特别注意的问题是降噪、除尘和安装安全防护设施。电力供应也是必须要考虑的重要内容。

饲料加工机械有成套设备和单件设备组合配套两种形式，应根据实际情况灵活选择。首先根据奶绵羊场饲养规模确定日加工量，再根据日工作时间确定每小时加工量，以此确定加工机械的加工能力。其次根据羊场常规精饲料原料的种类和特性及精饲料混合料的加工要求确定对饲料加工机械性能等方面的要求。

选择饲料加工机械时应综合考虑设备性能、价格、能耗等多方面的因素。

（三）青贮窖的设计

确定青贮窖建设规模的依据和方法与干草棚相似，但应注意，有些地区青贮制作为一年一季，有些地区为一年两季，应根据实际情况灵活掌握。

青贮窖最好建在地上。地上青贮窖有许多好处，如便于取用，可避免地下水和雨水流入，自身所渗出的液体也不容易在下部集聚，可大大减少青贮损失，并方便检查青贮窖内部的情况。从青贮窖的建设成本来看，地上青贮窖并不比地下青贮窖的高，可能更容易建设，如不用挖掘大量的土，还不会积水等，连排建设时更容易管理，占地面积小，可节省建设成本。

设计、建造青贮窖时应该特别注意道路的问题。因为青贮的量很大，制作的时间比较集中，在制作青贮的季节会有大量运输原料的车辆往来，因而青贮窖应建在辅助生产区靠近场区外边缘的位置，同时应设立车辆进出方便的门和通道。如果青贮原料不是由青贮收割机收获，则在青贮窖边还应留出铡切青贮原料操作所需的空间。

（四）全混合日粮饲喂系统

大型奶绵羊牧场最好采用TMR饲喂系统。TMR饲养技术在配套技术措施和性能优良的TMR机械的基础上，能够保证奶绵羊采食的每一口日粮都是精粗比例稳定、营养浓度一致的全价日粮。

根据奶绵羊营养需要设计日粮配方，在全混合日粮搅拌设备中按照干草、青贮饲料、农副产品和精饲料的顺序，依次填装入搅拌设备中。各种组分总的装填量以占搅拌设备容积的60%～75%为宜。填装量过少，会造成搅拌设备负荷的浪费，不利于节能；填装量过多，会造成搅拌设备超负荷运转，不仅不利于日粮混合，而且容易损坏设备或影响设备的使用年限。

应根据奶绵羊舍的高度、门的高度、喂料道的宽窄，以及奶绵羊的养殖数量、羊群结构、饲料喂量、饲喂次数等合理选择全混合日粮搅拌和饲喂设备（TMR 机）。目前，TMR 搅拌机类型多样，功能各异。按搅拌方向可分立式和卧式 2 种，按移动方式可分为自走式、牵引式和固定式 3 种。

1. 固定式＋撒料车模式　主要适用于小规模养殖小区和散养户，羊舍跨度和饲喂通道宽度不适合 TMR 设备移动上料。

2. 移动式　多用于新建场或适合 TMR 设备移动的已建奶绵羊场。

3. 中央厨房＋撒料车模式　主要适用于大型新建奶绵羊场或适合 TMR 设备移动的已建大型奶绵羊场。

4. 搅拌站＋皮带机喂料模式　主要适用于大型新建奶绵羊场或适合 TMR 设备移动的已建大型奶绵羊场，优点是节省人工和羊舍建筑面积。

5. 机器人自动饲喂模式　主要适用于新建奶绵羊场或适合 TMR 设备自动移动的已建奶绵羊场。

6. 选择适宜的容积

（1）容积计算的原则　选择尺寸合适的 TMR 混合机时，主要考虑奶绵羊干物质采食量、分群方式、群体大小、日粮组成和容重等，以满足最大分群日粮需求，兼顾较小分群日粮供应。同时，考虑将来奶绵羊场的发展规模及设备的耗用，包括节能性能、维修费用和使用寿命等因素。

（2）正确区分最大容积和有效混合容积　容积适宜的 TMR 搅拌机，既能完成饲料配制任务，又能减少动力消耗，节约成本。TMR 混合机通常标有最大容积和有效混合容积，前者表示混合机内最多可以容纳的饲料体积，后者表示达到最佳混合效果所能添加的饲料体积。有效混合容积为最大容积的 70%～80%。

八、挤奶系统设计

（一）挤奶系统简述

1. 挤奶厅的构成以及布局　挤奶厅是散放饲养奶绵羊场的重要设施，包括如下几个基本的组成部分（图 10-8）：

待挤区——奶绵羊进入挤奶区前在此区等待。

挤奶操作台——奶绵羊做挤奶准备和进行挤奶的场所。

贮奶间——绵羊奶在此冷藏，挤奶设备在此消毒。

设备间——为挤奶和冷藏绵羊奶提供电力、冷源、真空动力的机械设备贮存区。

贮存室——存放挤奶设备零配件和对挤奶设备、贮奶容器进行清洗、消毒所用化学药品的仓库。

此外，挤奶厅还应设置办公室、特殊奶绵羊护理区、工人休息及与生产和管理相关的其他必要设施的存放区。

2. 挤奶设备的配置　挤奶设备选型主要考虑两个因素：其一为饲养规模，即需要挤奶的泌乳羊的数量；其二为投资，包括实际绝对投资和每只羊或每千克奶的相对投资。好

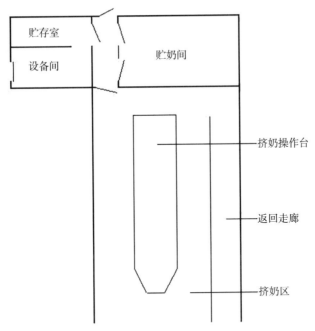

图 10-8 挤奶厅平面布局图

贮存室

设备间

贮奶间

挤奶操作台

返回走廊

挤奶区

的挤奶设备价格高，但性能好、效率高，有利于奶绵羊乳房的保健，羊奶的质量也好。挤奶机的基本要求：①挤奶器的乳嘴橡皮应有足够的弹性和合适的尺寸，以适应母羊不同大小的乳头；②为防止影响乳房健康的因素出现和正常排乳，挤奶器不应对泌乳羊有任何有害的刺激；③机器挤奶的工作原理应尽可能模仿羔羊自然吸奶的动作。机器挤奶不仅要充分挤尽乳房中的羊奶，而且还应刺激母羊排乳，以保证泌乳羊在挤奶过程中处于明显的排乳状态。

　　根据需要挤奶的泌乳羊数量选择挤奶设备的栏位数。如一个有 500 只泌乳羊的羊场，成年母羊产羔间隔 300d，干奶期 60d，在围产后期（在产房内）15d，那么平均每天需要在挤奶厅挤奶的羊为 400 只。假定每天挤奶 2 次，每次挤奶在 3.5h 内完成，其中 3h 为实际挤奶时间，0.5h 是机械准备和挤奶后清洗时间。每只奶绵羊挤奶需要 10min（包括实际挤奶、清洗乳房、进出挤奶栏位等时间），3h 可操作 18 批次，每批次需要挤奶 22.33 只，即挤奶设备要有 22 个栏位。

　　此外，要考虑设备的故障发生率。因为挤奶操作是每天必做的事，所以每天的挤奶时间也不能有大的改变。如果因挤奶设备的原因导致不能按日常工作日程进行挤奶，将导致羊场工作混乱，引起严重后果。因而挤奶设备的故障发生率必须非常低，必要时应有备选方案。

　　在考虑挤奶设备采购价格的同时，还要考虑设备的运行成本问题，包括零配件和易损件的价格、寿命、保养费用、清洗费用、人工需要量、挤奶速度、功率消耗等。

　　3. 待挤区的设计　根据挤奶设备的栏位数（每批次挤奶的奶绵羊数）设计待挤区的面积，约每平方米 3 只羊。待挤区应有一定的坡度，坡向为待挤区入口低、挤奶厅入口高，这样方便对待挤区进行清洁，避免雨水和冲洗用水向挤奶厅倒灌，同时可引导奶绵羊面向挤奶厅的入口。挤奶厅入口处应无拐角。往复于挤奶厅的奶绵羊单走廊宽度为 0.4～0.5m，但不能过宽，以防止奶绵羊在途中转身。

在挤奶厅旁边应建有用于奶绵羊剪毛、修蹄、分群、试情、配种及妊娠检查等管理的处置区，并与挤奶厅相连。在该区域每 100 只泌乳羊设 3m×4m 的检查栏 1～2 个，其作用是当挤奶完成后将需要处置的羊从羊群中分离出来在此进行处置。一般要有保定装置，目的是将奶绵羊限制起来，便于操作。

4. 挤奶厅的位置　挤奶厅应建在数栋泌乳羊舍的中间，以各羊舍的泌乳羊往返于挤奶厅的距离最短为最佳位置。配种室、兽医室与产房应建在挤奶厅附近，并合理安排与挤奶厅之间的奶绵羊走廊。

5. 机器挤奶的步骤　机器挤奶是提高效率的好方法，可缩减劳动量 75%，同时提高了羊奶的清洁程度。机器挤奶可分为挤奶设备消毒、泌乳羊挤奶前准备、挤奶、清洗挤奶设备几个步骤。

（二）机器挤奶机分类

根据不同奶绵羊饲养方法和机器挤奶的组织方式，可选择挤奶间厅式挤奶装置、移动式挤奶装置、提桶式挤奶装置。

1. 挤奶间厅式挤奶装置　这是一种机械化挤奶方式所需的设备。在一个建筑物内，设定同等大小的挤奶规模，将泌乳羊群集中在一个或多个挤奶台上进行挤奶。奶厅大小根据羊群大小和饲养管理方式来确定，分鱼骨式挤奶厅、转盘式挤奶厅、并列式挤奶厅。挤奶厅挤奶作业降低了劳动强度，提高了工作效率，保证奶绵羊在卫生、舒适的环境下挤奶，可提高羊奶的卫生标准和生产率，改善工人的作业条件。挤奶厅还可分为电子计量奶厅和瓶式计量奶厅。

（1）电子计量奶厅　适用于现代化规模羊场。其性能及优点是自动计量、脱落，电子显示多种功能，能全自动清洗消毒。

（2）瓶式计量奶厅　适用于规模饲养、分户计算奶量的饲养形式。其性能及优点是用计量瓶计量，能自动清洗，简便、直观、实用、可靠，为经济实用型配置。

2. 移动式挤奶车　该设备适用于小型奶绵羊场和个体散养户。单桶型 1 次挤 1 只羊，双桶型 1 次可同时挤 2 只羊，每只羊挤奶时间为 5～8min。单桶型适合于 15 只以下的产奶羊群使用，双桶型适合于 20～30 头的奶绵羊群。这种挤奶车集真空泵、奶杯组、储奶桶于一车之上，具有可移动、经济、方便等优点，缺点是奶的卫生指标低。

九、粪污处理系统设计

随着奶绵羊场饲养规模的扩大、集约化程度的提高，粪污处理的难度也不断加大。如何设计一个奶绵羊场的粪污处理系统，既能实现劳动高效、经济合理，又可满足环境保护的要求，为奶绵羊及工人提供一个清洁的环境，已成为奶绵羊场设计和建设者的巨大挑战。粪污如果处理不好，就会成为羊场和周边环境的污染源；如果处理得当，则会成为一种资源，增加羊场的经营收入。

（一）奶绵羊场粪污处理方式

奶绵羊场的粪污处理系统包括两个主要部分，其一是羊场内（主要为羊舍、运动场和挤奶走廊及挤奶厅）粪污及废水收集，该部分设计、建造得合理与否将严重影响舍内外环境，进而影响奶绵羊的健康和羊奶的质量；其二是对收集起来的粪污及废水进行处理，这部分主要关系到是否污染周边环境和粪污资源的增值利用问题。

奶绵羊的粪便积存在躺卧区、采食区、待挤区、挤奶厅、产栏内、治疗处置区以及运动场上，废水来源于挤奶厅、羊舍以及各种通道冲洗用水。散放饲养发酵床羊舍的粪便和垫料混合在一起处理，在大多数情况下，最终以肥料的形式还田利用。

在进行资源化利用之前，粪便和废水都贮存在粪尿池、坑、塘或经半硬化处理的存放区。粪便和废水还可以采取固液分离、厌氧发酵产生沼气，或与干碳物质混合堆肥等方法进行处理。羊粪经过这些处理可部分或全部被重新用作卧床的垫料，或运出羊场作为改良土壤的物质。

（二）粪污收集及输送系统

奶绵羊养殖场粪污收集方法有人工和机械两种方式。

1. 人工收集方式　人工收集方式主要通过人的劳动，借助简单的运输设备（手推车、小型拖拉机等），将场内的羊粪收集起来直接运至堆粪场。采用该种清粪方式基本上无额外投资，但运行成本较高，工人的劳动强度高且工作条件差。因此，该清粪方式在发达国家早已不再使用。但在我国，这种清粪方式仍为目前所采用的主要工艺。就是在今后一段时间内，特别是对于一些中小型奶绵羊养殖场来说仍有一定的应用价值。人工清粪的特点是羊舍设计与建造简单，投资少，工作灵活，能够最大限度地保证羊场的环境卫生条件和羊体清洁，特别是采用发酵床养殖模式养羊时，使后续的处理工艺变得简单、成本降低。该种消费方式主要适用于中小型奶绵羊场，不适合大型奶绵羊场。

2. 机械收集方式　指采用各种不同的机械清除羊舍内外的粪污，主要是使用各种类型的刮粪板和粪铲等。这类清粪方式的优点是效率高，改善了工人的工作条件，降低了劳动强度，减少了人工成本。其缺点是设备结构较复杂，建设投资较大，设备维护费用较高。从清粪效果来看，机械清粪不如人工清粪灵活，羊舍卫生和羊体清洁程度也不如人工清粪好，也不利于粪污的固液分离，更适合大型奶绵羊场和采用漏粪地板的奶绵羊场使用。

为了便于机械清粪，采用漏粪地板羊舍其饲养单元通道通常都设计为直的且相互并行。对羊舍内饲养单元、待挤区、挤奶走廊和舍外运动场等其他粪尿产生区域的布局与设计要充分考虑能高效地收集粪便，粪便通常能被转移到堆粪场、粪坑、集粪池、交汇集粪沟或直接运走。

（1）拖拉机推进的刮粪板　拖拉机推进的钢制（或橡胶制）刮粪板或铲斗是用来清除散放式发酵卧床羊舍粪便的主要方式。该系统对操作者的要求较高，操作者粗心大意时很容易伤害到羊，损坏建筑物和设备。钢制刮粪板加上一定的重压能够清除大部分已经冻结的粪便。用硬橡胶或大轮胎断片制成铲刃的刮粪板，可减少对混凝土地面的摩擦作用，且能更好地清除采食区及清粪通道上的液态粪尿。为了操作方便，避免可能对奶绵羊造成伤害，发酵床羊舍粪污清除大都选择在羊只采食结束到自由卧床区或者被赶去挤奶时进行。

（2）机械式通道刮粪板　机械式通道刮粪板是由钢索、链条或金属杆牵引的、沿通道低速运动的低矮的刮板，刮粪板频繁工作可使通道保持清洁和干燥，电力驱动装置能使刮粪板沿通道做往复运动。刮粪板的电力驱动装置可以由手工控制，也可以连续运转，还可以由定时器控制。牵引用的链条、钢索或者金属杆可以放置在通道地面上或者地面混凝土沟槽里。粪便被刮粪板拖到羊舍的一端或中间，通过一个狭缝进入转运沟或集粪池。

（3）漏缝地板　漏缝地板使粪便透过躺卧区上的狭缝或长方形孔持续坠落到地下。在地面以下采用机械式刮粪板刮粪，粪便被收集到一个集粪池中。漏缝地板给奶绵羊提供了一个干燥的躺卧区。但在冬季严重结冰的情况下，漏缝地板系统不能正常工作，且滞留在漏缝地板下的粪便不仅会产生气体和异味，还会使羊舍内的湿度升高。为了将由此产生的气体和异味快速散走，要考虑在操作过程中打开所有的通风口。

（三）粪污处理系统

奶绵羊场污染物包括固态和液态两类。固态污染物主要是粪便和垫料的混合物，液态污染物主要是挤奶厅的清洗污水。采用漏粪地板的羊舍中，固态污染物主要是羊粪，液态污染物主要是尿液和清洗水槽的污水。在进行废弃物处理之前，必须采用相应的办法将固液粪污分开，单独进行处理。因为此两类粪污的污染程度不一、性质不同，如果将二者放在一起发酵处理，不但基建投资和运行费用很高，发酵条件也很难掌握。

1. 污水处理方法

（1）沉淀分离　采用适当方法（沉井或沉淀池），将液态粪污（污水）中的固态物质分离出来，与固态粪污一起按固态粪污处理方法进行处理。

（2）直接利用或经生物氧化后利用　当羊场周围有大量农田时，可将经沉淀后的清水直接用于农田灌溉；如果羊场周围无大量农田，可将经沉淀后的清水放入天然或人工修建的池塘（氧化塘）进行处理。在氧化塘内，污水中的有机污染物通过水中微生物的代谢活动而被降解，溶解氧则由塘中生长的藻类通过光合作用和塘面的溶氧作用提供，亦可通过人工曝气法提供。氧化塘对污水的净化过程和天然水体的自净过程相似，主要作用是降低水体中的有机污染物，提高溶解氧的含量，并适当去除水中的氮和磷，减轻水体富营养化的程度。污水在氧化塘内停留时间的长短依氧化塘的自净能力而定。此种处理方式简单实用，成本很低，但需要占用一定的面积。

2. 固体粪污的处理方法

（1）自然堆积干燥熟化　将羊场清除的固体粪污在专门的地点堆积，利用温、热、光等的作用而自然发酵，利用发酵所产生的热量杀灭其中的病原微生物和部分杂草种子，腐熟干燥，然后作为肥料应用于农田或草地。此种处理方法简单、成本低，但需要堆放的时间较长，故对于大型羊场来说需要大面积的场地。另外，在堆放过程中，粪污中的养分可能会随雨后地面径流而流失，氮的挥发严重，可造成环境污染，还会产生臭气和滋生蚊蝇等问题。将羊场清除的固态粪污直接运至农田附近分散堆放处理是一个值得考虑的较好解决途径。

（2）人工干燥熟化　搭建塑料大棚、修建晾晒地面、用人工或机械翻动等，可大大加快粪污的干燥过程，缩短干燥时间，同时可防止雨水冲刷等情况发生。如果在晾晒前对粪污进行初步的脱水处理，如在粪污中加入一些有助于吸水、透气的物质，可进一步加快干燥过程。在处理后的粪污中加入一些养分平衡物质，然后进行粉碎，可制成各种专用有机肥产品。这样做不但解决了羊粪的处理问题，还大大提高了羊粪的价值，获得较好的经济效益。此法目前较适合我国采用。

（3）高温快速干燥　即采用煤、重油或电等产生的热量对粪污进行人工干燥。这种干燥方法需用干燥机，我国目前大多使用回转滚筒式干燥机，经过滚筒干燥，在短时间内（数十秒钟）受到 $500\sim550℃$ 或更高温的作用，能使粪中的水分降低到 18% 以下。高温快速干燥的优点是不受天气影响，能大批量生产，干燥快速，可同时达到去臭、灭菌、除杂草等效果。其缺点是一次性投资较大，煤、电等能耗大，处理温度较高使肥效变差。加上处理产物成本较高、处理产物销路难等问题，因此该项技术的应用受到了严重挑战。

（四）　粪污贮存

粪污在处理之前和处理之后都存在一个贮存的问题。固态粪污自然堆放发酵处理过程实际上也就是贮存的过程。因此，任何散放饲养羊舍系统都应该有短期的或长期的粪污贮存地点。粪污可在羊场专门建造的贮存地点或散布于农田附近存放数月之久。短期内粪污可贮存于经过硬化处理的地面（四周有简单的墙），也可贮存于小型贮粪池中。粪污可被直接转运到离羊舍较近的贮存地点，或通过地下管道泵至散布于农田附近的贮存地点，也可用卡车运送到远处的贮存地点，或直接撒到农田里。天气、设备、劳动力成本问题有时候使羊场粪污的转运工作变得十分困难，选择、设计和管理一套粪污贮存和处理系统需要许多资金的投入。

（五）　粪污处理方案的设计原则

粪污处理的主要目的是及时、干净地将粪污清除出羊舍及运动场，以保证奶绵羊有良好的生活环境，经过无害化处理达到最低排放标准，避免对周围环境造成污染。

虽然奶绵羊场的粪污中含有大量的可利用成分，但总的来说其利用价值不高，如果采用不切合实际的复杂处理工艺，即使能发挥其大部分的潜在利用价值，往往也会由于其过高的处理费用而得不偿失。因此，奶绵羊场粪污处理系统的设计应以简单、实用为原则，决不能采用处理工业污水的方式处理羊场污水。同时，综合考虑奶绵羊场所在地的气候和周边条件、需要达到的环保要求、建设和设备投资成本、运行成本、产品销路和价格等各方面因素，制定出在环保上符合规定、在工程和技术上切实可行、在经济上合算的最佳粪污处理方案。

十、奶绵羊场公用工程

（一）　道路工程

场区道路分为三类，即供车辆通行的干道、供人员通行的便道和供奶绵羊通行的走廊。

场区各种道路的设计以简单实用为原则。道路安排应尽量缩短车辆、人员和奶绵羊的行程，尽量减少不同道路之间的交叉和转弯的次数，不能有大的坡度，各种道路的宽度应以通行畅通为宜。

场区道路均应做成硬路面，要坚固耐用。奶绵羊走廊的路面应注意防滑，最好能做特殊处理，既有摩擦力，又能防止羊蹄被过度磨损。

（二）给排水工程

1. 给水工程 奶绵羊场的给水系统由取水、净水、输配水三部分组成，包括水源、水处理设施与设备、输水管道和配水管道。

奶绵羊场的用水量包括生活用水、生产用水及消防和灌溉等其他用水。由于奶绵羊场不推荐建设生活设施，因而生活用水仅为办公区用水，用量很少。生产用水主要包括奶绵羊饮水和躯体洗刷用水，挤奶系统和其他设备洗刷用水，羊舍、挤奶厅等地面冲洗用水。奶绵羊的饮水量一般比较固定，可根据奶绵羊存栏数进行估算。消防用水按有关规定配置。灌溉用水根据绿化面积、绿化种类和当地降水与自然蒸发情况确定。

奶绵羊饮水与挤奶设备洗刷用水的水质按相应的国家或行业标准执行，地面冲洗用水可低于饮用水标准，但必须注意防疫问题。

奶绵羊场供水水源最好采用深井地下水，管网布置可以采用树枝状铺设，在寒冷地区应考虑采取防冻措施。

2. 排水工程 奶绵羊场的排水系统由排水管网、污水处理站和出水口组成。排水量包括雨（雪）水、生活污水和生产污水（粪污和清洗废水）的排放量，应采用雨（雪）和污水分流的形式排放。排水通道分别采用明沟、暗沟、排水管等相结合的方式。奶绵羊场的排水系统应与粪污处理系统一起统筹考虑。

（三）供电工程

供电系统是奶绵羊场不可缺少的基础设施。奶绵羊场的供电系统由电源、输电线路、配电线路、用电设备构成。

奶绵羊场的用电负荷包括照明（办公室、羊舍等）及饲料加工机械、挤奶设备、其他设备等用电。

供电电源一般由场外引入，供电电压一般为 10kV，进入本场变压器。配电电压为 380/220V。场区输、配电线路一般采用架空敷设，采用放射、树干式布线方案，材料采用橡皮铜芯线。

奶绵羊场供电系统要安全、可靠，绝对不能停电，要保证挤奶设备、羊奶贮存设备、供水设备的正常运行。因此，为了保险起见，奶绵羊场应配备备用电源，如发电机组等，以备停电后能及时供电。

（四）采暖工程

奶绵羊场的采暖工程一般比较简单，除非在冬季特别严寒的东北地区使用，其他地区的羊舍一般均不需要采暖。冬季较寒冷的北方地区，管理办公区和挤奶厅、产房、羔羊舍、配种室、兽医室等需要供暖，供暖方式可根据实际情况选用集中供暖或分散供暖系统。

（五）奶绵羊场的绿化工程

绿化即在羊场周边和场内适当区域种植各种绿色植物（主要为树木和花草），具有分隔、防疫、遮阳、防风、固土、吸尘、降噪，以及吸纳与降解粪污废水中的营养素、改善场区小气候、美化环境等作用。因此，根据奶绵羊场的统一规划布局，因地制宜地对羊场进行绿化，是奶绵羊场建设中一项不可缺少的重要内容，绿化系数是奶绵羊场设计的一项重要指标。

1. 绿化内容　奶绵羊场绿化包括如下几个方面的内容。

（1）场区外围绿化带　指场区外边界围绕场区种植的乔木和灌木混合林带。场区外围林带除具有上述描述的一般作用外，其主要作用是防止外界人员、动物等进入场区，发挥防疫和保卫等功能。一般栽种乔木类的大叶杨、旱柳、钻天杨、榆树及常绿针叶树等，以及灌木类的河柳、紫穗槐、侧柏等。

（2）场区隔离绿化带　指场区内各主要功能区之间种植的乔木、灌木林带。除具有绿化的一般作用外，其主要作用是将场区内各不同功能区（如办公区、生产区、辅助生产区、粪污堆放处理区等）加以分隔，防止羊和人员在各区之间随意穿行及流动，对羊场的正常管理和生产秩序有重要作用。场区隔离绿化带可采用乔木、灌木、乔灌木混合等不同方式，也可在此基础上种植一定的花草等。

（3）运动场遮阳绿化带　指在运动场的南、东、西三侧种植乔木林带。除具有绿化的一般作用外，其主要作用是为夏季在运动场上活动、休息的羊遮阳。应选择枝叶开阔、生长势强、冬季落叶后枝条稀少的树种，如杨树、槐树、法国梧桐等。值得注意的是，运动场遮阳林带只能用乔木，不能用灌木，林带的宽度只能为1～2排，绝对不能影响运动场通风。

（4）道路、排水沟边绿化带　指在场区内外的主要道路、排水沟边种植的乔木、灌木绿化带。除具有绿化的一般作用外，其主要作用是对路基、排水沟起保护作用，也有对车辆、人员、羊只的防护作用。道路、排水沟边绿化带的形式可多种多样，包括乔木、灌木、乔灌混合、花草等均可。

（5）草坪与花坛　在场区内外的空地应铺设草坪与花坛，用以保护土壤，减小沙尘，改善空气质量，美化环境。

（6）保护性绿化　在场区内外某些水土容易流失的特殊地方，如陡坡、沟沿、路基、建筑物基础旁边种植相应的树木，不仅能保护土壤，而且还可防止因滑坡等对羊场设施造成的危险。

（7）用于吸纳粪污、废水中营养素的植物　如果羊场周边有不适于耕种的闲置土地，可在此种植适当植物，用于吸纳羊场粪污和废水中的部分营养素，以降低羊场废弃物处理的压力与成本。

2. 绿化遵循的原则　奶绵羊场的绿化方案应根据羊场建设的具体情况灵活掌握，具体应掌握如下原则。

（1）绿化面积和绿化内容应根据羊场选址及布局情况确定，应考虑土地使用费用与绿化可能带来的有益作用之间的关系。如果土地使用费不高、场区面积宽松，应尽可能加大绿化面积；如土地使用费用较高、场区面积有限，应尽可能压缩绿化面积，一些可有可无的绿化可以不做。另外，要考虑绿化成本（包括整地、苗木、人工等）和维护成本（包括浇水、施肥、修剪、防虫和防火等）。

（2）绿化方式（树木或花草）与树种选择应根据当地的气候、土壤特点和想要达到的绿化功能来确定。所选品种必须适合当地的气候和土壤条件，在有些地区（如干旱缺水地区）应特别注意所选品种的需水量，这将决定绿化能否成功及其维护费用。

（3）绿化方式（树木或花草）与树种选择应兼顾功能与美化效果，且以功能为主。应特别注意遮阳与通风之间的关系，特别是在较热的地区，绿化带绝对不能影响羊舍和运动场的通风。

（4）尽量选用喜肥喜水（干旱地区除外）品种。这样不仅保证绿化植物能够在羊场的环境条件下很好地存活与生长，还有助于消纳粪污与废水中的营养素。场内（特别是生产区内）的绿化植物最好有一定的耐啃咬特性，以免因羊活动量过大而死亡。

（5）所选绿化植物决不能对羊产生不良影响，如绝对不能有毒害作用，以免羊偶尔食入后导致不良后果。另外，植物的气味、颜色、落叶、飘落的种子等不能对羊产生刺激或引起不适和过敏反应。

（6）绿化成本和维护成本也是考虑的一个重要方面。

参考文献
REFERENCES

崔中林，张彦明，2001. 现代实用动物疾病防治大全 [M]. 北京：中国农业出版社.

舒国伟，陈合，吕嘉枥，等，2008. 绵羊奶和山羊奶理化性质的比较 [J]. 食品工业科技（11）：280-284.

王建辰，曹光荣，2002. 羊病学 [M]. 北京：中国农业出版社.

魏怡，2011. 搅拌型酸羊奶加工关键技术的研究 [D]. 西安：陕西师范大学.

吴仪凡，葛武鹏，刘凯茹，等，2019. 绵羊乳与其他乳种营养成分及乳清蛋白组分差异性分析 [J]. 乳业科学与技术，42（6）：1-5.

AKERS R M，2017. A 100-year review：mammary development and lactation [J]. Journal of Dairy Science，100（12）：10332-10352.

ASTURIAS F J，CHADICK J Z，CHEUNG I K，et al，2005. Structure and molecular organization of mammalian fatty acid synthase [J]. Nature Structural and Molecular Biology，12（3）：225-232.

BALTHAZAR C F，PIMENTEL T C，FERRAO L L，et al，2017. Sheep milk：physicochemical characteristics and relevance for functional food development [J]. Comprehensive Reviews in Food Science and Food Safety，16（2）：247-262.

BARILLET F，MARIE C，JACQUIN M，et al，2001. The French Lacaune dairy sheep breed：use in France and abroad in the last 40 years [J]. Livestock Production Science，71（1）：17-29.

BONNET M，DELAVAUD C，LAUD K，et al，2002. Mammary leptin synthesis，milk leptin and their putative physiological roles [J]. Reproduction Nutrition Development，42（5）：399-413.

BURGOS S A，CANT J P，2010. IGF-1 stimulates protein synthesis by enhanced signaling through mTORC1 in bovine mammary epithelial cells [J]. Domestic Animal Endocrinology，38（4）：211-221.

CANNAS A，PES A，MANCUSO R，et al，1998. Effect of dietary energy and protein concentration on the concentration of milk urea nitrogen in dairy ewes [J]. Journal of Dairy Science，81（2）：499-508.

CARCANGIU V，LURIDIANA S，PULINAS L，et al，2021. Improving dairy performance through molecular characterization of SREBP-1 gene in Sarda sheep breed [J]. Heliyon，7（3）：e06489.

CHEEMA M，HRISTOV A N，HARTE F M，2017. The binding of orally dosed hydrophobic active pharmaceutical ingredients to casein micelles in milk [J]. Journal of Dairy Science，100（11）：8670-8679.

COLITTI M，2011. Expression of keratin 19，Na-K-Cl cotransporter and estrogen receptor alpha in developing mammary glands of ewes [J]. Histology and Histopathology，26（12）：1563-1573.

DALURAM Y，2013. As a potentially functional food：goats' milk and products [J]. Journal of Food and Nutrition Research，1（4）：68-81.

GOOTWINE E，GOOT H，1996. Lamb and milk production of Awassi and East-Friesian sheep and their crosses under Mediterranean environment [J]. Small Ruminant Research，20（3）：255-260.

HECTOR M, LINDSAY H, 2012. Mammary gland development [J]. Developmental Biology, 1 (4): 533-557.

ESMAEILI-FARD S M, GHOLIZADEH M, HAFEZIAN S H, et al, 2021. Genome-wide association study and pathway analysis identify NTRK2 as a novel candidate gene for litter size in sheep [J]. PLoS One, 16 (1): e0244408.

FAURE E, HEISTERKAMP N, GROFFEN J, et al, 2000. Differential expression of TGF-beta isoforms during postlactational mammary gland involution [J]. Cell and Tissue Research, 300 (1): 89-95.

FEUERMANN Y, SHAMAY A, MABJEESH S J, 2008. Leptin up-regulates the lactogenic effect of prolactin in the bovine mammary gland in vitro [J]. Journal of Dairy Science, 91 (11): 4183-4189.

FORSYTH I A, TAYLOR J A, KEABLE S, et al, 1997. Expression of amphiregulin in the sheep mammary gland [J]. Molecular and Cellular Endocrinology, 126 (1): 41-48.

GELASAKIS A I, VALERGAKIS G E, ARSENOS G, et al, 2012. Description and typology of intensive Chios dairy sheep farms in Greece [J]. Journal of Dairy Science, 95 (6): 3070-3079.

HAO Z Y, WANG J Q, LUO Y L, et al, 2021. Deep small RNA-Seq reveals microRNAs expression profiles in lactating mammary gland of 2 sheep breeds with different milk performance [J]. Domestic Animal Endocrinology, 74: 106561.

HENNIGHAUSEN L, ROBINSON G W, 2001. Signaling pathways in mammary glanddevelopment [J]. Developmental Cell, 1 (4): 467-475.

JIANG J, CAO Y, SHAN H, et al, 2021. The GWAS analysis of body size and population verification of related SNPs in Hu sheep [J]. Frontiers in Genetics, 12: 642552.

KANWAL R, AHMED T, MIRZA B, 2004. Comparative analysis of quality of milk collected from buffalo, cow, goat and sheep of rawalpindi/islamabad region in Pakistan [J]. Asian Journal of Plant Sciences, 3 (3): 300-305.

KAZIMIERSKA K, KALINOWSKA-LIS U, 2021. Milk proteins-their biological activities and use in Cosmetics and Dermatology [J]. Molecules, 26 (11): 3253.

KOBAYASHI K, OYAMA S, KUKI C, et al, 2017. Distinct roles of prolactin, epidermal growth factor, and glucocorticoids in beta-casein secretion pathway in lactating mammary epithelial cells [J]. Molecular and Cellular Endocrinology, 440: 16-24.

MA F, WEI J, HAO L, et al, 2019. Bioactive proteins and their physiological functions in milk [J]. Current Protein and Peptide Science, 20 (7): 759-765.

MCNALLY S, MARTIN F, 2011. Molecular regulators of pubertal mammary gland development [J]. Annals of Internal Medicine, 43 (3): 212-234.

MINERVINI F, ALGARON F, RIZZELLO C G, et all, 2003. Angiotensin I-converting-enzyme-inhibitory and antibacterial peptides from Lactobacillus helveticus PR4 proteinase-hydrolyzed caseins of milk from six species [J]. Applied and Environmental Microbiology, 69 (9): 5297-5305.

MOHAPATRA A, SHINDE A K, SINGH R, 2019. Sheep milk: a pertinent functional food [J]. Small Ruminant Research, 181 (C): 6-11.

NI Y, CHEN Q, CAI J, et al, 2021. Three lactation-related hormones: regulation of hypothalamus-pituitary axis and function on lactation [J]. Molecular and Cellular Endocrinology, 520: 111084.

OSORIO J S, LOHAKARE J, BIONAZ M, 2016. Biosynthesis of milk fat, protein, and lactose: roles of transcriptional and posttranscriptional regulation [J]. Physiological Genomics, 48 (4): 231-256.

PARK Y W, JUÁREZ M, RAMOS M, et al, 2006. Physico-chemical characteristics of goat and sheep milk [J] . Small Ruminant Research，68（1）：88-113.

PAULOIN A，CHANAT E，2012. Prolactin and epidermal growth factor stimulate adipophilin synthesis in HC11 mouse mammary epithelial cells via the PI3-kinase/Akt/mTOR pathway [J] . Biochimica et Biophysica Acta，1823（5）：987-996.

PLAUT K，1993. Role of epidermal growth factor and transforming growth factors in mammary development and lactation [J]. Journal of Dairy Science，76（6）：1526-1538.

POHOCZKY K，TAMAS A，REGLODI D，et al，2020. Pituitary adenylate cyclase activating polypeptide concentrations in the sheep mammary gland，milk，and in the lamb blood plasma after suckling [J] . Journal of Psychophysiol International，107（1）：92-105.

RIZZELLO C G，LOSITO I，GOBBETTI M，et al，2005 Antibacterial activities of peptides from the water-soluble extracts of Italian cheese varieties [J] . Journal of Dairy Science，88（7）：2348-2360.

RUDOLPH M C，MCMANAMAN J L，HUNTER L，et al，2003. Functional development of the mammary gland：use of expression profiling and trajectory clustering to reveal changes in gene expression during pregnancy，lactation，and involution [J] . Journal of Mammary Gland Biology and Neoplasia，8（3）：287-307.

TALAFHA A Q，ABABNEH M M，2011. Awassi sheep reproduction and milk production：review [J]. Tropical Animal Health and Production，43（7）：1319-1326.

TIAN M，QI Y，ZHANG X，et al，2020. Regulation of the JAK2-STAT5pathway by signaling molecules in the mammary gland [J] . Frontiers in Cell and Developmental Biology，8：604896.

TSIPLAKOU E，FLEMETAKIS E，KOURI E D，et al，2015. The effect of long term under- and over-feeding on the expression of genes related to glucose metabolism in mammary tissue of sheep [J]. Journal of Dairy Research，82（2）：228-235.

ZHAO F Q，2014. Biology of glucose transport in the mammary gland [J] . Journal of Mammary Gland Biology and Neoplasia，19（1）：3-17.

ZHANG R H，MUSTAFA A F，ZHAO X，2005. Effects of feeding oilseeds rich in linoleic and linolenic fatty acids to lactating ewes on cheese yield and on fatty acid composition of milk and cheese [J]. Animal Feed Science and Technology，127（3）：220-233.

图书在版编目（CIP）数据

奶绵羊应用生产学 / 宋宇轩主编 . —北京 ：中国
农业出版社，2022.11
ISBN 978-7-109-30134-4

Ⅰ. ①奶… Ⅱ. ①宋… Ⅲ. ①绵羊－饲养管理 Ⅳ.
①S826

中国版本图书馆 CIP 数据核字（2022）第 184737 号

中国农业出版社出版

地址：北京市朝阳区麦子店街 18 号楼
邮编：100125
责任编辑：周晓艳
版式设计：杜　然　责任校对：吴丽婷
印刷：中农印务有限公司
版次：2022 年 11 月第 1 版
印次：2022 年 11 月北京第 1 次印刷
发行：新华书店北京发行所
开本：787mm×1092mm　1/16
印张：18.25
字数：435 千字
定价：168.00 元